新国线典章

INSTITUTIONS OF NATIONAL-EXPRESS GROUP（2004年版）

主编　王永立

新国线典章
涵盖新国线企业理念、职业经理人之道、
公司治理及制度建设华篇
为中国道路运输进步发展提供研究性文献
为中国交通运输事业发展进行价值性探索

人民交通出版社

内 容 提 要

本书主要介绍了新国线运输集团的企业理念，新国线职业经理人之道，公司治理和制度建设等内容。

本书对其他汽车运输企业有很好的借鉴意义，为促进运输企业的改革和提高服务水平，可提供一定的帮助。

图书在版编目(CIP)数据

新国线典章：2002版／王永立主编.—北京：人民交通出版社，2003.7
ISBN 7-114-04754-1

Ⅰ.新... Ⅱ.王... Ⅲ.公路运输-运输企业-企业管理-北京市 Ⅳ.F 542.6

中国版本图书馆CIP数据核字(2003)第058292号

书　　名：新国线典章（2004年版）
著 作 者：王永立　主编
责任编辑：贾秀珍　张新文　富砚博
出版发行：人民交通出版社
地　　址：(100011) 北京市朝阳区安定门外外馆斜街3号
网　　址：http://www.ccpress.com.cn
销售电话：(010) 85285656，85285838，85285995
总 经 销：北京中交盛世书刊有限公司
经　　销：各地新华书店
印　　刷：深圳市鹰达印刷包装有限公司
开　　本：787×980　1/16
印　　张：36.625
字　　数：538千字
版　　次：2003年4月第1版　第1次印刷
印　　次：2005年4月第1版　第2次印刷
书　　号：ISBN 7-114-04754-1
印　　数：1051～4100
定　　价：69.00元
(有印刷、装订质量问题的图书由本社负责调换)

新闻发布会

2001.4.20 北京人民大会堂

2001年4月20日，交通部副部长胡希捷（中）出席公司成立新闻发布会并作重要讲话，参加发布会的还有时任交通部公路司司长、现任交通部副部长冯正霖（右四）、北京市交通局局长张燕生（左四）、上海市城市交通管理局副局长王秀宝（右三）、新国线董事长王永立（左三）等

胡希捷

冯正霖

交通部公路司领导参加北京到上海新国线快车开通仪式

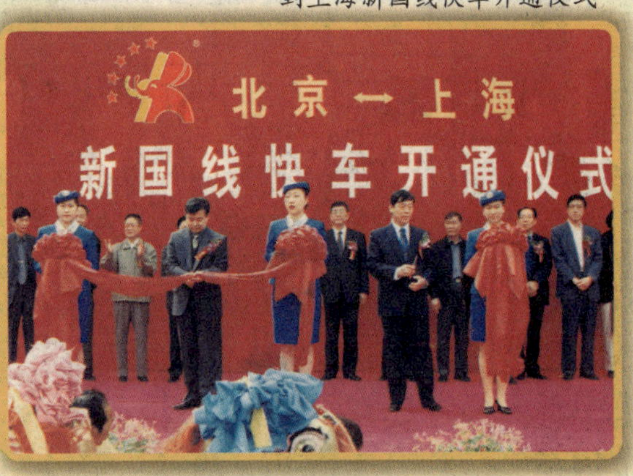

2001 年 7 月，时任交通部部长黄镇东（中）、副部长胡希捷（左三）、副部长张春贤（右二）、纪检组长刘锷（右三）、新国线公司董事长王永立（左二）、新国线首席执行官、总裁秦嵩生（右一）在乘坐新国线快车途中与新国线员工合影

交通部部长张春贤（图中）、副部长胡希捷（右三）乘坐新国线快车与新国线员工合影

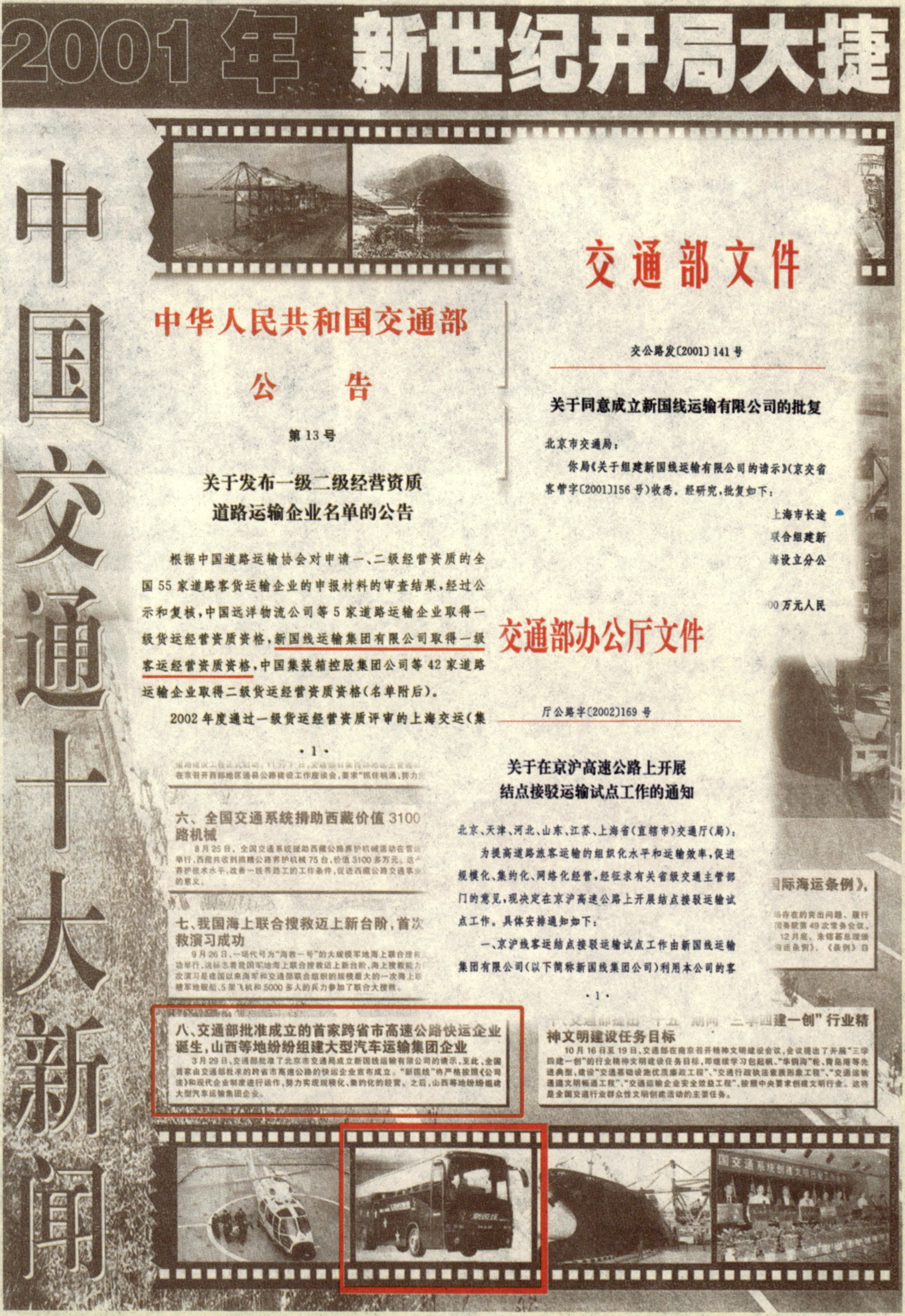

2001年 新世纪开局大捷

中国交通十大新闻

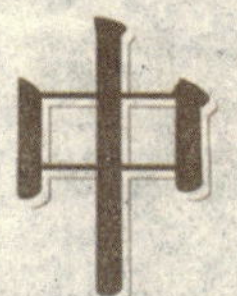

中华人民共和国交通部

公　告

第13号

关于发布一级二级经营资质道路运输企业名单的公告

根据中国道路运输协会对申请一、二级经营资质的全国55家道路客货运输企业的申报材料的审查结果，经过公示和复核，中国远洋物流公司等5家道路运输企业取得一级货运经营资质资格，新国线运输集团有限公司取得一级客运经营资质资格，中国集装箱控股集团公司等42家道路运输企业取得二级货运经营资质资格（名单附后）。

2002年度通过一级货运经营资质评审的上海交运（集

·1·

交通部文件

交公路发〔2001〕141号

关于同意成立新国线运输有限公司的批复

北京市交通局：

你局《关于组建新国线运输有限公司的请示》（京交省客管字〔2001〕156号）收悉。经研究，批复如下：

上海市长途……联合组建新……海设立分公……00万元人民

交通部办公厅文件

厅公路字〔2002〕169号

关于在京沪高速公路上开展结点接驳运输试点工作的通知

北京、天津、河北、山东、江苏、上海省（直辖市）交通厅（局）：

为提高道路旅客运输的组织化水平和运输效率，促进规模化、集约化、网络化经营，经征求有关省级交通主管部门的意见，现决定在京沪高速公路上开展结点接驳运输试点工作。具体安排通知如下：

一、京沪线客运结点接驳运输试点工作由新国线运输集团有限公司（以下简称新国线集团公司）利用本公司的客

·1·

在京召开西部地区通县公路建设工作座谈会，要求"抓住机遇，努力……

六、全国交通系统捐助西藏价值3100……路机械

8月25日，全国交通系统援助西藏公路养护机械活动在……举行，西藏共收到捐赠公路养护机械75台，价值3100多万元。这……养护技术水平，改善一线养路工的工作条件，促进西藏公路交通事……的意义。

七、我国海上联合搜救迈上新台阶，首次……救演习成功

9月26日，一场代号为"海救一号"的大规模军地海上联合搜救……功举行，这标志着我国军地海上联合搜救迈上新台阶，海上搜救能力……次演习是建国以来海军和交通部联合组织的规模最大的一次海上……艘军地舰船、5架飞机和5000多人的兵力参加了联合大搜救。

八、交通部批准成立的首家跨省市高速公路快运企业诞生，山西等地纷纷组建大型汽车运输集团企业

3月29日，交通部批准了北京市交通局成立新国线运输有限公司的请示，至此，全国首家由交通部批准的跨省市高速公路的快运企业宣布成立。"新国线"将严格按照《公司法》和现代企业制度进行运作，努力实现规模化、集约化的经营。之后，山西等地纷纷组建大型汽车运输集团企业。

……国际海运条例》，……12月底，朱镕基总理签……海运条例》，《条例》自……

十、交通部提出"十五"期间"三学四建一创"行业精神文明建设任务目标

10月16日至19日，交通部在南京召开精神文明建设会议，会议提出了开展"三学四建一创"的行业精神文明建设任务目标，即继续学习包起帆、"华铜海"轮、青岛港等先进典型，建设"交通基础设施优质廉政工程"、"交通行政执法窗口形象工程"、"交通运输通道文明畅通工程"、"交通运输企业安全效益工程"，按照中央要求创建文明行业。这将是全国交通行业群众性文明创建活动的主要任务。

新国线公司成立被列为"2001年中国交通十大新闻"之一

这张珍贵照片通过本书首次刊登，新国线的五位创始人在新国线上海公司成立时留下了一张珍贵合影，照片中分别是：张化波（交通部原公路局副局长）（中）、王英杰（北京市原交通局局长）（左二）、刘世才（上海市原交通局局长）（右二）、周强（现任深圳市兆通投资股份公司董事局主席）（左一）、王永立（兆通投资股份公司董事局副主席、新国线集团董事长）（右一）。3年来，王永立董事长带领4000余人团队执着前行，风雨兼程，离不开周强主席坚强的后盾支持，离不开这些老领导的全力关怀与扶持

新国线集团王永立董事长在2001年全国道路运输工作会议上交流发言

祝贺2002年中国道路运输发展论坛举办成功。

胡希捷

2002年11月28日

（交通部副部长）

(Vice-Ministers of Ministry of Communication)

经交通部批准，由新国线集团创意、发起和负责组织，并与中国道路运输协会、交通部科学研究院、交通部公路科学研究所、中国交通报社和中国公路学会汽车运输学会联合主办，各省、市、自治区交通厅局等53个单位协办的，以研讨我国道路运输集约化、规模化和科技进步为主题的2002年中国道路运输发展论坛于2002年10月21日至22日在北京举行。交通部和省、市、自治区交通主管部门和运输管理机构的领导，中国著名的经济学家,省市道路运输协会的高层人士、全国首批获得一二级经营资质的部分道路运输企业的高级管理人员，北美洲著名的灰狗公司代表和著名专家等共460多名代表出席了这次盛会。

本次论坛是中国道路运输业层次最高、规模最大的一次现代化道路运输发展研讨活动。论坛的举办受到了全行业乃至社会的高度关注，新华社、中央电视台、中国交通报社、京华时报、香港大公报、经济观察报、上海新民晚报等30多家媒体对论坛的盛况进行了报道。

交通部公路司和中国道路运输协会自始至终领导了这次论坛的举办工作。

论坛演讲现场

2002年中国道路运输发展论坛的部分演讲嘉宾

交通部副部长胡希捷

中国道路运输协会会长、交通部原副部长王展意

国家统计局副局长邱晓华

国务院发展研究中心原预测局局长、著名的产业结构问题专家李泊溪

国家计委综合运输研究所所长董焰

交通部规划研究院院长张剑飞

交通部公路司副司长王盈嘉

美国堪萨斯大学交通中心主任，国际华人交通协会创会会长李珏

灰狗加拿大公司常务副总裁（首席）派克·罗杰

国家智能交通系统工程研究中心主任王笑京

交通部公路科学研究所运输经济室主任石宝林

长安大学原校长、博士生导师陈荫三

深圳市交通局副局长刘志娇

福建省交通厅副厅长吴庭锵

陕西省交通厅副厅长赵乐秦

2002年中国道路运输发展论坛的组委会领导

论坛主任、中国道路运输协会会长
王展意

论坛副主任、中国道路运输协会副会长
周有才

论坛副主任、交通部科学研究院院长
周伟

论坛副主任、交通部公路科学研究所所长
姚震中

论坛副主任、中国交通报社社长
李育平

论坛副主任、中国公路学会汽车运输学会
副理事长 王文龙

论坛副主任、新国线运输集团公司
董事长 王永立

论坛主持人、交通部公路司副司长 李彦武
论坛秘书长、新国线运输集团公司CEO、
总裁 秦嵩生

新国线集团和灰狗加拿大公司合作签约仪式

新国线集团秦嵩生总裁(右一),新国线集团王永立董事长(中),灰狗加拿大公司高级副总裁罗杰(左一)紧紧握手

灰狗加拿大公司高级副总裁罗杰一行访问新国线集团本部

在中国道路运输协会第三届理事会第一次全体会议上，新国线集团王永立董事长当选为中国道路运输协会常务理事和副会长

新国线集团董事长王永立当选为中国道路运输协会第三届旅客运输工作委员会主任

新国线集团的控股股东深圳市中南实业股份有限公司顺利完成改制，正式更名为深圳市兆通投资股份有限公司。图为深圳市兆通股份有限公司董事局主席周强、总裁王永立共同为公司成立揭牌

深圳市运输局局长刘志娇莅临新国线集团控股子公司深圳市中南运输集团公司指导工作

2004年4月18日，新国线管理学院开学典礼在新国线集团本部举行，交通部科教司副司长张延华、项目官员杜力出席开学典礼

交通部科教司领导和新国线管理学院领导共同为新国线管理学院揭牌

新国线集团董事长兼新国线管理学院院长王永立为管理学院第一期培训班讲课

新国线的高级经理人正在接受职业培训

新国线集团董事长兼新国线管理学院院长王永立聘任原西安公路交通大学副校长邵振一为新国线管理学院常务副院长

参加新国线首期培训班的新国线高级经理人合影留念

交通部副部长胡希捷与兆通投资公司董事局主席周强亲切交谈

交通部副部长冯正霖与新国线集团董事长王永立亲切交谈

中国道路运输协会姚明德会长（左二）和王丽梅秘书长（右一）向新国线集团赠送“航舵”

中国道路运输协会姚明德会长乘坐新国线快车后与新国线员工在一起

黄山市委副书记、市长李宏鸣出席新国线集团2004年考核年度半年经济工作会议，图为李宏鸣市长与新国线集团董事长王永立一起步入会场

交通部科教司张延华副司长到新国线检查指导工作

各国宾客乘坐新国线快车

外国友人乘坐新国线快车

新国线集团董事长王永立出席第53届世界小姐总决赛颁奖仪式。从左至右依次为：新浪CEO汪延、新国线集团董事长王永立、三亚市副市长张琦、世界小姐组织机构莫利夫人

乘坐新国线快车的各国佳丽在新国线快车前合影留念

结点运输——提高高速公路客货运输组织化程度和运输效率的科学方式

《新国线典章》(2004 年版)
编写委员会名单

主　　　编：王永立

副　主　编：秦嵩生　熊斌辉

编写委员会：王永立　秦嵩生　熊斌辉　袁照红　朱铁汉　邵振一
哈恩奎　陆雅英　郑喜东　王渭年　李少明　谢宜忠
章伯振　徐　挺　陈和琦　王志甫　莫夏云

编 写 组 长：秦嵩生

编写副组长：王志甫　莫夏云

参 编 人 员（以下按姓氏笔画为序）：
马永祥　万　伟　王金城　孙志英　刘　林　李国营
李丕志　宋向东　张少杰　陈　淇　陈　颖　杨　晋
林火妹　姜方福　郭丽娟　徐云杰　郭　平　梁首军
游丹华　蒋阳明

版 面 策 划：秦嵩生　陈和琦　孙　炜　孙九霄　籍慧波

QIANYAN

前言

道路运输业是国民经济的基础性行业，是综合运输体系的重要组成部分。党的十六大作出了加快推进社会主义现代化步伐的战略部署，为实现道路运输业的跨越式发展，不断满足人民群众更畅通、更便捷、更安全的出行需求提出了更高的要求，也为道路客运提供了难得的发展机遇。

新国线运输集团有限公司是经交通部批准成立的跨省市、跨区域的道路运输企业，她以打造中国道路客运第一品牌，建设面向全国的综合道路运输网络为目标。创建三年多来，新国线从无到有，从小到大，由弱到强，发展成为一个全国性的道路运输集团公司，得益于中国道路运输产业政策的调整，得益于一个勇于开拓、勤于进取、善于经营的领导集体，得益于一套先进的指导全体员工行为的科学经营理念，得益于在企业发展实践中总结出的具有新国线特色的管理制度。《新国线典章》（2002 年版）的公开出版发行，得到了业内同行的关注和支持，同时也给我们提出了不少中肯的意见和建议。随着道路运输市场形势的不断变化和新国线事业的快速、健康发展，新国线无论是在核心价值观的确立、经营理念的升华，还是在制度建设的规范性方面都有了新的发展和提高，《新国线典章》（2002 年版）已经不能完全满足企业发展的需要。基于此，以 2002 年版为基础，我们又编辑出版了《新国线典章》（2004 年版）。

2004 年版《新国线典章》以成为管理者的工具用书为出发点，在保持 2002 年版典章基本框架的基础上，增加了“新国线职业经理人之道”一篇。全书分为：企业理念、新国线职业经理人之道、公司治理、制度建设四个部分。企业理念篇重点描述了新国线发展历程，突出了新国线的核心价值观、经营理念和服务理念，对企业发展战略和新国线基本运行规则作了补充完善。职业经理人之道引入职业经理人的概念，确立了新国线职业经理人的职责、标准、要求和考核原则。新国线公司治理篇以章程的形式出现，辅以新国线不同模式的章程样本。制度建设篇借鉴同行业先进的管理方法，系统阐述了新国线的管理方略，着眼于企业流程再造，引入了流程管理的新方法。

《新国线典章》（2004年版）的公开出版发行，旨在为推动中国道路运输事业的发展，规范企业的经营管理进行有益的探索和尝试，新国线愿与中国道路运输业同仁一起积极探讨企业经营管理之道，在发展中前进，在创新中开拓，努力谱写中国道路运输事业新的辉煌！

在本书付梓之际，我们对在本书的编撰过程中给予关心、指导和帮助的交通部有关司局领导和专家表示衷心的感谢，对人民交通出版社为本书的出版给予的支持表示诚挚的谢意。

限于我们的水平，加之时间较紧，在编撰过程中会有不当之处，敬请交通主管部门的各级领导，道路运输企业的同仁以及广大读者批评指正，我们将不胜感激。

2005年1月1日

MULU

第一篇

企业理念

第一章 新国线之源

第一节 公司简介

新国线运输集团有限公司（简称新国线）是由深圳市中南实业股份有限公司（现已更名为深圳市兆通投资股份有限公司）控股、全国首家由交通部直接批准成立的跨省市、跨区域的新型高速公路快运企业。公司于2001年4月20日在北京人民大会堂正式宣告成立，注册资本为1.1亿元人民币，经营范围有班车客运（包括高速公路客运）、旅游客运、集装箱运输、物流服务、货运代办、汽车维修、汽车租赁等业务。

新国线的成立是一个创新，新国线的发展是一个跨越。作为国家产业政策调整的产物，新国线肩负着在前无古人的事业中闯出一条成功之路的历史重托。它在艰难中起步，在奋斗中前进，在创新中开拓，在发展中壮大。短短的三年，一个全新的新国线展现在世人面前。企业迅速发展壮大并获得了中国道路旅客运输企业一级经营资质，成为全国13家具有一级经营资质的客运企业之一。资产规模达到了16.65亿元，拥有各类营运车辆3300多台，省际省内客运线路600多条，拥有多条华东旅游专线和部分城市的市内公交线路。

三年来，新国线以打造中国道路客运第一品牌，建立面向全国的道路运输网络为目标，紧紧围绕资源、资本、品牌三大战略要素，通过资产重组、增资扩股、收购兼并、合资合作获取经营资源、扩大业务范围；通过东部结网、中部辐射、西部布点形成面向全国的道路运输网络，先后在北京经上海、福州至深圳和成都至北海、北京至珠海、上海至成都等国道主干线的客运市场进行开发和经营，延伸了在东中部及西部主要地区的战略布点，实现了跨越式的发展，新国线的运输网络遍及中国华北、华东、华南、华中以及西北地区的14个省市，先后成立了43家控股子公司和14个新国线驿站，武汉、西安、青岛等19家控股子公司也正在洽谈之中，初步构筑起面向全国的道路运输网络基本框架。新国线运输集团有限公司和宁波公运集团股份有限公司两个国家一级客运经营资质企业的合作，标志着新国线的发展进入了一个联合实力企业，实现强强联合，共同打造中国道路客运第一品牌的新阶段。

新国线把战略创新和品牌创新作为企业的核心技术与核心竞争力，使运输组织化程度和运输效率明显提高。几年来，新国线先后与同济大学、长安大学等多所高等院校联手，深入进行新国线不同时期的发展战略研究，为新国线事业的发展制定了一幅幅宏伟蓝图，并对我国高速公路超长距离客货快运的组织方式，特别是规模化、集约化经营和结点运输，进行了有力度的理论探索，并以理论为指导，在提高运输组织化水平和运输效率方面，取得了卓有成效的实践成果。与灰狗加拿大运输有限公司签订合作协议，开创了中国道路运输企业与国际道路运输著名品牌——北美灰狗公司联手共建道路运输知名品牌的先河。成功承办和参与组织了2002年中国道路运输发展论坛、2003年第53届世界小姐总决赛等有重大影响的活动，在全国范围内扩大了新国线的影响，提高了新国线品牌的知名度。

新国线严格按照《GB/T 19001—2000 idt ISO 9001：2000质量管理体系 要求》标准，建立了与国际质量需求接轨的质量管理体系，全体员工以顾客为关注焦点，认真贯彻执行新国线集团“温馨旅途，安全方便，快捷舒适，真情处处，精益求精，满足需求”的质量方针，全心全意为顾客服务，永远让顾客满意。

站在新的起点上，新国线将按照交通部道路运输发展整体规划，深入贯彻“坚持诚信、渴望创新、科学经营、注重业绩”的企业核心价值观，紧紧围绕创新、发展和规范这条主线，全面加快向经营型企业和质量效益型企业转变的步伐，绘制出新国线事业更加宏伟的蓝图，与全国道路运输业同行一起，共同开创中国道路运输产业的美好明天。

第二节　公司发展历程

新国线创立的三年，是播种理想与希望的三年，是披荆斩棘、艰难跋涉、风雨兼程的三年，更是新国线人收获成功与喜悦，与民族道路运输业共同发展、共同进步的三年。

一、抢抓机遇，新国线强势起步

在20世纪90年代中期，随着国民经济的快速发展，我国高速公路建设不断加快，通车里程逐年增加，高速公路客运得到蓬勃发展。1997年9月，中国共产党第十五次全国代表大会做出了经济结构调整的战略决策，交通部及时制定了交通运输结构调整的方针，给道路运输业带来了勃勃生机。当时，深圳市内交通布局稳定，运输市场趋于饱和，而全国新兴的高速公路客运市场方兴未艾。面临着激烈的市场竞争和内部挑战的中南公司，以敏锐的目光审时度势，及时抓住这一难得的历史机遇，制定了跨出深圳，面向全国的“东部沿海高速公路运输发展战略”，构建国内首家以“同江至三亚”国道主干线为目标市场、以跨省市跨区域线路资源的网络化经营为主线的客运经营网络，实现了中南公司发展的重大历史转折，为新国线的创立奠定了坚实基础。

2000年12月，继京沈高速公路通车之后，我国又一条国道主干线京沪高速公路全线贯通。京沪高速公路作为我国规划建设的“两纵两横和三条重要路段”中的一条，连接两大中心城市，它的建成通车，必将推动京沪两地及沿线地区经济的进一步发展。2001年1月初，中南人敏锐地发现了京沪高速公路客运市场的潜在商机，认为这是一个绝好的战略提升机遇，立即请示交通部，并会同有关领导、专家，共同探讨其可行性和实施对策，全力争取京沪高速公路客运经营项目。公司相关项目开发人员迅速对京沪客运市场进行调研，收集京沪线运输市场的第一手资料。2001年4月20日，一个令新国线人终身难忘的日子，经交通部正式批准成立的新国线运输有限公司，在北京人民大会堂隆重举行新闻发布会，胡希捷副部长在会上做了重要讲话，希望新国线能够探索出我国道路运输生产专业化、管理科学化、经营集约化、网络化、规模化的新模式，为促进我国道路运输事业的发展发挥导向和推动作用。

自2001年1月16日获知京沪高速全线贯通，到新国线快车正式运行京沪线，整个过程仅用了3个月时间。正是由于中南公司决策层的坚决果敢、气势如虹，才谱写了中国道路客运史上的传奇佳话。由此，新国线翻开了崭新的一页，并在同行业的合作支持下迅速发展成为具有一级客运经营资质的集团公司。

二、艰苦创业，新国线执着前行

新国线的创业之路，既有初生的阵痛，更有成长的艰辛和坎坷。一方面，中国道路运输市场强手如林，新国线是一个刚刚起步的新生企业，根基尚未扎稳；另一方面，壁垒森严的道路运输市场以及业内历史悠久的老牌运输企业的激烈竞争，铁路、民航不断变革所带来的冲击，都大大影响了新国线前进的步伐。然而，诸多不利因素并没有阻挡住不屈不挠的新国线人，他们奋力前行，用坚定的脚步和辛勤的汗水去培育新国线的未来。在这三年里，集团决策层面对市场的重压，以超人的战略眼光和敏锐的市场洞察力，做出了一项项大胆而又慎重的决策，坚定地朝着既定的目标迈进。在这三年里，新国线广大职业经理、员工面对创业初期的艰辛，以感人的自我牺牲精神和忠诚敬业的奉献态度，不屈不挠地为新国线的发展执着奋斗。多年来，他们抛家舍业、常年外派却始终奉公爱岗；多年来，他们历经磨难、担当风险却始终充满希望；多年来，他们扎扎实实工作、坚持不懈却始终诚信为人、踏实处事。新国线人吃得了苦：他们长年奔波劳碌在外，与家人异地分隔；他们经常调动岗位，为了适应新工作而随时调整自我；他们中大多数人甚至连象征团圆的春节都得在车上度过……新国线人乐于奉献：在承担社会公益活动用车之际，全体工作人员和衣而眠，无微不至，一丝不苟；在“非典”肆虐全国之际，新国线人勇敢地站到了抗战前沿，董事长亲入北京一线搞调查，集团领导两赴赵公口车站，面对SARS，新国线人作出了“一辆都不能少”的真挚承诺……聚而共存，和而共荣，这正是新国线最为可贵的财富。

新国线把京沪高速公路作为构筑和发展面向全国道路运输网络的首块阵地，坚持在创新中求发展，在发展中再创新，克服重重困难，按照先布点、后连线的思路，先后在福州、南京、天津、北京等地创建合作公司，并用中南理念指导和促进合作企业发展，奠定了新国线发展和壮大的重要基础。2001年11月10日，以天津会议为标志，新国线进入了创建品牌、加快发展的时期。确立了结点运输、科技应用和星级服务为新国线品牌的三大构成要素，以此为契机，通过资产重组、增资扩股、收购兼并、合资合作等举措获取大量经营资源、积极扩大业务范围、拓展服务领域。2002年4月19日，新国线运输集团有限公司在北京注册成立，新国线的发展进入了一个新的时期。

三、战略先导，新国线跨越发展

新国线自成立以来就备受交通部领导的关注与支持，早在2001年4月29日，交通部胡希捷副部长视察深圳市中南实业股份有限公司时就提出要把新国线办成“中国的灰狗”，打造中国道路客运第一品牌的要求。新国线集团成立以后，更以建设面向全国的道路运输综合网络，“打造中国道路运输第一品牌”为己任，先占领市场，再扩充规模，除联合三级以下企业，还联合二级企业和一级企业，除组建分支机构、设立控股子公司，还发展非控股企业、加盟企业、代理企业和协作企业，通过发展企业集团，保证经营一体化和业务一体化规范运作。新国线跨越发展经历以下几个发展阶段：

“量”的扩张阶段。1997年，中南公司“东部沿海高速公路运输发展战略”的实施，开始了新国线“量”的扩张为主的发展阶段。新国线通过实施东部结网、中部布点、西部辐射战略，在北京经上海、福州至深圳、北京至珠海、上海至成都等国道主干线上进行市场开发和经营，先后在广东、福建、北京、天津、河北、香港、山东、江苏、上海、浙江、湖南、广西、海南、安徽等省市地区建立了43家控股子公司和14个新国线驿站，初步形成了一个遍及中国东、中部的客运网络，基本实现了向全国发展的态势，短短的三年时间就初步完成了“量”的扩张，为新国线做大做强奠定了坚实的基础。

“质”的提高和“量”的扩张并举，以“质”的提高为主的阶段。2003年新国线运输集团有限公司半年经济工作会议，确立了新国线新的战略思想。新国线进入了“质”的提高和“量”的扩张并重，以“质”的提高为主的阶段。新国线科学管理、科学经营，认真实践诚信合作，积极争取各级管理部门及合作伙伴的理解与支持，以最前沿的科学理念为指导建立起一支高素质、高效率、高度团结的队伍，坚持推行非挂靠经营，严格规范经营管理，坚持品牌一体化，把战略创新和品牌创新作为核心技术和核心竞争力，进一步强化企业资源整合和资本运作。在此期间，成功承办了2002年中国道路运输发展论坛，参与组织了2003年第53届世界小姐总决赛和第六届中国国际民间艺术节，还多次承担交通部领导视察和会议用车的任务。更为可喜的是，2003年8月，经过三级交通主管部门组织专家评审，交通部公告，新国线获得了中国道路旅客运输企业一级经营资质，这是新国线发展征途中的一座重要的里程碑，是新国线跨越发展一次重大的“质”的飞跃。

新国线在事业发展的过程中，对企业文化进行提炼、升华，提出了“坚持诚信、渴望创新、科学经营、注重业绩”的企业核心价值观，以此作为新国线企业的基本理念和持续跨越式发展的指导思想。

四、管理创新，新国线谱写新篇

新国线的成立是创新的产物，新国线的发展更是一部永不休止的创新史。企业只有不断创新发展，才能不断生产出时代和市场所需要的产品，才能展示自身存在的价值。新国线正因为创造出了服务于人民、服务于社会的高质量品牌，才能在中国的道路运输市场站稳脚跟并迅速成长。

在企业自身建设方面，为进一步提高企业管理水平，为顾客提供全程周到的服务，新国线严格按照《GB/T 19001－2000idt ISO9001:2000质量管理体系　要求》标准，坚决贯彻执行“温馨旅途，安全方便，快捷舒适，真情处处，精益求精，满足需求”的质量方针，确保企业质量管理体系正常有效运行。为了迎合市场的需求、满足顾客的需要，快速改善成本、质量、服务、速度等现代企业的运作要素，提高企业运作效率，建立规范、科学的管理流程系统，解决企业动态运行过程中的有效管理和控制问题，新国线果敢地进行业务流程再造，立足于面向顾客、快速反应、准确无误地提供服务，对业务流程进行认真的定位思考和改革整合，使业务机构扁平化，组织指挥效能化，进一步提升企业核心竞争力。

在企业对外发展方面，新国线将继续扩大经营规模，为建设面向全国的道路运输网络不懈努力，真正做到质的提高和量的扩张并举，实现效益和规模的双赢。

三年来，新国线人筚路蓝缕、披星戴月，肩负着在前无古人的事业中闯出一条成功之路的历史重托，以超人的意志和坚定的信念去实践“打造中国道路客运第一品牌”这一宏伟目标；三年后，世人对新国线刮目相看，新国线在做大做强做久的同时，已经在为中国道路运输事业做贡献。这是新国线事业把握正确方向的体现，也是每一个新国线人拼搏奋斗的结果。

新国线事业是充满激情的事业，是充满希望的事业。站在历史的新起点，为了中国道路运输事业的美好明天，新国线人正努力描绘着一幅幅感人的宏伟画卷。在波涛汹涌的市场浪潮中，历尽艰辛与坎坷的新国线人面对辉煌成功和悲壮失败参半的超常风险，将稳立诚信之柱，高举创新之旗，勇敢面对一切机遇与挑战，去赢取一片骄人的发展空间，谱写新的篇章！

第三节 历史回顾

●2001年3月29日，交通部以交公路发[2001]141号文《关于同意成立新国线运输有限公司的批复》批复北京市交通局，批准由深圳市中南实业股份有限公司、北京华通企业经济发展总公司、上海市长途汽车运输总公司共同出资成立新国线运输有限公司，经营京沪高速公路快运业务。至此，全国首家由交通部批准的跨省市高速公路快运企业宣告成立。

●2001年4月20日，“新国线”在北京人民大会堂隆重举行公司成立新闻发布会。交通部副部长胡希捷和时任交通部公路司司长、现任交通部副部长的冯正霖等到会祝贺并讲话。

●2001年4月29日，交通部副部长胡希捷等视察深圳市中南实业股份有限公司，称赞“深圳中南”跨越式发展的胆识、战略经营的理念和科技意识，提出要把新国线办成“中国的灰狗”，打造中国道路运输第一品牌的要求。

●2001年4月30日，京沪高速公路第一批10台伊利萨尔高级大客车投入营运。

●2001年7月，中央电视台《新闻联播》节目举办的建党80周年成果展《丰碑》中，对新国线进行了专题报道。

●2001年9月26日，新国线(上海)运输有限公司成立，新国线规模化经营迈出了重要的一步。同日，第二批10台凯斯鲍尔高级大客车(卧铺)投入营运。

●2001年10月14日，交通部部长黄镇东、副部长胡希捷、张春贤和纪检组长刘锷等四位领导率40多位司、局、院长，从北京乘新国线快车到南京，沿途考察了高速公路运输情况。

●2001年10月24日，全国道路运输工作会议在武汉召开。新国线作为全国20多家大型企业之一参加会议，王永立董事长在大会上作了题为《创建集约化经营模式，打造中国道路运输知名品牌》的发言，介绍了新国线发展战略和集约化经营方案。

●2001年11月10，日新国线在天津召开会议，新国线发展进入了创建品牌、加快发展的时期。确立了结点运输、科技应用和星级服务为新国线品牌的三大构成要素。

●2001年11月11日，新国线第一个驿（e）站——天津驿站成立，新国线结点运输方案在京沪沿线进入推广实施阶段。

●2001年11月26日，新国线总裁秦嵩生率团对加拿大公路建设项目和加拿大灰狗公司进行了为期三天的考察，秦嵩生总裁与安大略省交通部官员就新国线与灰狗合作进行了商谈并达成一致意见。

●2001年12月8日，新国线(江都)运输有限公司揭牌成立。

●2002年1月1 日，《中国交通报》将新国线的成立列为2001年中国交通十大新闻之一，并针对新国线成立和集约化经营组织了讨论。

●2002年1月8日，新国线(沧州)运输有限公司成立。

●2002年1月12日，新国线西安驿站在西安三府湾汽车客运站挂牌成立，新国线在京沪高速公路和东部沿海高速公路客运发展战略的基础上，迈出了在西部谋求合作、共同发展的重要一步。

●2002年3月23日，新国线(杭州)运输有限公司成立。

●2002年4月19日，新国线运输集团有限公司在北京注册成立。

●2002年4月29日，交通部办公厅下发《关于在京沪高速公路上开展结点接驳运输试点工作的通知》，决定由新国线在京沪线开展结点接驳运输试点工作。

●2002年5月，深圳市中南实业股份有限公司将实施“沿海战略”所投资的属于高速公路客运事业部的5家企业注入新国线。

●2002年5月28日，新国线(济南)运输有限公司成立。

●2002年7月28日，新国线董事长王永立率团对加拿大灰狗公司进行了为期20天的系统考察，并与灰狗公司达成了合作意向。

●2002年8月18日，新国线北京驿站在北京市赵公口长途汽车站挂牌成立。

●2002年8月29日，为落实新国线“先布点，后连线，东部结网，西部辐射”的发展战略，深圳市中南实业股份有限公司董事长周强、新国线董事长王永立亲自带队，对中国南方运输市场进行了为期20天的考察，并与北海中信发展公司、乐清盛金公司、绍兴客运公司、贵阳汽车客运公司等签署了有关合作协议和谅解备忘录。

●2002年9月，深圳市中南实业股份有限公司向新国线追加投资6000万元人民币，使新国线注册资本增加为1.1亿元人民币。并由新国线控股深圳市中南运输集团有限公司注册资本的50.9%。

●2002年10月21日，经交通部批准，由新国线运输集团有限公司发起，由中国道路运输协会、交通部科学研究院、交通部公路科学研究所、中国交通报社、中国公路学会汽车运输学会与新国线集团联合主办，各省市交通厅局等53个单位协办的我国道路运输业层次最高、规模最大的专业论坛——“2002年中国道路运输发展论坛”在北京友谊宾馆隆重举行，并取得圆满成功。

在论坛会议上，新国线运输集团有限公司与世界著名道路运输企业——灰狗加拿大运输有限公司签署了合作协议，双方将在管理技术、小件快运、国际旅游等方面进行密切合作。

中国银行深圳市分行与深圳市中南实业股份有限公司举行了银企合作签字仪式。中国银行将为中南公司提供5亿元融资授信额度，支持新国线发展。

●2002年11月19日，新国线集团(江阴)运输有限公司成立。

●2002年12月5日，新国线与美商网在深圳举行合作签约仪式，共同开展物流配送业务。

●2002年12月8日，新国线集团(绍兴)运输有限公司成立。

●2002年12月25日，新国线董事长王永立、总经理熊斌辉以及同济大学教授施其洲在新加坡参加了为期三天的“International Conference on seamless & Sustainable Transport Centre of Transportation Studies”，就新国线“结点运输、无缝接驳”的新运输模式向大会提交了论文，并作了精彩演讲。同时，参观访问了新加坡得高集团和Air market Express Pte Ltd物流公司。

●2002年12月18日，新国线集团(姜堰)运输有限公司成立。

●2003年2月28日，新国线集团(苏州)运输有限公司成立。

●2003年4月11日，新国线集团(苏州)物流有限公司成立。

●2003年4月22日，新国线集团(徐州)运输有限公司成立。

●2003年4月26日，由国家质检总局局长李长江、交通部副部长胡希捷等领导带领的国务院防控“非典”领导小组卫生检疫组检查了新国线快车，并给予了肯定和鼓励。

●2003年5月7日，新国线集团(上虞)运输有限公司成立。

●2003年5月13日，新国线集团(常德)万路达运输有限公司成立。

●2003年5月28日，新国线集团(高淳)运输有限公司成立。

●2003年8月5日，新国线正式获得国家道路旅客运输企业一级经营资质，成为中国道路旅客运输13家一级资质企业之一。

●2003年7月2日，新国线集团(海南)运输有限公司成立。

●2003年7月22日，新国线集团(北海)运输有限公司成立。

●2003年7月23日，福州至上海班线开通，至此，从北京经上海至福州，再到深圳、广州，新国线实现了东部沿海高速公路快速客运大贯通。

●2003年7月30日，新国线集团(聊城)运输有限公司成立。

●2003年8月9日，新国线在北京举行2003年半年经济工作会议，确定新国线的发展进入了量的扩张与质的提高并举，以质的提高为主阶段，会议提出了“创新、合作、规范、效率”的企业精神。

●2003年9月17日，中国道路运输协会第三届理事会第一次全体会议在北京召开。新国线集团董事长王永立当选为中国道路运输协会常务理事和副会长。

●2003年9月21日，在第53届世界小姐中国总决赛上，刘丽娜获得新国线爱心大使奖，新国线集团名誉董事长周强为刘丽娜颁奖。

●2003年9月28日，《新国线典章》由人民交通出版社正式出版发行。

●2003年9月29日，新国线集团(惠州)华南运输有限公司成立。

●2003年10月16日，新国线与常德市签订物流项目合作协议。湖南省委副书记、代省长周伯华，湖南省委副书记、常务副省长于幼军出席签字仪式。

●2003年11月9日，新国线被确定为第53届世界小姐总决赛指定接待用车赞助单位，106个国家的佳丽乘坐新国线快车，“伴随美丽的眼睛看中国”巡游活动在北京、上海、西安、海口、三亚五城市开展。

●2003年11月28日，深圳市中南实业股份有限公司(新国线的主要投资方)正式更名为深圳市兆通投资股份有限公司。

●2004年2月16日，马来西亚驻中国大使拿都马吉德在北京驻华大使馆会见了新国线集团董事长王永立，就新国线集团与马来西亚同业和资本的合作意向，以及赴马参加年会的有关事宜进行了商谈。

●2004年2月21日，“深圳市华南城新国线物流有限公司”成立签约仪式在华南城正式举行。公司由新国线(深圳)物流有限公司与华南国际工业原料城(深圳)有限公司联合组建，负责原料城的物流管理工作。

●2004年3月1日，新国线集团(宁波)运输有限公司成立。这是中国两个具有国家道路旅客运输一级经营资质企业之间的第一次重大合作。交通部公路司、中国道路运输协会以及北京、上海、福建、浙江等省市交通厅、局的有关领导应邀出席。

●2004年3月18日，在天津市公用行业服务规范先进单位表彰会上，新国线天津公司继2003年在天津市公交行业18家企业中行业排名及评分获得第二名好成绩之后，又荣获“天津市公用行业服务规范先进单位”称号，天津市副市长陈质枫为之颁发奖牌。

●2004年3月31日，新国线运输集团有限公司与山东省菏泽市公共汽车公司共同组建的新国线集团(菏泽)运输有限公司以及新国线运输集团有限公司与广东省和平县二运运输有限公司合作组建的新国线集团(和平)运输有限公司在深圳举行成立签约仪式。

●2004年4月16日，新国线在北京隆重举行成立三周年庆典和2004年经济工作会议。新国线董事长王永立作了题为《总结经验，发扬成绩，努力实现新国线的跨越式发展》的主题报告。

●2004年4月18日，新国线管理学院开学典礼在北京新国线集团本部举行，交通部科教司副司长张延华，交通部科教司项目官员杜力出席开学典礼，新国线董事长、新国线管理学院院长王永立对来自各地的公司学员进行了第一次授课。

●2004年4月18日，新国线成立ISO9000国际质量认证领导小组和认证办公室，并举行了ISO9000国际质量认证动员大会和标准培训，新国线ISO9000贯标和认证工作正式启动。

●2004年4月21日，由深圳市兆通投资股份有限公司与新国线运输集团有限公司共同投资组建并经深圳市工商局核准登记投资的深圳市新国融担保投资有限公司正式揭牌营业。

●2004年5月27日，投资近亿元的新国线黄山风景区游客集散中心有限公司项目启动，拉开了新国线打造中国道路客运第一品牌与黄山打造世界旅游一流品牌紧密结合的序幕。新国线已经由过去单纯项目型发展逐步转向深度区域型系统规划性发展。

●2004年6月14日，江西省交通厅公路运输管理局、福建省运输管理局、重庆市道路运输管理局等十省(区、市)在四川省召开了道路旅游运输一体化合作发展会议，新国线作为广东省的客运企业代表第一个在协议书上签字，开始了泛珠三角区域道路运输游资一体化合作的政府和企业联手行动。

●2004年6月18日，新国线集团广西分公司在广西南宁市正式注册成立。

●2004年7月18日，新国线集团（萍乡）运输有限公司成立。

●2004年7月19日，新国线集团与江西省公路运输物资供应公司共同组建的江西省乐乐快运有限公司在江西南昌举行开业庆典。

●2004年7月29日，新国线快车配备乘警并进行业务培训。在道路旅客运输业内派遣公安干警与客运经营者共建安全客运班线，是新国线的品牌创新。

●2004年10月15日至16日，由中国道路运输协会主办的道路客运企业规范化改制座谈会暨中国道路运输协会旅客运输工作委员会换届会议在厦门召开。新国线集团公司董事长王永立被推选为第三届旅客运输工作委员会主任。

●2004年10月25日，新国线集团（临朐）运输有限公司正式签约。

第二章 新国线理念

新国线在发展民族道路运输业、打造中国道路客运第一品牌的征程中，日渐形成了指导企业发展、历经实践锤炼的新国线理念。新国线理念是新国线文化的核心，是新国线企业活动的灵魂，是新国线人奋力前行的动力之源。几年来，通过高层领导的强力推动，中间力量的充分传递，文化系统的强势宣传，组织机构的灵活适应，员工管理的人本激励，新国线理念在全公司范围内得到了顺畅、高效的传承和发展，它将新国线人的精神充分调动起来，使企业爆发出巨大的能量。以先进的哲学理念为指引，新国线在激烈的市场竞争中高速前行，迅速扩张，构筑起了面向全国的道路运输网络。新国线的事业正变得更有意义，更加充满活力，坚强的新国线人也变得更加激情澎湃、斗志昂扬。

第一节 基 本 理 念

一、企业目标:打造中国道路客运第一品牌

中国道路运输业经过几十年的发展，已经成为国民经济的重要组成部分，在综合道路运输体系中日益发挥着重要作用。同时，国民经济的持续健康发展，也为道路运输业发展提供了良好的运行平台。但与这种发展不相称的是，在全国数以百万计的道路运输业户中，却少有能形成一家具有相当规模和影响的道路运输知名企业，在与其它运输方式协调发展中，尚不能形成强大的合力，规模优势和品牌优势得不到有效的发挥。站在新世纪的起跑线上，新国线抓住交通运输结构调整的历史机遇，创立了面向全国、经营高速客运的网络化运输公司，立志为中国道路运输业的发展做出积极贡献。交通部领导提出的“打造中国道路运输第一品牌”，不仅是对新国线创建和发展的要求，也是新国

线人坚定不移的奋斗目标。新国线勇敢地肩负起了这一重任，并把结点运输、科技应用和星级服务作为企业创建初期的主要品牌构成，坚持具有新国线特色的一体化运作理念和规则，把京沪高速公路作为构筑和发展面向全国道路运输网络的第一块阵地，紧紧围绕资源、资本、品牌三大战略要素，通过资产重组、增资扩股、收购兼并、合资合作等方式获取经营资源，迅速扩大业务范围，扩充经营实力； 通过东部结网、中部辐射、西部布点形成面向全国的道路运输网络，使新国线进入了快速发展的时期。新国线先后在北京经上海、福州至深圳、成都至北海、北京至珠海、上海至成都等国道主干线上进行市场开发和经营，延伸了在东中部及西部主要地区的战略布点，从而在短短的三年时间内实现了跨越式的发展，新国线的运输网络遍及中国华北、华东、华南、中南以及西北地区的14个省市，形成了延伸和覆盖全国更大范围的网络运输趋势。作为一个充满魅力、富有竞争力的现代化运输企业，新国线将不断挖掘潜力，创新增益，在打造中国道路客运第一品牌的征程中，再创辉煌。

二、经营理念：使命为前提，市场为导向，顾客为中心，效益为目的

单纯追求所有者利益最大化是局限于短视者的行为，其企业价值观和经营目标不符合持续发展的规则； 单纯追求经营者利益最大化是所有者缺位或控制缺位形成的畸态。随着兆通股份的成功改制，新国线的企业性质实现了由国有控股公司向国有参股的混合所有制股份公司的转变，面对不同的利益所得者，如所有者、经营者、员工、顾客、供应商、政府及社群等，不同的利益团体，关注的利益点各异。担负着打造中国道路客运第一品牌、发展中国道路运输业重任的新国线，追求的目标是以利润最大化为核心的企业价值最大化，努力为社会提供尽可能多的有用产品，并让尽可能多的人进行消费； 为社会最大限度地创造财富，并使这种财富不断增加。

新国线人深深懂得，利润是企业生存的必要条件，需要利润最大化，但绝不是企业追求的最终目标。新国线追求利润最大化，不是单纯为了求利，而是为了通过不断地创造新的财富和价值，为股东、为社会、为大众更好的服务，为中国道路运输事业的发展做出更大的贡献。这需要宽广的胸襟，需要先进的理念，需要长远的眼光，更需要坚忍不拔的决心和毅力。正是这种超越于金钱之上的胸襟和眼光、决心和毅力支撑着新国线稳健的发展，并获取长期稳定的利润，以自身的品牌和效益贡献于社会。

三、企业精神：创新、合作、规范、效率

创新和合作是新国线跨越式发展的灵魂，规范和效率是新国线效益的源泉。

“创新”就是探索、突破、独辟蹊径，不求替代别人，但求无可替代。与时俱进，创新每天；把握时代脉搏，引领行业潮流；今天必须超越昨天，明天要比今天做得更好。新国线开创的是前无古人的事业，面对严酷的市场环境和空前的竞争压力，只有勇于创新，才会在市场这一特殊的空间中寻找成功的契机，发现市场缝隙，从而创造新的市场。

“合作”就是开放、诚信、利益共享。新国线能有今天的辉煌，正是源于诚信基础上的多方位合作，力求通过企业与社会、企业与企业、企业与员工的和谐统一，共同促进道路运输质量的提高，推动企业的可持续发展。新国线既有成立之初与北京华通、上海长运的真诚合作，也有成长过程中，与业内同行的广泛结盟，特别是实现了与宁波公运两家一级客运企业的牵手，谱写了新国线合作发展的新篇章。同时，新国线的发展更得益于企业内部的精诚团结，广大员工聚而共存、和而共荣，与企业同甘共苦、同舟共济，克服了一个个困难，创造了今天的繁荣。

“规范”就是制度、自律、操作标准。“没有规矩，不成方圆”。新国线运作的核心是自上而下的逐级适当授权与科学管理，在授权层级以内，逐级分解经营目标，建立起分工明确、权责到位、管理规范、奖罚分明的梯度责任体系，并在集团范围内开展ISO9001国际质量认证和流程再造，使各项工作、各个环节都有一个既定的程序，以此来规范、控制、约束企业和员工的行为，做到事前、事中、事后全程监控、环环相扣，以求达到完美的结果。

“效率”就是技术、方法、勤奋努力。有效的管理是提高效率的关键。提高效率首先要不断学习、练习、应用，熟练掌握相关流程和工作技能，积累工作经验； 其次要全身心投入工作，充分利用时间，养成一种紧迫感，加快工作节奏； 再次要做正确的事，而不仅仅是正确的做事，在提高工作效率的同时，更要提高工作效用。

四、文化理念:核心价值观为企业的内核

一个民族的发展需要精神作为支撑，一个企业同样需要一种精神和理念指导自己的经营活动。企业文化是全体员工正确行动的集合，它的作用就是要凝聚人气，汇集力量，形成合力，更好地实现企业的经济功能。没有了文化的支撑，企业的经营活动就没有了“灵魂”，就会失去方向。新国线的可持续成长，从根本上是源于具有新国线特色的组织建设和企业文化建设。它坚持以企业的核心价值观为指导，以建立一支高素质、高效率和高度团结的队伍为目标，以创造一种自我激励、自我约束和促进优秀人才脱颖而出的管理机制为保障，构筑起了具有时代特征的新国线文化，并通过企业文化活动、会议、办公网、新国线文化驿站等方式搭建起沟通的平台，公司各级领导、管理队伍身体力行，率先垂范，让员工时时、处处、事事感受到新国线浓厚的文化氛围，形成一种强大的文化磁场和向心力。

“努力比能力更重要”、“行动比创意更重要” 构成了新国线企业文化的重要组成部分。“努力比能力更重要” 有递进的含义，是在首先肯定能力的基础上强调努力的重要性。“行动比创意更重要” 的递进含义则在于首先肯定正确的创意和思想的引导作用，但这种引导作用必须靠行动产生结果。“努力比能力更重要” 对普通员工是一种公平，“行动比创意更重要” 对人才是一种公平。有能力不努力不行，有创意不行动也不行。新国线努力为员工创造一个良好的发展环境和事业舞台，给员工以明确的发展方向，不惟学历重能力，不惟资历重业绩。有文凭的看水平，有水平的看综合素质，有综合素质的看心态，态度决定一切，德才兼备才是素质，对公司的忠诚、敬业、勤奋决定一切。人格是与生俱来的，包括先天品性、性格特点、为人处事的做法。新国线注重的是人才的能力和人才对公司的贡献，员工在对公司忠诚敬业和创造业绩的前提下，新国线完全尊重员工的人格。

凝聚着新国线智慧的企业文化越来越被广大新国线人所认同，它深深地植根于员工的心灵深处，融入到新国线的日常管理之中，凝聚在企业的信誉、品牌和市场竞争力之中，体现于新国线全体员工的日常行为之中，成为企业与每个员工息息相通的血脉。在新国线文化的推动下，新国线人树立起了为民族道路运输和新国线事业坚韧执著的敬业精神，同舟共济的协作精神和勤奋忘我的奉献精神。

五、服务理念：温馨旅途，真情处处

市场竞争，更多的是服务质量的竞争，高质量的服务可以拉开企业的档次，证明品牌的优劣。服务是企业与顾客之间的情感纽带，更是一种精神、一种品质，打造中国道路客运第一品牌，要求我们为顾客提供全过程的、周到的、无微不至的关怀和服务，让顾客在享受服务的过程中感受到企业的真诚。

顾客是新国线赖以生存和发展之本，顾客满意是新国线追求的永恒目标。随着生活水平和消费水平的不断提高，人们对服务质量的要求越来越高，这就需要企业不断提高服务的绝对品质，以满足顾客日益增长的服务需求。如果服务不到位，我们失去的将不仅仅是一个个直接接受服务的顾客，而是更多的链接在这些顾客身后庞大的顾客群。同时，良好的服务所节省的成本就是吸引老顾客所要投入的成本，良好服务所投入的成本远远低于争取新顾客所投入的成本。围绕顾客对服务的要求，新国线按照一体化的运作模式，推出了星级服务标准，开展了“儿童无陪伴乘车”、“京沪两地新入学大学生优惠乘车”等活动，把提供的每一种服务当作一个品牌、一个产品来实现。按照服务的质量、功能、标准及其规范等要素，在进站、上车、途中、到站等服务过程的每一个环节都为顾客提供全方位、个性化和人性化的服务，做到用我的真心换取顾客的舒心，用我的温心换取顾客的顺心，用我的爱心换取顾客的开心，用我的诚心换取顾客的放心，让顾客出行更安全、更舒适、更快捷、更温馨。

第二节　核心价值观

核心价值观是企业在企业哲学的统率下，为追求愿景、实现使命而提炼出来并予以践行的，指导企业上下形成共同行为模式的精神元素。超越竞争者并不仅仅要跑得更快，重要的是要找到指引企业正确方向的起跑线——企业核心价值观。在新的价值起点上，取得超越竞争者的核心能力，形成企业的竞争优势，才是保持企业长盛不衰的动力之源。

新国线在创建和发展的历程中，提炼和升华了新国线企业核心价值观，即：坚持诚信、渴望创新、科学经营、注重业绩。它在全体员工中建立起了一套规范的行为准则，构成了一个共同的契约，拥有了一种共同的语言，形成了一种共享哲学，是新国线持续与跨越式发展的指导思想。

一、 坚持诚信

诚信是为人之本，是企业立业之基，是在处理上级与下级之间、企业与企业之间、企业与员工之间关系时需始终不渝坚持的基本准则。诚信的基础是契约，契约的核心是利益。没有承诺的诚信是缺乏自信的表现。

诚信之于社会，就是新国线需依存于社会，并努力为社会做出贡献，为中国道路运输事业的发展做出贡献。

诚信之于股东，就是新国线要为广大股东利益着想，为股东获取最大利益，实现最大投资回报而努力。

诚信之于顾客，就是新国线以顾客为中心，树立顾客至上的服务理念，做到言必信，信必行，行必果。

诚信之于员工，就是新国线以人为本，尊重知识，尊重人格，尽可能多地为人才实现自我提供条件。

二、渴望创新

创新是企业进步的动力，是新国线保持核心竞争力的重要法宝。创新包括观念创新、制度创新、技术创新、管理创新、战略创新和品牌创新等等。

新国线是创新的产物，新国线的发展更是战略创新和品牌创新的结果。在道路运输市场快速变化的新形势下，企业要想在激烈的市场竞争中求得生存与发展，就必须有高瞻远瞩的眼光以及大海般自我否定的胸怀，永远以一种创新的态度，在肯定、否定、否定之否定中持续创新，不断提高经营管理水平，在企业前进的过程中把一系列创新活动有机整合，形成相互融合的创新体系，使之产生 1+1 ＞ 2 的核裂变效应，使企业在创新主旋律的作用下始终保持旺盛的活力。同时，要树立一种创新的紧迫感和责任感，有紧迫感才有创新的渴望，有责任感才有创新的动力。要以敏捷的反应速度，快速做出决策，超越自我，不断创造新的价值，保持企业的领先地位，打造强势品牌。

三、科学经营

经营是企业和市场间的沟通，是以市场为目标，通过产品的生产和交换达到市场与企业间的供需平衡。经营是企业活动的主体，是企业的中心工作，是企业获得利润的手段。管理必须适应经营，适应经营的管理才是科学的管理；经营必须适应市场，适应市场的经营才是科学的经营。

新国线迅速扩张的目的不仅仅是为了做大，更重要的是为了做强，做大做强的前提是科学经营，“科学经营”是新国线核心价值观的主体部分。“两个适应”要求新国线经理人必须时时审视企业的管理是否适应经营，时时审视企业采取的经营策略是否适应市场。企业的管理方法、经营手段要与时俱进，通过加强基础管理工作，完善各项规章制度，坚持走靠制度管理企业之路，增强内部管理的公平性和公正性，从而不断提升企业的执行力。同时，积极推进企业流程再造，根据变化了的市场环境，本着科学性、时效性、系统性、可操作性的原则，通过建立规范、科学的流程管理体系，对企业原有的管理流程不断进行梳理、改造、更新和完善，使企业内部各个流程更加科学，衔接更加紧密，运转更加高效，最大限度地提高企业的运作效率和经济效益。

企业是市场的主体之一，政府也是市场要素重要的组成部分，政府可以配置资源、调控市场，这就要求新国线的科学经营不能忽略政府的要求，如政府要求的优质服务、安全行车、社会形象等，企业都必须做到，这也是适应。

四、注重业绩

业绩是企业一切活动的终极目的。新国线的业绩是追求企业价值最大化，包括社会利益最大化、所有者利益最大化、经营者利益最大化和员工利益最大化，其核心是利润即边际量最大化。

利润最大化是资本运营追求的目标，其本质是成本最低化，实现的根本途径是收入最大化。企业的一切活动都是为了提升企业的价值，凡是不能给企业带来价值的活动都是无效劳动，有效果的经营才是最终目的。对经营责任人主要看经营成果，对员工主要看工作结果。新国线建立的业绩评价机制，层层签订目标经营责任书和安全责任书，把业绩考核作为一项重要指标，旨在在企业内部建立一个竞争的平台、干事创业的平台，形成竞相发展的良好氛围，促进各级领导主动思改变，积极谋发展，推动企业经营管理跃上新水平，经济效益跃上新台阶，步入健康发展的轨道。

新国线的业绩是立体的，全方位的，经营要出业绩，管理要出业绩，发展要出业绩，品牌建设也要出业绩。最核心、最长远的是经营业绩。经营业绩不好，品牌业绩也不会长久，没有品牌的业绩是土财主、暴发户所为。没有品牌就没有旗帜，就没有思想、目标和品位。新国线要成就百年基业，品牌是不可缺少的。品牌建设是为了创造企业的知名度、美誉度和忠诚度，是为了获得更多的生产工具、资源，以创造更多的产品和服务，这都是品牌业绩。没有战略就没有胸怀，就没有长远目标，就没有全体员工的根本利益。

坚持诚信是企业品质和形象的反映，渴望创新是企业活力和机制的反映，科学经营是企业管理手段和方法的反映，注重业绩是企业目标和效益的反映。这四者之间是相互联系，相互依托的，从品质到业绩缺一不可，是一个系统的价值观，是新国线保持长盛不衰，持续发展的前提和基础。

第三节 核心竞争力

核心竞争力是企业能够长期获得竞争优势的能力，是企业能够基业长青的关键。企业要想在强手如林、瞬息万变的市场环境中立于不败之地，就必须具有能使企业最具市场竞争力、最能发挥企业市场优势的核心竞争力。新国线把品牌创新和战略创新作为企业的核心竞争力。新国线的成立是创新的产物，新国线的发展史是一部永不休止的创新史。新国线通过不断的创新来扬长避短、化劣势为优势，为企业赢得更大的发展空间。没有持续的创新，就不会有新国线今天的跨越式发展； 没有持续的创新，就不会有新国线“打造中国道路客运第一品牌”的坚强决心。

一、战略创新

三年来，新国线经历了思想解放、战略先导、艰苦创业和跨越发展的艰辛历程，初步完成了规模上“量”的扩张，踏上了“质”的提高与“量”的扩张并进的新征程。新国线跨出地域，实行网络化经营本身就是一个伟大的战略创新，走到了前面。虽然起步阶段经历了很多艰辛，甚至遭遇了不少挫折，但新国线人挺立潮头，挥动创新的大旗，适时调整企业的发展战略。新国线领导深深地意识到，变化的市场环境，变化的顾客需求和偏好，竞争对手的战略行动，公司本身经历过和未曾经历过的、最新出现的机会和风险，以及改善战略的新思维等等，都需要企业对战略进行适当的调整，因此，新国线战略形成的过程，就是一个不断创新的过程。新国线的战略创新，是大胆的创新，更是大胆的实践，它不仅有新的思想，更能把新的思想和理念应用到实际中来，让战略创新真正发挥其核心竞争力的作用。

1997年9月中国共产党第十五次全国代表大会，做出了经济结构调整的战略决策，交通部及时制定了交通运输结构调整的方针。立志为中国道路运输发展做贡献的中南人，以敏锐的目光观察和分析形势，紧紧抓住这一难得的历史机遇，制定了跨出深圳，面向全国的“东部沿海高速公路运输发展战略”。2001年，以京沪高速全线贯通为契机，联合京沪两家企业共同成立了新国线，并按照先布点、后连线的思路，仅用了短短三年的时间，便在全国14个省市建立了35家公司，奠定了新国线跨越式发展的重要基础。因为新国线有跨出地域，面向全国发展道路网络运输的思路，才会得到交通部和同行们的支持； 因为新国线有实施“东部沿海高速公路运输发展战略”的实践，才有后来交通部的批准和新国线的创建与发展。

为构筑起面向全国的道路运输网络，新国线与长安大学联合成立课题组，研究制定新国线的战略发展规划，为新国线未来的战略发展明确了方向。以道路快速客运为龙头，按照“客运成网、同网经营、资源共用、多元发展”的思路，充分发挥网络优势，同步发展快速货运、物流、旅游客运、汽车租赁等运输服务项目，拟用4至6年的时间，形成以国道主干线为基础，以中心城市枢纽为基地，沿线站场布局合理、覆盖全国东南沿海和中部地区的“一弓两箭，两弓成环”的现代化道路运输网络。把新国线建设成为中国道路运输业中具有代表性，覆盖全国大部分省市区，具有独特知名品牌，在国内具有强大竞争实力并在国际上有一定影响的道路运输集团公司。

二、品牌创新

当今，品牌策略已经成为企业抢占市场份额的最强有力武器之一，但品牌不是静态的，必须不断给其注入新的活力，品牌创新彰显企业规模、经营实力和社会责任。新国线紧跟时代步伐，坚持把品牌创新作为企业的核心竞争力。经过三年的努力，结点运输、科技应用、星级服务已成为新国线的三大特色品牌构成。

结点运输——当专家权威认为800公里运距是道路运输发展的极限距离的时候，新国线人义无反顾地承担起1262公里的京沪高速公路快速客运的组织试点任务，志在为中国高速公路超长距离快速旅客运输探索一条道路。新国线以结点运输的创新技术，通过排班规划保证各结点的运力配置，通过票务中心和物流中心保证不发生票务冲突和舱位冲突，通过信息化调度中心保证配载的正点和及时性，保证中途各结点与始末点平等的地位和便利。由于每一个结点的平等性，形成“星状网络”、“树状网络”和“网状网络”，实现在运输网络范围内可以出售任意2个地点之间的出行或旅游客票。同时，在长途客运网络的基础上不断发展小件快运、物流、旅游、汽车租赁等，最终发展成为综合性的道路运输网络，使运输组织化程度和运输效率明显提高。

科技应用——新国线努力探索科技产品在运输实践中的推广和应用，率先在长途豪华快车上，安装使用了GPS技术和联网通讯技术，提高了旅客运输的现代化程度。采用ITS智能运输系统、GIS地理信息系统和GPS调度管理系统，以GSM网作为通信平台，利用卫星定位手段，实施和发挥实时控制、双向通信、动态调度、目标跟踪、区域设定、防窃防盗和轨迹重现等七大功能，随时掌握车辆运行状况，保障科学调度和安全正点。三年多来，从GPS监控系统到小件快运系统雏形、调度排班及客载信息系统的开发应用，为企业发展奠定了良好的基础，为企业形象宣传和长远发展做出了应有的贡献。

星级服务——服务是运输企业的主导产品，星级服务是新国线品牌的重要特色之一，它代表着新国线服务的层次和标准，是衡量企业质量管理和服务水平的一个重要指标，它对服务的各个环节有着严格的要求。

新国线把“星级服务”应用到道路运输业中来，旨在为旅客提供安全、快捷、舒适、方便的旅行服务，创造与其他客运企业的差异化服务，在实际服务工作中直接提升新国线的品牌形象。新国线以“建立企业声誉管理模型，将企业核心价值观转化为企业和个人的行为标准，实施品牌与市场的对接，建立完善和实用的企业和岗位价值指标体系，实现与国际通用评估考核体系接轨”为目标，专门制定了严格的星级服务评估考核体系，包括：企业星级考核评估标准、车辆质量星级考核标准、驾驶员服务星级考核标准、乘务员服务星级考核标准、站务员服务星级考核标准。从司乘站人员到各级管理人员对乘客从进站、上车到途中、到站等实行全过程、全员的服务，并在工作实践中不断创新服务内容，提升服务质量，把“温馨旅途，真情处处”的新国线服务理念切切实实落到实处。

员工的礼貌言语和行为举止会对企业树立品牌形象产生积极的作用，品牌的内涵与魅力会在企业市场行为的每一个细节中得以体现或形成，一个企业在市场上、在消费者面前所表现的一切行为都会对其品牌的成长和维护产生影响。对于新国线而言，星级服务标准就是每一名新国线员工对品牌创新的认可，以及身体力行的行为准则和检验标准，星级服务理念将激励每一位新国线人努力把新国线最良好的服务形象展现给旅客、展现给社会，用实际行动打造中国道路客运第一品牌。

战略创新和品牌创新作为企业的核心竞争力，支撑着新国线在同质市场上享有特别的优势，推动着新国线的市场竞争能力、生产运作能力和技术创新能力不断提高，激励着新国线更快、更好地为顾客提供满意的产品或服务。

第四节 团队建设

团队是由具有共同信念的员工，为达到共同目标而组织起来的团体，这个团体的成员通过平等交流与沟通，保持目标、方法、手段的高度一致，充分发挥各成员的主观能动性，并运用集体智慧将整个团队的人力、物力、财力集中起来，创造出一流的业绩。建立一支优秀的新国线团队，发扬坚韧执著的敬业精神，是新国线持续发展的动力源泉。三年多来，新国线就是通过打造并凭借这样一支团结一致的优秀团队，走过了思想解放、战略先导、艰苦创业、跨越发展的艰辛历程，在打造中国道路客运第一品牌，发展民族道路运输业的征途上，留下了披荆斩棘、艰难跋涉而又坚定扎实、光荣豪迈的足迹。

一、职业经理人行为准则

新国线职业经理人团队是决定企业命运的中坚力量，是新国线企业文化的倡导者和传播者，必须在长期和短期、公与私、大我与小我、卓越与平庸、有限的权利与无限的责任等重大问题上作出明智的选择和模范的行动。这就要求新国线职业经理人需具备“四能”、“三素”、“双赢”、“一心”。

“四能”是指决策能力、执行能力、组织能力、协调能力。

“三素”是指道德素质、文化素质和个性化因素。

“双赢”是指要让企业赢，然后自己赢。新国线经理人牢记个人价值是通过企业来实现的，只有经营出了业绩，管理出了业绩，发展出了业绩，品牌建设出了业绩，企业赢了，个人才能赢，个人的价值才能从付出中得到回报。

“一心”就是新国线经理人要一门心思放在企业经营上。只有一心扑在工作上，把新国线事业做到精益求精，才能实现所效力的企业优者更优，强者恒强。

二、新国线员工行为规范

人力资源是企业的第一资源。忠诚、勤奋的新国线人是新国线最大的财富。努力加能力、创意加行动，工作才能更有成效。新国线对所有员工的要求概括为八个字："忠诚、敬业、自律、学习"。

忠诚是做人的基本品德。对新国线人素质要求来讲，忠诚是第一位的。作为职业经理，必须首先忠诚于你的岗位和职责，忠诚于你的企业、你的上级，真诚对待你的同事，爱护和培养你的部下； 作为普通员工，要忠诚于你的岗位、你的工作，尊敬自己的领导，热爱新国线事业。

敬业是新国线人的基本职业道德。敬业就是认真、负责、努力、勤奋。新国线人的敬业精神表现为岗位责任感、职业水平、主动精神和工作效率以及领导能力，既有客观能力的一面，也有主观努力的一面。努力比能力更重要，强调的就是主观能动性。

自律就是以自身为表率，严于律己。自律既要求自觉按公司的规章制度和规范来操作，还包括企业文化的培养。企业文化一个方面包含在企业的制度里，一个方面表现在经理人的行为中。

学习是提高职业技能的重要途径。学习不但是时代的要求，更是企业目标和经营现实的需要。学习不但是一种行为，而且是一种态度和能力。培养学习的习惯和能力，才能塑造自身的务实、客观、谦虚、合作以及积极努力的精神。

三、新国线人才的培养

新国线的职业经理人是在集体奋斗中从员工和各级岗位中产生的。新国线高速成长中的挑战性机会，以及民主决策制度和集体奋斗文化，为职业经理人才的脱颖而出创造了条件； 各种类型的会议、培训，既是新国线高层民主生活制度的具体形式，也是培养经理人的阵地。新国线要求各级职业经理人都要注重对人才的培养，在实践中培养人、选拔人和检验人。把人才培养作为对职业经理人的考核内容之一。"纳贤"与"尽力"是经理人与模范的区别。只有纳贤和不断培养部下的人，才能成为合格的职业经理人，才能成为更高级的领导。仅仅使自己优秀是不够的，还必须使自己的部下更优秀。高、中级经理任职资格的最重要一条，是能否举荐和培养出合格的部下。不能培养部下的领导，在下一轮任期时应该主动引退。得人才者得天下，中国道路客运第一品牌的宏伟目标，就是通过新国线源源不断的吸收人才、发掘人才、培养人才，建立一支高素质的优秀团队来共同合力打造。

第五节 流程再造

流程再造是为满足用户需要服务的、系统化的、改进企业流程的企业哲学。流程再造必须以顾客为中心，以顾客为导向，替代原有的职能导向的企业组织形式，为企业经营管理提出了一个全新的理念。新国线与时俱进地提出了以核心价值观为主线，以提高核心竞争力为目的的管理手段——进行业务流程再造，实现资源最优配置。

提高企业运作效率的关键是提高流程的效率，进行流程再造是众多企业绕不过的门槛。随着全球经济一体化和中国加入世贸，为了提高企业自身的抗风险能力，与国外优势企业相抗衡，许多企业已着手实施业务流程再造，企业的竞争能力明显增强，经济效益大幅提高。新国线经过三年的发展，初步完成了量的扩张，开始进入质的提高与量的扩张并进，并以质的提高为主阶段，企业需要突破传统的管理模式，建立起适应市场的新型管理模式。因此，无论是大环境，还是小气候，都为新国线实施流程再造提供了“天时”。流程再造的真正目的并不是流程本身，而是通过再造所能形成的核心竞争力，包括企业组织自己拥有的独特的并与其他企业相比略胜一筹的组织管理、战略规划、品牌创新等方面的能力。

企业未来的战略发展规划提供了流程再造的内容和实现动机。新国线发展战略规划(2004～2010年)为新国线实施流程再造提供了“地利”。流程再造根据企业未来发展的战略规划，对企业各项运作活动及其细节进行重构、设定与阐述，特别强调整体全局最优而不是单个环节或作业任务的最优。新国线以发展战略规划为行动指南，摒弃了职能导向的管理理念，确立了以“最大限度满足顾客需求”的流程为核心的组织形式，从根本上确保新国线整体服务水平的日趋完善。同时新国线通过对管理层级的压缩，缩短了高层管理者与员工、顾客之间的距离，帮助企业准确预测市场动向并及时进行经营决策调整，以提高顾客满意度。

培养一个鼓励学习、善于学习的企业环境，是企业顺利实现流程再造的重要保障。海纳百川，厚积薄发，是新国线人的优秀品质，新国线员工以博大的胸怀接受一切先进的知识和经验，点滴积累、持续改进、不断超越，为新国线进行流程再造提供了“人和”。培育一个鼓励学习、善于学习，特别是从失败和不断革新中学习的企业环境，当员工们在学习、进步、积极推动流程再造中获得成果、信心、满足感和成就感时，企业才能真正拥有成功实现流程再造的不竭源泉。

天地人和、上下同欲，为新国线流程再造的顺利实施提供了得天独厚的契机。新国线人通过分析原有流程，科学判断其是否影响企业核心竞争力的发挥，以提高企业核心竞争力为目标，充分利用企业长期以来积累的知识和经验，将流程中的各个环节有机地组织在一起，密切相互间的协作关系，找出增加价值的工作，消除不必要的重复性工作，减少环节间的延迟，力争改进流程中每一环节的工作绩效，通过战略设计和组织管理模式上的变革，将企业运行中被割裂的过程重新联结起来，使其成为一个连贯的流程，使流程更加通畅，通过对业务流程的集成与优化，更加贴近顾客，创造更多的“消费者剩余”，实现成本和效率的整体优化，增强企业的核心竞争能力。

在这个充满竞争、机遇和挑战的行业中，新国线人将用智慧、服务和文化的力量，使新国线成长为令人尊敬的“四满意”企业，即用精细化服务，使消费者获得愉悦，让顾客满意；遵纪守法、诚信经营，为政府排忧解难，让政府满意；共生双赢，和谐发展，让合作伙伴满意；给为企业作出贡献的员工以实惠、舞台和未来，让员工满意。这是新国线人毕生的追求和使命，也是新国线进行流程再造的出发点和落脚点。

第三章 新国线发展战略

第一节 战略背景

随着我国国民经济的快速发展，我国道路运输发展也进入了新的历史时期。

首先是公路基础设施建设飞速发展。到2003年，全国高速公路通车里程已达3万多公里，国家公路主干线运输主枢纽系统初步形成；“两纵两横三个重要路段”全部贯通，国道主干线日益增长，逐渐形成全国高速公路网络。此外，根据国家高速公路网规划，我国将建成布局为“7918”的高速公路网络，即7条放射线、9条纵线、18条横线。预计2020年高速公路总里程将达到8.5万公里，长三角、珠三角、环渤海经济区等三大都市圈内将形成城际高速公路网。其次是大批高档客车进入快运领域，与之相适应的先进服务理念、管理手段、科技水平，将大大提高道路运输的现代化及信息化水平。再次是运输市场机制日臻完善。在国家经济产业结构调整政策的指引下，不断深化改革的运输企业成为快捷道路旅客运输的主体，从而加快集约化、规模化运输格局的形成步伐。

时代赋予了新国线新的历史使命，即按照交通部“企业应站在较高的起点上，树立全新的经营理念，强化企业内部管理，以一流的设备、一流的管理、一流的服务质量，努力创造一流的业绩，为社会提供安全、优质、快速、便捷的运输服务”的要求，新国线将继续以建设“面向全国的综合道路运输网络”为目标，以“打造中国道路客运第一品牌”为追求，通过网络化、品牌化、集约化、规模化、精细化、集团化经营，实现道路运输业的跨越式发展，降低道路运输服务成本，提高服务质量和服务品种，最大限度地满足顾客需求，努力实现打造“中国道路客运第一品牌”的宏伟目标。

第二节 方针原则

一、指导方针

在国家经济产业结构和交通运输结构调整政策的指引下，新国线把京沪高速公路作为构筑和发展面向全国道路运输网络的第一块阵地，紧紧围绕资源、资本、品牌三大战略要素，通过资产重组、增资扩股、收购兼并、合资合作等方式获取经营资源，扩大业务范围； 通过东部结网、中部辐射、西部布点形成面向全国的道路运输网络； 通过网络化、集约化、规模化、精细化、集团化经营形成品牌个性； 通过引进国际国内同行先进企业的管理、技术和资金，增强实力，丰富品牌内涵。以一流的设备、一流的管理、一流的服务质量，努力创造一流的业绩，获得企业效益最大化和社会效益最优化。

二、基本原则

（1）遵循以科学的发展观，为促进经济社会全面发展提供交通运输保障的原则，以人为本，优质服务，实现企业快速、持续、健康、有序发展；

（2）遵循交通部有关交通运输结构调整的原则，坚持道路运输与其它交通运输方式紧密衔接、合理分工、协同发展；

（3）遵循国家高速公路网和公路枢纽建设规划原则，因地制宜地采取东部结网、中部布点、西部辐射的策略，由东向西、由南向北逐步加密，建设面向全国的道路运输网络；

（4）遵循效益优先的原则，发展重点转入质量并重、以质为主，优先选择能以诚信合作为基础、高层次强强联合的同业伙伴，优先连接能构成网络体系、提高市场占有率的优质营运线路；

（5）遵循交通部《关于在京沪高速公路上开展结点接驳运输试点工作的通知》的文件精神和有关原则，完善结点运输理论、驿站、票务、快运、网站建设以及新国线CI形象统一工作，加强结点运输经验在沪珠等线路上的推广应用工作；

（6）遵循以顾客为关注焦点的原则，用精细化的服务，不断提升品牌形象，使顾客获得愉悦，让顾客持续满意，实现企业经济效益和社会效益的双丰收；

（7）遵循“优势互补、互惠互利、共建共享”的双赢合作原则，加速与各地道路运输企业的合作，共同规范道路运输市场，发展全国性道路运输网络；

（8）遵循集团化经营的原则，发展控股、参股、加盟、代理、协作关系，通过一体化管理，促进企业集约化经营、规模化发展，实现企业集团良性发展；

（9）遵循以人为本的原则，注重人力资源培育和人力资本激励，建立以业绩为导向的激励机制。

第三节 战略目标

一、总体目标

利用五年时间，即到2010年，新国线按照以国道主干线为基础，以中心城市枢纽为基地，沿线站场布局合理的战略发展思路，形成“一弓两箭、两弓成环”的道路运输网络，并充分利用客运网络优势，同步发展快速货运、物流、旅游客运、汽车租赁等运输服务项目，使新国线发展成为拥有较大市场占有份额、最丰富的服务内容和最高素质员工队伍的、发展潜力巨大的大型道路运输企业集团。

二、具体目标

1. 人才战略

新国线将建立以业绩为导向的激励机制，激发员工才干和潜能，培养员工的归宿感和责任感，增强企业的向心力、凝聚力，打造一支在共同信仰指引下的高效、稳定、和谐的职业经理人队伍和员工队伍。到2005年初步建成职业化的经理队伍、专业化的管理队伍、技能化的员工队伍，企业从业人员持证上岗率达到100%，员工素质处于行业领先水平。

2. 企业集团的组建和运作

新国线将于2004年底完成企业集团董事局的组建和运作，通过企业集团的组织形式，实现对自愿加入企业集团的核心层和紧密层企业的经营一体化管理，实现对个别关联层和松散层企业的业务一体化管理，充分发挥成员企业的各种优势，扩大成员企业的经营领域和范围，降低运营成本，提高经济效益，培养新国线的整体核心竞争能力，推进中国道路运输业的跨越式发展。到2010年集团资产规模翻一番，实现服务地域范围全国第一，销售收入和运输效率全国第一，服务品种全国第一，安全和服务质量全国第一。

3. 管理技术

新国线在对京沪高速公路为代表的超长运距进行结点运输试点工作的基础上，通过近三年的研究、实践、总结和完善，为高速公路长途客运实施结点接驳提供了强有力的理论依据和实践基础。《道路运输业发展规划纲要（2001～2010年）》的工作目标中已将“长途客运结点化”提到了议事日程。新国线“京沪高速公路结点接驳运输试点工作” 2004年底将申报交通部验收，并逐步向全国其它线路推广。

新国线推行ISO9001：2000国际质量认证，通过实行全流程的、全员参与的全面质量管理，使服务提供全过程中影响服务质量的各种因素始终处于受控状态，使公司有能力持续提供符合质量标准和顾客满意的服务。2004年新国线建立起文件化的质量管理体系并投入试运行，2005年初通过质量认证并持续改进。

新国线适时进行业务流程再造，以实现资源最优配置。2004年底将完成对原有流程的分析，科学判断每一流程对核心竞争力发挥的影响作用，通过对战略设计和组织管理模式的变革，将企业运行中被割裂的过程重新联结起来，使其成为一个连贯的流程，更加贴近顾客，创造更多的“消费者剩余”，实现成本和效率的整体优化，预计2006年完成新国线企业流程再造并持续改进。

新国线仍将积极与北美灰狗加拿大运输有限公司在管理、维修、小件快运、国际旅游运输等方面加强合作，全面提升新国线的管理水平和业务拓展水平。

4. 品牌建设

以文化丰富内涵、以服务体现关怀将是新国线品牌的成长之路。通过提高“新国线”品牌的知名度、知誉度、忠诚度，将新国线打造成实力雄厚的强势品牌，从而进一步增强“新国线”品牌的获利性、拓展性、持续性。2005年初将在新国线系统内完成新国线CI形象的统一，对CI的使用和管理工作进行督导；2005年底完成对新国线职业经理人的在职培训、管理人员的专业培训和技术人员的技能培训。

5. 运输网络化建设

新国线按照以国道主干线为基础，以中心城市枢纽为基地，沿线站场布局合理的战略发展思路，经过4至6年时间，形成“一弓两箭、两弓成环”的道路运输网络。

2005年之前，新国线通过资源整合，在拥有30多家控股子公司，14个驿站，形成京沪、东南沿海道路运输网络的基础上，实现与中部地区实力企业的合作，形成京珠与东南沿海至京沪的运输网络。在2003年获得道路旅客运输企业一级经营资质的基础上，三年内完成新国线集团的股份制改造，进入资本流通市场。

2007年之前，新国线将通过购并、重组、战略联盟、一体化等战略扩大集团规模，以京沪、同三东南沿海段、京珠等干线公路为骨架，形成以东南沿海和长江、黄河中下游为主，向西延伸的“一弓二箭”大运输网络。同时，分期分批建成10个新国线等级客运站，80个新国线驿站，形成覆盖15个省市区的新国线道路运输网络框架。

2010年之前，通过以西部枢纽为基点的“北上南下”发展战略，逐步开发西南道路客运市场和西北道路客运市场，积极推进新国线全国道路运输网络建设，形成新国线“第二弓”运输营运线路，与原“一弓二箭”运输线路一起形成“两弓成环”的道路运输网络。同时，在交通部重点规划建设的45个公路主枢纽城市及其它重要城市，分期分批完成新国线的运输布点工作。

6. 上市融资

通过上市融资，拓展新国线融资渠道，募集新国线发展所需的资金，以便更好地实现企业的持续经营。同时，通过上市融资，促进企业完善法人治理结构和股本结构治理，大大提高新国线的市场影响力和竞争力。利用三年左右时间，即在2006年前，实现新国线在国内或国外资本市场的上市融资。

7. 同网经营

以新国线管理信息网络为手段，实施“同网经营”战略，是新国线发展的基本策略选择与战略取向。2004年至2010年，通过建立健全道路客运经营网络体系，逐步带动小件快运、物流服务、旅游客运、车辆租赁等业务的发展。发展依托快速客运的快速货物运输，实行“客运成网、以网促货”，快速货物运输做大做强之后将自成体系；依托网络，稳步发展物流服务；以网络枢纽中心为基地，以沿线驿站为支撑，发展旅游运输；依托网络开展汽车租赁服务，实施“同网经营、延伸内涵”战略，形成规模，逐步发展新国线网络内的汽车“异地租赁”业务。

三、目标体系

“新国线”发展战略之目标体系由总体目标，具体目标和子目标共同构成（图1-3-1）。

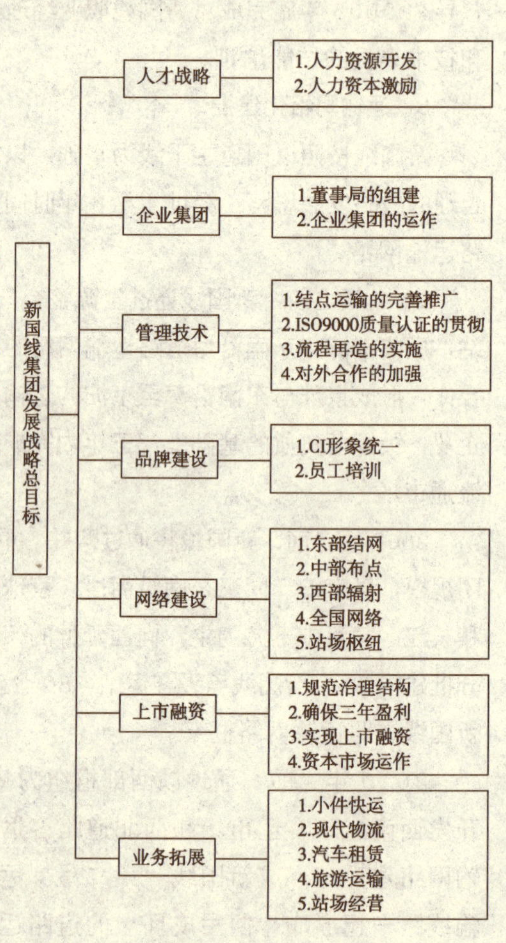

图1-3-1 新国线发展战略目标

第四节 实施对策

一、完善母子公司体制，组建企业集团

新国线将通过《新国线集团子公司管理暂行办法》，逐步理顺产权关系，建立出资人制度，按照公司治理结构的要求，管理公司资产、决策重要投资、选择经营者、监督审计和协调服务，实现产权清晰、权责明确、政企分开、管理科学，决策健全的执行和监督体系。新国线将按照法定程序适时对各子公司的法人治理机构进行调整，明确股东会、董事会、监事会和经理层的职责，形成各负其责、协调运转、有效制衡的公司法人治理结构。

同时，新国线将通过企业集团董事局的组建和运作，以资产和一体化为主要联结纽带，实现对自愿加入企业集团的核心层和紧密层企业的经营一体化管理，实现对个别关联层和松散层企业的业务一体化管理，促进各成员企业之间能够进行良好沟通，加强业务研讨、经验传播和标准推广工作，增强新国线整体协作能力。

二、实施战略联盟

新国线在东南沿海和京沪沿线有相对比较完善的运营网络，在品牌建设方面有着良好的发展理念，在市场营销及推广方面有丰富的实践经验，因此，积极寻求与当地实力较强的客运企业开展合作，通过各种协议或契约建立起股权或非股权形式的共担风险、共担成本、共享利益，以实现优势互补、共创市场的一种双向或多向式长期合作模式，是新国线实现长期战略规划的重要举措。通过与当地企业建立战略联盟合作伙伴关系，利用当地企业优良线路及站场资源，继续完善新国线全国性道路客运网络建设，扩大新国线在全国范围内的影响，打造新国线强势品牌，从而扩大成员企业的经营领域和范围，降低整体运营成本，提高经济效益。

三、实施技术、服务领先策略，完善质量保障体系

新国线积极探索和寻求客运服务上的差异性，吸引更多的乘客乘坐新国线班车，是在激烈竞争的客运市场上迅速发展和壮大的必要途径。新国线通过采用舒适的车辆、先进的智能运输系统，以保证旅客运输过程的舒适性；通过加强车辆技术管理、行车安全教育，采取新国线快车配备乘警，协助抓好客运班线“始发前安全监管、运输途中随车防范、线路上设点稽查”的长效安全管理工作，以保证旅客旅途的安全性；通过严格落实星级服务标准，使从司乘站人员到各级管理人员对乘客从进站、上车到途中、到站等实行全过程、全方位的服务，以保证旅客旅途的温馨。

新国线将推行ISO9000国际质量认证，建立起科学的质量管理体系，并通过体系的有效运行和持续改进，推动企业不断提高管理水平并逐步实现与国际接轨，推动全体新国线人树立全程优质服务理念，建立起真正意义上的全程质量保障体系。

四、重置组织机构，实施流程再造

根据新国线目前的发展现状及未来的发展战略，制定符合战略需要的组织结构，只有战略与组织结构达到最佳配合时，才能有效实现战略目标。机构的设置除基本部门外，还应根据培育新事业成长点的需要设置明确的责任部门。同时，根据战略规划，实施业务流程再造，是提高新国线核心竞争力的重要支撑。按照重新梳理、审视生产过程，找出存在问题，加以分析、诊断，从而设计出符合市场需要和企业科学经营要求的一系列流程的思路，分步骤地实施业务流程再造，从而不断创造优势，提高新国线的核心竞争力。

五、加强道路客运品牌建设，重视无形资产增值

新国线已初步完成了CI形象的理念识别、行为识别、视觉视别三个系统的科学分析、研究与定位，制定出了整套的VI形象手册和星级服务标准，建立了品牌使用责任制。人力资源部负责安排组织员工培训，向管理者和员工传达新国线CI，让每一位员工自觉成为新国线品牌的亲善传播大使；企业管理部负责对服务质量、车辆卫生、驾驶员和导乘员的服务规范、车身外观等进行

规范化、制度化管理，让新国线的司乘和车辆成为中国道路客运一道亮丽的风景线；结点运输部负责驿站建设中规范使用新国线CI，让驿站成为塑造新国线品牌形象的重要窗口；新国线管理学院负责对各级管理人员和员工进行CI的培训实施，向员工传播新国线CI，让每一位管理者和每一位员工成为新国线品牌。

通过对新国线品牌的培育和维护，确定新国线的品牌竞争优势，吸引更多的优秀企业加盟新国线，共享新国线品牌，从而全面提升新国线无形资产的增值能力。

六、加强人力资源的开发与管理，培育核心竞争力

新国线在人力资源开发与管理上坚持“以人为本”的原则，坚持以被管理者为主体，诚信立业，实现人的价值，建设企业文化，崇尚儒商原则；坚持尊重人、理解人、关怀人、信任人和不整人的原则；坚持制度化、科学化、标准化、严格化以及经常化的原则；坚持自觉、自主、自治、自控和自律的原则；坚持需求定位与能力意愿定位相结合的原则。通过以终身员工制和企业年金制为主的长效激励机制，以薪酬体系为主的短期激励制度和以末位淘汰制为主的人员约束机制相结合的方式，推进人力资源改革，重视人力资本在企业战略目标执行和实现中的作用，使人力资本不断增值的目标优先于资本增值的目标，提高新国线的核心竞争力。

在新国线核心价值观的统一指引下，通过进一步贯彻落实“努力比能力更重要”、“行动比创意更重要”的基本理念，激发员工的工作干劲和发展潜力，为人才充分发挥作用创造机会、提供舞台，是新国线人力资源管理的核心内容。

七、加强企业文化建设，塑造良好企业形象

新国线严格按照企业文化组成的定义，构建了企业文化的精髓（企业的价值观和企业精神）、企业文化的企业机制与制度以及企业文化的外观表现等三个部分。新国线将继续贯彻“坚持诚信、渴望创新、科学经营、注重业绩”的核心价值观和“创新、合作、规范、效率”的企业精神，建立健全各项规章制度，逐步统一新国线的CI形象，并通过严明的纪律使员工树立起强烈的纪律观念和为全系统做榜样的意识，维护新国线的品牌形象，展现新国线人的风采。

新国线将通过各类培训活动，采用不同的培训方式将新国线企业文化、核心价值观在这些培训活动中传达给员工，以营造新国线和谐、积极向上的文化氛围，潜移默化地影响并改变员工的行为，确保员工对企业文化高度认同，提高员工各方面的素质和能力，使其真正成为新国线企业文化发展和创新的主体。

八、培养创新能力，不断挖掘客运延伸服务的新内涵

创新是企业在激烈竞争中得以生存和发展的根本出路，也是企业获得竞争优势的主要方法和手段。培养集团的整体创新能力主要应在观念创新、制度创新、技术创新、管理创新、战略创新和品牌创新上有所突破，同时将新国线的核心价值观内容之一“渴望创新”真正落到实处。在新国线实施经营一体化和业务一体化的创新基础上，应着重依托道路客运网络，在开展前向或后向一体化方面要有新的思路； 围绕小件快运、物流、旅游客运、车辆租赁等延伸服务项目，不断培育集团的创新能力。

九、健全和完善各项规章制度，重视战略规划管理

加强与国内外同行先进企业、高等院校的合作，根据政策调整和市场变化，制定一系列的发展战略、技术创新战略和市场营销战略，各成员企业按照总体发展战略的要求，以市场为导向，制定出本企业的发展战略，实现新国线规范、有序的发展。

新国线将以制度管理为核心，强化基础工作，建立层级负责制，加强考核和监督机制，确保各项工作有人负责、有人监督、有人考核。通过制定和完善基本规章制度及具体规章制度，如产权代表管理办法、投资收益分配管理办法、预决算管理办法、经营目标责任制度、考核制度等，使各项管理工作制度化、规范化、标准化，努力提高内部管理水平。

第四章　新国线基本运行规则

第一节　公司的宗旨

一、基本理念

第一条　核心价值观

新国线的核心价值观是“坚持诚信、渴望创新、科学经营、注重业绩”，这四者相互联系，相互依托，它是新国线保持长盛不衰、持续发展的基本理念，是新国线实现跨越式发展的行动纲领。

第二条　责任使命

新国线的基本使命是为社会提供尽可能多的有用产品，让尽可能多的人进行消费；为社会最大限度地创造财富，并使这种财富不断增加；企业要尽可能多地为人才实现自我提供条件，尽可能多地为社会提供就业机会。

第三条　发展目标

新国线以建设“面向全国的综合道路运输网络”为目标，以“打造中国道路客运第一品牌”为追求。通过网络化、品牌化、规模化、集约化、精细化、集团化经营，实现道路运输业的跨越式发展。降低道路运输业服务成本，提高服务质量，创新服务内容，支持国家经济发展，改善人民生活条件。

第四条　企业精神

新国线以“创新、合作、规范、效率”为企业精神。“创新”就是探索、突破、独辟蹊径，“合作”就是开放、诚信、利益共享，创新和合作是企业跨越式发展的灵魂；“规范”就是制度、自律、操作标准，“效率”就是技术、方法、勤奋努力，规范和效率是企业效益最大化的源泉。

第五条　十大观念

就身份而言，要树立所有者观念、经营者观念和生产者观念；就外部而言，要树立市场观念、营销观念和客户观念；就内部而言，要树立资本观念、人本观念、品牌观念和危机观念。

第六条　工作作风

精益求精、科学严谨、锲而不舍、雷厉风行是新国线的工作作风。“精益求精”就是追求卓越、永无止境，“科学严谨”就是敬业求实、严肃认真，“锲而不舍”就是坚持不懈、永不放弃，“雷厉风行”就是令行禁止、果敢高效。

第七条　经营目的

新国线作为面向全国发展的现代化道路运输企业组织，主张在顾客、员工、经营者与股东之间结成利益共同体，共同分享新国线事业的丰硕成果，在追求以利润最大化为目的的价值最大化的同时，兼顾所有者利益最大化、经营者利益最大化和社会效益最大化。

第八条　服务理念

新国线的服务理念是“温馨旅途、真情处处”，通过为旅客在旅行过程中提供全方位、人性化的、无微不至的关怀，架起旅客与新国线之间情感的纽带，用真情打动顾客，用服务争取顾客，用温情留住顾客。

第九条　员工

忠诚、敬业、勤奋的员工是新国线最大的财富。人力资源是新国线的第一资源。新国线强调人力资本不断增值的目标优先于财务资本增值的目标。

忠诚、敬业、自律、学习是对每一位员工的基本要求。

努力比能力更重要，行动比创意更重要，但必须以能力和创意为前提，行动才能更有成效。

第十条　企业文化

新国线在发展过程中，逐渐构筑起了以核心价值观为主要内容的灿烂丰厚、内涵隽永的企业文化，它是新国线长期培育和形成的理想、目标、价值、道德规范和行为准则的凝聚。天地人和，上下同欲，新国线对外奉行共生双赢、和谐发展，对内倡导员工与企业心手相牵、同舟共济，使企业成为坚不可摧的金刚石组织。

新国线的文化理念能否化为行动，就要求领导、管理队伍率先推行，就要求企业不断宣传员工中正确行动的代表。

二、基本目标

第十一条　网络建设

新国线要用十年左右的时间建立起面向全国的综合道路运输网络。

地域范围： 以国道主干线网络为骨架，东部结网、中部布点、西部辐射，形成“一弓两箭，二弓成环”辐射全国的网络构架。

网络业务包括班线客运、物流快递、旅游客运、汽车租赁等道路运输业务。

第十二条　品牌建设

品牌建设是一个充满挑战与机遇的过程，也是一个持之以恒、精耕细作的过程，更是新国线人展示智慧、演绎激情的过程。新国线品牌是新国线形象的象征、实力的展现和文化的凝炼，是所有新国线人共同的财富，也是企业最宝贵的资源，新国线人将像维护自己的生命一样维护自己的品牌。

第十三条　团队建设

优秀企业团队建设是新国线的核心技术之一。新国线希望各级经理人将新国线事业视为职业生涯，体现为经理岗位上的专业素质、职业道德、创新智慧和献身精神，体现为自我成就的实现，以高标准造就一支具有新国线特色的经理人队伍，坚持使新国线成为立志打造中国道路客运第一品牌，并认同一体化运作规则的“老板孵化器”。

企业的跨越式发展也取决于企业组织和管理团队能否实现跨越式地前进。

第十四条　核心竞争力

新国线把品牌创新和战略创新作为企业的核心竞争力，同时，牢牢把握创新与务实的辩证关系，在创新中务实，在务实中创新，通过不断的创新来扬长避短，化逆势为优势，为企业赢得更大的发展空间，激励新国线更快、更好地为顾客提供满意的服务。

第十五条　利润来源

新国线将按照战略发展的要求，从全面发展需要和一体化运作出发，设立每个时期每个单位的合理利润率和利润目标，而不单纯追求单个企业的利润最大化。

新国线的利润不但来自于规范和效率，也来自于创新和合作；不但来自于基础管理，也来自于发展战略；不但来自于具体资源和基层企业，也来自于网络建设和综合利用；不但来自于星级服务，也来自于信息技术和运输科技的综合利用，更来自于管理模式的创新和企业集团的发展；不但来自于资本投入，更来自于无形资产和人力资本成长的能量聚变。

三、发展理念

第十六条　发展动力

以国道主干线为依托的快速客货运输系统的基本建立，以全国公路网为依托的干支相连、长短配套、遍布城乡的道路运输网络的基本完善，是新国线发展面向全国的综合道路运输网络的战略基础。

社会的稳定、经济的繁荣、生活水平的提高、城市化发展、第二产业的发展为道路运输业的振兴提供了强大的牵引力和更高层次、更高水平的市场需求。

国家交通运输结构的调整，道路运输必须与其他运输方式紧密衔接，在综合运输体系中实现合理分工、协调发展，通过对产业布局和经营结构的宏观调整，带给企业不可多得的发展机会。

新国线的发展动力来自于弘扬和发展民族道路运输业的责任感和宏伟目标，来自于创新的理念、战略的眼光、知名的品牌、科技应用的意识和优秀的管理团队，来自于员工对新国线事业的认同和崇高追求。

第十七条　发展方式

建立面向全国的综合道路运输网络发展战略是新国线跨越式发展的要求。

新国线通过不断寻找新的切入点，使处于成熟期的新国线通过推陈出新而进入新的培育期，实现新国线持续健康发展。

新国线的发展方式主要是通过无形资产的经营，吸收更多的有形资产；通过资本的投入吸引更多的资本投入。新国线根据国家高速公路网布局规划和道路运输业发展规划纲要（2001～2010），通过控股、参股、发展加盟、代理和协作企业，构筑面向全国的高速公路客运网络，使企业无形资产产生聚集效应，再向物流快递、旅游客运、汽车租赁综合网络发展。

新国线的发展潜力主要来自于对无形资产的经营。目标、战略、产品、服务、品牌所形成的经营模式本身就是生产力，是一笔无价的资产。

新国线重视获取资源、吸纳资源、重组资源、维护资源、优化资源，利用一切可以利用的资源建设和发展企业的网络。

第十八条　超越理论

人最难战胜的是自我，只有战胜自我、超越自我才能实现真正意义上的提高和进步。比对手强大不是新国线的最终目的，最高的境界就是时刻与自己赛跑，不断地超越自我，以自己的强大来不断获取新的发展空间。

第十九条　做大与做强

做大与做强相辅相成、相得益彰。做大是做强的基础，做强是做大的目标。不做大强不了，不做强长不了。

新国线发展的最理想目标是既强又大，它的内涵是“大”与“强”的叠加。

对于经营权、资源和价格处于严格管制的道路运输业，首先要从做大着手。《道路旅客运输企业经营资质管理规定》的颁布和实施，为企业创造了绝无仅有的发展机遇。新国线要通过跨越式发展的理念，快速进入战略型的上升通道。

一级资质的获得、企业集团的组建、银企关系的强化、与灰狗公司的结盟、资本市场的进入、结点运输的试点、信息系统的建立、控股公司国企改革的成功等等，都是建立面向全国的综合道路运输网络，实现跨越式发展，做大做强新国线事业的重要环节和重要步骤。

四、价值分配

第二十条　价值创造

劳动、知识、企业家、资本是创造企业全部价值的基本要素。企业的价值首先体现在无形资产上，其次才是有形资产。在无形资产当中，人力资本是企业价值的主要创造者。

第二十一条　人力资本

新国线是用转化为资本这种形式，使劳动、知识以及企业家的管理和贡献得到体现和报偿；利用股权的激励，形成公司的中坚力量，保持对公司的有效控制，使公司可持续成长。知识资本化与适应技术和社会变化的有活力的产权制度，是新国线不断探索的方向。新国线实行员工持股制度，一方面，认同新国线的模范员工，结成公司与员工的利益与命运的共同体。另一方面，不断地使最有责任心与才能的人进入公司的中坚层。

第二十二条　价值分配的原则

效率优先、兼顾公平，效率是绝对的，公平是相对的，坚决反对以牺牲效率来换取公平，这是新国线价值分配的基本原则。新国线将用一流的薪资聘用一流的人才，但企业的人力成本也要在行业内保持竞争力。

第二十三条　价值分配的依据

价值分配的依据是：能力、责任、贡献和工作态度，分配形式是：工资、奖金、福利、荣誉四个方面。工资和奖金是物质激励。工资体现员工资历和级别的不同，但奖金与级别无关，奖金分配的惟一依据是员工的岗位绩效。福利与荣誉是精神激励。对于工作岗位中长期表现优秀的员工，新国线实行企业年金制，是公司对员工未来的利益承诺，是对员工长期劳动和贡献的肯定。

第二十四条　价值分配的合理性

新国线遵循价值规律，坚持实事求是，在公司内部引入外部市场压力和公平竞争机制，建立公正客观的价值评价体系并不断改进，以使价值分配制度基本合理。衡量价值分配合理性的最终标准，是公司核心竞争力的增强和发展成就，以及全体员工的士气和对公司的归属意识。

第二节　基本经营政策

一、业务发展

第二十五条　资源获取

经营理念、经营品牌和经营资质是新国线获取经营资源和客户资源的基础，理念、战略和品牌的塑造是企业发展的根本。申请、竞标经营资源，争取客户资源是企业发展的重点工作。经营资源和客户资源的拥有量决定着企业的市场份额，市场份额决定着企业的利润率。

新国线要以大企业的心态和可持续发展的理念对待资源获取。新国线认为，经营资源是最重要的无形资产之一，是利润的源泉。直接申请和竞标一手资源是新国线资源获取的基本原则。新国线是一个实业公司，不允许依靠经营资源的买卖来获利，应当通过资源获取、资源培育、资源优化、资源开发来获得经营成果。

第二十六条　合作发展

合作是企业发展和壮大的基本要素。面向全国的综合道路运输网络建设，不可能只依靠申请、竞标、收购完成，必须以合作为基础才能实现。合作就是开放、诚信和利益共享。在合作中，新国线保护合作方的既得利益，回避无形资产评估的繁琐程序，只分享共同合作的经营成果，参与和共享网络化经营所带来的额外发展机会和经营利益。

第二十七条　企业集团

新国线坚持合作方式的多样性，通过建立资本关系和管理关系，借助企业集团这一载体，加强对合作企业的管理，增加新国线的整体竞争力。企业集团是一种致力于治理创新、经营创新、战略创新、管理创新、技术创新和品牌创新的组织，需要集团公司和合作方更新观念、自主自愿、共同探索。

第二十八条　增值服务

发展道路运输业，在网络化、综合化两个方面都存在巨大的发展空间。在网络化方面，存在高速公路客运、物流快递、旅游客运、汽车租赁四个方面的全国共网经营。在综合化方面，存在市场化、主动式综合汽车服务的发展机会，可以提供包括公共交通在内的“学、售、包、租、修、助、聚、游”等“一条龙”综合汽车服务。

第二十九条　布点连线

以国道主干线建设为导向，以资质获取为突破，以结点运输为特色，采取

"布点"与"连线"相结合的方法，率先建立全国高速公路客运省际网络。对于短途线路，采取"先布点、后连线、再组网"的策略；对于国道主干线规划和即将全面贯通的路段等超长线路，要努力争取经营权，采取"先连线、后组网、再增点"的策略，争取控制全线。

第三十条　结点运输

结点运输使"先连线、后布点"成为可能，是新国线挑战道路运输发展极限距离的大胆尝试。结点运输就是规划性、控制性和及时性的配载运输。结点运输通过将一条超长直达线路发展成为沿途有若干个结点的线路，使超长线路通过换乘接驳形成贯通各地的客运线路。

第三十一条　物流发展

快速货运及物流网络的建设，按照以下三个步骤：

（1）随着高速公路客运网络的发展，小件快运将同步发展。

（2）建设各地分拣中心，使小件快运网络发展为快速网络，实现站到站向门到门的服务升级。

（3）第三方物流的发展，实施"大客户策略"。以企业购并为手段，实现快速突破。从局部配送向全国配送发展，从局部采购向全国采购发展。通过采购与配送的结合完成全国第三方物流网络的建设。

第三十二条　旅游客运

以已形成的运输网络为基础，利用网络结点拥有的旅游资源，开展各种形式的旅游业务，凸显吃、住、行一体化的品牌特色。

第三十三条　汽车租赁

以已形成的运输网络为基础，以中心城市为重点，以满足公务、商务出行为目的，凸显以汽车租赁为载体的、全程秘书增值服务为特点的品牌特色。

二、经营管理

第三十四条　经营管理的宗旨

要实现传统道路运输业的跨越式发展，必须在网络化、品牌化、集约化、规模化、精细化、集团化方面形成品牌个性，通过引进国际国内先进企业的管理、技术和资金，丰富品牌内涵，以一流的设备、一流的管理、一流的服务质量，努力创造一流的业绩，实现企业效益最大化和社会效益最优化。

第三十五条 网络化

网络化经营是新国线实施跨越式发展的灵魂。网络化经营不仅是一种发展战略，也是一种运作方式。网络化是一种经营创新和增值服务。网络化经营是以出行为对象的综合性服务，是将物流技术理念引入旅客运输服务，满足客货共网经营的一种综合运输方式。

第三十六条 规模化

规模化不但是微观经济规律所要求的，更是实现社会效益和保证可持续发展所必需的。通过增加人、财、物生产要素的投入，促使企业在组织结构、从业人员、设备设施、经营业务种类、经营线路等方面达到一定规模和标准，规模化是实现新国线网络化经营的必要条件。

第三十七条 集约化

集约化经营是价值链深度和广度的强化管理，通过加大资金、科技和劳动的投入，以及不断完善管理机制和推动技术进步，提高企业资产存量的质量和优化配置，增强企业整体素质，创立在国内、国际道路运输市场上具有相当影响的知名品牌，获取较高的社会效益、经济效益和环境效益，实现企业持续、健康、快速发展。

集约化经营有两个着眼点：一是着眼于企业资源的质量提高和优化配置；二是着眼于企业自我积累、自我发展、自我制约。

第三十八条 品牌化

新国线品牌创建的核心在于精神，员工工作时的良好感受，是他们工作效率提高的源泉。围绕品牌的核心价值观不断进行创新，不断巩固新国线品牌在消费者心目中的形象，以一种积极的态度，加强对消费者的沟通，对消费者心存感激，是将新国线打造成为中国道路客运第一品牌的重要阶梯。

第三十九条 精细化

精细化首先是一种意识、一种理念、一种精益求精的文化。精细化追求卓越，永无止境。其次，精细化是在现有规范化的程序、环节上的行为或状态等向更精准和更细致的方向发展，精细化后形成的标准或规定又成为更高层次的规范。精细化和规范化是相辅相成、互为基础、循环递进式发展的。新国线的精细化管理，是为适应集约化和规模化经营方式，建立的目标细分、标准细分、任务细分、流程细分、成本细分，以及精确计划、精确决策、精确控制、精确考核的一种科学管理模式。

第四十条　集团化

集团化是企业治理形式的一种创新。由于资金、资源的“稀缺性”，建立面向全国的综合道路运输网络决不是风险资本的购并重组，而是实业资本的联合，是一种共建共享的联合。集团在母子公司之间较为松散的资产纽带基础上增添了一层粘合力，以法律的形式树立了集团和母公司的权威。由于成员企业遵循同一个游戏规则，保持了母公司与子公司之间稳定的业务合作关系，贯彻了统一的质量标准体系，这是新国线企业核心竞争力的关键所在。

三、一体化运作

第四十一条　一体化运作

企业集团的联系纽带有两种：一是资本纽带，二是一体化运作的管理纽带。资本纽带主要是针对集团公司，下级企业与集团公司的关系是依据《公司法》的治理关系。新国线企业集团主要是依据一体化运作而设立，是依据《合同法》的契约关系，是对治理关系的一种创新。一体化运作关系不改变企业间的产权关系。

一体化运作是网络化经营和企业集团管理的基础。一体化运作包括两个方面的目的：一是网络业务的“业务一体化”运作，即特许和代理层次的一体化运作。二是增强集团实力和经营效益、实现集约化经营的“经营一体化”运作，即“控股、参股式”或“分公司式”的一体化运作。

第四十二条　业务一体化

一体化运作的形式主要包括：

（1）统一业务决策；

（2）统一品牌形象；

（3）统一战略规划；

（4）统一营运调度；

（5）统一公共形象和公共关系；

（6）统一服务规范和质量标准；

（7）统一设施设备和技术装备；

（8）统一业务操作流程；

（9）统一管理信息系统；

（10）统一结点驿站体系；

（11）统一维修保养体系；

（12）统一安全及应急处理体系；

（13）统一特许、代理体系；

（14）统一价格体系；

（15）统一营运统计系统；

（16）统一结算体系；

（17）统一评价激励体系；

（18）统一培训和测评体系。

第四十三条　经营一体化

集团公司对核心层和紧密层实行经营一体化管理。对紧密层的经营一体化管理是指在业务一体化运作基础上的分公司式管理。具体包括：

（1）控股子公司董事与集团公司董事基本重叠。控股子公司董事会直接向企业集团董事局负责，控股子公司经理直接对本公司董事会董事长也即集团区域主管副总经理负责；

（2） 全面预算管理；

（3）资金统一由结算中心管理；

（4）实行收支两条线管理；

（5）强大的资金借贷支持；

（6）统一监控下的财务独立核算；

（7） 全面劳动人事管理；

（8）控股企业可共享一级经营资质、统一质量信誉评审；

（9）统一资源招标、申请管理；

（10）可申请集团公司的二级特许、代理和协作权利；

（11）无偿享用品牌和企业文化；

（12）依《公司法》，合资公司严格按股权比例分享经营成果和财产处置权利。

第四十四条　内部关系

企业集团成员与企业集团的关系，其本质是各子公司与集团公司的关系，分为一体化层和治理层。一体化层分为经营一体化层和业务一体化层，经营一体化层又分为核心层和紧密层； 业务一体化层即关联层。治理层即松散层，是指与集团公司存在产权关系，但既不参与经营一体化也不参与业务一体化的纯治理关系企业。

四、市场营销

第四十五条　市场地位

新国线的市场地位是成为业界最佳道路客运服务提供商。

市场地位是市场营销的核心目标。品牌、营销网络和市场份额是支撑市场地位的关键要素。价格日趋规范，通过协调整合避免价格战已成为不可逆转的趋势，同业之间的竞争最终将演变成服务、品牌、管理和信誉的竞争。

第四十六条　基本营销策略

新国线要想赢得市场，获取利润，必须树立新型的市场营销观念，正确把握竞争形势及市场走向，确定目标市场的需求和欲望，依据新国线自身的条件和优势，进行营销战略的创新、突破，有效利用各种营销手段，创造营销特色及品牌，充分体现新国线的“快捷”、“舒适”、“安全”、“正点”等特征，更为有效地传送旅客所期望的服务。

（1）从潜在旅客的大众性出发，着眼于无差异市场，采用规模经营、整体开发战略；

（2）从旅客现实需求的多样化出发，定位于差异性市场，采用特色经营与服务；

（3）从道路运输市场的区域性、季节性出发，定位于道路运输区域密集型市场，采用集中地区和集中时间经营，突出开发性道路运输市场营销战略；

（4）从市场营销渠道出发，改善营销方式；

（5）多采取非价格促销手段。

第四十七 条资源共享

市场变化的随机性、市场布局的分散性和公司运作的一致性，要求新国线必须能够迅速调度和组织大量资源抢占市场先机和形成局部优势。因此，营销人员必须采取灵活的运作方式，通过事先策划与现场求助，实现资源的动态最优配置与共享。

五、运输科技

第四十八条 运输科技的意义

运输科技的应用是实现运输合理化的重要途径，是新国线的品牌要素，是建立面向全国的综合道路运输网络的基础和前提。计算机网络技术、3S 技术(GPS、GIS、GSM)、ITS(智能交通技术)以及物流技术和车辆技术的高水平应用将对道路运输的现代化程度和组织化程度，以及业务运作、员工队伍、管理团队、基础管理和企业组织等产生革命性的影响。

第四十九条 运输科技的内容

新国线网、协同办公网、营运调度系统、GPS 调度管理系统及运行监控系统、呼叫中心及客户服务系统、远程联网售票系统、客载与统计信息系统、车辆维修及配件供应系统、物流及小件快运系统、旅游及旅游包车系统、汽车租赁系统等，都是新国线运输科技的重要构成。

第五十条 运输科技的实施原则

统一规划、分步实施；高层推动、全员培训；流程再造、组织更新；外协开发、内部监护；技术成熟先进、系统集成兼容。

六、理财与投资

第五十一条　筹资战略

新国线努力使筹资方式多样化，继续稳健地推行负债经营。开辟资金来源，控制资金成本，加快资金周转，逐步形成支撑公司长期发展需求的银企合作等筹资合作关系，确保公司战略规划的实现。

第五十二条　投资战略

投资的目的是为了增强企业的核心竞争能力。

新国线在制定重大投资决策方案时，不仅追逐今天的高利润项目，同时，更关注有巨大潜力的新兴市场和新业务的成长机会。新国线的多角化类型为专业关联型，不从事任何分散公司资源和高层管理精力的非相关多元化经营。

新国线中短期的投资战略仍坚持以高速公路客运投资为主，按照新国线的发展战略规划，优先保证资源型项目的投资，迅速建立起面向全国的高速公路客运网络基础。

第五十三条　资本经营

新国线在面向全国的综合道路运输网络基本建成和经营成功的基础上探索资本经营，利用产权机制、管理关系更大规模地调动资源。实现这种转变取决于新国线的网络成熟度、资源规模、获利能力、管理技术实力、团队组织的成熟性和时机。外延的扩张依赖于内涵的做实，机会的捕捉取决于事先的准备。

资本经营和外延扩张，应当有利于潜力的挖掘，有利于效益的增长，有利于公司组织和文化的统一性。新国线追求上市融资，但公司的上市应当有利于巩固企业已经形成的价值分配制度的基础。

第三节　基本组织政策

一、基本原则

第五十四条　组织建立的方针

新国线组织的建立和健全，必须：

（1）有利于强化责任，确保公司目标和战略的实现。

（2）有利于简化流程，快速响应顾客需求和市场的变化。

（3）有利于提高协作的效率，降低管理成本。

（4）有利于信息交流，促进创新和优秀人才的脱颖而出。

（5）有利于培养未来的领袖人才，使公司可持续成长。

（6）有利于网络化、一体化运营。

第五十五条 组织结构的建立原则

战略决定结构是新国线建立公司组织的基本原则。建立面向全国的综合道路运输网络发展战略，要求新国线的组织结构既要有利于多种形式的开放、合作与发展，又要有利于网络业务的一体化运作和经营一体化管理。

组织结构的演变不应当是一种自发的过程，其发展应具有阶段性。组织结构在一定时期内保持相对稳定，是稳定政策、稳定员工队伍和提高管理水平的需要，是提高效率和效果的保证。

根据职能专业化和培育新事业生长点的需要，应当在组织上有明确的责任部门，这些部门是公司组织的基本构成要素。

第五十六条 职务的设立原则

管理职务设立的依据是对职能和业务流程的合理分工，并以实现组织目标所必须从事的一项经常性工作为基础。职务的范围应科学、明确，相对设计得足够大，以强化责任、减少协调，提高任职者的挑战意识与成就感。

设立职务的权限应集中。对设立职务的目的、工作范围、隶属关系、职责和职权，以及任职资格应作出明确规定。

第五十七条 管理者的职责

管理者的基本职责是依据公司的宗旨主动和负责地开展工作，使公司富有前途，工作富有成效，员工富有成就。管理者履行这三项基本职责的程度，决定了他的权威与合法性被下属接受的程度。

第五十八条 组织的发展

组织的成长和经营的网络化必然要求向外扩张。组织的扩张要抓住机遇，而我们能否抓住机遇和企业组织能够扩张到什么程度，取决于新国线的管理团队素质和管理控制能力。当依靠组织的扩张不能有效地提高组织的效率和效果时，公司将放缓发展和扩张的步伐，转而致力于组织管理能力的提高。

二、组织结构

第五十九条　营运管理基本结构

现阶段公司的营运管理基本结构是一种二维结构：集团公司通过职能部门和片区分部管理各个经营公司。职能部门在公司规定的经营范围内承担市场研究、市场调查、业务开发、制度建设、经营策略、网络设计、标准化等研究规划、决策支持和服务支持工作。片区负责公共关系、管理协调、网络调度、市场开拓及开拓经营等执行性的职能；片区和经营公司均为利润中心，承担实际利润责任。

第六十条　资源管理主体结构

流程化管理是建立管理部门的基本原则。对于以提高效率和加强控制为主要目标的业务活动领域，一般也应按此原则划分部门。形成公司组织结构的主体。

公司的研发资源、资质资源、质量管理资源、经营资源、营运管理资源、财务资源、人力资源和信息资源等等，是公司的公共资源。为了提高公共资源的效率，必须进行审计。

第六十一条　片区分部

区域化、专业化原则是建立片区分部的基本原则。

片区分部的划分原则可以是以下两种原则之一，即业务领域原则和经营区域原则。按业务领域原则建立的片区分部是扩张型片区分部，按经营区域原则建立的片区分部是服务支持型片区分部。

扩张型片区分部是利润中心，实行集中政策，分权经营。应在控制有效的原则下，使之具备开展独立经营所需的必要职能，既充分授权，又加强监督。

对于具有相对独立的市场，经营已达到一定规模，相对独立运作更有利于扩张和强化最终成果责任的业务领域，应及时选择更有利于其发展的组织形式。

第六十二条 经营公司

经营公司是按地区划分的由集团公司控股或参股的、具有法人资格的子公司。经营公司在规定的区域市场和事业领域内，充分运用集团公司分派的资源和尽量调动集团公司的公共资源寻求发展，对利润承担全部责任。在经营公司负责的区域市场中，集团公司及其他经营公司不与之进行相同业务的竞争。集团公司如有拓展业务的需要，可采取会同或支持经营公司的方式进行。

第六十三条 矩阵结构的演进

按职能化管理划分的部门与为培养新事业成长点为原则划分的部门交叉运作时，就在组织上形成了矩阵结构。

公司组织的矩阵结构，是一个不断适应战略和环境变化，从原有的平衡到不平衡，再到新的平衡的动态演进过程。不打破原有的平衡，就不能抓住机会，快速发展；不建立新的平衡，就会给公司组织运作造成长期的不确定性，削弱责任建立的基础。

为了在矩阵结构下维护统一指挥原则和责权对等原则，减少组织上的不确定性和提高组织的效率，新国线必须在以下几方面加强管理的力度：

（1）建立有效的高层管理组织。

（2）充分授权，加强监督。

（3）加强计划的统一性和权威性。

（4）完善考核体系。

（5）培育团队精神。

第六十四条 求助支持网络

新国线要在公司的纵向等级结构中适当地引入横向和逆向的网络运作方式，以激活整个组织，最大限度地利用和共享资源。新国线既要确保正向直线流程的制定和实施决策的政令畅通，又要对逆向和横向的求助系统作出及时灵活的响应，使最贴近顾客，最先觉察到变化和机会的高度负责的基层主管和员工，能够及时得到组织的支援，为组织目标做出积极的贡献。

第六十五条　组织的层次

新国线的基本方针是压缩组织中的管理层级，缩短高层管理者与员工、顾客之间的距离，以提高组织的灵活性。压缩管理层级一方面要压缩部门的层次，另一方面要压缩职位的层次。

三、高层组织

第六十六条　高层管理组织

高层管理组织的基本结构分为三部分：公司高层管理委员会、执行委员会与公司职能部门。

公司的高层管理委员会有：董事局的政策顾问委员会、战略规划委员会、品牌管理委员会、资产优化委员会和质量标准委员会；董事会的执行委员会、审计委员会、提名委员会、薪酬与考核委员会。

第六十七条　高层管理职责

高层管理委员会是由资深人员组成的咨询机构。负责拟制战略规划和基本政策，审议预算和重大投资项目，审核规划、基本政策和预算的执行结果，以及制定高级管理人员的薪酬方案。首席执行官办公会议负责具体落实。

公司执行委员会负责确定公司未来的使命、战略与目标，对公司重大问题进行决策，确保公司可持续成长。

公司职能部门代表公司首席执行官对公司公共资源进行管理，对各子公司、各部门进行指导和监控。公司职能部门应归口设立，以尽量避免多头领导现象。

高层管理任务应以项目形式予以落实。高层管理项目完成后，形成具体工作和制度，并入某职能部门的职责。

第六十八条　决策制度

新国线遵循民主决策、民主监督、权威管理的原则。

高层重大决策须经高层管理委员会充分讨论。决策的依据是公司的核心价值观、目标和基本政策；决策的原则是从贤不从众，真理有时掌握在少数人手里。努力营造一种环境，让不同意见存在和发表。一经形成决议，坚决实行权威管理。

高层管理委员会集体决策以及部门负责人责任制下的办公会议制度，是实行高层民主决策的重要措施。新国线的方针是，放开高层民主，使智慧充分发挥；强化基层执行，使责任落到实处。

各部门负责人隶属于各个专业委员会，这些委员会议事而不管事，对形成的决议有监督权，以防止“一长制”中的片面性。各部门负责人的日常管理决策，应遵循部门负责人办公会确定的原则，对决策后果承担个人责任。各级负责人办公会的讨论结果，以会议纪要的方式向上级呈报，报告中要特别注明讨论过程中的不同意见。

第六十九条 高层管理者行为准则

高层管理者应当做到：

（1）保持强烈的进取精神和忧患意识。对公司的未来和重大经营决策承担个人风险；

（2）一切职务行为都必须以维护公司和股东利益、对社会负责为目的；

（3）加强政治品格的训练与道德品质的修养，坚守“忠诚、敬业、自律、学习”的职业道德；

（4）倾听不同意见，团结一切可以团结的人。

四、企业集团

第七十条 企业集团的目的

企业集团是一个不具有法人资格、不拥有任何无形和有形资产的组织。企业集团依据集团公司而存在，是核心企业的延伸。集团公司与成员企业的关系本质是契约关系。企业集团的组建为这种契约关系提供了程序化的“民主决策、统一执行”的企业托管机制，为成员企业相互交流、沟通提供了渠道，为网络化运营提供了实时协调、调度机制，并通过充分发挥各成员企业的优势，扩大成员企业经营领域和范围，降低营运成本，提高经济收益，培养核心竞争能力，推进中国道路运输业的跨越式发展。

第七十一条 企业集团的功能

企业集团具有决策协调、战略规划、研究发展、品牌管理、网络运营、财务结算、资产经营、资源配置等功能，并保证网络化经营所必需的业务一体化和经营一体化运作的顺利开展。

第四节　基本人力资源政策

一、人力资源管理准则

第七十二条　基本目的

新国线的可持续成长，从根本上靠的是组织建设和文化建设。因此，人力资源管理的基本目的是，通过建立以业绩为导向的激励机制，激发员工才干和潜能，培养员工的归宿感和责任感，增强企业的向心力、凝聚力，打造一支在共同信仰指引下的高效、稳定、和谐的职业经理人队伍和员工队伍。

第七十三条　基本准则

新国线全体员工无论职位高低，在人格上都是平等的。人力资源管理的基本准则是公正、公平和公开。

第七十四条　公正

新国线的核心价值观是企业对员工作出公正评价的准则；对每个员工提出明确的挑战性目标与任务，是企业对员工的绩效改进作出公正评价的依据；员工在完成本职工作中表现出的能力和潜力，是比学历更重要的评价能力的公正标准。

第七十五条　公平

新国线奉行效率优先、兼顾公平的原则。新国线鼓励每个员工在真诚合作与责任承诺的基础上，展开竞争，并为员工的发展，提供公平的机会与条件。

每个员工应依靠自身的努力与才干，争取公司提供的机会；依靠勤奋工作和刻苦学习不断提高自身的素质与能力；依靠创造性地完成和改进本职工作满足自己的价值愿望。新国线从根本上否定评价与价值分配上的短视、攀比和平均主义。

第七十六条　公开

遵循公开原则是保障新国线人力资源管理公正和公平的必要条件。公司重要政策与制度的制定，均要充分征求意见与协商。戒“暗箱”、抑侥幸、明褒贬，提高制度执行上的透明度。新国线从根本上否定无政府、无组织、无纪律的个人主义行为。

第七十七条　人力资源管理体制

新国线信奉长期雇佣关系对企业和员工的发展均具有重要的意义。对于在工作岗位中长期表现优秀者，从经营业绩、管理规范、企业文化建设、优质服务、安全行车等方面对各层级的员工制定相应标准和条件，对于符合条件的优秀员工授予终身员工身份。但是企业和员工的关系本质仍是劳动契约关系。

第七十八条　内部劳动力市场

新国线通过建立内部劳动力市场，在人力资源管理中引入竞争和选择机制。通过内部劳动力市场和外部劳动力市场的置换，促进优秀人才的脱颖而出，实现人力资源的合理配置，激活沉淀层，并使人适合于职务，使职务适合于人。

第七十九条　人力资源管理责任者

人力资源管理不只是人力资源管理部门的工作，而且是全体管理者的职责。各部门管理者均有责任记录、指导、支持、激励和合理评价属下员工的工作，负有帮助属下员工成长的责任。属下员工才干的发挥和对优秀人才的举荐，是决定管理者的升迁与人事待遇的重要因素。

二、员工的基本义务和权利

第八十条　员工的义务

公司和员工是一个有机的整体，员工是公司的“合伙人”。员工可以是股东，股东可以是员工，只是行使权利和义务的场合不同。新国线鼓励员工对公司目标和本职工作负责的主人翁意识与行为。

每个员工主要通过做好本职工作为公司目标做贡献。员工应努力扩大职务视野，深刻领会公司目标对自己的要求，养成为他人作贡献的思维方式，提高协作水平与技巧。同时，员工应遵守职责间的制约关系，避免越俎代庖，有节制地暴露因职责不清所掩盖的管理漏洞与问题。

员工有义务实事求是地越级报告被掩盖的管理中的弊端与错误。鼓励员工在紧急情况下见机行事，为公司把握机会，规避风险，减轻灾情作贡献。但是，越级报告者或见机行事者，必须对自己的行为及其后果承担责任。

员工必须保守公司的秘密。

第八十一条　员工的权利

每个员工都拥有以下基本权利，即受益权、咨询权、建议权、申诉权与保留意见权。

员工的受益权主要包括两个方面：一是享受企业为员工提供的，体现员工个人人生价值的机会与平台的权利；二是与企业形成利益共同体，通过员工个人的精神、智慧、合作与努力，创造企业最大化的经济效益，并享受由此带来的利益分配。

员工在确保工作或业务顺利开展的前提下，有权利向上司提出咨询，上司有责任作出合理的解释与说明。

员工对改善经营与管理工作具有合理化建议权。

员工对认为不公正的处理，有权向直接上司的上司提出申诉。申诉必须实事求是，以书面形式提出，不得影响本职工作或干扰部门的正常运作。各级主管对下属员工的申诉，都必须尽早予以明确答复。

员工有权保留自己的意见，但不能因此影响工作。上司不得因下属保留自己的不同意见而对其歧视。

三、考核与评价

第八十二条　基本假设

新国线员工考评体系的建立依据下述假设：

（1）新国线绝大多数员工是愿意负责和愿意合作的，是高度自尊和有强烈成就欲望的；

（2）金无足赤，人无完人。优点突出的人也会有一定的缺点；

（3）工作态度和工作能力应当体现在工作绩效的持续改进上；

(4)失败铺就成功之路，但重犯同样的错误是不允许的；

(5)员工未能达到绩效考评标准要求，也有管理者的责任。员工的成绩就是管理者的成绩。

第八十三条 考评方式

建立客观公正的价值评价体系是新国线人力资源管理的长期任务。

一般员工和经理人的考评，是按明确的目标和要求，对每个员工和经理人的工作绩效、工作态度与工作能力的一种例行性的考核与评价。工作绩效的考评侧重在绩效的改进上，宜细不宜粗；工作态度和工作能力的考评侧重在长期表现上，宜粗不宜细。考评结果要建立记录，考评要素随公司不同时期的成长要求应有所侧重。

在各层上下级主管之间要建立定期述职制度。各级主管与下属之间都必须实现良好的沟通，以加强相互的理解和信任。沟通将列入对各级主管的考评。

员工和管理人员的考评实行纵横交互的全方位考评。同时，被考评者有申诉的权利。管理者和考核者应做到“兼听则明”，力戒片面。

四、人力资源管理的主要规范

第八十四条 招聘与录用

新国线依靠自己的核心价值观和企业文化、成就和机会，以及政策和待遇，吸引和招揽一流人才。在招聘和录用中，新国线注重人的素质、潜能、学历、经验和心态。按照双向选择的原则，在人才使用、培养与发展上，提供客观且对等的承诺。

新国线将根据公司在不同时期的战略和目标，确定合理的人才结构，并通过建立人才储备库，为公司各个阶段的人才需求提供有力支持。

第八十五条 解聘与辞退

新国线利用内部劳动力市场的竞争与淘汰机制，根据2:7:1的分类原则，对绩效考核中，处于末位的占员工总数10%的不合格员工进行淘汰。

对违反公司纪律和因牟取私利而给公司造成严重损害的员工，根据有关制度强行辞退。

第八十六条　报酬与待遇

新国线在报酬与待遇上，坚定不移地向优秀员工倾斜。

工资的分配体现员工资历和级别的不同；奖金的分配与部门和个人的绩效改进挂钩；对在工作岗位上长期表现优秀的员工，授予其终身员工身份；通过推行企业年金制，给予员工长期的利益承诺；同时提供员工福利和荣誉等精神激励。

新国线不会牺牲公司的长期利益去满足员工短期利益分配的最大化，但是公司保证在经济景气时期与企业效益良好阶段，员工的人均年收入高于区域行业相应的中上水平。

第八十七条　自动降薪

公司在经济不景气时期，以及事业成长暂时受挫阶段，或根据事业发展需要，启用自动降薪制度，以避免过度生产性裁员与人才流失，确保公司渡过难关。

第八十八条　晋升与降级

每个员工通过努力工作，以及在工作中增长才干，都可能获得职务或任职资格的晋升。与此相对应，保留职务上的公平竞争机制，坚决推行能上能下的人事制度。公司遵循人才成长规律，依据客观公正的考评结果，让最有责任心的明白人担负重要的责任。新国线不拘泥于资历与级别，按公司组织目标与事业机会的要求，依据制度性甄别程序，对有突出才干和突出贡献者实施破格晋升。但是，提倡循序渐进。

第八十九条　职务轮换与专长培养

新国线对中高级主管实行职务轮换政策。没有相关工作经验的人，不能担任部门主管。没有基层工作经验的人，不能担任部门以上职务。新国线对基层主管、专业人员和操作人员实行岗位相对固定的政策，提倡爱一行，干一行；干一行，专一行。“爱一行”的基础是要通得过录用考试，已上岗的员工继续“爱一行”的条件是要经受岗位考核的筛选。

第九十条　人力资源开发与培训

新国线将持续的人力资源开发作为实现人力资源增值目标的重要条件。实行在职培训与脱产培训相结合，自我开发与教育开发相结合的开发形式。

为了评价人力资源开发的效果，要建立人力资源开发投入产出评价体系。

第五节 基本控制政策

一、管理控制方针

第九十一条 管理控制系统的意义

通过建立健全管理控制系统和必要的制度，确保公司战略、政策和文化的统一性。在此基础上，对各个层级充分授权，形成一种既有目标牵引和利益驱动，又有程序可依和制度保证的活跃、高效和稳定的局面。

第九十二条 管理控制系统的目标

新国线管理控制系统进一步完善的中短期目标是：建立健全预算控制体系、成本控制体系、质量管理和保证体系、业务流程体系、审计监控体系、项目管理体系以及文档管理体系，对关系公司生存与发展的重要领域，实行有效的控制，建立起大公司的规范运作模式。

第九十三条 管理控制系统的原则

新国线的管理控制系统遵循下述原则：

（1）分层原则。管理控制必须分层实施，越级和越权控制将破坏管理控制赖以建立的责任基础。

（2）例外原则。凡具有重复性质的例常工作，都应制定出规则和程序，授权下级处理。上级主要控制例外事件。

（3）分类控制原则。针对部门和任务的性质，实行分类控制。对高中层经营管理部门实行目标责任制的考绩控制；对基层作业部门实行计量责任制的定额控制； 对职能和行政管理部门实行任务责任制的考事控制。

（4）成果导向原则。管理控制系统对部门绩效的考核，应促使部门主管能够按公司整体利益最大化的要求进行决策。

公司坚决主张强化管理控制，严格执行预算管理。单纯奖励节约开支的办法不一定是一种好办法。公司鼓励员工和部门主管在管理控制系统不完善的地方，在环境和条件发生了变化的时候，按公司的宗旨和目标要求，主动采取积极负责的行动。

经过周密策划，共同研究，在实施过程中受到挫折，应得到鼓励，发生的失败不应受到指责。

第九十四条　持续改进

部门和员工绩效考核的重点是绩效改进。

公司的战略目标和顾客满意度是建立绩效改进考核指标体系的两个基本出发点。在对战略目标层层分解的基础上确定公司各部门的目标；在对顾客满意度环环展开的基础上，确定流程各环节和岗位的目标。绩效改进考核指标体系应起到牵引作用，使每个部门和每个员工的改进方向趋于一致。

绩效改进考核指标必须是可度量的和重点突出的。指标水平应当是递进的和具有挑战性的。只要我们持续地改进，就会逐渐逼近高质量、低成本和高效率的理想目标。

二、质量管理和质量保证体系

第九十五条　质量方针

高品质的服务是竞争力的关键。质量形成于服务提供的全过程，包括营运调度、车辆保养、司乘培训、卫生管理、旅途服务等各个环节。因此，必须使服务提供全过程中影响服务质量的各种因素始终处于受控状态；必须实行全过程的、全员参与的全面质量管理，使公司有能力持续提供符合质量标准和顾客满意的服务。

新国线的质量方针是：

温馨旅途，安全方便，快捷舒适，真情处处，精益求精，满足需求。

第九十六条　质量目标

新国线在服务质量上应保持与国内一流及世界潮流的同步，创造性地设计、提供具有最佳性能价格比的出行服务。通过推行 ISO9000 国际质量认证，建立起科学的质量管理体系，并通过体系的有效运行和持续改进，推动企业的质量管理水平不断提高并逐步实现与国际接轨。

新国线当前阶段的质量目标是：

2004年末顾客满意度达到95%，争取3年内达到97%以上；

客运正班率≥98%；

发车正点率≥98%；

顾客投诉率≤0.05%。

安全质量目标：

在道路旅客运输中，特大责任事故为零；

行车安全四项指标：客运行车事故频率低于3次/百万车公里，事故责任死亡率低于0.3人/百万车公里，事故伤人率低于1.6人/百万车公里，直接经济损失低于3.5万元/百万车公里。

技术质量目标：

汽车二级维护率：100%；

汽车上线检测率：100%；

汽车维修一次交检合格率达到98%以上；

汽车维修返修率小于1%。

三、全面资金预算管理

第九十七条　全面资金预算管理遵循的原则

新国线贯彻以“收支两条线”为主要手段、以“经营活动净现金流”为核心的预算管理思想。全面资金预算管理遵循的原则：

（1）坚持“收支两条线”原则。“收支两条线”为主要手段的预算管理运作模式，是公司预算得到贯彻执行的有力保障。

（2）经营活动净现金流最大化原则。“经营的核心是创收”，资金预算管理作为企业管理的核心，必须确保公司经营活动净现金流的最大化，必须确保公司价值的最大化，必须确保公司长期利润的最大化。

（3）“以收定支，量入为出”的原则。资金预算管理要体现“量入为出，增收节支”的思想，资金支出将与资金收入配比，当期预算资金收入的实现是当期预算资金支出的前提条件。由于收入未实现预期目标以及应收未能如期收回造成的企业资金缺口，通过暂缓非生产性开支的办法来解决。

（4）增量投资、筹资预算集中管理原则。集团公司对增量投资、筹资预算进行集中统一管理，各经营公司的增量投资、对外担保、向外贷款、向外融资由集团公司审批决定。

第九十八条　资金预算管理的主要职能

作为生产经营性决策的集团公司，其主要资金管理职能包括：

（1）合理调度资金，负责对集团公司及经营公司年度、月度现金预算的平衡，提高集团公司资金使用效率；

（2）负责集团公司及经营公司的现金收支和监控；

（3）在完成经营收入上交控股公司的前提下，拥有剩余资金在生产经营方面开支的相对支配权；

（4）集团公司及经营公司在确保自有资金平衡的情况下，可利用自有资金进行增量投资，但必须按规定程序进行审批。

四、成本控制

第九十九条　控制重点

成本是市场竞争的关键制胜因素。成本控制应当从服务提供全过程的角度，权衡投入产出的综合效益，合理地确定控制策略。应重点控制的主要成本构成因素包括：

（1）油料、轮胎。

（2）维修保养成本。

（3）路桥费、停靠费、票提成本、车辆保险。

（4）人工成本。

（5）规费、通讯费、管理成本。

（6）车辆折旧。

第一百条　控制机制

控制成本的前提是认真的市场调查和营运方案设计，在保持竞争力的前提下降低保本点，通过强化市场营销与合理的调度提高实载率。控制成本的要点是加强线路的竞争控制，提高市场占有率，防止运力过剩和价格竞争。

成本控制的理念：几乎所有的成本项目都有降低的可能性。

必须把降低成本的绩效改进指标纳入各部门的绩效考核体系，与部门主管和员工的切身利益挂钩，建立自觉降低成本的机制。

五、流程再造与资源配置

第一百零一条　流程再造的指导思想

推行业务流程再造的目的不是流程本身，而是能够形成企业的核心竞争力，包括企业与其他企业相比拥有独特的并略胜一筹的技术、组织管理、市场响应等方面的能力。

新国线将ISO9000国际质量标准与业务流程再造和管理信息系统建设相结合，为公司所有经营领域的关键业务确立有效且简捷的程序和作业标准；围绕基本业务流程，理顺各种辅助业务流程的关系。在此基础上，对公司各部门和各种职位的职责准确定位，不断缩小审批数量，不断优化和缩短流程，系统地改进公司的各项管理，并使管理体系具有可移植性。

第一百零二条　流程再造的基本思路

业务流程再造的基本思路是：通过重新梳理和审视企业现有的生产过程，找出存在的问题，根据对企业现存问题的诊断、分析，结合企业面临的市场环境，按照科学经营的要求，研究制定出既符合市场需要，又符合企业经营特点的一系列流程，其结果就是业务组织结构的高度扁平化，能够面对客户的需求作出快速准确的反应，能够为客户创造价值。

第一百零三条　流程管理的实施

流程管理是按业务流程标准，在纵向直线和职能管理系统授权下的一种横向的例行管理，是以目标和顾客为导向的责任人推动式管理。处于业务流程中各个岗位上的责任人，无论职位高低，行使流程规定的职权，承担流程规定的责任，遵守流程的制约规则，都以下道工序为用户，确保流程运作的优质高效。

建立和健全面向流程的统计和考核指标体系，是落实最终成果责任和强化流程管理的关键。顾客满意度是建立业务流程各环节考核指标体系的核心。

提高流程管理的程序化、自动化和信息集成化水平，不断适应市场变化和公司事业拓展的要求，对原有业务流程体系进行简化和完善，是新国线的长期任务。

第一百零四条　管理信息系统

管理信息系统是公司经营运作和管理控制的支持平台和工具，旨在提高流程运作和职能控制的效率，增强企业的竞争能力，通过开发和利用信息资源，有效支持管理决策。

管理信息系统的建设，坚持采用先进成熟的技术和产品，并坚持最小化自主系统开发的原则。

第一百零五条　资源的优化配置

根据市场和顾客的需要，按照整个公司效益最大化的原则，加强线路资源的开发、维护、优化和利用，运力资源的调配和使用，避免资源的浪费和闲置，充分发挥各种资源的效益。

六、项目管理

第一百零六条　项目管理的必然性

新国线的高速增长目标和传统运输行业的性质，决定了必须以创新的思维在业务品种、服务标准、市场扩展和其他领域等方面不断提出新的项目。而这些关系公司生存与发展的、具有一次性跨部门特征的项目，靠已有的职能管理系统按例行的方式管理是难以完成的，必须实行跨部门的团队运作和项目管理。因此，项目管理应与职能管理共同构成公司的基本管理方式。

第一百零七条　项目管理的重点

项目管理是对项目生命周期全过程的管理，是一项系统工程。项目管理应当参照国际先进的管理模式，建立一整套规范的项目管理制度。项目管理进一步改进的重点是，完善项目的立项审批和项目变更审批、预算控制、进度控制、后期跟踪和文档建设。

七、审计制度

第一百零八条 审计的职能

公司内部审计是对公司各部门和各子公司经营活动的真实性、合法性、效益性及各种内部控制制度的科学性和有效性进行审查、核实和评价的一种监控活动。

公司审计部门除了履行财务审计、项目审计、合同审计、离任审计等基本内部审计职能外，还要对计划、关键业务流程及主要管理制度等关系公司目标的重要工作进行审计，实现内部审计与业务管理有效结合。

第一百零九条 审计体系

新国线实行以流程为核心的审计管理制度。在流程中设立若干监控与审计点，明确各级管理岗位的监控责任，实现自动审计。

新国线坚持推行和不断完善计划、统计、审计既相互独立运作，又整体闭合循环的优化再生系统。这种三角循环，贯穿每一个部门、每一个环节和每一件事。在这种众多的小循环基础上组成中循环，由足够多的中循环组成大循环。通过企业管理流程闭合，形成管理的反馈制约机制，不断地自我优化与净化。

通过全公司审计人员的流动，促进审计方法的传播与审计水平的提高，形成更加开放、透明的审计系统，为公司各项经营管理工作的有效进行提供服务和保障。

第一百一十条 审计权限

新国线内部审计机构的基本权限包括：

（1）直接对公司总经理负责并报告工作，不受其他部门和个人的干涉；

（2）具有履行审计职能的一切必要权限。

八、对经营公司的管理控制

第一百一十一条 方针

对经营公司的管理方针是：

（1）有利于潜力的增长；

（2）有利于效益的增长；

（3）有利于企业文化的贯彻；

（4）有利于董事会制度的建立和完善；

（5）有利于业务运作一体化以及经营一体化。

第一百一十二条　经营管理目标

经营公司是利润中心，在公司规定的经营范围内自主经营，承担扩张责任、利润责任和资产责任。

对经营公司考核指标主要为销售收入、销售收入增长率、资源获取、经营利润、管理费用、经营活动现金流量、安全事故和服务投诉等。考核销售指标的目的是鼓励经营公司扩张；考核经营利润的目的是兼顾扩张、效益和资产责任；安全指标超标或发生重特大责任事故，具有“一票否决权”。

公司通过与经营公司签订经营管理目标责任书和安全生产责任书，确保公司整个年度经营目标的实现和战略意图的贯彻执行。

经营公司的全部利润由集团公司根据战略和目标统一制定分配原则。

第一百一十三条　自主权

经营公司经营责任人的自主权主要包括：预算内的支出决定权和所属经营资源支配权，以及在集团公司统一政策指导下的经营决策权和人事决定权。

第一百一十四条　控制与审计

集团公司对各经营公司的控制与审计主要包括：

（1）集团公司片区经理兼任片区所属经营公司董事长；

（2）集团公司按照相应程序对经营公司总经理予以任免；

（3）兆通投资对经营公司财务经理予以任免；

（4）依据经批准的财务预算方案对经营公司实行全面的资金预算管理；

（5）集团公司统一融资，各经营公司的借贷资金按期计息；

（6）经营公司对自身的现金流量平衡负责，必须以当期预算资金收入的实现作为当期预算资金支出的前提条件；

（7）集团公司审计部门对经营公司履行审计职能。

九、危机管理

第一百一十五条 危机意识

企业由于高速发展，组织内部蕴含的危机会越来越多，越来越深刻。危机给企业带来的不仅是灾难，更是如何面对灾难和永世不忘灾难的宝贵经历，这是新国线永远的财富。新国线要求全员树立危机观念，居安思危，居危思进。

第一百一十六条 预警与减灾

新国线应建立预警系统和快速反应机制，通过对危机的灵敏、准确感知，采用“深化改革、科学经营、注重业绩”等办法，以应对由自然灾害、政策法规、竞争对手、燃油价格及出行习惯等造成的外部环境的细微但后果重大的变化，战胜危机，迎接春天。

第六节 经理人队伍建设

第一百一十七条 职业经理人

“忠诚、敬业、自律、学习”是新国线对职业经理人的基本要求。新国线通过积极推进职业经理人本土化进程，以提高与当地市场的融合度，保证职业经理人工作的相对稳定性，实现新国线的规范运作和良性发展。

第一百一十八条 忠诚

忠诚是做人的基本品德。作为职业经理，必须在认同新国线事业，认同新国线核心价值观，并为之终生奋斗的前提下，忠诚地对待你的岗位和职责，忠诚地对待你的企业、你的上级，真诚对待你的同事，爱护和培养你的部下。

第一百一十九条 敬业

敬业是经理人的基本职业道德。敬业就是认真、负责、努力、勤奋。在工作中公私分明。新国线没有提大公无私、公而忘私。但要公私分明，不能因为私心、私利、个人恩怨、个人喜好、个人心态影响工作、事业，应以公司核心价值观为行动准则和衡量标准，把公司事情做好，实现公司利益最大化。

第一百二十条 自律

懂得并能够做到自爱、自省、自控是一个人自律的表现。经理人在要求部下之前，必须以自身为表率。自律既要求自觉按公司的规章制度和规范来操作，还包括企业文化的培养。企业文化一方面包含在企业的制度里，另一方面表现在经理人的行为中。

第一百二十一条 学习

博大的胸怀接受一切先进的知识和经验，点滴积累，持续改进，不断超越。

学习不但是一种行为，更是一种态度和能力。培养学习的习惯和能力，才能塑造自身的务实、谦逊和积极向上的精神。新国线经理人不但要自己学习，还应带领大家学习，将新国线培养成为一种学习型组织。

第七节 接 班 人

第一百二十二条 对接班人的要求

“进贤”与“尽力”是经理人与模范的区别。只有进贤和不断培养接班人的人，才能成为领袖，成为公司各级职务的接班人。公司高、中层管理人员任职资格的最重要一条，是能否举荐和培养出合格的接班人。不能培养接班人的领导，在下一轮任期时应该主动引退。仅仅使自己优秀是不够的，还必须使自己的接班人更优秀。

新国线还要求接班人具有艰苦奋斗、勇于向未知领域探索的创新精神；有高度的团队精神和坦荡的胸怀；有强烈的进取精神和责任意识；有思想解放、实事求是的精神，既具有哲学、社会学和历史学的眼界，又具有一丝不苟的工作态度。

新国线应制度化地防止经理人退化、腐化、自私和得过且过。当企业的高、中层领导中有人利用职权谋取私利时，就说明新国线的经理选拔制度和管理出现了严重问题，如果只是就事论事，而不从制度上寻找根源，那距离危机就已经不远了。

第一百二十三条　接班人的产生

新国线的经理人是在集体奋斗中从员工和各级岗位中自然产生的。

新国线高速成长中的挑战性机会，以及民主的竞争上岗制度和集体奋斗文化，为职业经理人才的脱颖而出创造了条件。应在实践中培养人、选拔人和检验人，不惟学历重能力，不惟资历重业绩。应警惕不会做事却会处世的人受到重用。

第一百二十四条　继承与发展

新国线经年积累的管理方法和经验是公司的宝贵财富，必须继承和发展，这是各级主管的责任。只有继承，才能发展；只有量变的积累，才会产生质变。承前启后，继往开来，是新国线事业兴旺发达的基础。

第八节　基本运行规则的修订

第一百二十五条　基本运行规则的修订

每两年对基本运行规则进行一次修订。修订的过程贯彻从贤不从众的原则。

在有管理者、技术骨干、业务骨干、基层人员中共同参与的范围内进行修改的论证，拟出清晰的提案与修改完善意见。

最后，由董事会、经营班子、优秀员工等方面的代表进行最终审批。

《基本运行规则》是宏观管理的指导原则，是处理公司发展中重大关系对立统一的度，其目的之一是培养企业团队的领袖。高、中级经理必须认真学习《基本运行规则》，领会其精神实质，掌握其思想方法，见诸于实际行动。

第 二 篇

新国线职业经理人之道

一、新国线职业经理人

职业经理人，是指具备一定的职业素养和职业能力，能承担法人财产的保值增值责任，独立掌握企业的经营管理权和资本运营权，具有以企业的价值来体现个人价值的观念且得到认同，并以此为职业和谋生之道的职业化企业经营管理者。

新国线职业经理人，在需具备以上一般职业经理人的特征之外，还必须具备认同并实践新国线企业核心价值观，认同并实践新国线一体化运作基本规则两个先决条件。

经理人职业化，是现代企业管理发展的必然趋势，是建立现代企业制度的必然要求，是市场经济高度发达和社会分工细化的必然选择。

二、新国线职业经理人的天职

（1）奉行“坚持诚信、渴望创新、科学经营、注重业绩”的新国线企业核心价值观；

（2）立志成就新国线事业，立志打造中国道路客运第一品牌；

（3）认同并实践新国线品牌一体化、运营一体化、网络一体化；

（4）忠诚、敬业、自律、学习；

（5）勇于承担和坚持追求：

① 企业资本的保值增值；

② 企业利润最大化；

③ 实践并创新企业理念；

④ 提高企业核心竞争力；

⑤ 建设优秀团队。

三、新国线职业经理人的观念

（1）所有者观念；

（2）经营者观念；

（3）生产者观念；

（4）市场观念；

（5）营销观念；

（6）客户观念；

（7）资本观念；

（8）人本观念；

（9）品牌观念；

（10）风险观念。

前三款是就新国线职业经理人的身份而言，4～6 款是就外部而言，最后四款是就内部而言。

四、新国线职业经理人的能力

（一）高级职业经理人（9 项45 目）

包括集团公司总裁、总经理、副总经理、总监、片区总经理及总经理助理等。

1．战略管理能力

（1）驾驭全局能力；

（2）制订并执行企业战略规划能力；

（3）设定目标策略能力；

（4）培育企业核心竞争力能力。

（5）综合处理信息能力；

2．经营决策能力

（1）资本运营能力；

（2）市场开发能力；

（3）制订方案能力；

（4）资源整合能力；

（5）网络经营能力。

3．生产管理能力

（1）坚持与执行计划运输能力；

（2）平衡与协调运力运量能力；

（3）适应与满足动态需求能力；

（4）控制与再造管理流程能力；

（5）熟悉与掌握成本核算能力。

4．人力资源管理能力

（1）制定人力资源规划能力；

（2）保持人力资源供需平衡能力；

（3）识别、培养、引进及合理使用人才能力；

（4）授权赋能和指导能力；

（5）绩效评估能力。

5．创新能力

（1）思维与观念创新能力；

（2）组织与技术创新能力；

（3）管理与制度创新能力；

（4）品牌创新能力；

（5）文化创新能力。

6．内部协作沟通能力

（1）以身作则，具有说服力、影响力和号召力；

（2）以人为本，具有对下属激励、管理和约束能力；

（3）科学管理，具有职能协调能力；

（4）善待他人，具有良好的团结协调能力；

（5）方法艺术，具有良好的团队建设能力。

7．公共关系能力

（1）与政府和管理部门以及行业协会的交流和协调能力；

（2）与新闻媒体的交流和合作能力；

（3）与社区的交流和融合能力；

（4）与股东的交流和合作能力；

（5）与合作单位及客户的交流和亲和能力。

8．应变与处理危机能力

（1）对市场环境的应变能力；

（2）对政策的应变能力；

（3）对国内外形势的应变能力；

（4）及时发现危机的洞察能力；

（5）制订应急预案和应急处理能力。

9．学习及应用能力

（1）基本知识掌握能力；

（2）前沿问题研究能力；

（3）现代科技应用能力；

（4）企业文化塑造能力；

（5）办公现代化操作能力。

（二）中级职业经理人（6 项 18 目）

包括各经营公司总经理、副总经理与集团公司部门经理等。

1．决策能力

（1）贯彻集团公司决策的决策能力；

（2）本单位经营管理决策能力；

（3）处理应急事件决策能力。

2．执行能力

（1）对集团公司目标责任的执行能力；

（2）对资源合理配置和优化组合的能力；

（3）决策调整能力。

3．组织能力

（1）统筹全局的工作部署能力；

（2）工作指导与检查能力；

（3）流程编制与组织实施能力。

4．协调能力

（1）市场环境协调能力；

（2）内部环境协调能力；

（3）单位合作协调能力。

5．创新能力

（1）贯彻企业核心价值观的创新能力；

（2）经营策略创新能力；

（3）团队建设创新能力。

6．应变能力

（1）对市场政策变化的应急能力；

（2）营销方案的调整能力；

（3）重大事件的预案能力。

五、新国线职业经理人的形成机制

（一）选用机制

（1）董事会选派；

（2）大股东兼任；

（3）公开招聘；

（4）自荐选拔；

（5）职代会选举；

（6）企业外引进。

（二）激励机制

（1）目标激励；

（2）信任激励；

（3）薪酬奖金激励；

（4）期权激励；

（5）荣誉激励；

（6）情感激励。

（三）监督机制

（1）国家法律法规、经济政策和财务会计制度监督；

（2）企业章程监督；

（3）股东会、董事会、监事会监督；

（4）职代会、工会、民主管理委员会监督；

（5）服务对象及管理部门监督；

（6）自我监督（自律）。

六、新国线职业经理人的行为准则

（1）崇尚理念。认真贯彻新国线“坚持诚信、渴望创新、科学经营、注重业绩”的企业核心价值观。意志坚强，富有胆识，弘扬为新国线事业艰苦执著的奋斗精神，创造第一流的业绩。

（2）行为规范。树立“创新、合作、规范、效率”的企业精神，恪守“忠诚、敬业、自律、学习”的行为规范，弘扬为新国线事业全心全意的贡献精神，树立企业正气。

（3）忠诚敬业。对股东、对新国线忠诚。以维护公司利益、实现股东投资的保值增值为核心目标，把工作岗位作为实现自我人生价值的基石，引领企业忠诚团队，摒弃急功近利、以权谋私和损公肥私的行为。

（4）求真务实。“努力比能力更重要”。勤奋扎实，深入实践，弘扬脚踏实地、朴实无华的作风，摒弃弄虚作假、哗众取宠的行为。

（5）顾全大局。以新国线大局为重，以企业利益为重，局部服从整体，个人服从全局，摒弃患得患失、投机取巧的行为。

（6）勇于负责。追求卓越，敢于进取，敢于承重，敢于负责，摒弃拈轻怕重、揽功诿过的行为。

（7）团结和睦。正确处理各方面关系，工作中相互支持，生活中相互关心，尊重、善待他人，努力营造诚挚、友好、和谐的工作氛围。摒弃拉拉扯扯、亲亲疏疏的行为。

（8）持节守信。守志持身，文明诚信，谦虚谨慎，自律负责，以良好的个人道德品质和良好的素养与心态，为员工做出表率。摒弃忽视操守、不拘小节的行为。

（9）保守秘密。严谨周密，遵守纪律，恪守职业道德，严守企业秘密，摒弃背弃道德、出卖人格的行为。

（10）强身健体。重视保健，科学起居，饮食有度，坚持锻炼，减少疾病，摒弃生活无节、体耗无度的行为。

七、新国线职业经理人的目标责任

企业经营责任人对企业的经营管理负有全面责任。新国线依据下列要求对企业经营责任人和相关人员进行业绩考核。

考核项目主要包括：

（一）责任经营风险金履约考核

（1）履约风险金数额；

（2）履约时间。

（二）经营考核项目

（1）运输工作量；

（2）营业收入；

（3）利润总额；

（4）经营净现金流量；

（5）企业资金支付顺序；

（6）工作任务与完成质量。

（三）综合管理考核项目

（1）企业内部各种管理规章制度（有相应的文件）建立健全程度；

（2）营销（市场）、生产（营运）、保障（维修）、发展（拓展）等管理流程清晰、简明、高效（有相应的文件）的程度；

（3）集团公司要求的各类统计报表上报及时、准确、完整的程度；

（4）顺利通过各级主管部门组织的认证、考核的情况；

（5）文件及时处理率。

（四）业务拓展考核项目

（1）在当地的线路资源获取情况；

（2）在与合作单位协作中的线路资源获取情况；

（3）拓展经营的业务项目的情况。

（五）营运管理考核项目

（1）建立单车成本核算体系；

（2）建立完善各项生产定额指标体系；

（3）严格执行月度、年度生产经营计划（预算）；

（4）营运车辆证照齐全，审验合格率；

（5）营运车辆外观统一；

（6）司乘人员符合规定的上岗条件；

（7）建立完善的司乘人员培训、考核制度，并有相应的记录；

（8）建立规范的客户档案；

（9）GPS、行车记录仪等设备运行良好；

（10）车容车貌合格率；

（11）车辆工作率

（12）客运正班率；

（13）客运发车正点率；

（14）企业、车队、线路、车辆和个人无被政府主管部门通报批评、停业整顿或被新闻媒体负面报道的现象；

（15）无因违章、事故或投诉而被取消准驾资格的驾驶员；

（16）站务管理“三优三化”。

（六）安全管理考核项目

（1）《安全目标管理责任书》要求；

（2）员工安全生产教育开展情况；

（3）事故隐患消除情况；

（4）遵守集团公司的保险管理规章制度情况。

（七）车辆技术管理项目

（1）遵守集团公司车辆技术管理规定的情况；

（2）落实营运车辆维修保养制度的程度；

（3）车辆完好率；

（4）车辆行驶总里程与使用年限要求实现的情况；

（5）营运车辆二级维护率；

（6）汽车上线检测率；

（7）车辆一次交检合格率；

（8）汽车维修返修率。

（八）服务质量考核项目

（1）顾客满意度；

（2）顾客投诉率；

（3）顾客投诉处理率；

（4）重大投诉率；

（5）服务抽查合格率。

（九）文明创建考核项目

（1）维护员工的合法权益，建立优良的经营秩序，为企业创造和谐的发展环境的情况；

（2）积极开展企业文化活动，充分发挥企业文化在企业发展中的凝聚、约束、导向作用的情况；

（3）争创当地文明企业的情况。

（十）人力资源管理考核项目

（1）企业组织机构、人员编制精简、高效程度以及岗位职责明确、文件健全的程度；

（2）正常薪资总量控制在集团公司核定的范围内，薪资发放及时、规范，并按时报集团公司备案的工作完善程度；

（3）绩效管理执行情况；

（4）员工招聘把关程度及招聘工作水平；

（5）员工劳动合同和社保管理规范程度；

（6）员工持证上岗率；

（7）员工队伍稳定程度，司乘人员流失率；

（8）妥善处理劳资纠纷，无集体罢工、上访等重大劳资纠纷事件的情况。

（十一）执行力考核项目

（1）对企业核心价值观的贯彻执行情况；

（2）企业各项管理规章制度的执行情况；

（3）上级临时交办的工作任务完成情况；

（4）参与、配合集团公司牵头组织的各类招投标、重大活动的情况。

八、新国线职业经理人的权利和义务

（一）新国线职业经理人的权利

（1）经营权。为实现经营责任期内的经营目标，职业经理人有权在授权经营范围内自主经营、自负盈亏、自我发展、自我约束，对股东资本的保值增值负责。

（2）管理权。在集团公司规定的原则范围内，按照“精简高效”的原则和定编标准，根据工作需要，可自主设立企业（或部门）管理组织架构，根据批准的权限进行机构和人力资源管理；根据批准的预算和财务规定，审批合理的费用开支。

（3）建议权。根据企业（或部门）管理实际，可以对经营授权范围以外与自身企业（或部门）经营（或管理）有关的事务，向集团公司或主管领导提出合理化建议，并有权要求及时得到答复。

（4）申报权。有权要求集团公司或主管领导对报批的其他重大事项及时进行决策。

（5）处置权。有权要求集团公司或主管领导批准，优化利用资源，并根据批准的权限对资源进行处置。

（二）新国线职业经理人的义务

（1）遵纪守法。遵守国家、行业的法律法规，遵守集团公司的各项规章制度，遵守职业道德。

（2）履行职责。认真完成经营责任期内的各项经营目标和质量目标，严格执行新国线经营一体化和财务一体化的运作制度。

（3）严格程序。未经集团公司或主管领导书面批准，不得代表公司承诺或签订任何重大的经营合同；执行合同中，不得为本单位和个人谋取私利。

（4）以身作则。在忠诚、敬业、自律、学习方面为员工做出表率，培育团队优良作风。

（5）接受监督。认真贯彻执行新国线的各项战略决策，接受上级、同级、下级、合作单位以及客户的监督检查，不断完善自身，改进工作。

九、新国线职业经理人的绩效考核

（一）激励项目

1．薪酬

集团公司对新国线职业经理人实行年薪制，年薪构成包括：基本年薪、考核年薪和超利奖金三部分。职业经理人的年薪与企业（或部门）经营目标完成情况、各项管理工作完成情况以及特殊贡献等挂钩考核，考核体系分为经营目标量化指标体系和综合评价体系两部分。

2．奖金

职业经理人当年度超额完成利润指标的，按超利部分的一定比例提取超利奖金，上不封顶。纯利润超额完成利润计划总额的，可获得超利额一定比例的利润提成。

3．年薪兑现

职业经理人的基本年薪按月发放；考核年薪与当年业绩挂钩，考核年度期满后根据全年经营目标年终整体考核结果一次兑现。经营责任期满后，能够全面完成经营目标，补齐过去年度未发放的考核年薪，超额完成利润指标的按集团公司超利奖励办法计提超利奖金。

4．分配的原则

（1）自主分配的原则。在核定的总额范围内，由企业自主分配，不受干涉；

（2）倾斜的原则。向影响经营收入和成本的岗位倾斜；

（3）以业绩为导向的原则。奖金与经营净现金流指标（或上缴款额指标）

挂钩，做到上不封顶，下不保底；

（4）薪酬货币化原则。员工薪酬、奖金实行货币化发放，禁止巧立名目，以实物、补贴、津贴等其他项目另行发放。

（二）处罚项目

执行“问责制准则”的基本原则，严格对资金财产、安全管理、服务质量、劳资管理与员工行为等方面存在问题的人和事进行问责和处罚。

1．业绩短缺

依据责任书考核规定，扣发薪酬直至行政处罚。

2．重大失误

视损失及情节进行经济或行政处罚。

3．违纪违法

视严重程度给予纪律处分，或移交司法部门处理。

（三）绩效考核方法

1．分段考核

绩效考核与绩效评价分别进行。绩效考核每月一次，绩效评价每年（或半年）一次。

2．全视角考核——360度绩效考核法

360度绩效考核是始行于国内外优势企业的先进绩效考核方法。

360度绩效考核是指被考核者的上级、同级、下级、合作单位、服务对象以及被考核者本人，对被考核者全方位、多角度的考核。

360度绩效考核是一项系统工程。包括考核目标、考核方式、多源考核、信息收集、综合分析、考核反馈以及事后改进等多个环节和程序。

3．360度绩效考核的程序和方式

1）个人考核

（1）撰写述职报告；

（2）填写个人绩效考核表；

（3）提供相关说明资料。

2）同级考核

（1）问卷调查；（2）为被考核人填写考核意见；（3）谈话。

3）下级考核

（1）问卷调查；

（2）为被考核人填写考核意见；

（3）召开小型座谈会或专访了解。

4）合作单位考核

（1）问卷调查；

（2）征求了解对被调查人（单位）评价意见。

5）服务对象考核

（1）问卷调查；

（2）为被考核人员（单位）填写评价意见；

（3）召开小型座谈会或走访了解。

6）上级考核

（1）上级主管部门（以下简称主管部门）汇总被考核人的下级、同级、合作单位、服务对象及本人考核的意见，作出综合分析。

（2）主管部门对被考核人绩效考核表数字及情况进行核实与评价；

（3）主管部门对被考核人绩效考核意见；

（4）集团公司领导考核意见；

（5）集团公司董事会领导考核意见。

（四）绩效考核信息的反馈

（1）上级或上级主管部门与被考核人面谈；

（2）向被考核人书面反馈意见。

（五）绩效考核后的改进

（1）被考核人书面对反馈意见表态；

（2）被考核人在次年（季）工作计划（规划）中体现改进；

（3）在次年（季度）结束后书面总结对反馈意见的改进。

第 三 篇

公司治理

第一章 新国线企业集团章程

第一节 总 则

第一条 章程宗旨

为了加快面向全国的综合道路运输网络建设，规范新国线企业集团的业务一体化运作，保护企业集团母公司、子公司和成员企业的合法权益，根据《中华人民共和国公司法》、《企业集团登记管理暂行规定》和国家有关法律、法规制定本章程。本章程为本企业集团行为准则，集团母公司、子公司和成员企业必须严格遵守。

第二条 名称

企业集团名称：新国线企业集团(以下简称企业集团)；英文名为National Express Enterprises Group；英文缩写NEEG。

第三条 核心企业

企业集团的核心企业为新国线运输集团有限公司（以下简称集团公司)，集团公司住所为北京市丰台区广安路316号，邮编：100073。

集团公司注册资本为11000万元人民币，集团公司性质为有限责任公司。

第四条 企业集团宗旨

企业集团是以资本和一体化运作为主要联结纽带的母子公司为主体，以本章程为共同行为规范的母公司、子公司、参股公司及其他成员企业共同组成的具有一定规模的企业法人联合体。

企业集团以集团公司为核心，充分发挥各成员企业的优势，实现网络化、品牌化、集约化、规模化、集团化经营，努力将“新国线”打造成中国道路客运第一品牌，扩大成员企业经营领域和范围，降低营运成本，提高经济收益，培养核心竞争能力，推进中国道路运输业的跨越式发展。

第五条 法律地位

企业集团不具有法人资格，不拥有任何无形和有形资产。企业集团因核心企业而存在，是集团公司宗旨和意志的延伸。各成员企业在平等、互利、合作、自愿的基础上参加企业集团。企业集团在各成员企业协商一致的基础上，推进各成员企业之间的联合，不干预成员企业的经营活动，不享受成员企业经营活动的成果，也不承担有关的法律责任。

核心企业通过企业集团的组织形式，实现对自愿加入企业集团的控股、参股、托管企业的经营一体化管理。对个别参股企业和没有股权关系的企业通过建立加盟关系实现业务一体化管理。

第六条 联系纽带

企业集团的联系纽带有两种：一是资本纽带，二是一体化运作的管理纽带。资本纽带主要是针对集团公司，下级企业与集团公司的关系是依《公司法》的治理关系。新国线企业集团主要是依据一体化运作而设立，是依据《合同法》的契约关系，是对治理关系的一种创新。一体化运作关系不改变企业间的产权关系。

新国线非常注重两个纽带的统一，不提倡没有股权关系的企业加入经营一体化运作，也限制对业务一体化领域以外的投资。

一体化运作是网络化经营和企业集团管理的基础。一体化运作包括两个方面的目的：一是网络业务的“业务一体化”运作，即加盟层次的一体化运作。二是增强集团实力和经营效益，实现集约化经营的“经营一体化”运作，即“控股、参股、托管式”或“分公司式”的一体化运作。

第二节 企业集团的功能

第七条 企业集团的功能

企业集团的基本功能：

1. **决策协调中心**

为了统一行动、协调运作，核心企业的经营预案必须通过企业集团严密的民主决策过程，使决策能够代表核心层和紧密层的共同利益和意愿。企业集团的决策结果，代表着核心企业与成员企业以及成员企业之间的业务协作契约，具有强制效力。企业集团负责对决策实施过程中的偏差进行协调和调整。

决策协调功能是企业集团的根本功能。企业集团决策机构应代表全体成员的利益。对重大决策要全体公决，对一般性决策应由日常决策机构决策，对实施过程中的决策应由核心企业负责。企业集团有责任促进各成员企业之间良好沟通，加强业务研讨、经验传播和标准推广工作。

不执行企业集团决议，不接受企业集团协调的，应退出企业集团。

2. 战略规划中心

围绕建立全国综合道路运输网络的战略目标，在面向全国发展、网络化运作、综合业务开发、集团化管理等方面，企业集团必须牵头负责制订战略规划。在战略规划的指导下，实现企业规范、有序的发展，促进集团成员企业客运、物流、旅游和汽车租赁等各项业务在全国范围内的顺利开展。

3. 研究发展中心

加强各项业务的流程再造，对操作规范、技术装备、技术标准进行研究、试点，在企业集团范围内推广和普及标准化、精细化工作。

4. 品牌管理中心

建立品牌建设管理体系及安全质量保证体系，保证新国线品牌的高质量和高稳定性，提高品牌的知誉度、满意度和忠诚度。通过企业集团的努力，创造出新型的出行文化和运输服务环境，使安全、正点、舒适、便捷的出行成为一种享受。塑造“新国线”的服务理念和服务标准，改善和提高道路运输从业者的品牌意识和外在形象。

5. 综合服务中心

借助新国线管理学院，对经理人进行企业理念、经营模式、管理制度和品牌管理的培训，对技术人员进行业务流程培训和专业知识培训，对司乘人员进行星级服务标准培训等。

6. 网络运营中心

包括计划中心、调度中心、信息中心、呼叫中心、统计中心。

7. 财务管理中心

加强经营一体化有关的全面资金预算管理，按照“收支两条线”为主要手段的预算管理运作模式，坚持经营活动净现金流最大化原则，实现对增量投资、筹资预算集中管理。

8. 资产经营中心

企业集团协调成员企业与核心企业之间，成员企业之间的关系，通过兼并、收购、投资等产权交易形式，调整和优化核心企业及成员企业的存量资产配置，促进生产要素合理流动，提高资本收益率和资产收益率，促使企业集团走上规模化、集约化发展的良性轨道。

9. 资源配置中心

企业集团通过核心企业获取的道路客运一级经营资质，来提高成员企业在当地的资源获取能力，发挥资源配置的基础性作用；通过协调，实现已获取资源的科学合理利用。

第八条　集团公司的作用和功能

（1）集团公司是企业集团的核心，是以建立面向全国的综合道路运输网络为目标的网络营运一体化组织，企业集团因集团公司的存在而存在；

（2）集团公司是企业集团的决策支持和实施机构；

（3）集团公司集中体现企业集团的宗旨、目标、战略、经营、管理和理念；

（4）集团公司是企业集团基本功能的载体。集团公司是企业集团的战略规划、研究发展、品牌建设、决策实施、网络营运、综合服务、资产经营等职能的主要承担者；

第九条　核心层

集团公司的控股子公司、分公司是企业集团的核心层。集团公司对控股子公司是直接管理关系。

第十条 紧密层

接受并实行经营一体化管理的成员企业，是企业集团的紧密层，主要由托管企业组成。企业集团的核心层和紧密层可以称为“新国线集团”。“新国线集团”的管理关系是经营一体化管理，即分公司式管理。

第十一条 关联层

企业集团的关联层主要由集团公司的加盟企业组成。由集团公司对其实行业务一体化管理。

加盟体制，是实施业务一体化管理的主要方式，是企业集团实现规模化的基础。集团公司是企业集团唯一行使特许加盟权的主体。

第十二条 松散层

与集团公司存在产权关系，但这些企业既不参与经营一体化管理又不参与业务一体化运作。集团公司将限制既非网络业务又不一体化运作而存在产权关系的松散层的扩大。

第十三条 紧密层企业与关联层企业的差异

紧密层企业与关联层企业的差异有以下几个方面：

（1）关联层企业的纽带是《加盟经营合同》，紧密层企业的纽带是《托管经营合同》。

(2）紧密层企业参与决策，关联层企业不参与决策。紧密层企业执行企业集团决议；关联层企业执行按合同要求应执行的集团公司决议。

(3）关联层企业是由集团公司的“经营管理权”控制关联层企业的“财产所有权”的单向关系。而紧密层企业是先由紧密层企业的“财产所有权”控制企业集团的“经营管理权”，然后再由企业集团的“经营管理权”控制紧密层企业的“财产所有权”的闭环关系。

(4）对于紧密层来说，企业集团最重要的功能就是利益代表和民主决策的功能，集团公司主要承担决策支持和决策实施的功能。企业集团的功能相当于“董事会”，集团公司的功能相当于“CEO”。

(5）关联关系是知识产权的交易关系，紧密关系是共建共享关系。关联层企业是付费购买知识产权，紧密层企业是集资开发知识产权然后共享知识产权。

（6）集团公司提供给关联层企业的有关品牌、专有技术、经营模式等知识产权是相对完整、系统的；而集团公司提供给紧密层企业的有关品牌、专有技术、经营方式可能不系统和完整，是需要以集团公司为主与紧密层企业一起共同研究和发展的，营运中还需要企业集团不断协调。

第三节　一体化运作

第十四条　一体化的内容

一体化运作的内容当前主要包括：

（1）长途客运网络；

（2）小件快运物流网络；

（3）旅游及旅游包车网络；

（4）汽车租赁网络；

（5）其他网络业务。

第十五条　业务一体化的形式

一体化运作的形式主要包括：

（1）统一业务决策；

（2）统一品牌形象；

（3）统一CI管理；

（4）统一营运调度；

（5）统一战略规划；

（6）统一服务规范和质量标准；

（7）统一业务操作流程；

（8）统一管理信息系统；

（9）统一结点驿站体系；

（10）统一安全及应急处理体系；

（11）统一价格体系；

（12）统一营运统计系统；

（13）统一评价激励体系；

（14）统一培训和测评体系。

第十六条 经营一体化

集团公司对核心层和紧密层实行经营一体化管理。即指在业务一体化运作基础上的分公司式管理。具体包括：

（1）全面的资金预算管理；

（2）强大的资金借贷支持；

（3）统一监控下的财务独立核算；

（4）统一的劳动人事管理；

（5）控股企业可共享一级经营资质、统一质量信誉评审；

（6）统一资源招标、申请管理；

（7）无偿享用品牌和企业文化；

（8）控股公司依《公司法》严格按股权比例分享经营成果和财产处置权利。

第四节 企业集团的加入和退出

第十七条 加入企业集团

（1）核心企业为集团公司，是企业集团的常务董事单位。

（2）集团公司及其控股子公司、分公司，为企业集团永久成员、董事单位、核心层企业。

（3）凡与集团公司签订《托管经营合同》的企业，将成为企业集团的董事单位，形成紧密层。

（4）凡与集团公司签订《加盟经营合同》的企业，将成为企业集团的标准成员单位，构成关联层。

（5）没有与集团公司签订《托管经营合同》或《加盟经营合同》的参股子公司，属于企业集团的普通成员单位，构成松散层。与集团公司有产权关系，但业务范围不属于一体化运作的企业不纳入企业集团范畴。

第十八条　加入企业集团的程序

（1）属于核心层、紧密层企业，不需办理手续自动成为成员，公司予以告示。

（2）对欲进入企业集团的关联层企业，应首先向企业集团董事局提出申请，经批准后，签订相应的协议，方可加入，并予以告示。

第十九条　退出企业集团

（1）成员企业可以申请退出企业集团或调整与集团公司的关系。退出应书面通知企业集团，终止有关合同，办理结算，交回文件，退出系统，拆除有关装修、标识等，集团公司将予以公告并专函通知政企有关单位；

（2）成员企业不参加企业集团网络业务和其他活动，普通成员企业若连续两年不交纳企业集团管理费，经研究可视为自动退出；

（3）成员企业不遵守企业集团章程、不执行企业集团决议，违反业务一体化运作规定，协调无效的，经企业集团研究可劝其退出企业集团或从企业集团开除；

（4）成员企业如因持有的股权全部被转让，或被依法撤销，或破产，将视为自动退出企业集团，并予以公告。

第五节　成员企业的权利和义务

第二十条　成员企业的基本权利

（1）使用新国线商标、商号的权利；

（2）获得第十五条业务一体化运作的相关业务经营权、生产协作权以及经营技术和商业秘密的使用权；

（3）标准成员有业务一体化运作以外的独立人事、财务等经营权和其他非网络业务的独立经营权；

（4）获得集团公司所提供的培训和指导的权利；

（5）获得集团公司提供的统一广告的权利；

（6）董事成员单位的法定代表人或总经理具有董事局常务董事的选举权和被选举权；

（7）有权对企业集团、集团公司提出建议、批评和质询；

（8）企业集团组织举办活动的参与权；

（9）成员企业通过集团公司享有国家、地方、行业的优惠政策；

（10）董事成员单位享有集团各类共同的资源，有权获得集团公司的支援；

（11）享有限额以下的投资权和资产处置权；

（12）决定本企业中层及以下干部人选；

（13）决定子公司员工招聘、解雇和奖惩。

第二十一条　成员企业的义务

（1）遵守国家有关法律、法规和规定；

（2）遵守本企业集团章程；

（3）维护企业集团的品牌和声誉，不损害企业集团及其他成员的利益；

（4）保护及推广商标的使用；

（5）执行企业集团董事局和董事局常务会议的决议；接受企业集团董事局的监督、协调和指导；服从集团公司职能部门的业务管理和调度；

（6）遵守企业集团一体化运作有关规范和标准等各项管理制度；

（7）接受企业集团和集团公司的培训、指导和监督；

（8）严格遵守业务统计和全面资金预算管理制度；

（9）保守企业集团及其成员的经营机密；

（10）参加企业集团的共同行动和集团成员企业之间的协作配合；

（11）在本身业务范围内向企业集团其他成员提供业务优先权和便利条件；

（12）对授权限额内投资，资产处置须向母公司备案；

（13）接受政府和集团公司的审计、监督；

（14）交纳企业集团管理费。

第六节 组 织 机 构

一、董事局组织构成

第二十二条 成员单位

（1）常务董事单位：核心企业——集团公司。

（2）永久董事单位：核心层——集团公司以及集团公司的控股子公司、分公司。

（3）董事成员单位：

包括紧密层、关联层和松散层企业。

紧密层——与集团公司签订《托管经营合同》的企业，以托管企业为主。

关联层——与集团公司签订《加盟经营合同》的企业，以加盟企业为主。

松散层——通过向企业集团董事局提出申请，批准后加入企业集团，有股份权关系但没有参加一体化运作的，成为普通成员单位。

第二十三条 董事

（1）核心企业董事；

（2）核心层企业法定代表人；

（3）核心层企业股东方代表；

（4）董事成员单位企业法定代表人；

（5）经核心企业董事会认定具有董事资格的其他人士。

第二十四条 常务董事

董事局设常务董事11名。

（1）核心企业董事为常务董事，但核心企业董事不能超过常务董事名额的三分之二。

（2）其他常务董事由董事局全体会议在企业集团董事中选举产生。

第二十五条　董事局主席

核心企业董事长（法定代表人）为企业集团董事局主席。

负责提名企业集团常务副主席、总裁、副总裁、董事局秘书，主持董事局常务会议和全体会议，在董事局常务会议闭会期间代理常务会议职责，执行董事局常务会议和全体会议决议，对董事局常务会议和全体会议负责。

第二十六条　董事局常务副主席

董事局设常务副主席，核心企业首席执行官为董事局常务副主席指定候选人，董事局常务会议等额选举产生。根据董事局主席授权主持日常工作。

第二十七条　企业集团总裁

核心企业董事长为企业集团总裁的指定候选人，由董事局常务会议等额选举产生。负责召集并主持经理联席会议；反映执行过程中需调整和协调的事项以及企业集团、成员企业的意见和建议。提交需要董事局常务会议决议的议案。

第二十八条　企业集团副总裁

董事局设副总裁若干名。

第二十九条　企业集团荣誉董事

董事局设荣誉董事若干名，负责对新国线发展战略及战略执行过程中的有关问题提出意见和建议。

第三十条　董事局秘书

董事局秘书由董事局主席提名，董事局常务会议任命产生的常设专职岗位。负责董事局决策提案、议案的收集、整理、汇编和决议起草工作。负责董事局各种会议的筹备、记录以及各种会议决议、文件、记录的保管和各董事的信息联络。向董事局全体会议和董事局常务会议负责。董事局秘书下设秘书处，秘书处为董事局日常办事机构。

第三十一条　企业集团决策流程图

企业集团决策程序流程图见图 3-1-3。

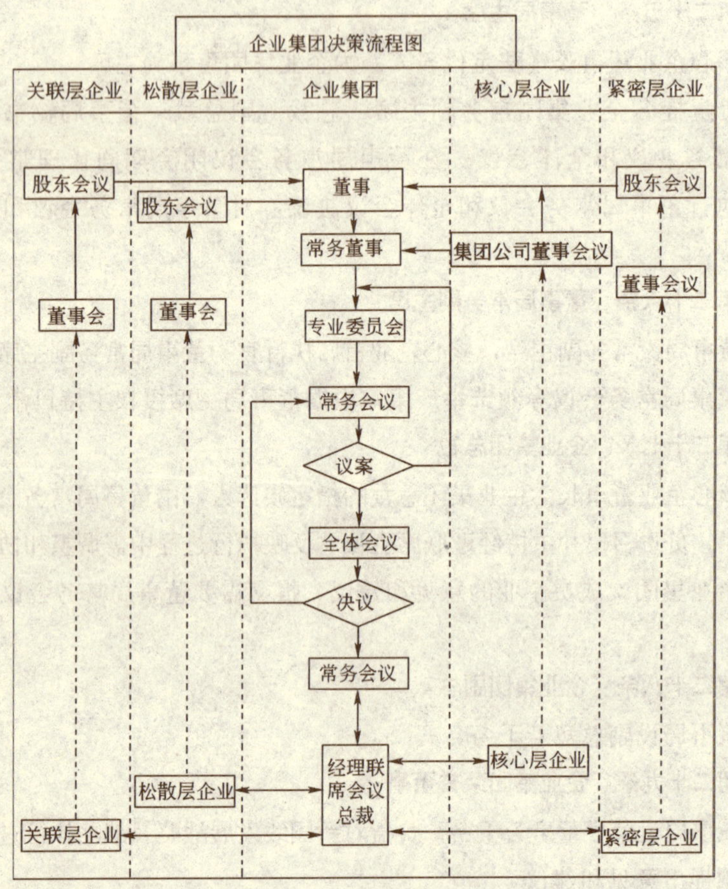

图 3-1-1　企业集团决策程序

二、董事局的功能

第三十二条　董事局的基本功能

董事局是新国线企业集团的最高决策机构。董事局决议是新国线运输集团有限公司（核心企业）与集团公司控股子公司、分公司（核心层企业）、托管经营企业（紧密层企业）以及加盟经营企业（关联层企业）实现一体化运作的执行依据。具有如下基本功能：

1．决策协调功能

为了统一行动、协调运作，核心企业的经营预案必须经过董事局严密的民主决策过程，使决策能够代表核心层和紧密层的共同利益和意愿，以保证执行的统一性和协调性。这是业务一体化运作和经营一体化的保证。

决策协调功能是董事局的根本功能。董事局应代表全体成员的利益，对重大决策必须通过董事局全体会议，由全体董事公决，对一般性决策应由董事局常务会议决策，实施方案由经理联席会议负责，对实施过程中的决策应由核心企业负责。

董事局负责对于决策实施过程中的偏差进行协调和调整。

2．决策的范围

企业集团董事局全体会议、企业集团董事局常务会议、集团公司董事会决议具有各自的决策范围和效力范围。企业集团董事局的决策范围不涉及集团公司股东会的决策范围。企业集团董事局的决策一般应在集团公司董事会决策之后。企业集团董事局的决策范围包括：

（1）企业集团运作和经营发展规划的决策；

（2）一体化运作规划的制定；

（3）合作企业之间关系的主要调整。

3．决策民主

决策民主是加强信息交流沟通、集思广益、提高决策质量和执行质量的关键要素之一。企业集团将尽量扩大提案人和提案范围，保障决策的民主和广泛参与。董事局常务会议主要负责提案的采纳、讨论、听证、完善、研究、答复工作。使可能多的提案转变成议案，最终形成决议。

4．决策科学

董事局常务会议是董事局全体会议惟一的议案提出机构，这是保障决策质量的关键要素之一。董事局常务会议下设的专门委员会是决策的专业支持部门。专门委员会的主要职责是负责不完善提案的调查、研究、完善以及决策顾问。

5．决策效力

董事局形成的决策意见，代表着核心企业与成员企业以及成员企业之间的业务协作契约，受《合同法》保护，具有强制效力。不执行董事局会议决议、且不接受董事局协调的，经企业集团研究，劝其退出企业集团。

决策的效力还取决于次级决策的质量和决策的实施力度。

决策的实施由企业集团执行机构负责，包括集团全体成员代表会议、经理联席会议、集团公司职能部门。

三、董事局全体会议

第三十三条　董事局全体会议职责

董事局全体会议的职责：

（1）对董事局常务会议提请董事局全体会议决议的议案进行审议表决；

（2）审议并通过企业集团年度工作报告及业务统计报告；

（3）审议并通过企业集团加盟费、管理费、结算保证金等收费标准和使用情况等有关的财务报告；

（4）审议并通过网络业务的结算标准及财务结算情况的报告；

（5）审议并通过和修改企业集团章程；

（6）选举和罢免董事和常务董事；

（7）选举和罢免董事局秘书；

（8）审议并通过企业集团年度工作计划、研究开发计划；

（9）涉及全体成员企业根本利益的其他决议；

（10）决定企业集团终止事宜。

第三十四条　董事局全体会议的召开

董事局全体会议每年召开一次年度例会；特殊情况可召开临时会议，临时会议须经董事局常务会议决议批准后，方可召开。

第三十五条　董事局全体会议的日程

董事局全体会议日程安排一般为2～3天。

第三十六条 董事局全体会议的参会人员

董事局全体董事均可参加会议，列席人员由董事局常务会议决定。

第三十七条 董事局全体会议的有效性

参会人数达到全体董事人数三分之二以上时，会议方可举行。

第三十八条 董事局全体会议董事的委托参会

董事局全体会议，董事应亲自出席。因故不能出席者，可以书面委托其他董事为代表出席，委托书应载明授权范围。

第三十九条 董事局全体会议的提案

全体成员单位、全体董事、董事局各专业委员会可随时以书面形式向董事局秘书处或秘书提出董事局全体会议议案。董事局全体会议召开前一个月内，董事局秘书处必须向全体会员单位、全体董事和董事局各专业委员会征集提案。

第四十条 董事局全体会议的议案

在召开董事局全体会议前20天，由董事局主席发起，召开董事局常务会议，研究全体会议提案，决定董事局全体会议议案。

第四十一条 董事局全体会议的决议

对于董事局全体会议议案，其表决形式实行一人一票记名表决制度，董事局全体会议形成的决议必须经过全体董事的过半数通过，方为有效。

第四十二条 董事局全体会议的会议准备

在召开大会前10天，由董事局秘书领导，董事会秘书处具体组织准备相关资料和数据，并提前3～5天向董事局各董事下发相关资料，通知董事局全体会议的时间、地点、主要议案内容及参会人员等情况。

第四十三条 董事局全体会议的决议程序

（1）董事局主席主持会议，概述会议议案的主要内容、目的和意义及议案主讲人的情况；

（2）议案讨论：议案主讲人重点发言，参会董事针对议案内容展开充分讨论。

（3）形成决议：由董事局主席主持对会议议案进行表决。多个议案时应分别讨论，分别表决。

第四十四条　董事局全体会议的会议记录

董事局秘书处负责作会议记录，包括书面记录、录音、录像等，并把相关资料进行存档。要求参会董事在会议书面记录上签字。

董事应对董事局全体会议的决议承担责任。当董事局全体会议决议违反上述规定，致使企业集团、集团公司遭受严重损失时，参与决议的董事对企业集团、集团公司负赔偿责任，但经证明曾表示异议并记载于会议记录中的董事，可免除其责任。既未出席会议，又未委托代表出席的董事应视作未表示异议，不免除其责任。

四、董事局常务会议

第四十五条　董事局常务会议职责

董事局常务会议为董事局全体会议的执行机构，在董事局全体会议闭会期间，董事局常务会议代表董事局，领导企业集团开展日常工作，对董事局全体会议负责。董事局常务会议职责：

（1）研究全体成员单位、全体董事、董事局各专业委员会的提案，决定董事局全体会议议案，通过提案总结报告。由董事局秘书向全体会议作《提案总结报告》；

（2）执行董事局全体会议决议；

（3）向董事局全体会议报告经营工作和财务工作；

（4）聘任或解聘企业集团常务副主席；

（5）聘任或解聘企业集团总裁；

（6）企业集团成员的吸收或除名；

（7）审议董事局常务会议各专业委员会成员名单；

（8）审议、通过董事局常务会议各专业委员会工作报告；

（9）负责紧密层企业经理和财务总监人士提名的审议和任命；

（10）向董事局全体会议报告董事局财务预算及其执行情况。

（11）其他重大事项。

第四十六条 董事局常务会议的召开

董事局常务会议原则上每季度召开一次。根据企业集团工作需要，经董事局主席和三名常务董事发起，可随时召开。

第四十七条 董事局常务会议的日程

董事局常务会议日程安排一般为1～2天。

第四十八条 董事局常务会议的参会人员

董事局常务董事均可参加会议。列席人员由董事局主席决定。

第四十九条 董事局常务会议的有效性

参会人数达到全体常务董事人数四分之三以上时，会议方可举行。

第五十条 董事局常务会议常务董事的委托参会

常务董事应亲自出席董事局常务会议。因故不能出席者，可以书面委托其他常务董事为代表出席，委托书应载明授权范围。

第五十一条 董事局常务会议的会议议题

在召开会议前10天，由董事局主席发起，会同相关常务董事，拟定董事局常务会议议题。

第五十二条 董事局常务会议的决议

对于董事局常务会议议案，其表决形式实行一人一票记名表决制度，董事局常务会议形成的决议必须经过全体常务董事的三分之二以上通过，方为有效。

第五十三条 董事局常务会议的会议准备

在召开会议前5天，由董事局秘书领导，董事局秘书处具体组织准备相关资料和数据，并提前1～2天向董事局常务董事下发各相关资料，通知董事局常务会议的时间、地点、主要议题内容及参会人员等情况。

第五十四条 董事局常务会议的议事程序

（1）董事局主席主持会议，概述会议议题的主要内容、目的和意义及议题主讲人的情况；

（2）议题讨论：议题主讲人重点发言，参会常务董事针对议题内容展开充分讨论；

（3）形成决议：最后由董事局主席主持会议对议题进行表决。多个议题时应分别讨论，分别表决。

第五十五条　董事局常务会议的会议记录

董事局秘书处负责作会议记录，包括书面记录、录音、录像等，并把相关资料进行存档。要求参会董事在会议书面记录上签字。

常务董事应对董事局全体会议的决议承担责任。当董事局全体会议决议违反上述规定，致使企业集团、集团公司遭受严重损失时，参与决议的常务董事对企业集团、集团公司负赔偿责任，但经证明曾表示异议并记载于会议记录中的董事，可免除其责任。既未出席会议，又未委托代表出席的常务董事应视作未表示异议，不免除其责任。

五、董事局常务会议专业委员会会议

第五十六条　董事局常务会议专业委员会的构成

董事局常务会议各专业委员会是企业集团各项业务决策支持机构，主要有政策顾问委员会、战略规划委员会、品牌管理委员会、资产优化委员会和质量标准委员会。

第五十七条　各专业委员会会议制度

每个委员会设委员5人。可定期或不定期召开会议，4人以上（含4人）出席时，方可召开会议。与会全体委员达成一致共识的议题可形成会议决议，并在会议结束3个工作日内上报董事局主席，共同协商初步处理意见，在必要情况下，可提出临时召开董事局常务会议。董事局秘书处负责会议记录和文档保管。

第五十八条　政策顾问委员会的职责

（1）交通政策顾问；

（2）财经政策顾问；

（3）企业管理顾问；

（4）资本证券顾问；

（5）法律顾问。

第五十九条 战略规划委员会的职责

（1）指导新国线发展战略规划研究的开展；

（2）审议、评价新国线发展战略规划研究的成果；

（3）监督、评价战略规划的落实情况；

（4）提出战略规划方面的相关建议。

第六十条 品牌管理委员会的职责

（1）指导新国线品牌建设及品牌一体化工作的开展；

（2）监督、评价品牌一体化的实施情况；

（3）监督、评价新国线品牌建设的效果；

（4）提出品牌管理方面的相关建议。

第六十一条 资产优化委员会的职责

（1）分析、评价企业集团成员企业资产经营情况；

（2）提出实现成员企业资产优化的措施，促进成员企业与核心企业之间、成员企业之间的产权交易和委托经营；

（3）推进成员企业产权改革。

第六十二条 质量标准委员会的职责

（1）审议新国线星级服务标准和承诺条款；

（2）监督、评价企业集团各成员企业服务标准和承诺的执行情况；

（3）针对出现的质量问题，提出相关建议。

六、经理联席会议

第六十三条 经理联席会议的主要职责

经理联席会议由企业集团总裁召集，各成员企业总经理出席，分为年度例会和临时会议。主要职责为：

（1）负责传达、执行董事局全体会议决议和常务会议决议；

（2）负责决议执行过程中的决策和协调；

（3）负责收集决议执行过程中的意见和建议；

（4）及时向董事局主席和董事局常务会议反馈信息。

在经理联席会议闭会期间，由企业集团副总裁负责执行董事局全体会议决议和常务会议决议，企业集团总裁负责监督、协调。

第七节　资产管理及使用原则

第六十四条　集团公司标识和形象

企业集团采用集团公司的企业标识和形象系统。

第六十五条　企业集团名称、标志的使用

企业集团成员必须将企业名称和企业标识一起标记“新国线企业集团”字样和企业集团标志。集团公司的核心层企业、关联层企业，必须采用“新国线集团（地域）（业务）有限公司”的名称格式，并以集团公司标志为企业标志。集团公司的紧密层、松散层企业可以自愿采用“新国线集团（地域）（业务）有限公司”的名称格式和标志。

第六十六条　企业集团标记、标识的清理

凡退出集团的企业，并与集团公司不存在股权和管理关系的企业，不能再使用企业集团标记、标识，应在集团公司监督下及时清理已印制的有关特许标志的所有介质。

第六十七条　企业集团的费用征收

（1）一次性加入企业集团的费用或称席位费：由集团公司代收，由非永久成员交纳，由董事局常务会议支配，用于董事局业务费用；

（2）管理服务费，董事局管理费用：由集团公司代收，由紧密层交纳，由董事局常务会议支配，用于董事局业务费用；

（3）品牌加盟费：集团公司收取，由关联层企业交纳；

（4）材料或产品销售费：属代收代付费用。集团公司收取，由全体成员企业支付。

（5）特定服务费如培训费（除紧密层企业和关联层企业的必要培训外）及贷款设备的利息等：属代收代付费用，由紧密层企业、关联层企业、松散层企业支付。

（6）统一结算保证金：集团公司收存，由核心层企业、紧密层企业和松散层企业交纳。

（7）企业捐赠的资产：自愿捐赠，由董事局常务会议支配，用于董事局业务费用。

第六十八条　费用的使用

企业集团收取的所有费用，必须全部用于企业集团管理和网络建设。费用标准以长期预算平衡为原则。董事局常务会议必须每年向董事局全体会议报告董事局财务预算及其执行情况。报告的范围包括：董事局费用、集团公司收取的费用、代收代付费用、企业集团决议中须由各企业对外支付的费用。

第六十九条　费用的管理

集团公司是企业集团的资产载体。以企业集团名义收取的费用必须单独建账独立核算，常务董事有独立审计的权利。

第八节　章程修改程序

第七十条　章程的修改

本章程可由企业集团成员企业提出修改议案，经董事局常务会议表决通过后，由董事局常务会议提出修正案，报企业集团董事局全体会议表决，通过方可生效。

第九节　企业集团的终止

第七十一条　解散

企业集团有下列情况之一的，应予解散：

（1）企业集团违反国家法律、法规，危害社会公共利益被依法撤销；

（2）因特大自然灾害、战争等不可抗力因素而受到严重损失，集团公司和企业集团无法继续经营；

（3）集团公司章程规定的营业期限届满并决定不继续经营时；

（4）集团公司宣告破产；

（5）集团公司决定解散企业集团；

（6）因集团公司合并或分立需要解散；

（7）紧密层企业全部退出企业集团。

第七十二条　解散后财产归属

企业集团解散后，财产归集团公司所有。

第十节　附　　则

第七十三条　配套文件

本章程所附单项文件与本章程具有同等效力。

第七十四条　解释权

本章程解释权属企业集团董事局常务会议。章程中未尽事宜或与国家规定相抵触的，以国家有关法律、法规为准。

第七十五条　生效

本章程经企业集团董事局全体会议通过后方可生效。

第二章　新国线运输集团有限公司章程

第一节　总　　则

第一条　公司成立

为适应社会主义市场经济的要求，促进生产力发展，依据《中华人民共和国公司法》(以下简称《公司法》)及有关法律、行政法规的规定，由深圳市兆通投资股份有限公司、深圳市中南运输集团有限公司、新国线运输集团北京京汉运输有限公司三方共同出资，设立新国线运输集团有限公司。

第二条　章程宗旨

为确立新国线运输集团有限公司(以下简称公司)的法律地位，完善公司治理结构，规范公司的组织和行为，保护公司和出资人的合法权益，使之形成自我发展、自我约束的良好运行机制，特制定本章程。

第三条　工商登记

公司是依照《公司法》及有关法律、法规的规定，经中华人民共和国交通部批准，中华人民共和国工商行政管理总局预名，在北京市工商行政管理局注册成立的有限公司。北京市工商行政管理局核发公司营业执照之日即为公司成立日期。

第四条　公司性质

公司为有限公司，具有独立的法人资格，其行为受国家法律约束和监督，其合法权益受国家法律保护。遵循权益共享、风险共担的原则，出资人以其出资额为限对公司承担有限责任，公司以其全部资产对公司的债务承担责任。

第五条　名称、住址

中文名称：新国线运输集团有限公司

英文名称：NATIONAL EXPRESS GROUP CO., Ltd.

住所：北京市丰台区广安路316号

邮政编码：100073

第六条 经营期限

2001年4月19日至2030年4月18日。

第七条 法定代表人

董事长为公司的法定代表人。

第八条 对外投资的限定

公司作为控股公司，可向其他有限公司、股份有限公司投资，并以该出资额为限对所投资的公司承担责任。公司不得作为其他盈利性组织的无限责任股东。

第九条 分支机构的设立

公司根据自身业务发展需要，经资质评定可在国内外设立分支机构和子公司。

第十条 章程的效用

本章程自生效之日起，即成为规范公司组织与行为、公司与股东、股东与股东之间权利义务关系的，具有法律约束力的文件。

凡有违反本章程事宜，股东可以依据本章程起诉公司；公司可以依据本章程起诉股东、董事、监事、首席执行官、总经理和其他高级管理人员；股东可以依据本章程起诉股东；股东可以依据本章程起诉董事、监事、首席执行官、总经理和其他高级管理人员。

第十一条 高级管理人员的限定

本章程所称其他高级管理人员是指集团公司副总经理、财务总监（或总会计师）、总经济师、总工程师、总经理助理、董事会秘书等。

第二节 经营范围、方针和理念

第十二条 公司经营范围

公司经营范围：长途客运、省际旅游客运；智能交通技术开发、技术转让、技术服务（中介除外）。具体经营范围以道路运输管理部门的《经营资质证书》、《经营许可证》、《经营权证书》和批文为准。公司业务发展规划涵盖全国所有道路运输业务及其关联业务。

第十三条　公司经营方针

公司经营方针：致力于发展以省际道路客运网为基础，集旅游网、物流网、汽车租赁网及小件快运为一体的面向全国的综合道路运输网络，旨在打造中国道路客运第一品牌。

第十四条　公司经营理念

公司经营理念：使命为前提，市场为导向，顾客为中心，效益为目的。具体说就是追求以利润最大化为目的的企业价值最大化，同时兼顾社会效益的最大化。通过网络化、品牌化、集约化、规模化、集团化的经营，实现道路运输业的跨越式发展，支持国家经济发展，改善人民出行条件。

第三节　注册资本、设立方式

第十五条　注册资本

公司注册资本： 11000万元人民币。

第十六条　股东构成及出资情况

股东名称、出资方式、出资金额及出资比例如下：

深圳市兆通投资股份有限公司

货币出资 10000万元 90.9%

深圳市中南运输集团有限公司

货币出资 500万元　4.55%

新国线运输集团北京京汉运输有限公司

货币出资 500万元　4.55%

第十七条　注册资本金的增减

公司根据自身业务发展需要，可以增加或减少注册资本金。

公司增加或者减少注册资本金，必须召开股东会并作出决议。公司减少注册资本金，还应当自作出决议之日起10日内通知债权人，并于30日内在全国发行的报纸上至少公告三次。公司变更注册资本应依法向原登记机关办理变更登记。

第十八条　出资证明的发放

注册资本金到位后，中介验资机构出具验资报告，由公司向股东签发出资证明。

第四节　转 让 出 资

第十九条　出资额的转让权

股东持有的出资额可以依照有关法律、法规和本章程的规定转让。

第二十条　转让出资的规定

股东之间可以相互转让其全部或者部分出资。

股东向股东以外的人转让其出资时，必须经全体股东过半数同意；不同意转让的股东应当购买转让的出资，如果不购买该转让出资，视为同意转让。

第二十一条　股东的变更登记

股东依法转让其出资后，由公司将受让人的姓名或者名称、住所以及受让的出资额记载于股东名册，并在原登记机关办理股东变更登记。

第五节　股东的权利和义务

第二十二条　股东的定义

依法对公司进行出资的人为公司股东。股东作为公司的所有者，按其出资比例享有法律、行政法规和本章程规定的合法权利并承担相应义务；股东应遵循利益共享、风险共担的原则。

第二十三条 股东享有的权利

股东享有如下权利：

（1）出席或委托代理人出席股东会并按其出资比例行使表决权；

（2）对公司的经营行为进行监督，提出建议或质询；

（3）依法选举和被选举为公司董事会或监事会成员；

（4）获取股利和转让出资；

（5）依照法律、法规、公司章程的规定获得有关信息，包括公司章程、股东会会议记录、年度财务会计报告；

（6）优先购买其他股东转让的出资。经股东会决议优先认购公司新增资本；

（7）公司因终止进行清算时，股东按其出资比例分得公司清算后的剩余财产；

（8）当董事会的决议违反法律、法规或本章程规定，侵犯股东的合法权益时，股东有权向人民法院提出要求停止该违约行为或侵权行为的诉讼。董事、监事、首席执行官、总经理执行职务时违反法律、行政法规或本章程的规定，给公司造成损害的，股东有权要求公司依法提起要求赔偿的诉讼；

（9）国家法律、法规授予的其他权利；

（10）代理人出席股东会时，应当向公司提交股东授权委托书，并在授权范围内行使表决权。

第二十四条 股东权利的保障

公司应建立与股东沟通的有效渠道，以保证股东依法对公司重大事项享有知情权和参与权。

第二十五条 股东承担的义务

股东必须承担下列义务：

（1）遵守公司章程及公司管理规定；

（2）按期交纳所认缴的出资；

（3）以其所认缴的出资额为限对公司的债务承担责任；

（4）在公司办理登记注册手续后，股东不得抽回出资；

（5）维护公司的利益，禁止有损公司利益的行为；

（6）服从股东会依法通过的决议；

（7）国家法律、法规规定的其他义务。

第二十六条　控股股东的义务

公司的控股股东对公司及其他股东负有诚信义务。控股股东不得利用其特殊地位谋取额外的利益，不得直接或间接干预公司合法决策及生产经营活动，损害公司及其他股东的合法权益。

第六节　股　东　会

一、股东会

第二十七条　股东会性质

股东会是公司的最高权力机构，决定公司的大政方针，依法行使职权。

第二十八条　股东会行使的职权

股东会行使下列职权：

（1）选举和更换董事，审议批准董事、首席执行官、总经理、高级管理人员的薪酬计划；

（2）选举和更换监事，审议批准监事的薪酬计划；

（3）审议批准董事会的报告；

（4）审议批准监事会的报告；

（5）审议批准首席执行官的报告；

（6）审议批准公司的年度财务预算方案、决算方案；

（7）审议批准公司利润分配及弥补亏损方案；

（8）对公司增加或减少注册资本作出决议；

（9）对公司发行债券作出决议；

（10）对股东向股东以外的人转让出资作出决议；

（11）审议公司重大收购、兼并方案事项；

（12）审议决定股东或者监事会依公司章程提出的议案；

（13）对公司合并、分立、解散和清算等事项作出决议；

（14）修改公司章程；

（15）法律、法规规定的其他事项。

第二十九条 股东会类别

股东会分为定期股东会和临时股东会。定期股东会每年召开一次，并应于上一会计年度终结后的三个月内举行。

第三十条 召开临时股东会的情形

有下列情形之一时，应在一个月内召开临时股东会：

（1）董事会人数不足《公司法》规定的人数或少于本章程要求的数额三分之一时；

（2）公司未弥补亏损金额累计达到股本总额三分之一时；

（3）代表公司股份9%以上的股东请求时；

（4）董事会认为必要时；

（5）监事会提议召开时。

第三十一条 要求召开临时股东会的程序

召开临时股东会，应当按照下列程序办理：

股东或监事会提议董事会召开临时股东会时，应签署一份或者数份同样格式内容的书面要求，提请召集临时股东会，并以书面形式向董事会提出会议议题和内容完整的提案，提案内容应符合法律、法规和本章程的规定。

董事会在收到监事会的书面提议后，应当在15日内发出召开股东会的通知，召开程序应符合本章程相关条款的规定。

对于提议股东依法要求召开股东会的书面提案，董事会同意召开股东会决定的，应当发出召集临时股东会的通知，通知中对原提案的变更应当征得提议股东的同意。通知发出后，董事会不得再提新的提案，未征得提议股东的同意也不得对召开的时间进行变更或推迟。

董事会认为提议股东的提案违反法律、法规和本章程的规定，应当作出不召开股东会的决定，并将意见通知提议股东。提议股东可在收到通知起15日内，决定放弃召开临时股东会，或者自行发出召开临时股东会的通知。

如果董事会在收到前述书面要求后30日内没有发出召集会议的通知，提出召集会议的股东或监事会可以在董事会收到该要求后2个月内自行召集临时股东会。召集的程序应当尽可能与董事会召集股东会议的程序相同。

提议股东或监事会决定自行召开临时股东会的，应当书面通知董事会，发出召开临时股东会的通知，通知的内容应当符合以下规定：

(1) 提案内容不得增加新的内容，否则提议股东应按上述程序重新向董事会提出召开股东会的请求；

(2) 会议地点应当为公司所在地。同时，公司应给予监事会或者提议股东必要协助，并承担合理的会议费用。

第三十二条　股东会的召集和主持

董事会应严格遵守《公司法》及其他法律、法规关于召开股东会的各项规定，认真组织好股东会。公司全体董事对于股东会的正常召开负有诚信责任，不得阻碍股东依法履行职权。

股东会由董事会负责召集，由董事长主持。董事长因特殊原因不能履行职务时，由董事长指定的其他董事主持。如果董事长未作出上述指定，则由出席会议的董事选出一名董事主持。董事会未指定会议主持人的，由出席会议的股东共同选举一名股东主持；如果因某种理由，被推选股东无法主持会议，应当由出席会议的持有最多出资额的股东（或股东代理人）主持。

首次股东会由出资最多的股东召集和主持。

第三十三条　股东会召开事项的通知

召开股东会，应将会议审议的事项于会议召开20日前以书面形式通知股东（公司在计算20日的起始期限时，不包括会议召开当日），同时在通知中载明会议内容及会议日期、地点。临时股东会不得对通知中未列明事项作出决议。

第三十四条　通讯表决方式的限制情形

年度股东会和应股东或监事会的要求提议召开的临时股东会不得采取通讯表决方式。

第三十五条　股东委托权的行使

股东可以亲自出席股东会，也可以委托代理人代为出席和表决，两者具有同等的法律效力。代理人出席股东会时，应当向公司提交股东授权委托书，并在授权范围内行使表决权。

第三十六条　授权委托书的内容

股东出具的委托他人出席股东会的授权委托书应当载明下列内容：

（1）代理人的姓名；

（2）是否具有表决权；

（3）分别对列入股东会议程的审议事项投赞成、反对或弃权票的指示；

（4）对可能纳入股东会议程的临时提案是否有表决权，如果有表决权应行使何种表决权的具体指示；

（5）委托书签发日期和有效期限；

（6）委托人签名（或盖章），加盖法人单位印章。

授权委托书至少应当在有关会议召开前24小时备置于公司住所，或者召集会议通知中指定的其他地方。

第三十七条　股东会参会股东的签名册

出席股东会议人员的签名册由公司负责制作。签名册载明参加会议人员姓名（或单位名称）、身份证号码、住所地址、持有的出资额、代理人姓名等事项。

二、股东会提案

第三十八条　股东提案

公司召开年度股东会，股东有权以书面形式向公司提出新的提案。公司应当将提案中属于股东会职责范围内的事项列入该次会议的议程。

第三十九条　董事、监事候选人提案

董事、监事候选人名单可由公司现任董事会、监事会或股东以书面形式提出，每人提名董事候选人不超过三人，提名监事候选人不超过一人。

董事会应当向股东提供候选董事、监事的简历和基本情况，并应在股东会召开前合法披露候选人的详细资料，保证股东在投票前对候选人有足够的了解。董事、监事候选人应在股东会召开前作出书面承诺，同意接受提名，承诺公开披露的资料真实、完整并保证当选后切实履行其职责。

第四十条　股东会提案应符合的条件

股东会提案应当符合下列条件：

（1）内容与法律、法规和章程的规定不相抵触，并且属于公司经营范围和股东会职责范围；

（2）有明确议题和具体决议事项。

第四十一条　董事会对提案的审查原则

董事会应当以公司和股东的最大利益为行为准则，对股东会提案进行审查。

第四十二条　未列入议程提案的处理

董事会决定不将股东提案列入会议议程的，应当在该次股东会上进行解释和说明。提出提案的股东对董事会不将该提案列入股东会会议议程的决定持有异议的，可以按照本章程第三十一条规定的程序要求召集临时股东会。

第四十三条　股东会提案内容的披露和讨论

董事会在召开股东会的通知中应列出本次股东会讨论的事项，并将董事会提出的所有提案的内容充分披露。需要变更前次股东会决议涉及事项的，提案内容应当完整，不能只列出变更的内容。

董事会应认真审议并安排股东会审议事项。股东会应给予每个提案合理的讨论时间。

第四十四条　临时提案的提出

年度股东会，股东或者监事会可以提出临时提案。

临时提案如果属于董事会会议通知中未列出的新事项，提案人应当在股东会召开前10天将提案递交董事会，由董事会审核。

控股股东提出新的分配提案时，应当在本次年度股东会召开的前10天提交董事会审核，不足10天的，不得提出。

除分配提案以外的新提案，提案人可以提前递交董事会，也可以直接在年度股东会上提出。

第四十五条 特殊提案的范围

提出涉及投资、财产处置和收购兼并等提案的，应当充分说明该事项的详情，包括但不限于：涉及金额、价格（或计价方法）、资产的账面值、对公司的影响、审批情况等。

董事会审议通过年度报告后，应当对利润分配方案作出决议，并作为年度股东会的提案。

三、股东会的召开

第四十六条 股东会召开的原则

公司召开股东会应坚持朴素从简的原则，不得给予出席会议的股东（或代理人）额外的经济利益。

第四十七条 股东会参会人员的控制

公司董事会、监事会应当采取必要的措施，保证股东会的严肃性和正常秩序，除出席会议的股东（或代理人）、董事、监事、董事会秘书、首席执行官、总经理、高级管理人员及董事会邀请的人员外，公司有权依法拒绝其他人士入场。

第四十八条 董事会的报告内容

在年度股东会上，董事会应当就上年度股东会以来股东会决议中应由董事会办理的各事项的执行情况，向股东会作出报告。

第四十九条 监事会的报告内容

在年度股东会上，监事会应当宣读有关公司过去一年的监督专项报告，内容包括：

（1）公司财务的检查情况；

（2）董事、首席执行官、总经理、高级管理人员就任公司职务期间的尽职情况及对有关法律、法规、公司章程及股东会决议的执行情况；

（3）监事会应当向股东会报告的其他重大事件。

第五十条　股东会提案的表决

股东会对所有列入议事日程的提案应当进行逐项表决，不得以任何理由搁置或不予表决。年度股东会对同一事项有不同提案的，应以提案提出的时间顺序进行表决，对事项作出决议。

第五十一条　股东会召开的连续性

董事会应当保证股东会在合理的工作时间内连续举行，直至形成最终决议。因不可抗力或其他异常原因导致股东会不能正常召开或未能作出任何决议的，董事会有义务采取必要措施尽快恢复召开股东会。

四、股东会决议

第五十二条　股东会表决权的分配

股东会应由全部股东（包括代理人）出席方可举行。股东（包括代理人）出席股东会，以其出资比例行使表决权。

第五十三条　股东会决议的种类

股东会决议分为普通决议和特别决议两种。股东会作出普通决议，须经出席会议的股东或其代理人所持表决权的半数以上表决通过。股东会作出特别决议，须经出席会议的股东或其代理人所持表决权的三分之二以上表决通过。

第五十四条　股东会普通决议的内容

股东会作出如下决议时，应由普通决议通过：

（1）董事会、监事会和首席执行官的工作报告；

（2）首席执行官拟定的利润分配方案和弥补亏损方案；

（3）董事会和监事会成员的任免及其报酬和支付方法；

（4）首席执行官拟定的公司年度预算方案、决算方案；

（5）公司年度报告；

（6）除法律、行政法规规定或者本章程规定应当以特别决议通过以外的其他事项。

第五十五条 股东会特别决议的内容

股东会作出如下决议时，应由特别决议通过：

（1）公司增加或者减少注册资本、分立、合并、终止、清算、变更形式；

（2）发行公司债券；

（3）修改公司章程；

（4）本章程规定和股东会以普通决议认定会对公司产生重大影响的，需要以特别决议通过的其他事项。

第五十六条 与非高管人员订立业务合同的限定

未经股东会特别决议批准，公司不得与董事、首席执行官、总经理和其他高级管理人员以外的人订立将公司全部或者重要业务的管理交予该人负责的合同。

第五十七条 股东会决议的表决方式

股东会采取记名方式投票表决。

第五十八条 股东会表决投票的监点

每一审议事项的表决投票，应当至少由两名股东代表和一名监事参加清点，并由清点代表当场公布表决结果。

第五十九条 股东会决议的表决结果

会议主持人根据表决结果决定股东会的决议是否通过，并在会上宣布表决结果。决议的表决结果载入会议记录。

第六十条 未获通过或变更提案的说明

会议提案未获通过，或者本次股东会变更前次股东会决议的，董事会应当在股东会决议公告中作出说明。

第六十一条 股东会决议内容的准确性

股东会各项决议的内容应当符合国家法律、法规和本章程的规定。出席会议的董事应当忠实履行职责，保证决议内容的真实、准确和完整，不得使用任何容易引起歧义的表述。

第六十二条 股东会决议公告的内容

股东会决议公告应注明出席会议的股东（包括代理人）人数、所持有的出资额和出资比例，表决方式以及每项提案表决结果。对股东提案作出的决议，应列明提案股东的姓名或名称和提案内容。

第六十三条　会议记录的内容

股东会应对所议事项的决定做成会议记录，由会议主持人和出席会议董事签名。会议记录连同出席会议股东的签名及代理人授权委托书一并保存，保管期限不低于10年。会议记录应记载以下内容：

（1）出席股东会的股东（包括代理人），各自的出资额及所占的比例；

（2）召开会议的日期、地点；

（3）会议主持人姓名、会议议程；

（4）各发言人对每一审议事项的发言要点；

（5）每一表决事项的表决结果。

第七节　董　事　会

一、董事

第六十四条　董事的出任

董事可以由股东或非股东人士担任。

第六十五条　董事的聘免

董事每届任期三年，任期届满，可连选连任。董事在任期届满前，股东会不得无故解除其职务。董事可受聘兼任首席执行官、总经理、副总经理或其他高级管理人员，但兼任以上职务的董事不得超过公司董事总数的二分之一。

董事任期从股东会决议通过之日起计算，至本届董事会任期届满时为止。

公司应和董事签订聘任合同，明确公司和董事之间的权利义务，包括董事任职期间，如违反法律、行政法规和本章程的责任以及公司因故提前解除合同的补偿等内容。

第六十六条　董事任职的行为准则

董事应遵守国家法律法规，遵守本章程及股东会的决议，忠实履行职责，维护公司利益。当其自身的利益与公司和股东的利益相冲突时，应当以公司和股东的最大利益为行为准则，并保证：

（1）在其职责范围内行使权利，不得越权；

（2）除经公司章程规定或股东会在知情的情况下批准，不得同本公司订立商业合同或者进行交易；

（3）不得利用内幕信息为自己或他人谋取利益；

（4）不得自营或者为他人经营与公司同类的营业或者从事损害本公司利益的活动；

（5）不得利用职权收受非法收入，不得侵占公司财产；

（6）不得挪用公司资金或将其借贷给他人；

（7）不得利用职务便利为自己或他人侵占或者接受本应属于公司的商业机会；

（8）未经股东会在知情的情况下批准，不得接受与公司交易有关的佣金；

（9）不得将公司资产以其个人名义或者以其他个人名义开立账户储存；

（10）不得以公司资产为本公司的股东或者其他个人债务提供担保；

（11）不得弄虚作假，欺上瞒下，损害本公司利益；

（12）未经股东会在知情的情况下批准，不得泄露在任职期间所获得的涉及本公司的商业信息；但在下列情况下，可以向法院或者其他政府主管机关披露有关信息：

① 法律有规定；

② 公众利益有要求；

③ 该董事本身的合法利益有要求。

本条款同样适用于首席执行官、总经理和其他高级管理人员。

第六十七条　董事的选举

董事由股东根据出资比例提名候选人，经股东会选举产生。选举董事采取累积投票制，所得选票较多者当选董事。

第六十八条　董事资格的限制条件

有下列情形之一者，不得担任公司董事：

（1）无民事行为能力或限制民事行为能力；

（2）因犯有侵犯财产罪或破坏社会主义市场经济秩序罪（刑法规定此二者均为类罪，可包括所有分罪）被判处刑罚，执行期满未逾5年；或者因犯罪被剥夺政治权利，执行期满未逾5年；

（3）担任因经营不善而破产企业的董事或厂长、经理，并对该企业的破产负有个人责任者，自该企业宣布破产之日起未逾3年；

（4）担任因违法被吊销营业执照的企业法定代表人，并负有个人责任者，自该企业被吊销营业执照之日起未逾3年；

（5）个人所负数额较大的债务到期未清偿；

（6）国家公务员。

公司违反上述规定选举董事，该选举无效。本条款同样适用于首席执行官、总经理和其他高级管理人员。

第六十九条　董事的职责

董事应当谨慎、认真、勤勉地行使公司所赋予的权利，以保证：

（1）公司的商业行为符合国家法律、行政法规以及各项经济政策的要求，商业活动不得超越营业执照规定的业务范围；

（2）公平对待所有股东；

（3）认真阅读公司的各项商务、财务报告，及时了解公司业务经营管理现状；

（4）亲自行使被国家法律、行政法规和本章程所赋予的公司管理处置权，不得受他人操纵；未经法律、行政法规允许或者得到股东会在知情的情况下批准，不得将其处置权转授他人行使；

（5）接受监事会对其履行职责的合法监督和合理建议。

第七十条　董事以个人名义行事的限定

未经公司章程规定或者董事会的合法授权，任何董事不得以个人名义代表公司或者董事会行事。董事以其个人名义行事时，在第三方可能认为该董事在代表公司或者董事会的情况下，该董事应当事先声明其立场和身份。

第七十一条　董事委托权的行使

董事应以认真负责的态度出席董事会，对所议事项表达明确的意见。董事确实无法亲自出席董事会的，可以书面形式委托其他董事按委托人的意愿代为投票，委托人应独立承担法律责任。

董事连续两次未能亲自出席，也不委托其他董事代其出席董事会议，视为不能履行职责，董事会应当建议股东会予以撤换。

第七十二条　董事的辞职

董事可以在任期届满以前提出辞职。董事辞职应向董事会提交书面辞职报告。

第七十三条　董事辞职的生效条件

如因董事的辞职导致董事会低于法定最低人数时，该董事的辞职报告应当在下任董事填补因其辞职产生的缺额后方能生效。

董事会应当尽快要求召开临时股东会，选举董事，填补因董事辞职产生的空缺。在股东会未就董事选举作出决议以前，提出辞职的董事以及董事会的职权应当受到合理的限制。

第七十四条　董事离职后的行为限定

董事提出辞职或者任期届满，其对公司和股东负有的义务在其辞职报告尚未生效或者生效后的合理期间内，以及任期结束后的合理期间内并不解除其对公司商业秘密保密的义务，直至该秘密成为公开信息。其他义务的持续期间应当根据公平的原则决定，视事件发生与离任之间时间的长短，以及与公司的关系在任何情况和条件下结束而定。

第七十五条　董事擅自离职的赔偿责任

任职尚未结束的董事，因其擅自离职使公司造成损失，应当承担赔偿责任。

第七十六条　董事纳税

公司不以任何形式为董事纳税。

二、董事会

第七十七条　董事会的组成

公司设董事会。董事会为公司的常设权力机构和最高经营决策机构，向股东会负责。董事会由七名董事组成，设董事长一人，董事六人，董事长须由董事担任，由全体董事过半数选举及罢免。

第七十八条　董事会行使的职权

董事会行使下列职权：

（1）负责召集股东会，并向股东会报告工作；

（2）执行股东会的决议；

（3）审议批准公司年度财务预算方案及决算方案；

（4）审议批准公司的利润分配方案和弥补亏损方案；

（5）制定公司增加或者减少注册资本的方案及发行公司债券的方案；

（6）拟定公司合并、分立、变更形式、解散的方案；

（7）拟定公司章程的修改方案；

（8）聘任或者解聘公司首席执行官；

（9）聘任或者解聘公司董事会秘书；

（10）聘任或者解聘公司总经理；

（11）聘任或者解聘经首席执行官及总经理提名的其他高级管理人选；

（12）考核首席执行官的经营业绩；

（13）确定首席执行官运用公司资产所作出的风险投资权限。首席执行官运用公司资产所作出的风险投资具体权限：单项对外投资项目、资产处置不得超过公司净资产的5％；

（14）聘任或者解聘经首席执行官提名，委派到公司的控股企业、参股企业或分支机构中应由公司出任的董事及其他高级管理人员人选；

（15）公司根据需要，可以由董事会授权首席执行官在董事会休会期间，行使董事会部分职权；

（16）股东会授予的其他职权。

上述第（16）项所述股东会对董事会的授权原则是：

① 有利于公司的科学决策和快速反应；

② 授权事项在股东会决议范围内，且授权内容明确具体，有可操作性；

③ 符合公司及全体股东的最大利益。

第七十九条 董事会对风险投资项目的审查

董事会应建立严格的审查决策程序。超过规定运用公司资产权限的重大风险投资项目应当组织有关专家、专业人员进行评审，并报股东会批准。

本条所指风险投资的范围包括但不限于：

（1）对其他有限公司的股权长期投资；

（2）购买其他上市公司的股票、可转换债券和其他公司债券；

（3）为其他企业融资提供财产保证；

（4）与其他企业合作开发投资项目；

（5）法律、法规或本章程规定，以及股东会确定属于风险投资的其他投资项目。

第八十条 董事会的召开时间

董事会每季度至少召开一次会议，由董事长召集，每次会议应于会议召开十日前通知全体董事。

第八十一条 董事会决议的有效性

董事会议应由二分之一以上董事出席方可举行，董事会决议事项实行一人一票记名表决制度。董事会决议必须经出席董事的过半数通过。

第八十二条 董事长的选举和任期规定

由董事会选举产生董事长。董事长是公司的法定代表人。

董事长任期三年，可连选连任。

第八十三条 董事长的职权

董事长行使下列职权：

（1）主持股东会和召集、主持董事会；

（2）督促、检查董事会和股东会决议的实施情况；

（3）签署董事会重要文件和其他应由公司法定代表人签署的其他文件；

（4）提名公司首席执行官人选，交董事会议任命；

（5）行使法定代表人的职权；

（6）在发生特大自然灾害等不可抗力的紧急情况下，对公司事务行使符合法律规定和公司利益的特别处置权，并在事后向公司董事会和股东会报告；

（7）董事会授予的其他职权。

第八十四条　临时董事会议的召开条件

有下列情形之一的，董事长应在二个工作日内召集临时董事会议：

（1）董事长认为必要时；

（2）三分之一以上董事联名提议时；

（3）监事会提议时；

（4）首席执行官提议时；

（5）总经理提议时。

第八十五条　临时董事会议的召开

董事会召开临时董事会议的通知方式为：电话、传真；通知时限为2个工作日以内。

如有本章第八十四条（2）、(3)项规定的情形，董事长不能履行职责时，应当由首席执行官代其召集临时董事会议；董事长和首席执行官无故不履行职责，亦未指定具体人员代其行使职责的，可由二分之一以上的董事共同推举一名董事负责召集会议。

第八十六条　董事会议通知的内容

董事会议通知包括以下内容：

（1）会议日期和地点；

（2）会议期限；

（3）事由及议题；

（4）发出通知的日期。

发出通知的同时须提供足够的资料，包括会议议题的相关背景资料和有助于董事理解公司业务进展的信息数据。

第八十七条　董事会的会议记录内容

董事会议应当对会议所议事项的决定做成会议记录，董事有要求在记录上作出某些合理记载的权利，会议记录由出席会议的董事(包括被委托人)和记录员签字。

董事应当对董事会决议承担责任。当董事会决议违反上述规定，致使公司遭受严重损失时，参与决议的董事对公司负赔偿责任，但经证明曾表示异议并记载于会议记录中的董事，可免除其责任。既未出席会议，又未委托代表出席的董事应视作未表示异议，不免除其责任。

三、 董事会专门委员会

第八十八条 董事会专门委员会的组成

董事会可设立执行、审计、提名、薪酬与考核专门委员会。各专门委员会分别由两名董事和其他专业人士组成。

第八十九条 各专门委员会委员的产生办法

各专门委员会委员由董事长或者全体董事的三分之一提名，并由董事会选举产生。审计委员会委员由监事长或三分之一监事提名，并由董事会选举产生。

第九十条 各专门委员会主任委员的产生办法

各专门委员会分设主任委员一名，负责主持委员会工作。主任委员在委员内选举，并报请董事会批准产生。审计委员会主任由监事担任，该监事必须具有财会或审计专业中级以上职称。

第九十一条 各专门委员会委员的任期

各专门委员会委员任期与董事一致，委员任期届满，可连选连任。人员不足时由董事会或监事会根据上述第八十九条至第九十条规定补足委员人数。

第九十二条 各专门委员会会议的有效性

各专门委员会会议应由三分之二以上的委员出席方可举行。

第九十三条 各专门委员会会议的表决方式

各专门委员会会议表决方式为举手表决或记名式投票表决；临时会议可以采取通讯表决方式。每一名委员有一票的表决权；会议作出的决议，须经出席会议的委员过半数通过，方可有效。

第九十四条　各专门委员会会议的列席人员

各专门委员会会议必要时可以邀请公司董事、监事、首席执行官、总经理及高级管理人员等列席会议。

第九十五条　专业机构的聘请

如有必要，各专门委员会可以聘请中介机构为其决策提供专业意见，费用由公司支付。

第九十六条　当事人的回避

各专门委员会会议讨论有关委员会成员的议题时，当事人应回避。

第九十七条　各专门委员会会议召开的合法性

各专门委员会会议的召开程序、表决方式和会议通过的议案必须遵循有关法律、行政法规和本章程的规定。

第九十八条　各专门委员会会议的会议记录

各专门委员会会议应有会议记录，出席会议的委员应当在会议记录上签名；会议记录由公司董事会秘书保存。

第九十九条　各专门委员会会议议案的报送

各专门委员会会议通过的议案及表决结果，应以书面形式报公司董事会审查备案。审计委员会决议须报监事会备案。

第一百条　各委员的保密义务

各专门委员会出席会议的委员均对会议所议事项有保密义务，不得擅自披露有关信息。

第一百零一条　执行委员会的组成

执行委员会由首席执行官、总经理、财务总监及其他高级管理人员组成，是公司的最高经营领导核心，作为董事会的常设机构在董事会闭会期间代行董事会的职权。首席执行官任该委员会主席。

第一百零二条　执行委员会的职责

执行委员会每月召开一次会议，主要任务是决定和审查公司政策，并对大

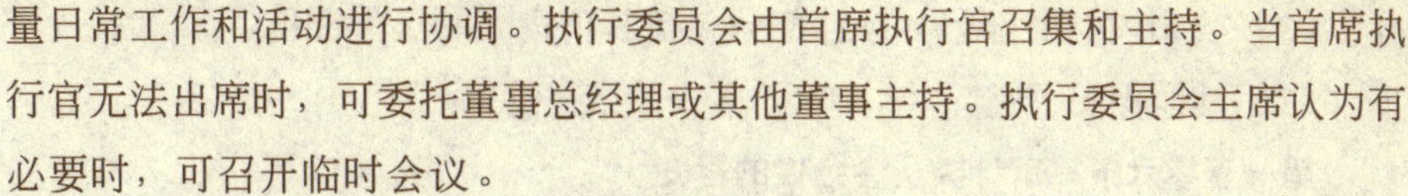

量日常工作和活动进行协调。执行委员会由首席执行官召集和主持。当首席执行官无法出席时，可委托董事总经理或其他董事主持。执行委员会主席认为有必要时，可召开临时会议。

第一百零三条 执行委员会会议的表决方式

执行委员会采取民主集中制管理。公司实行董事会领导下的首席执行官负责制，经讨论后形成决议的，经首席执行官签发并负责执行。当表决赞成和反对持平时，首席执行官有两票权利。当反对票超过二分之一时，首席执行官可以要求执行，但必须在下一次董事会召开时作出说明。

执行委员会会议记录必须定期呈送董事会审阅。

第一百零四条 审计委员会的职责

审计委员会对董事会和监事会负责，委员会的提案须提交董事会或监事会审议决定。审计委员会的主要职责权限：

（1）外部审计机构的聘请、更换及工作评价；

（2）在公司外部审计人员提供审计服务之前，对其服务范围进行界定；

（3）评价首席执行官、总经理、高级管理人员对由外部和内部审计人员提出的重要控制建议的改善措施；

（4）在每年的财务年报和其他会议报表发表之前，对其进行审查；

（5）帮助公司董事会其他成员更好地理解公司的会计核算体系、内部控制财务报表、商业伦理政策；

（6）在公司董事、内部审计人员、财务总监之间建立通畅的交流渠道。

（7）审核公司的财务信息；

（8）审查公司的内控制度。

第一百零五条 审计工作组报告的评议

审计委员会会议对审计工作组提供的报告进行评议，并将相关书面决议材料呈报董事会讨论：

（1）公司内部审计制度是否已得到有效实施，公司财务报告是否全面真实；

（2）公司内财务部门、审计部门包括其负责人的工作评价；

（3）其他相关事宜。

第一百零六条　审计委员会会议的召开

审计委员会会议分为例会和临时会议，例会每年至少召开四次，每季度召开一次；临时会议由审计委员会委员提议召开。会议召开前七天须通知全体委员，会议由主任委员主持，主任委员不能出席时可委托其他一名委员代为主持。

第一百零七条　提名委员会的职责

提名委员会的主要职责权限：

（1）根据公司经营活动情况、资产规模和股权结构对董事会的规模和构成向董事会提出建议；

（2）研究董事、首席执行官、总经理及高级管理人员的选择标准和程序，并向董事会提出建议；

（3）广泛搜寻合格的董事、首席执行官、总经理人选；

（4）对空缺的董事职位提出候选人名单；

（5）评价董事会业绩，包括评价董事个人及评价董事会全体人员；评价首席执行官、总经理及高级管理人员业绩；

（6）处理股东提出的董事人选提案。

第一百零八条　提名委员会的权威性

提名委员会对董事会负责，委员会的提案提交董事会审议决定；控股股东在无充分理由或可靠证据的情况下，应充分尊重提名委员会的建议，否则，不能提出替代性的董事、首席执行官、总经理及高级管理人员人选。

第一百零九条　董事、首席执行官、总经理的选任程序

提名委员会依据相关法律法规和本章程的规定，结合公司实际情况，研究公司的董事、首席执行官、总经理的当选条件、选择程序和任职期限，形成决议后提交董事会通过，并遵照实施。董事、首席执行官、总经理的选任程序：

（1）提名委员会应积极与公司有关部门进行交流，研究公司对新的董事、首席执行官、总经理的需求情况，并形成书面材料；

（2）提名委员会可在本公司、属下控股企业内部以及人才市场广泛寻找董事、首席执行官、总经理的合适人选；

（3）将初选人员的职业、学历、职称、详细的工作经历、全部兼职等情况，形成书面材料；

（4）召集提名委员会会议，根据董事、首席执行官、总经理任职条件，对初选人员进行资格审查；

（5）在选举新的董事和聘任新的首席执行官、总经理前一至两个月，向董事会提出董事候选人和新聘首席执行官、总经理人选的建议和相关材料；

（6）征求被提名人对提名的同意，否则不能将其视为董事、首席执行官、总经理人选；

（7）根据董事会决定和反馈意见进行其他后续工作。

第一百一十条 提名委员会会议的召开

提名委员会每年至少召开两次会议，并于会议召开前七天通知全体委员，会议由主任委员主持，主任委员不能出席时可委托其他一名委员代为主持。

第一百一十一条 薪酬与考核委员会的职责

薪酬与考核委员会的主要职责权限：

（1）根据董事、首席执行官、总经理及高级管理人员管理岗位的主要范围、职责、重要性以及其他相关企业相关岗位的薪酬水平制定薪酬计划或方案；

（2）薪酬计划或方案主要包括绩效评价标准、程序及主要评价体系，奖励和惩罚的主要方案和制度等；

（3）审查公司董事、首席执行官、总经理及高级管理人员履行职责情况并对其进行年度绩效考评；

（4）负责对公司薪酬制度执行情况进行监督；

（5）董事会授权的其他事宜。

第一百一十二条　薪酬计划的报批程序

薪酬与考核委员会提出的公司董事的薪酬计划，须报经董事会同意后，提交股东会审议通过方可实施；公司首席执行官、总经理及高级管理人员的薪酬分配方案须报董事会批准。董事会有权否决损害股东合法利益的薪酬计划或方案。

第一百一十三条　高管人员薪酬方案的考核依据

薪酬与考核委员会制定公司董事、首席执行官、总经理、高级管理人员薪酬方案的考核依据：

（1）公司主要财务指标和经营目标完成情况；

（2）董事、首席执行官、总经理及高级管理人员分管工作范围及主要职责情况；

（3）董事、首席执行官、总经理及高级管理人员岗位工作业绩考评系统中涉及指标的完成情况；

（4）董事、首席执行官、总经理及高级管理人员的业务创新能力和创利能力的经营绩效情况。

第一百一十四条　高管人员的考评程序

薪酬与考核委员会对董事、首席执行官、总经理和高级管理人员考评程序：

（1）公司董事、首席执行官、总经理和高级管理人员向薪酬与考核委员会作述职和自我评价；

（2）薪酬与考核委员会按绩效评价标准和程序，对董事、首席执行官、总经理及高级管理人员进行绩效评价；

（3）根据岗位绩效评价结果及薪酬分配政策提出董事、首席执行官、总经理及高级管理人员的报酬数额和奖励方式，表决通过后，报董事会审查备案。

第一百一十五条　薪酬与考核委员会会议的召开

薪酬与考核委员会每年至少召开两次会议，并于会议召开前七天通知全体委员，会议由主任委员主持，主任委员不能出席时可委托其他一名委员代为主持。

四、董事会秘书

第一百一十六条 董事会秘书的出任

董事会设董事会秘书一名，对股东会负责。由董事长提名、股东会表决。可连任多届，但不与董事会同时换届。

第一百一十七条 董事会秘书的任职资格

董事会秘书应具备一定的专业知识和实践经验，由董事会委任。

本章程不适合担任董事的情形适用于董事会秘书。

第一百一十八条 董事会秘书的职责

董事会秘书的主要职责是：

（1）准备和递交董事会和股东会出具的报告和文件；

（2）筹备董事会会议和股东会，负责会议记录和会议文件的保管；

（3）保证公司的股东名册妥善设立，保证有权得到公司有关记录和文件的人及时得到有关记录和文件；

（4）董事会秘书是公司法定对外发言人；

（5）董事会赋予的其他职责。

第八节 监 事 会

第一百一十九条 监事会的组成

公司设立监事会，由3名监事组成。

第一百二十条 监事的选举、任期

监事应具有法律、会计等方面的专业知识或工作经验。监事由股东代表和公司员工代表担任，监事会中股东代表监事和职工代表监事的比例应为：2:1。监事应向全体股东负责，对公司财务以及公司董事、首席执行官、总经理和其他高级管理人员履行职责的合法性进行监督，维持公司及股东的合法权益。

股东代表监事由股东会选举产生；职工代表监事由职工民主选举产生。

监事任期三年，可连选连任。

《公司法》第五十七条、第五十八条规定情形的人员不得担任公司监事。公司董事、首席执行官、总经理及财务总监不得兼任监事。

监事会设监事长一名，由全体监事会成员三分之二以上选举产生和罢免。监事长不能履行职权时，由监事长指定一名监事代行其职权。

第一百二十一条　监事的工作职责

监事应遵守法律、行政法规和本章程的规定，履行诚信和勤勉的义务。监事承担的职责包括：

（1）确保公司的经营活动与股东会确定的公司发展方向和经营目标一致；

（2）保证公司董事及职员遵守各项政府的法令和规定；

（3）保障股东权益不被侵犯；

（4）保护公司财产不因管理制度不健全而遭受意外损失。如通过制度消除火灾、盗窃、贪污以及人为灾害等隐患；

（5）维护公司章程和细则；

（6）保证公司承担必要社会责任。

第一百二十二条　监事失职的情形

当监事出现下列情况，则可以认定为失职：

（1）对公司存在的重大问题，没有尽到监督检查的责任或发现后隐瞒不报；

（2）对董事会提交股东会的财务报告的真实性、完整性未严格审核而发生重大问题；

（3）泄露公司机密；

（4）在履行职责过程中接受不正当利益；

（5）由公司股东会认定的其他严重失职行为。

第一百二十三条　监事的缺席

监事连续二次不能亲自出席监事会会议的，视为不能履行职责，应予以撤换。

第一百二十四条　监事权利的保障

监事有了解公司经营情况的权利并承担相应的保密义务。公司应采取措施

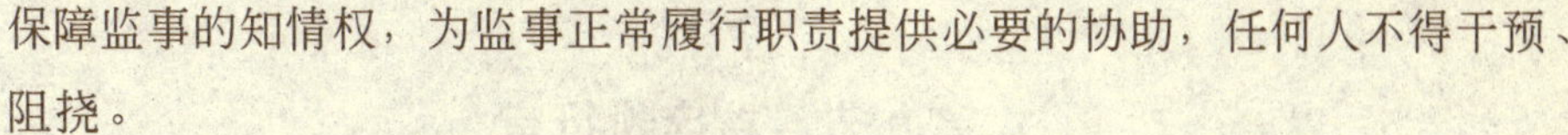

保障监事的知情权，为监事正常履行职责提供必要的协助，任何人不得干预、阻挠。

第一百二十五条　监事的辞职

关于董事辞职的规定，适用于监事。

第一百二十六条　监事会的职权

监事会是公司的监察机关，享有监督董事会、董事、高层管理人员经营公司业务的权利以及审计公司财务的权利。监事会向股东负责，并向股东会报告工作。监事会行使下列职权：

（1）检查公司财务。主要检查公司编制的财务会计报表是否做到数字真实、计算准确、内容完整、说明清楚，有无伪造会计数字或编制与实际不相符合的会计报表；

（2）对董事、首席执行官、总经理和其他高级管理人员在行使职务时违反法律、法规或者本章程的行为进行监督并要求其纠正；

（3）提议召开临时股东会；

（4）列席董事会会议；

（5）公司章程规定或股东会授予的其他职权。

第一百二十七条　监事会议的召开和表决

监事会每年至少召开两次会议，监事会决议由出席会议监事三分之二以上通过，表决方为有效。表决方式为举手表决。

第一百二十八条　监事会的会议记录

监事会应对会议事项的决定做成会议记录，出席会议的监事和记录员应在会议记录上签名并存档。监事会会议记录作为公司档案由董事会秘书保存。保管期限不低于十年。

第一百二十九条　监事会监督记录的用途

监事会的监督记录以及进行财务或专项检查的结果应成为对董事、首席执行官、总经理和其他高级管理人员绩效评价的重要依据。

第九节 首席执行官

第一百三十条 首席执行官的设立

公司设首席执行官一名，由董事会聘任或解聘。

第一百三十一条 首席执行官的聘任合同内容

首席执行官每届任期三年，可连聘连任。

首席执行官应与公司签订聘任合同，明确双方的权利义务关系，并包括其违反法律、行政法规和本章程时的责任以及公司因故提前解聘首席执行官时应给予的补偿等内容。

第一百三十二条 首席执行官的任职资格

首席执行官的任职资格：

（1）需具有业界公认的企业高级经营管理人员的素质和本行业专业知识；

（2）具有对企业忠诚和对董事会高度负责的工作态度；

（3）具有创意和开放的思想；

（4）富有独立意识，对事物有自己独到的见解；

（5）能够非常自信地克服困难，并大胆地抓住机遇；

（6）善于敏锐地观察旧事物的缺陷，准确地捕捉新事物的萌芽，提出大胆新颖的设想，继而进行周密论证，制订出可行的方案并付诸实施，并不断总结经验，直至取得成功；

（7）能够准确地在纷繁多变的市场经济的不平衡中寻找和发现企业发展的机会；

（8）善于在企业内营造一个鼓励大家创新的环境，形成具有创新精神、凝聚力的企业文化。

（9）善于高层次交际，善于与各级政府、主管部门、协作单位、社区、顾客、员工、债权人建立良好的公共关系。有以个人魅力提升企业形象的能力。

第一百三十三条 首席执行官的任职限定

首席执行官必须由公司董事兼任。

第一百三十四条 首席执行官的解职

首席执行官在聘任期届满前，不得无故解除其职务，自动辞职者除外。

第一百三十五条 首席执行官的职权

首席执行官对董事会负责，任职期间应本着诚信、勤勉、敬业、公正的原则，以实现经济效益最大化和社会效益最大化为己任，行使下列职权：

（1）制定与公司长远发展紧密联系的经营计划和投资方案；

（2）拟订公司的年度财务预算方案、决算方案，并经董事会和股东会通过后，予以贯彻实施；

（3）拟订公司的利润分配方案和弥补亏损方案，并经董事会和股东会通过后，予以贯彻实施；

（4）建设和维护良好的公司文化，在公司员工中切实形成积极向上、创新进取、讲求效率的工作氛围；

（5）保证公司财务运行质量，确保公司的经营安全和业务实现；

（6）拟订公司的基本组织结构、高级岗位设置、管理制度和制定公司的具体规章；

（7）决定公司内部高级管理人员各自具体的职责及其分工；

（8）拟定公司重大收购、兼并方案；

（9）提请董事会聘任或者解聘公司高级管理人员；

（10）提请董事会批准委派到公司的属下控股企业、托管企业、参股企业中应有集团公司出任的董事及其他高级管理人员入选；

（11）代表公司对外处理重要业务，代表公司形象，搞好公共关系；

（12）出席董事会议；

（13）提议召开董事会临时会议；

（14）主动辞去首席执行官职务的权利（在任期届满以前提出辞职的具体程序和办法由首席执行官与公司之间的聘用合同规定）；

（15）公司章程或董事会授权的其他职权。

第一百三十六条　首席执行官的义务

首席执行官在任职期间必须履行下列义务：

（1）遵守国家法律、法规和本章程；

（2） 执行董事会决议；

（3）切实履行职责，完成预定的经营管理目标和指标；

（4）定期或不定期向董事会报告工作；

（5）接受董事会、监事会质询和监督；

（6）不得从事与公司相竞争或损害公司利益的活动；

（7）不得泄露公司商业秘密；

（8）不得利用职权收取贿赂或者谋求其他非法报酬。

本条款同样适用于总经理。

第一百三十七条　报告重大经营情况

首席执行官应当根据董事会或者监事会的要求，向董事会或者监事会报告公司重大合同的签订、执行情况，以及资金运用情况和盈亏情况，并必须保证该报告的真实性。

第一百三十八条　首席执行官失职的情形

首席执行官在执行职务时，出现下列情况之一，公司应按本章程规定程序予以停止职务或者解聘处理；给公司造成经济损失者，公司将依法追索经济赔偿；情节严重的，将提请司法机关追究其刑事责任：

（1）玩忽职守、处置不力；

（2）没有遵守董事会决议；

（3）超越董事会授权权限；

（4）违反法律法规、公司章程和董事会决议。

本条款同样适用于总经理和其他高级管理人员。

第一百三十九条　首席执行官非法所得的归属

首席执行官违反本章程的非法所得归本公司所有。

本条款同样适用于总经理和其他高级管理人员。

第一百四十条　首席执行官的离任审计

首席执行官须接受职中和离任审计，未经离任审计不得办理离任手续。

本条款同样适用于总经理和其他高级管理人员。

第一百四十一条　首席执行官的辞职

首席执行官可以在任期届满以前提出辞职。有关首席执行官辞职的具体程序和办法由首席执行官与公司之间的劳务合同规定。

第十节　总经理及经营班子

第一百四十二条　经营班子的组成

公司设总经理 1 名。根据经营管理需要，可设立副总经理、总经济师、财务总监（或总会计师）、总工程师、总经理助理等高级管理职位。总经理对董事会负责。

第一百四十三条　总经理的选聘

总经理人选由公司董事会选聘或解聘。公司董事可以兼任本公司的总经理。

第一百四十四条　总经理的任期

总经理每届任期为 3 年，可连聘连任。在聘任期届满前，不得无故解除总经理职务，自动辞职者除外。

第一百四十五条　总经理的素质要求

总经理人选需具有业界公认的企业高级经营管理人员素质和本行业专业知识。具体条件在选聘时另作详细规定。

第一百四十六条　总经理的职权

总经理行使下列职权：

（1）　全面负责公司日常行政和业务活动，组织实施董事会决议；

（2）　拟订和组织实施公司投资方案；

（3）　拟订和组织实施公司年度经营计划和发展规划；

（4） 拟订和组织实施公司内部管理机构方案；

（5）拟订公司的基本管理制度和制定公司的具体规章；

（6） 提请董事会解聘公司副总经理、财务总监；

（7） 除应由董事会聘任或者解聘岗位以外，聘任或者解聘其他管理人员；除首席执行官提名权之外的提名权。

（8）拟订公司员工的工资、福利、奖惩，决定公司员工的聘用或解聘；

（9）拟订公司财务预算、决算和利润分配、弥补亏损方案；

（10）代表公司对外处理经营业务；

（11）出席（或列席）董事会会议（非董事总经理在董事会上没有表决权）；

（12）提议召开董事会临时会议；

（13）主动辞去总经理职务的权利（在任期届满以前提出辞职的具体程序和办法由总经理与公司之间的聘用合同规定）；

（14）公司章程或董事会授权的其他职权。

第一百四十七条　工会、员工代表意见的听取

总经理在拟订有关员工工资、福利、安全生产以及劳动、劳动保险、解聘（或开除）公司员工等涉及员工切身利益的问题时，应当事先听取工会和员工代表意见。

第十一节　高级管理人员

第一百四十八条　高管人员的上岗方式

除财务总监（或总会计师），高级管理人员一般须通过竞争上岗。

第一百四十九条　财务总监的职权

集团公司财务总监行使下列职权：

（1）审核公司的财务报表和报告，并与首席执行官、总经理共同确认其准确性后，报董事会；

（2）主持制定公司的财务会计机构设置方案和财务管理制度，监督检查公司财务运作和资金收支情况；

（3）组织实施经董事会、股东会批准的重大财务方案；

（4）与首席执行官联签董事会批准的规定限额范围内的公司经营性、融资性、投资性、固定资产资金支用和汇往境外资金及担保贷款事项；

（5）对公司成员的财务管理工作实行下管一级；

（6）提请聘任或者解聘下属公司的财务经理。

第一百五十条　高管人员的行为准则

首席执行官、总经理、副总经理、财务总监及其他高级管理人员行使本章程、公司基本制度及经授权所赋予的职权时，均称为职务行为，其基本原则为：

（1）一切职务行为都必须以维护公司、股东利益、对社会负责为目的；

（2）公司倡导“忠诚、敬业、自律、学习”的职业道德，树立“创新、合作、规范、效率”的企业精神；

（3）遵守公司章程，忠实履行职务，维护公司利益；

（4）积极承担工作任务，勇于负责，恪守信用；

（5）有义务保守公司的经营机密。

第一百五十一条　对高管人员的考核、民主评议

每年年末由薪酬与考核委员会对高级管理人员进行考核及民主评议。

（1）考核的范围主要围绕公司的管理状况、公司的财务状况和公司经营业绩；考核标准应基本遵循年初企业法定代表人与该高级管理人员签订的目标责任书和双方约定的文件条款；

（2）考核的方式采取审计、公司经理业绩评估的方式。

根据考核结果，实行奖优罚劣，形成能上能下、能进能出、优胜劣汰的竞争机制，真正做到“能者上、平者让、庸者下”。

第十二节　企 业 集 团

第一百五十二条　企业集团的性质和目的

新国线企业集团是以本公司为核心企业的企业联盟，是依本企业而存在的非法人组织。成员企业与核心企业的关系是契约关系。企业集团在决策方面的机制有利于公司业务决策的民主化、科学化，是对业务决策机制的创新。成立企业集团是为了实施战略管理，加快建立全国综合道路运输网络，并保证网络化经营的一体化管理需要，也是为了加快企业发展，提高公司竞争力，提高经济效益，提高股东收益。

第一百五十三条 企业集团的联系纽带

企业集团的联系纽带有两条：一是资本纽带，二是一体化运作的管理纽带。新国线企业集团主要是依据一体化运作而设立的。一体化运作是网络化经营和企业集团管理的基础。一体化运作分为经营一体化和业务一体化。

第一百五十四条 企业集团的成员组成

（1）核心企业：新国线运输集团有限公司；

（2）核心层：集团公司的控股子公司、分公司；

（3）紧密层：接受并实行经营一体化管埋的成员企业，以托管企业为主；

（4）关联层：接受并实行业务一体化管理的成员企业，以加盟企业为主；

（5）松散层：与集团公司存在产权关系，但既不参与经营一体化管理又不参与业务一体化运作的企业。

第一百五十五条 企业集团的管理机构及岗位设置

企业集团常设管理机构：董事局全体会议、董事局常务会议、董事局常务会议专业委员会议、经理联席会议。

企业集团高级岗位设置：董事、常务董事、董事局主席、董事局常务副主席、企业集团总裁、企业集团副总裁、董事局秘书。

第一百五十六条 一体化管理的内容

（1）一体化运作的形式主要包括：

① 统一业务决策；

② 统一品牌形象；

③ 统一CI管理；

④ 统一营运调度；

⑤ 统一战略规划；

⑥ 统一服务规范和质量标准；

⑦ 统一业务操作流程；

⑧ 统一管理信息系统；

⑨ 统一结点驿站体系；

⑩ 统一安全及应急处理体系；

⑪ 统一价格体系；

⑫ 统一营运统计系统；

⑬ 统一评价激励体系；

⑭ 统一培训和测评体系。

（2）集团公司对核心层和紧密层实行经营一体化管理。对紧密层的经营一体化管理是指在业务一体化运作的基础上的分公司式管理。具体包括：

① 全面的资金预算管理；

② 强大的资金借贷支持；

③ 统一监控下的财务独立核算；

④ 统一的劳动人事管理；

⑤ 控股企业可共享一级资质、统一质量信誉评审；

⑥ 统一资源招标、申请管理；

⑦ 无偿享用品牌和企业文化；

⑧ 控股公司依《公司法》严格按股权比例分享经营成果和财产处置权利。

第一百五十七条　董事局与董事会的关系

企业集团董事局的决策范围不涉及集团公司股东会的决策范围。董事局是企业集团的最高决策机构，董事会是新国线运输集团有限公司的最高决策机构，新国线运输集团有限公司是企业集团的核心企业。

第一百五十八条　企业集团内部的管理关系

企业集团总裁与紧密层成员企业经理的关系在经理联席会议上是领导与被领导关系；经理联席会议闭会期间，企业集团总裁代理经理联席会议实施决策权。

核心层企业、紧密层企业由集团公司片区经理直接领导和管理。

关联层企业经理在一体化经营实施中的问题，可向集团公司总经理汇报，也可在经理联席会议上反映。

松散层企业由首席执行官、集团公司董事会执行委员会参加股东会或通过委派董事及高级管理人员参与管理。

第十三节 财 务 会 计

第一百五十九条 财会制度的参照标准

公司应当按照国家有关法律法规和国务院财政主管部门的规定制定公司的财务、会计制度。

第一百六十条 折旧和纳税的要求

公司参照国家有关规定，由董事会决定固定资产折旧年限；公司执行国家有关税收制度，依法向政府纳税。

第一百六十一条 公司会计年度的规定

公司会计年度采用公历日历年制，即每年公历1月1日至12月31日为一个会计年度。

第一百六十二条 对记账本位币和货币折算的要求

公司采用人民币为记账本位币。一切凭证及账薄均用中文书写。人民币同其他货币折算按实际发生之日中华人民共和国国家外汇管理局公布的外汇买卖牌价计算。

第一百六十三条 年度财务报告编制的时间要求

公司在每一会计年度结束后70日内，按照有关法律、法规的规定，编制公司年度财务报告。

第一百六十四条 财务报告的内容

公司年度财务报告包括下列内容：

（1）资产负债表；

（2）利润表；

（3）利润分配表；

（4）现金流量表；

（5）会计报表附注。

第一百六十五条　股东对财务会计报告的查阅

公司财务会计报告应在股东会召开前20日置于公司，供股东查阅。股东数目不超过5个时，还应呈送股东。

第一百六十六条　会计账表的对外呈报

公司有关会计账表和其他有关文件需要按照国家及地方人民政府有关规定呈报时，应按照相应规定执行。

第一百六十七条　利润分配的顺序

公司在依法缴纳所得税后的当年利润应按下列顺序分配：

（1）弥补公司上一年度的亏损；

（2）提取法定公积金10%；

（3）提取法定公益金5%～10%；

（4）根据股东会的决议提取任意公积金；

（5）向股东分配红利。

以上具体分配方案由董事会依据国家有关法律及行政法规拟订，交股东会审议通过。

第一百六十八条　资本公积金的范围

公司设立资本公积金。以下款项列入资本公积金：

（1）资产评估增值净额；

（2）合并其他企业的资产增值；

（3）公司接受的捐赠；

（4）按照国家有关规定应列入的其他款项。

第一百六十九条　公积金和法定公益金的提取

公司从税后利润中提取公积金和法定公益金，公积金分为法定公积金和任意公积金。当法定公积金累计达到公司注册资本的百分之五十时，可不再提取。任意公积金的提取比例，由董事会根据公司的盈利状况和发展需要制定方案，经股东会批准后提取使用。

第一百七十条　公积金的用途

公司的公积金仅限用于下列用途：

(1) 弥补亏损；

(2) 增加资本；

(3) 资产使用。

第一百七十一条　公益金的用途

公司每年提取的公益金用于公司集体福利。

第十四节　劳动人事制度

第一百七十二条　劳动人事制度的参照标准

公司根据有关法律和法规的规定，制定和健全公司的劳动管理、工资福利和社会保险制度。

第一百七十三条　公司对人员配置的自主权

公司有决定人员配置的自主权。公司有权根据有关法律、法规的规定招聘和辞退员工。

第一百七十四条　公司对员工工资及保险的决定权

公司可依据自身的经济效益，并在政府有关规定的范围内自主决定公司各级管理人员及各类员工的工资水平。公司依据政府的有关规定，安排公司管理人员及员工的医疗保险、退休保险和就业保险等。

第十五节　公司合并、分立

第一百七十五条　公司合并、分立的权利

公司可以依法进行合并和分立。公司发生合并或分立事项，应由公司股东会决议，并报经市政府有关部门批准。

第一百七十六条　公司合并、分立的办理程序

公司合并或分立，按照下列程序办理：

（1）董事会拟定合并或者分立方案；

（2）股东会依照章程的规定决议；

（3）各方当事人签订合并或者分立合同；

（4）依法办理有关审批手续；

（5）处理债权、债务等各项合并或者分立事宜；

（6）依法向公司登记机关办理变更登记手续。

第一百七十七条　公司合并的形式和条件

公司合并可以采取吸收合并和新设合并两种形式。公司合并应当由合并各方签订合并协议，并编制资产负债表及财产清单。

公司应当自合并决议之日起10日内通知债权人。债权人自接到通知书之日起30日内，有权要求公司清偿债务或提供相应的担保。若不清偿债务或不提供担保，则公司不得合并。公司合并后，合并各方的债权、债务应当由合并后的公司或者新设的公司承续。

第一百七十八条　公司分立的条件

公司分立时，其财产应做相应的分割，并编制资产负债表和财产清单。公司应于决议分立10日内通知债权人。债权人自接到通知书之日起30日内，有权要求公司清偿债务或提供相应的担保，不清偿债务或不提供担保，公司不得分立。公司分立前债务按所达成的分立协议由分立后的公司承担。

第一百七十九条　公司合并、分立对分歧股东的保护

公司合并或者分立时，公司董事会应当采取必要的措施，保护反对公司合并或分立的股东的合法权益。

第一百八十条　公司合并、分立的工商变更

公司合并或者分立，登记事项发生变更的，依法向公司登记机关办理变更登记；公司解散的，依法办理公司注销登记；设立新公司的，依法办理公司设立登记。

第十六节　解散和清算

第一百八十一条　公司解散、清算的情形

公司有以下情形之一时，可予以解散并进行清算：

（1）营业期限届满；

（2）股东会决议解散；

（3）因公司合并或分立需要解散；

（4）因无力清偿到期债务时，宣告破产；

（5）违反国家法律、法规，被依法责令关闭。

第一百八十二条　公司清算期间的要求

公司清算期间，董事会、首席执行官、总经理的职权立即停止，公司不得开展新的业务。

第一百八十三条　公司清算债务的清偿顺序

公司解散时，应依据《公司法》的规定成立清算组对公司进行清算。清算结束后，清算组应制作清算报告，报股东会或者有关主管机关确认，并报送公司登记机关，申请注销公司登记，公告公司终止。破产清算应按下列顺序清偿债务：

（1）支付清算费用；

（2）支付所欠员工工资和劳动保险费用；

（3）缴纳所欠税款；

（4）偿还银行贷款；

（5）偿还债务。

公司财产未按本条款第（1）至第（5）款规定清偿前，不分配给股东。

第十七节 章程修改

第一百八十四条 章程修改的情形

有下列情形之一的，公司应当修改章程：

（1）《公司法》或有关法律、行政法规修改后，章程规定的事项与其相抵触；

（2）公司的情况发生变化，与章程记载的事项不一致；

（3）股东会决定修改章程。

第一百八十五条 章程修改的结果

修改后的公司章程应送交原公司登记机关备案，涉及变更登记事项的，同时应向公司登记机关申请变更登记。

第十八节 附则

第一百八十六条 章程的附加细则

本章程未尽事宜，董事会可依照章程的规定，制订章程细则，并由董事会提交股东会讨论。章程细则具有章程同等法律效力。

章程细则不得与章程的规定相抵触。

第一百八十七条 章程的词语约定

本章程所称“以上”、“以内”、“以下”，都含本数；“不满”、“以外”不含本数。

第一百八十八条 章程的生效日

本章程在股东会通过并自公司办理工商注册登记手续后生效。

第一百八十九条 章程的解释权

本章程的解释权属于公司董事会。公司章程中如有与国家法律、法规相抵触的，以国家法律、法规为准。

第一百九十条 章程的份数

报有关部门备案一份，公司存留四份，股东各一份。均具有同等法律效力。

合同范本一：控股

关于组建新国线集团（××）运输有限公司的合作协议书

甲方 ：新国线运输集团有限公司

法定代表人 ：王永立

注册地 ：北京市丰台区广安路316号

乙方 ：×××××××××××

法定代表人 ：××××

注册地 ：×××××××××××××

为充分发挥高速公路的效益，共同开拓道路运输市场，发展面向全国的省际综合道路运输网络，甲乙双方经友好协商，本着“平等互利、优势互补、资源共享、风险共担”的原则，就组建新国线集团（××）运输有限公司，共同打造中国道路客运第一品牌，实现道路运输规模化、集约化、网络化经营，达成如下协议：

一、组建新国线集团（××）运输有限公司（以下简称××公司）

1．投资规模和投资形式

1）投资规模

投资规模为××××万元人民币，根据新公司实际发展的需要，双方可协商逐步增加资本投入。

2）出资形式

甲方以现金形式投入×××万元，乙方以可利用之场站、厂房、车辆等固定资产折价×××万元（该项评估由乙方负责组织，并支付相关的评估费用，甲乙双方以专业资产机构评估价格为基础，双方共同认定价格）投资。

2．公司性质

新国线集团（××）运输有限公司为双方共同发起设立的有限责任公司，具有独立法人资格，遵循权益共享、风险共担的原则。

3．注册资本和注资比例

（1）注册资本为 ××××万元人民币；

（2）注资比例为甲方占总股本的 51%，乙方占总股本的49%。

4．经营范围

班线客运、旅游客运、城市公交、小件快运、物流服务、站场经营、汽车租赁等。

5．经营宗旨

开发当地道路运输市场，通过网络化、品牌化、集团化经营，以一流的设备、一流的管理、一流的服务质量，努力将新国线打造成中国道路客运第一品牌。

6．组织架构设置

根据《公司法》和现代企业制度设置：

（1）新国线集团（××）运输有限公司董事会由五人组成，其中甲方委派三人，乙方委派两人，董事长由董事会选举产生，董事长为公司法定代表人；

（2）监事会由三人组成，其中甲方委派一人，乙方委派两人，监事会主席由监事会选举产生；

（3）总经理由双方推荐，按《新国线集团（××）运输有限公司章程》规定，由董事会聘任；

（4）财务经理由甲方委派；

（5）机构编制本着精简、高效的原则，由董事会根据新国线运输集团经营一体化的要求，结合工作需要，确定组织机构设置和人员配置，管理人员和业务骨干实行聘用制。

二、双方的共识

(1) 甲乙双方应本着“平等互利、优势互补、资源共享、风险共担”的原则，共同开发××地区的运输市场，并积极吸纳当地运输企业加盟；

(2)在××公司成立后，新公司应严格按照《公司法》、《新国线集团(××)运输有限公司章程》和双方签订的合作协议经营公司；

(3) 新公司作为新国线企业集团的核心层企业，必须严格遵守《新国线企业集团章程》的有关规定，接受新国线运输集团有限公司对其实行的经营一体化管理；

(4) 甲乙双方应共同努力为新公司争取新的线路经营权和当地政府相关扶持优惠政策；

(5) 新公司应按照交通部道路运输发展整体规划和道路运输管理办法，力求做到运作规范化、管理制度化、经营科学化，共同开发和规范当地的道路运输市场，立志打造中国道路客运第一品牌。

三、甲方的权利和义务

1. 甲方的权利

(1)甲方享有对新公司各项工作指导、监督、检查的权利；

(2)甲方有权监督新公司执行集团公司经营一体化管理和ISO9000质量管理体系运行情况；

(3)甲方有权根据生产经营需要对新公司的车辆设备提出调配意见报集团公司直属部门审批，并有权对新公司不利于甲方资源、资产和投资安全的经营决策行为加以纠正和制止；

(4)甲方有权决定新公司营运线路的开停，有权对劣质线路资源进行筛选处置、优化，以保证集团整体经济效益的实现。

2. 甲方的义务

(1)负责提供新国线全套的VI手册；

(2)负责对新公司高级管理人员进行新国线经营理念、经营模式、管理制度的培训；

（3）负责对新公司司乘人员进行星级服务标准培训；

（4）负责对新公司的财务人员进行财务NC系统软件使用的培训；

（5）负责新公司与集团公司内部各企业之间的良好沟通；

（6）负责协调处理新公司经营区域之外沿线的各种关系，创造企业良好的外部经营环境，并对新公司的资质评定、线路招投标等工作给予支持和配合。

培训地点为新国线管理学院。无法在新国线管理学院培训的，可在新公司所在地或新国线运输集团有限公司经营中心所在地进行培训，培训费用由甲方承担。

四、乙方的权利和义务

1. 乙方的权利

（1）乙方享有对新公司的经营状况和财务情况的知情权，并提出建议或质询；

（2）乙方有权对新公司不利于乙方资源、资产和投资安全的经营决策行为提出异议并通过合法途径予以纠正；

（3）乙方享有新线路开发和原有线路停运、改线的建议权。

2. 乙方的义务

（1）负责办理新公司的工商注册登记等相关手续；

（2）负责将其承诺合作的线路资源和车辆资产在新公司工商注册完成后一个月内变更到新国线集团（××）运输有限公司名下；

（3）负责新公司运作期间，协调处理当地的各种关系。

五、违约责任

（1）甲方如未按期如数提交出资额时，每逾期一日，甲方应向乙方支付出资额的0.3%作为违约金。如逾期三个月仍未提交的，乙方有权解除合同。

（2）由于一方过错，造成本合同不能履行或不能完全履行时，由过错方承担其行为给公司造成的损失，该损失由双方共同协商认定。

六、保密义务

任何一方未经另一方同意，不得擅自向协议以外的第三方泄露本协议的内容。

七、补充协议

本协议可根据各方意见进行书面修改或补充，由此形成的补充协议，与协议具有相同法律效力。

八、争议解决

甲乙各方当事人对本合同有关条款的解释或履行发生争议时，应通过友好协商的方式予以解决。如果经协商未达成书面协议，则一方当事人有权向所管辖权的人民法院提起诉讼。

九、不可抗力

由于地震、台风、火灾、战争及其他不能预见并且对其发生和后果不能防止或避免的不可抗力事故，致使任何一方不能履行其在本协议项下的义务，该方不承担由此给另一方造成的损失；该方应及时通知另一方其不能履行或延迟履行协议义务的原因，并应尽快向另一方提供有关发生不可抗力的证明文件，按事故对本协议的影响程度，双方协商是否终止本协议，或部分免除本协议的义务。

十、本协议法律效力

本协议一式十份，均具有相同法律效力，双方各执两份，其余用于办理相关手续。

甲方：新国线运输集团有限公司（盖章）

法人代表：

乙方：××××××××××××××（盖章）

法人代表：

××××年××月××日

合同范本二：加盟

特许加盟合作协议书

特许方：新国线运输集团有限公司

法定代表人：王永立

注册地：北京市丰台区广安路316号

受许方：×××××××××××

法定代表人：××××

注册地：×××××××××××××

为发挥新国线运输集团有限公司在经营管理、市场营销和品牌建设方面的优势，充分利用新国线运输集团有限公司网络资源，实现道路运输的规模化、集约化、网络化经营，本着互惠互利、共同发展的原则，甲方同意乙方加盟新国线运输集团有限公司。

一、加盟方式、范围、费用及时间

1. 加盟方式

×××××××××整体加盟新国线运输集团有限公司。在加盟期间，特许方授权受许方实行自主经营，但受许方应确保特许方的品牌形象，及时缴纳特许方品牌加盟费，受许方的一切债权债务、经营风险和法律责任均由受许方承担。

2. 加盟范围

按照《新国线典章》(2004 年版)、《新国线企业集团章程》的内容要求，受许方在班线客运方面将实行新国线业务一体化管理。

3. 加盟费用

加盟期内，受许方必须每年向特许方缴纳加盟费用，第一年的加盟费用为×××万元，第二年至加盟期结束前每年的加盟费用为×××万元。加盟费用以加盟时间为准按年支付，于每年首月 5 日前付款。

4. 加盟时间

加盟期限自××××年××月××日起至××××年××月××日止。期满之后由双方协商决定终止或续展事宜；在受许方经营期内，经双方协商一致可提前解除责任经营协议，改为共同投资经营。

二、特许方的权利和义务

1. 特许方的权利

(1) 特许方按期向受许方收取品牌加盟费；

(2) 特许方对受许方使用和管理新国线品牌享有指导权和检查权。对于受许方及其车辆责任经营人损害新国线品牌的行为，有权予以禁止、纠正，对造成的损害有权要求赔偿；

(3) 特许方有权对公司重大事项享有知情权和参与权。凡涉及公司重大事项的调整，受许方应及时告知特许方；

(4) 特许方享有收取加盟费用的最低保障权。可以要求受许方在经营期间内，不能以任何理由要求降低费用标准或缩短经营期限；

(5) 特许方享有对受许方经营状况的知情权。对于受许方每年定期召开的股东大会，特许方有列席参会权；

(6) 特许方享有对受许方违法违规经营的制止权；

(7) 特许方对受许方单方面中止该协议时享有索赔权。

2. 特许方的义务

(1) 特许方负责对受许方的相关人员提供经营理念、管理制度、品牌建设、星级服务标准等方面的培训和指导；

（2）特许方不直接或间接干预受许方的决策及依法开展的生产经营活动；

（3）特许方有协助受许方经营管理的义务。受许方在责任经营过程中如需特许方以股东名义签字盖章或办理各种手续时，在合法合约的情况下，特许方应予以积极配合；

（4）特许方有协助受许方在加入特许方企业集团后，与各成员企业进行业务沟通的义务，以扩张受许方的经营领域和范围，提高经济效益和社会效益。

三、受许方的权利和义务

1．受许方的权利

（1）受许方享有自主经营权。在合同约定和正当经营的情况下，特许方应保证受许方享有责任经营权；

（2）受许方享有对新国线品牌的使用权和管理权；

（3）受许方享有要求特许方协助受许方对公司进行经营管理的权利；

（4）受许方可自愿加入特许方的企业集团，享有企业集团成员的各种权利；

（5）受许方对特许方单方面中止该协议时享有索赔权。

2．受许方的义务

（1）受许方应严格执行特许方业务一体化运作的管理内容要求，并承担作为企业集团成员应履行的业务；

（2）受许方应严格按照《新国线集团CI管理制度》的内容要求和本协议规定，规范使用和管理新国线品牌，积极维护新国线品牌形象；

（3）受许方应严格按照《新国线集团服务质量星级评估考核管理办法》的内容要求提供星级服务，并接受特许方的考核评估；

（4）受许方应按本协议规定及时向特许方缴纳品牌加盟费；

（5）受许方应按照《公司法》和现代企业制度的要求，对公司依法开展正当经营；

（6）受许方应就公司经营状况及重大事项及时与特许方进行沟通和协商。

四、双方共识

（1）为防止受许方未能按时缴纳品牌加盟费或因经营行为造成特许方严重损失，受许方应在本协议生效之日起5日内，交纳×××万元作为加盟保证金；

（2）特许和受许双方就宣传费支付方面应设立广告基金账户。受许方从每季度的销售收入中提取×万元，作为宣传费汇至广告基金账户，具体的宣传方式由特许方根据广告基金账户上的数额，结合特许方全集团范围内的宣传需要而定。特许和受许双方均有权对宣传基金账户进行财务监管，如特许方违反宣传基金账户的使用管理，受许方有权中止支付宣传基金，特许方还应当向受许方返还宣传基金账户上未用于宣传的资金；

（3）特许和受许双方在品牌加盟期间，以及加盟关系结束后的合理期间内仍应相互保守双方的商业信息，直至该秘密成为公开信息；

（4）在本协议终止或届满后，受许方不得在其公司中继续保留特许方的品牌特征，也不得继续使用特许方的经营理念、管理制度和经营品牌。

五、违约责任

（1）受许方按协议应交缴的品牌加盟费，每逾期一天，应向特许方支付品牌加盟费总额5％的滞纳金；

（2）受许方在规定时间逾期一个月内未能缴纳品牌加盟费时，受许方的保证金将自动补足该期品牌加盟费和逾期的滞纳金；保证金不足×××万元时，受许方必须在10个工作日内补足，否则视为受许方违约，特许方可解除本协议，保证金不予退还；

（3）因受许方的经营行为经媒体曝光在社会上产生重大影响给特许方造成严重损失的，受许方应赔偿特许方的经济损失，该损失由双方共同协商认定；

（4）特许、受许双方在解除合同后，如受许方无视协议规定，继续使用特许方的经营理念、管理制度和品牌，特许方可就该违约行为向当地法院提起诉讼，对造成的损害要求赔偿。

六、保密义务

任何一方未经另一方同意，不得擅自向本协议以外的第三方泄露本协议的内容。

七、 补充协议

本协议可根据双方意见进行书面修改或补充，由此形成的补充协议，与本协议具有相同法律效力。

八、不可抗力

由于地震、台风、火灾、战争及其他不可预见且对其发生和后果不能防止或避免的不可抗力事故，致使任何一方不能履行其在本协议项下的义务，该方不承担由此给另一方造成的损失，但该方应及时通知另一方其不能履行或延迟履行协议义务的原因，并应尽快向另一方提供有关发生不可抗力的证明文件，根据事故对本协议的影响程度，双方协商是否终止本协议，或部分免除本协议的义务。

九、争议解决

在合同执行期间，特许和受许双方如果发生争议，应友好协商解决。如果协商不成，经双方同意后提交法院。

十、本协议法律效力

本协议一式六份，均具有相同法律效力，双方各执两份，其余用于办理相关手续。

特许方签章：　　　　　　　　受许方签章：

法定代表人：　　　　　　　　法定代表人：
（授权代表）：　　　　　　　（授权代表）：

年　月　日　　　　　　　　　年　月　日

合同范本三：托管合同

企业托管协议书

托管方：××××××××××

法定代表人：××××

注册地：×××××××××××××

受托方：新国线运输集团有限公司

法定代表人：王永立

注册地：北京市丰台区广安路316号

为发挥新国线运输集团有限公司在经营管理、市场营销和品牌建设方面的优势，充分利用新国线运输集团有限公司面向全国的道路运输网络，本着互利互惠、共同发展的原则，经平等协商，一致同意将××××××××（以下简称××××公司）委托给新国线运输集团有限公司管理。

一、托管方式、范围、费用及时间

1．托管方式

×××××××××将企业整体委托给新国线运输集团有限公司管理，更名为新国线集团（×××）运输有限公司。在托管期间由新国线运输集团有限公司代替×××××××××履行本协议中规定的权利义务。

2．托管范围

按照《新国线典章》（2004 年版）、《新国线企业集团章程》的内容要求，受托方将对托管方在班线客运方面实行新国线经营一体化管理。

3．托管费用

托管期间受托方向托管方支付一定的托管费用（双方协商确定）。

4．托管期限

托管期限自××××年××月××日起至××××年××月××日。期满之后由双方协商决定终止或续展事宜；在受托方经营期内，经双方协商一致可提前解除本经营协议，改为共同投资经营。

二、托管方的权利和义务

1．托管方的权利

（1）托管方按协议定期向受托方收取托管经营费；

（2）托管方对公司财务情况享有知情权和监督权；

（3）托管方对公司重大事项享有知情权和参与权；

（4）托管方享有对受托方违法经营的制止权。受托方如以公司名义进行各种违法犯罪活动的，托管方有权予以制止；

（5）托管方享有收取托管经营费的最低保障权。可以要求受托方在责任经营期间内，不能以任何理由要求降低费用标准或缩短经营期限；

（6）托管方在受托方知情的情况下有权对公司原有资产进行处置；

（7）托管方有权根据本协议规定的内容对受托方的违约行为或侵权行为向当地法院提起诉讼，对造成的损害要求赔偿；

（8）托管方对受托方单方面中止该协议时享有索赔权。

2．托管方的义务

（1）托管方应服从受托方对公司实行经营一体化管理，并承担作为企业集团成员应履行的业务；

（2）托管方在本身业务范围内应向受托方内部各企业提供业务优先权和便利条件；

（3）托管方不得直接或间接干预受托方的决策及依法开展的生产经营活动；

（4）托管方有协助受托方经营管理的义务。受托方在责任经营过程中如需托管方以股东名义签字盖章或办理各种手续时，在合法合约的情况下，托管方应予以积极配合；

（5）托管方应协助受托方处理好当地的各种关系。

三、受托方的权利义务

1．受托方的权利

（1）受托方有权按照《新国线典章》（2004 年版）确定的经营理念、管理模式、规章制度等对托管方实行经营一体化的管理；

（2）受托方有权对车辆、线路进行更新改造；

（3）受托方有对托管方原有资产处置的建议权；

（4）受托方根据经营的实际需要派出总经理、财务总监等对公司进行管理；

（5）受托方享有要求托管方协助受托方对公司进行经营管理的权利；

（6）受托方对托管方单方面中止该协议时享有索赔权。

2．受托方的义务

（1）受托方不得利用其特殊地位损害公司及公司各股东的合法权益；

（2）受托方负责公司与受托方内部各企业之间的良好沟通；

（3）受托方负责对公司相关人员提供经营理念、经营模式、管理制度、星级服务标准等方面的培训和指导；

（4）受托方应按照《公司法》和现代企业制度的要求，对公司依法开展正当经营；

（5）受托方应就公司经营状况及重大事项及时与托管方进行沟通和协商。

四、双方的共识

（1）托管和受托双方应共同努力为公司争取新的线路经营权和当地政府相关扶持优惠政策；

（2）托管和受托双方在托管期间，以及托管关系结束后的合理期间内仍应相互保守双方的商业信息，直至该秘密成为公开信息；

（3）对于在托管期间新增的线路经营权，托管结束后，受托方拥有对新增线路的处置权，托管方拥有对新增线路优先受让权，处置所得由甲乙双方按事先商定的比例分成；

（4）在本协议终止或届满后，托管方不得在其公司中继续保留受托方的品牌特征，也不得继续使用受托方的经营理念、管理制度、品牌等内容。

五、违约及协议解除

（1）在本协议有效期内，如果一方被发现违背协议条款，另一方有权终止协议，并由过错方承担其行为给另一方造成的损失，该损失由双方共同协商确定；

（2）受托方因超过委托权限而引起的纠纷，与托管方无关；

（3）托管、受托双方在解除合同后，如托管方无视协议规定，继承使用受托方的经营理念、管理制度和品牌，受托方可就该违约行为向当地法院提起诉讼，对造成的损害要求赔偿。

六、保密义务

任何一方未经另一方同意，不得擅自向协议以外的第三方泄露本协议的内容。

七、补充协议

本协议可根据各方意见进行书面修改或补充，由此形成的补充协议，与协议具有同等法律效力。

八、不可抗力

由于地震、台风、火灾、战争及其他不可预见且对其发生和后果不能防止或避免的不可抗力事故，致使任何一方不能履行其在本协议项下的义务，该方不承担由此给另一方造成的损失，但该方应及时通知另一方其不能履行或延迟履行协议义务的原因，并应尽快向另一方提供有关发生不可抗力的证明文件，根据事故对本协议的影响程度，双方协商是否终止本协议，或部分免除本协议的义务。

九、争议解决

在合同执行期间，双方如果发生争议，应友好协商解决。如果协商不成，双方同意提交法院。

十、本协议法律效力

本协议一式八份，均具有相同法律效力，双方各执两份，其余用于办理相关手续。

托管方签章：　　　　　　　　受托方签章：

法定代表人：　　　　　　　　法定代表人：

（授权代表）：　　　　　　　（授权代表）：

年　月　日　　　　　　　　　年　月　日

ZHIDUJIANSHE

第四篇

制度建设

第一章 行政管理

第一节 总 则

为建立科学、规范、适应现代企业发展的集团公司行政管理体系，提高集团公司行政管理工作效率，促进集团各项业务的稳步、健康发展，根据《公司法》和国家相关法律、法规及《新国线运输集团有限公司章程》，特制定本行政管理制度。

第二节 适用范围

本制度适用于集团公司本部，各非法人性质的分支机构及集团属下各经营公司的行政管理与控制。

第三节 适用原则

集团公司必须按制度规定履行权责，并对属下各经营公司行政管理工作进行直接指导和监督；属下各经营公司行政部门参照本制度履行行政管理权责。

第四节 管理责任部门

行政管理的责任部门是总经理办公室。

第五节　行政管理制度

一、公文管理

（一）文件格式

公文包括三部分:眉首(文头)、主体(主文)、版记(文尾)。

1. 文头格式

文头包括公文份号、秘密等级、缓急时限、版头、发文字号等分隔线(红色反线)以上的部分。

（1）公文份号，是依据同一文稿印制若干份时每份的顺序编号，用阿拉伯数字顶格标识在版心左上角第一行顶格。

（2）秘密等级和保密期限。公文如需标识秘密等级，用3 号黑体字，顶格标识在版心右上角第1 行，两字之间空1 字；如需同时标识秘密等级和保密期限，用3 号黑体字，顶格标识在版心右上角第1 行，秘密等级各保密期限之间用“★”隔开。

（3）缓急时限，即紧急程度，简称急度，指对公文送达和处理的时间限度。紧急公文，分“特急”、“急”，有时还写上“限×时送达”字样，居密级下方顶格。

（4）版头，即发文机关标识，由集团公司(各经营公司)全称或规范化简称后加“文件”二字组成，用大字居中位置。以A4 纸为标准，下行文版头上边缘距版心上边缘25 毫米,即距上页边61 毫米，上行文版头上边缘距版心上边缘80 毫米,即距上页边116 毫米，字号以醒目美观为原则，但最大不能等于或大于22 毫米×15 毫米。

（5）发文字号，简称文号，由集团公司或各经营公司代字、发文年度(用六角括弧括入)和发文顺序号组成，在版头下空两行，用3 号仿宋体，居中位置，年份、序号用阿拉伯数字标识，不编虚位(即1 不编为001)，不加“第”字，距分隔线(红色反线)4 毫米；

（6）分隔线（红色反线），眉首和主文之间画一分隔红线，党内文件红线中间加一五角星（★）；上行文还有签发标识，与发文字号标识同行（距分隔线4毫米），靠右侧空一格写签发人和签发者姓名，发文字号靠左侧空一格。

2. 主文格式

主文包括标题、主送机关、正文、附件、无正文说明、发文机关、成文时间，分隔线（红色反线）以下、主题词（不包括）以上部分。

（1）标题。完整的公文标题，一般应标明发文机关名称、公文主题（事由）和文种（公文种类）三部分，即标出由谁发文，为什么发文和用什么体裁发文。公文标题用2号小标宋体字，距分隔线（红色反线）下空两行，可分一行或多行居中书写，排列要匀称，醒目。

（2）主送机关。用于标称公文的主要收受机关的全称、规范化简称或同类型机关的统称。在标题的下方空1行，靠左顶格标识，后加冒号，带起正文。上行文一般只标识一个主送机关，如果需同时报送几个上级机关，可以用并报和抄报形式。其排列应按机关性质、职权和其他隶属关系顺序排列。下行文往往有多个主送机关，一般要按系统和级别分列，在同一系统内的单位之间用顿号表示并列，在不同系统的单位之间用逗号点开，表示并列。

（3）正文。在主送机关以下，生效标识以上，是公文的主体部分。正文内容，通常包括原由、事项和结尾三个部分。每自然段左空2字，回行顶格。数字、年份不能回行。

（4）附件。公文如有附件，在正文下空1行，左空2字，用3号仿宋体字标识"附件"，后标全角冒号和名称。附件如有序号使用阿拉伯数码（如："附件：1．××××"），附件名称后不加标点符号。附件应与公文正文一起装订，并在附件左上角第1行顶格标识"附件"，有序号时标识序号；附件的序号和名称前后标识应一致。如附件与公文正文不能一起装订，就在附件左上角第1行顶格标识公文的发文字号并在其后标识附件（或带序号）。

（5）发文机关。单一发文机关的，可以不写，加盖发文机关公章即可，公章距正文2～4毫米。

（6）生效标识。生效标识位于附件或正文结束语以下，用中文标识(如“贰”应写成“二”、“零”应写成“○”)，靠右空4格。

（7）无正文说明。它位于生效标识之后，无正文一页的左上角顶格，用“此页无正文”，外用圆括弧括入。

（8）印章。印章是公文印发机关对公文生效负责的凭证，公文必须加盖印章。印章下弧线无文字的，采用下套方式，即下弧线压生效标识，印章下弧线有文字的，采用中套方式，即印章中心线压生效标识。

3. 版记格式

版记包括主题词、抄送机关、印发部门、印发日期、印数和页码。

（1）主题词。位于生效标识或无正文说明以下，抄送机关之上，居左侧顶格，后用冒号。内容作为公文主题检索使用，由概括公文主题的名词或名词性词组组成，词或词组之间空一格。

（2）抄送。公文如有抄送，在主题词下1行；左空一字用3号仿宋体字标识“抄送”，后标全角冒号；抄送机关间用顿号隔开，回行时与冒号后的抄送机关对齐；在最后一个抄送机关标句号。如主送机关移至主题词之下，标识方法同抄送机关。

（3）印发部门。标注公文印发部门全称，位于抄送机关之下，居左空1格书写。

（4）印发日期。位于主题词以下，与印发部门同行，居右空1格书写。

（5）印数。表示所印份数，位于印发部门和印发日期以下，用圆括号括上，居右空1格书写。

（6）页码。用于标识公文张页的顺序编号，位于版心之外，居中书写，距版心下边缘7毫米，也可以用WORD文档自动生成页码代替。

（二）文件行文原则

1. 上行文原则

（1）逐级行文，即下一级行文给直接上级；

（2）多级同时行文，即下级向上级和更高上级同时行文；

（3）越级行文，遇特殊、紧急情况，或对直接上级的检举。

2. 下行文原则

（1）逐级行文；

（2）多级同时行文；

（3）直贯到底行文。

3. 平行文原则

相互没有隶属关系的部门之间可以行文。

4. 行文注意事项

（1）可行可不行的坚决不行文，减少行文数量，提高行文权威性和质量；

（2）减少联合行文，避免联合签审过程中的时间延误；

（3）行文分清主次，提高行文针对性，减轻行文对象单位负担；

(4)不轻易越级行文。

（三）公文处理程序

1. 拟稿

（1）由具体承办人员起草，经集团公司或各经营公司部门负责人审核；

（2）文件用计算机打印；

（3）发文稿必须符合文件格式使用规范。

2. 校对、核稿

（1）拟稿完毕后，填写文件签发单；

（2）校对由专人处理，重要文件多人校对；

（3）校对审核；

（4）审核有问题时与有关当事人沟通，统一意见后由发文负责部门进行修改，由办公室核稿、把关。

3. 签发

有关领导审核签发，明确签署意见、姓名、日期。

4. 编号

集团公司、董事会、监事会的文件由集团公司总经理办公室统一编排发文字号。

5. 缮印

集团公司、董事会、监事会的文件由集团公司办公室负责缮印。

（1）急件应先行处理；

（2）保密件应由专人打印；

（3）打印后的校样、废纸等应妥善处理。

6. 盖章、发文登记

（1）文件盖章时按发文单位公章的归口管理部门实施；

（2）在校对完毕，无误、规范的文件上统一盖印；

（3）填写发文登记簿。

7. 发文

集团公司、董事会、监事会的文件由集团公司办公室负责发文和登记。

8. 属下各经营公司可参照集团公司行文处理程序执行。

（四）收文处理办法

1. 签收

集团公司一切外来文件，统一由集团公司办公室签收，填写登记在收件登记簿上。属下各经营公司之间的行文文件，应主动送总经理办公室转档案室登记。

2. 分发

（1）集团公司办公室接到外来文件时，根据文件性质、要求，确定具体承办和阅批对象，根据需要填写《公文阅处单》。

（2）分发去向

① 重要来文，由办公室行政经理提出初步意见，再由集团公司领导批示。

② 一般事务文件，直接转有关职能部门处理，具体承办务求实效，分清主办、协办、复文与不复文。

③ 参阅性文件，直接组织传阅。范围不明的文件，送集团公司领导审阅。

3. 保密

绝密文件未经集团公司总裁、总经理批准，不得擅自复印，在必要的情况下，必须注明复印份数、送往何部门等，并由部门负责人负责签收。

二、会议管理

（一）集团公司经营班子月例会

（1）会议时间。每月下旬第一个周末上午8:30召开。

（2）会议主持和参会人员。会议由总裁和总经理轮流主持，参加人员为公司董事长和经营班子成员，有关部门负责人和经营公司负责人列席会议。

（3）会议议题。根据年度生产经营计划目标，总结公司上月生产经营任务完成情况，通报当月重点工作进展状况，提出本月经营目标和主要任务，及会议通知中规定的临时议题。

（4）会议要求。召开会议应提前准备，明确议题，扼要发言，充分讨论，正确决策。

（5）会前准备。与会人员提交会议讨论决定事项，应当事前进行调查研究，做好充分准备。涉及到管辖范围以外的工作，应当在会前协调一致，不能达成一致意见的，应及时向办公室讲明情况并报经总经理同意后，据实向会议汇报。

（6）会议材料。提交会议研究讨论的文件或材料，应简明扼要，有针对性；汇报材料内容应包括：基本情况、主要工作、存在问题、解决措施、方案建议等。

（7）会议组织。总经理办公室主任列席会议并负责会议的组织协调和具体安排，包括会议的材料审核、记录，根据会议议定事项，起草会议纪要，呈送总经理审核签发。

（二）集团公司周例会

（1）周例会每星期一上午9:00召开。

（2）会议由办公室主任主持，参加人员为公司经营班子成员和各部门经理。

（3）周例会侧重围绕月度生产经营计划目标及重点任务，由经营班子成员按各自分工，依次汇报上周任务完成情况，分析存在的突出问题和矛盾，提出相应对策及整改措施，同时对本周重点工作进行部署。

（三）会议布置要求

（1）布置前必须考虑周详，根据布置任务来确定执行人员，并做好明确分工；

（2）会议现场要保持清洁；

（3）根据会议类型、会议通知单的要求，按时、按规格做好绿化布置；

（4）绿化布置力求整齐、美观，植物干净、无尘、无虫口、无黄叶，花盆机架的主体和台面插花要求绝对卫生清洁、色彩鲜艳、造型端庄；

（5）布置完毕应清理好现场，确保最佳布置效果。

三、重大活动管理

（一）确定重大活动主题

（二）成立领导小组

确定组长、副组长、秘书长、副秘书长。

（三）组建办事机构

1. 机构设立

办事机构设秘书组，在秘书长直接领导下开展工作。秘书组下设项目小组，在秘书组组长领导下开展工作。秘书组根据工作任务和实际需要设立以下全部或部分项目小组：文字材料组、摄影录像组、广告宣传组、对外宣传组、对外联络组、会场布置组（包括场外布置）、接待服务组（包括外宾接待）、车辆调度组、医疗保障组、翻译协作组、参观活动组、投影演示组、餐饮保障组、财务预算审计组、安全保卫组、卫生清洁组、会议报道组（包括会议纪要和活动宣传）。

2. 项目小组主要工作

（1）文字材料组。领导讲话稿、欢迎词、倡议书、专题采访致答词；材料收集、材料编辑、材料校对、文稿设计、材料印刷、材料发售；专项座谈准备、会议报道组工作。

（2）摄影录像组。代表合影、会议摄影录像。

（3）广告宣传组。报刊媒体广告策划与协调；会场拉网展架广告牌摆放；会刊广告、广告统计。

（4）对外宣传组。对外发布新闻通稿撰写、接待新闻记者、新闻发布、相关材料的分发。

（5）对外联络组。统计并通报报名情况，与参加活动的单位沟通，对外发放请柬，联系落实参加活动人员并制作通讯录。

（6）会场布置组(包括场外布置)。会场背景版制作与安装，宣传标语和横幅制作，现场鲜花与绿化布置，主席台桌牌制作和顺序摆放，灯光音响及背景音乐准备，签到准备等；场外布置内容有指引牌制作与摆放，标语横幅的制作与摆放，停车位布置，气球花篮的租借、订做与摆放。

（7）接待服务组(包括外宾接待)。接送站、签到、分发资料及会议用品、房间分配、水果摆放、代订机票车票、迎宾与礼仪小姐迎候、现场引导代表入座入席。

（8）车辆调度组。对外联系租赁车辆、调配驾驶员、调度车辆。

（9）投影演示组。投影演示文稿的审查、修改和投影仪的调试。

（10）对外宣传组。对外宣传稿件的起草、分发，新闻单位代表的接待、广告宣传。

（11）餐饮保障组。餐饮安排组织、就餐人数统计、菜单制定、酒会酒水安排。

（12）卫生清洁组。办公环境卫生清扫，院落布置。

（13）财务预算审计组。费用预算、资金保障、费用审计。

（四）秘书组的组成和职责

秘书组是重大活动的行政领导机关，内设若干项目小组，由总指挥、秘书组组长、项目小组责任人及工作人员组成，实行层级负责制。

（1）总指挥职责。总指挥原则由秘书长兼任，对整体工作负总责。

（2）秘书组组长职责。秘书组组长由秘书长指派，负责重大活动的组织与协调，对秘书长负责。

（3）项目小组责任人职责。项目小组责任人由秘书组组长指定，对秘书组组长负责。

（五）制作《组织工作手册》

由秘书组组长制作并发至各项目小组责任人。

（六）组织实施

本阶段工作包含大会动员、分组研究、秘书组会议、下发《组织工作手册》等四个环节。

（1）大会动员。阐明活动指导思想、活动主题；宣布活动主办(承办)单位、活动筹备机构、责任与分工、工作纪律等。

（2）分组研究。各项目小组根据任务和要求制定详细的实施方案，内容包括:工作项目、工作要求、完成时间、责任人、检查人，并在规定时间内报秘书组组长。

（3）秘书组会议。秘书组组长召开各项目小组组长参加的联系会议，研究调整各项目小组制定的实施方案；修改完善《组织工作手册》并呈报秘书长审批。

（4）下发《组织工作手册》并开始工作。

四、工作联系与工作催办管理

为使集团公司办公管理规范化、制度化、标准化，提高工作质量和办公效率，更好地为集团公司和各经营公司服务，特建立工作联系与工作催办制度。

（一）工作联系与工作催办范围

（1） 月度重点项目和重点工作。

（2）集团公司领导布置的工作。

（3）上级来文领导批示意见。

（二）工作联系与工作催办流程

（1）根据工作项目和工作要求，认真填写《工作联系单》，做到事事有下

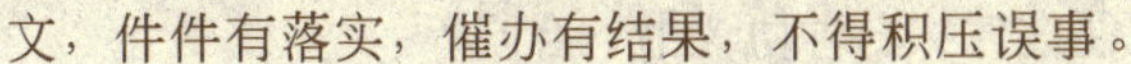

文，件件有落实，催办有结果，不得积压误事。

（2）上级来文，根据办公室主任（或副主任）签发的意见，报集团公司领导阅示，如需转交有关部门阅办的，须填写《工作联系单》。部门之间传阅的业务文件也实行此办法。

（3）个人或部门对承办或协办的工作，必须按规定期限迅速办理，不得拖延。

（4）未按规定时间落实工作要求的，主管部门向承办人和部门发《工作催办单》，无正当理由仍未落实的视为失职，根据情节轻重给予通报批评和扣减当月绩效分处罚。因渎职造成工作重大失误的，给予经济处罚直至辞退。

五、档案管理

（一）档案工作的基本原则

集中管理与分散管理相结合，以集中管理为主，即文书档案由公司办公室集中统一管理，部门内部档案（已交办公室的除外）分别由相关部门管理，以方便使用，维护档案的完整与安全。公司各部门及属下各经营公司在各项活动中形成的具有参考价值的文件、材料，由承办单位主办人负责将其中已办完的文件、资料及时归档。

（二）档案管理工作要求

公司办公室设立专职（或兼职）档案管理员，受上级主管部门的业务指导、监督和检查。档案管理员负责管理公司的文书、科技（部分）档案。其任务是：

（1）收集、整理、立卷、鉴定、保管公司的文书档案；

（2）积极开展档案的提供利用工作；

（3）进行档案鉴定；

（4）进行档案统计；

（5）保管部分科技档案；

（6）认真学习《中华人民共和国档案法》有关制度、档案工作理论、技术和业务知识，掌握归档的基本方法，保证档案质量。

（三）归档文书的范围

（1）公司与有关单位的来往信件、各种协议书、合同等；

（2）公司会议原始记录、纪要和决定（包括发布的通知、通报、机构调整、任免、奖惩以及全公司的规章制度）；

（3）公司制订的计划、统计、预决算、工作总结；

（4）公司主持召开的各种专业会议形成的领导讲话、文件和会议纪要；

（5）国际交流和其他企业来往文件、协议、报告和会谈纪要等文件材料；

（6）公司各部门的发文；

（7）其他具有保存价值的文件材料、重要的工作经验材料；

（8）外单位直接发送给集团公司各部门的抄送文件。

（四）文件材料归档要求

（1）归档的文件材料，应按照自然形成，保持历史联系的原则和归档要求特征及文件内容进行归档。

（2）在一个卷内要按内容或文件形成的时间，系统地排列，并确立案卷标题。

（3）按归档要求进行装订、编号、填写卷内目录备考表。

（4）全部案卷组成后，要对案卷作统一排列并编写档号，然后逐卷登记，填写案卷目录。

（五）保存期限

案卷保存期限除政府有关法令或本企业其他规章特定外，执行下列规定：

（1）案卷保管期限，原则上分为永久、长期（15年以上）、短期（15年以下）3种。

（2）需永久保存的文书有：集团公司章程、合作协议、股东名册、组织规程及办事细则、董事会及股东会记录、财务报表、政府机关核准文件、不动产所有权及其他债权凭证、其他经核定须永久保存的文书。

（3）长期保存的文书有：预算及决算书类、会计凭证、计划资料、其他经核定须保存15年以上的文书。

（4）短期保存的文书有：期满或没有法律纠纷的协议、合同，其他经核定须保存15年以下的文书。

（六）借阅手续

（1）借阅档案要履行借阅手续，调阅档案只限在档案室查阅，不能带出档案室，必须带出查阅的，必须经过办公室主任批准。

（2）借阅时间一般不得超过10天，密级档案最长不超过1天。

（3）借档人不得转借、拆卸、调换、污损所借的档案，不得在文件上圈点、划线和涂改，未经批准不得复印档案。

（4）借档人确因工作需要复印文件或摘抄文件，需经办公室主任批准。

六、印章管理

本规定中的印章是指在公司发行或管理的文件、凭证、文书与公司权利义务有关的文件上，因需以公司名称证明其权威作用而使用的印章。

（一）公司印章的刻制与废止

（1）公司印章的刻制与废止议案由办公室主任提出，议案中必须写明新旧印章的名称和使用管理权限。

（2）公司印章的刻制必须在工商行政管理局和所属区公安局进行登记备案，不得私自改变公司名称和刻制印章。

（3）一经废止的公司印章必须在办公室主任的监督下，交回所属区公安局予以注销，不得私自留作备用。

（二）公司印章用印手续

（1）需盖公司印章时，用印人须持待盖章文件和填写《印章使用审批表》，经集团主管领导批准后由印章保管人盖章。

（2）盖过印章的文件交还申请人，《印章使用审批表》由办公室妥善保存。

（3）严禁携带公司印章外出办公，确因工作需要时，需经集团主管领导批准，由印章保管人携带印章同用印人一同外出，使用完应立即归还。

（三）公司印章用印方法

（1）两张以上的经济合同和协议书等文件必须盖骑缝印。

（2）公司印章的盖章处除有另行规定外，一般盖于公司名称的中间位置。

（3）公司印章使用印料一律用朱红印泥。

（4）需盖章的数量较多，用印部门在确保印刷单位可靠并征得集团公司领导批准后，可采取印刷方式。

七、合同管理

为规范集团公司合同的管理，规避不必要的经营风险，特制定本规定。

（一）合同范围

本规定所称合同是指经济合同、合作协议、劳动合同、内部承包合同等明确双方权利和义务的协议。

（二）合同的订立

（1）公司对外洽谈合作和发生经济往来，对内确定劳动关系，一般都应订立合同或协议（简称“合同”）。

（2）公司职能部门及非法人单位的分支机构可以作为合同的具体承办和执行部门，但不能以本部门的名义对外订立合同或协议。

（3）以公司名义对外订立的合同应该使用法人单位的公章或合同专用章，不能使用其他印章，两页以上的合同必须盖骑缝章。

（4）法定代表人或其书面授权的代理人可在合同上签字，其他人不能作为公司代表在合同上签字。

（5）公司应保存重要合同原件及其有效复印件。

（三）合同的汇审

集团公司和各经营公司的重要合同实行汇审制度。

（1）汇审合同。合同标的额（或累计）在5万元以上，或虽在5万元以下，但具有代表性；对外担保合同；其他可能对公司权益造成较大影响的合同。

（2）汇审内容。合同的真实性、合法性、权益性、完整性和风险性。

（3）汇审人。集团公司（或经营公司）经营班子成员及相关部门的负责人。

（4）汇审时间。合同签订之前。

（5）汇审方式。承办人拟定合同初稿后，交公司办公室将其呈报公司领导及有关业务部门负责人进行审查、修改和汇签，汇签意见由公司法定代表人或被授权的代理人最后审定，特别重大或有严重分歧的合同应该通过召开会议的方式研究讨论予以确定。

（四）合同的审查

集团公司对各经营公司订立的重要合同协议实行审查制度。

（1）审查对象。涉及标的在5万元以上，或虽在5万元以下，但具有代表性；对外担保合同；其他可能对公司权益造成较大影响的合同。

（2）审查内容。合同的真实性、合法性、合理性、完整性和风险性。

（3）审查人员。集团公司领导。

（4）审查时间。合同协议汇审到正式签订之前。

（5）审查方式。对于符合审查条件的合同协议，呈报单位应填写《文件签发单》，随同所依据的相关材料报集团办公室，办公室提出初步修改意见，报集团公司领导批准后回复呈报单位。

（五）合同的存档

（1）合同签字人应在签订日当天（特殊情况除外）将合同交同级和上级公司办公室，签订人需要保留合同的，可以保留1份原件或复印件。

（2）同级或上级办公室接到移交合同后，应根据合同执行的需要将其原件或复印件移交有关单位或部门，需集团公司审查的合同，还应交集团办公室原件1份，并将复印件保存至集团档案室。

（3）各经营公司办公室应统一保管合同原件及其有效复印件。

（六）其他

合同审查、汇审仅指对合同内容的审查和汇审，与集团公司的其他有关项目立项、财务开支规定的程序及数额无关。

八、出差管理

为提高出差办事效率，培养员工廉洁、勤勉、守纪、高效的工作作风，根据集团公司的实际情况和有关规定，特制定本管理办法。

（一）适用范围

本制度适用于新国线运输集团有限公司及其所属控股子公司以及非法人性

质的内部独立核算单位，各参股公司可不执行本制度。

（二）申请与审批

各级管理人员因公出差必须按照以下程序办理有关手续：

（1）出差人员应填写《出差审批表》，报经相关领导审批（签字后的审批表作为办理免费乘车证和报销差旅费用的依据）。

（2）总经理出差应口头请示董事长批准；集团公司副职及其他经营班子成员出差由集团公司总经理批准；集团公司部门正副职人员出差由公司主管领导审批后报公司总经理批准；其他人员出差由部门负责人审批后报公司级主管领导批准。

（三）出差费管理

（1）出差人员凭领导审批的《出差审批表》向财务部预支一定数额的差旅费，返回后一周内填具《差旅费报销单》并结清暂付款，在一周后报销者，财务部应于当月薪金中先予扣回，待报销时一并核付。

（2）出差补助费按离开公司所在地实际天数计算，超过10小时不足1天者按1天计，不足10小时者不计。

（四）出差规定

（1）集团公司和经营公司要对出差人员实行定时间、定地点、定任务、定人数的办法加以控制，提高出差办事效率，节约差旅费用。

（2）凡是在集团所属企业运营线路所到达的城市之间出差的，原则上必须乘坐本集团的营运车辆。

（3）集团公司部门正副职、企业副职及其以下员工到集团公司所属各子公司或驿站所在地出差，凡是当地公司或驿站有内部公寓的，一律住内部公寓。因时间紧迫或合理成本考虑而需提高交通工具或住宿标准时，须报相关领导临时审批。

（4）未按规定而擅自出差的，所有费用由出差人员自理，同时按实际出差天数记旷工处理。

（5）出差途中除因病或遇意外突发事件，或因工作需要延长出差时间，必须提前电话请示，不得因私事或借故延长出差时间，否则不予报销差旅费，并依情节轻重给予处罚。

（6）驿站人员往返各驿站属日常办公行为，按集团公司驿站管理有关规定执行，不享受出差待遇。

（7）集团公司组织的月度总经理办公例会和其他专项工作会议，食、宿及市内交通工具统一由集团公司安排，与会人员可凭票向本单位实报实销，不计发住勤补贴。

（8）经领导批准，在出差期间顺路探亲的，探亲时间不按出差对待，不计发住勤补贴。

（9）出差人员要廉洁自律，不得在出差目的地所在公司报销相关费用，除有特定招待任务外，不得在住勤补贴外再报销餐费。集团内部之间相互往来出差一律不得接送，不得互相招待。

（10）员工报销差旅费时，如发生票据丢失情况，无论乘坐何种交通工具，其交通费部分由本人写明情况，证明人签字，经公司级主管领导审批后，按其最短行程路线直快列车硬席座位票价的80%报销，剩余部分由本人自理。路途以外的任何票据丢失，皆由本人全额自理，公司不予报销。住宿费发票丢失的，其住勤补助按无票标准计算。

九、员工建议管理

（一）目的

为倡导员工参与管理，发挥员工聪明才智，激励员工依据其平时的工作经验和研究心得，对公司发展提供建设性意见，借以改进公司管理，增强公司活力，推动公司各项工作持续发展，特制订本办法。

（二）建议范围

建议内容包括本公司生产经营、行政管理、文化建设等具有建设性及具体可行合理的改进方法。

（三）建议人资格

本公司员工和关心公司发展建设的社会人士；以个人或数人名义提出的建

议。

（四）建议方法

（1） 建议人按规定内容准备建议书。

（2）向审查委员会提交建议书。

（五）建议处理

（1）审议采用的建议，由审查委员会转交公司相关部门组织实施，并通知建议人。须经较长时间检查建议成果的，需向建议人说明情况；

（2）不采用的建议，将原件发还建议人并据实说明情况；

（3）遇有重大建议提案，可专门组织审查委员会进行审定，认为可以采纳并实施的，需在规定时间内进行审议并将审议结果报集团领导核定；

（4）建议书内容不具真实姓名者，如建议书内容不全不予处理；

（5）为避免对建议人的主观印象，影响评审结果的公平，审查委员会可根据实际情况在建议未经评定前，对建议人的姓名予以保密；

（6）建议结果由审查委员会根据审议结果填写《提案表》。

（六）建议书的主要内容

（1）建议事由：简要说明建议改进的具体事项；

（2）原有缺失：详细说明在建议未提出前，原有情形不妥之处；

（3）改进意见或办法：详细说明建议改善的具体办法，包括方法、程序、步骤等；

（4）预期效果：应详细说明该建议案经采纳后，可能获得的成效，包括提高效率、创造利润、节省开支等。

（七）建立组织

（1）集团公司成立建议提案审查委员会，由各部室经理（主任）组成，主任委员在组成人员中民主选举产生。

（2）建议提案审查委员会设立秘书处，负责日常事务的处理，秘书处设在办公室。

（八）奖励办法

公司员工所提建议，具有下列情形之一者，视情形给予一定奖励：

（1）对公司内部经营管理有重大价值；

（2）对公司规章、制度提供具体改善建议，有助于经营业绩提高的；

（3）对公司工作程序提供改善意见，提高工作效率的；

（4）对公司未来经营的研究发展等事项，提出研究报告，具有采纳价值或效果。

十、工作环境管理

为维护正常的工作秩序，营造良好的工作环境和氛围，特作如下规定。

（一）公共环境标准

（1）工作环境指办公室、会议室和员工常往的其他工作场所。

（2）办公室、会议室为无烟区，本公司员工和来公司办事的外来人员均不能吸烟。

（3）自觉维护公共环境卫生，严禁在公共场所乱扔废弃物。

（4）爱护花草树木，严禁往花盆内倒茶渣、剩水。

（5）保持办公桌面清洁整齐，除必要的办公用品及茶杯外，不放与办公无关的物品，下班前整理好办公桌上的物品。

（6）注意节电，最后离开办公室的员工自觉关闭空调、电脑和电灯。

（7）严禁在工作场所大声说话、喧哗、跑动和打闹。

（8）公司员工在工作时间内必须注意个人形象，做到衣着整洁，接人待物有礼貌。

（9）工作时间严禁上网游戏、聊天和做与工作无关的事情。

（二）工作礼仪标准

工作礼仪是工作环境的重要组成部分，其标准的执行情况将反映出团队整体素质和风貌，应引起全体员工的高度重视。

1. 握手规则

（1）在上下级之间，上级伸手后，下级才能伸手相握；

（2）在男女之间，女同志伸手后，男同志才能伸手相握；

（3）握手时，应脱掉手套；

（4）握手时不要毫无力气，也不要过分用力。

2. 介绍规则

（1）自我介绍。例如："你好，我叫×××，是办公室主任"；

（2）介绍他人。一般介绍顺序是将晚辈介绍给长辈，将男同志介绍给女同志，将下级介绍给上级；

（3）他人介绍。当对方作自我介绍时，应主动和对方握手、点头致意，或者说"你好"，"欢迎指导工作"等礼貌用语。

3. 称呼规则

（1）同事之间的称谓。在开会、工作等场合，直接称"职务"或"姓"加"职务"（职称）；一般年纪较大、职务较高、辈份较高的人可对年纪较轻、职务较低、辈份较小的人称呼"姓名"，明快直爽亲切。

（2）对陌生人的称谓。对各行业的人都要尊敬礼貌地称呼，一般不宜直呼其名。对男士一般称"先生"，对女士或稍大的妇女，称"女士"，对未婚女子一般称"小姐"。

4. 仪态规则

（1）稳重的坐姿。入座时，轻、缓、稳，神态从容自如。落座后，双目平视，面带微笑，双膝并拢。

（2）端正的立姿。在各种场合，要做到站得端正、挺拔、优美、典雅。

十一、行政用车管理

为加强行政用车管理，保证公司行政用车的合理安排，充分发挥"低成本、高效率"的作用，特制订本规定。

（一）行政车的概念和管理宗旨

行政车是指除参加线路经营性运营以外的所有车辆。管理宗旨是服务一线生产经营，满足行政用车需要，预防交通事故，节约能源，保障行政车车况完好。

（二）行政车管理部门和管理职责

行政车实行集中管理，统一调配的管理方法。公司办公室是行政车的管理部门，其管理职责是：

（1）坚持“安全第一、预防为主”的方针，认真宣传贯彻国家和地方政府颁布的有关法规，并结合本公司的实际情况制定切实可行的管理制度；

（2）负责行政车的日常管理和统一调度；

（3）组织行政车驾驶员参与运营部门开展的安全教育活动，分析、研究管理中存在的问题，制订相应的整改措施，提高管理、驾驶水平；

（4）督促有关部门会同交通管理部门做好交通事故的调查处理和善后工作，提出防范措施，吸取事故教训；

（5）负责组织行政车的保养和年检工作，督促有关部门及时办理车船使用税和有关手续；

（6）督促有关部门认真落实事故报告制度，重大以上安全事故要在24小时内上报，写明事故发生的时间、经过、原因、责任、处理结果和整改措施；

（7）负责建立车辆档案，记录行车累计里程、保养日期、维修项目、事故记录和事故索赔。

（三）行政车驾驶员职责

（1）行政车驾驶员肩负安全行车的直接责任，应严格遵守《道路交通安全法》、安全操作规程和公司的有关规章制度；

（2）认真学习操作技术、业务理论和安全知识，自觉参加公司组织的各种安全教育活动，接受安全教育和培训；

（3）掌握车辆性能、技术状况，准确判断故障，及时排除或报修；

（4）爱护车辆，坚持出车前、行车中、收车后的“三检”制度和车辆的日常清洁工作；

（5）遵守职业道德，尊重他人，服从管理，谨慎驾驶，确保行车安全；

（6）按规定时间（公里）对所分管的车辆进行定期保养和年检。

（四）安全管理

（1） 行政车辆必须符合交通部和所在地区交通管理部门颁布的车辆技术

管理规定，证照齐全，手续完备。

（2）了解和掌握驾驶员的思想动态、精神状况、驾驶技术及职业道德情况，及时做好思想教育工作，改善他们的休息条件，防止疲劳开车。

（3）加强车辆风险意识的教育，督促有关部门对车辆按时进行投保，不得漏保、脱保。

（4）组织有关部门对调入和招聘的行政车驾驶员进行驾驶技术和业务理论的考核，对不符合条件者（包括未取得当地交通管理部门核发的《驾驶员从业资格证》）有权禁止吸收和提出解聘。录用后应经过 3 个月的试用阶段，经审查合格后方可单独执行任务。

（5）经长期使用，技术性能变坏、消耗增加、维修费高、经济效益差、安全性能不可靠的车辆，必须按有关规定，申请报废处理，严禁车辆“带病”行驶。

（五）交通事故的处理

机动车辆在道路行驶或停放时发生的碰撞、辗压、翻复、失火、落水、爆炸或机械故障等原因，造成人畜伤亡或财产损失之一的称为交通（行车）事故。事故等级的确定执行当地交通管理部门制定的标准。

（1）发生交通（行车）事故，驾驶员必须迅速报告当地公安交警部门，并报告集团公司主管部门负责人，报告内容包括时间、地点、事故状态、死伤情况，报告方式可用电话或传真。

（2）交通（行车）事故的责任认定应以公安交警部门的裁决书为准，集团公司可根据裁决书所划分的责任并结合公司的有关规定，对肇事驾驶员及有关人员进行处罚。

（六）非交通事故的处理

非交通事故是指车辆在行驶过程中所发生的部件损坏和因维护或停放时造成的部件损坏、零件丢失等事故。非交通事故又分为机械事故和责任事故，机械事故是指车辆因设计制造不合理或零部件质量缺陷所产生的早期磨损、损坏或因此而引起的相关部件、总成报废等。责任事故是指由于单位或个人责任心不强、操作不当或违反车辆技术管理规定，致使车辆在运行、停放、封存或维护中出现的机械故障及事故。

（1）机械事故的处理。车辆在规定的保修期内出现故障或事故的，经与厂家联系，实属厂家生产质量问题并愿意承担全额经济损失的，可免予追究事故人的责任。

车辆同属在保修期内出现的事故，但由于当事人责任心不强，致使事故恶化造成较大经济损失，经与厂家交涉仍不愿意承担损失的部分，将视情节给予当事人15%的经济处罚。

（2）责任事故的处理。车辆直接经济损失在1000元以下的，根据公司有关规定给予当事人批评教育和经济处罚。车辆直接经济损失在1000元以上的，保险公司索赔以外的损失部分，根据公司有关规定给予当事人经济处罚。驾驶员有下列行为之一者，视情节给予其行政处分、罚款、停驾、改变工种直至辞退：

① 发生交通（行车）责任事故，经教育无效或效果不好；

② 有严重违章、违纪和其他违法行为；

③ 无故不参加公司组织的安全学习；

④ 因违章行驶被交警部门吊扣驾驶证；

⑤ 未经批准开公车，为自己或他人办私事；

⑥ 私自将公车交给他人驾驶或因此发生事故。

（七）日常用车管理

（1）用车部门和个人须持本部门负责人签批的《派车登记本》（长途用车需提前一天申请），经办公室负责人签字批准后方可用车。未办理审批手续的，驾驶员不得出车。

（2）用车部门和个人应严格执行《派车登记本》上填写的行车路线，无特殊情况不得随意改变行车路线。

（3）同一方向、区域内几个部门同时用车，原则上安排一车共用，不再另行安排其他车辆。

（4）如车辆用途与《派车登记本》不符时，驾驶员应向用车人解释公司规定，必须执行时，在请示办公室负责人并经允许后方可执行。

（5）车辆加油统一到指定加油站加油，并按规定填写加油本。

（6）车辆保养或故障检修，必须填写《车辆保养和故障检修审批单》。

（7）行政车辆须由他人驾驶时，必须填写《派车登记本》，用车后必须将车辆证件（行驶证、加油本）、钥匙交回办公室并接受对车辆的检查。

（8）下班后必须将行政车停放在公司，关好电路，拉紧手制动，锁好门窗，并将车辆证件（行驶证、加油本、《派车登记本》）、钥匙交办公室保管。特殊情况需在外过夜停放车辆的，须经办公室负责人批准，但必须确保车辆的安全，出现意外由用车驾驶员承担责任。

（9）《派车登记本》使用程序。

① 每辆行政车配置《派车登记本》一册，不出车时统一由办公室保管。

② 部门和个人（集团领导用车，由秘书或驾驶员代办登记手续）申请用车时，到办公室办理派车登记手续，经办公室负责人签字批准后，持《派车登记本》交驾驶员方可用车。驾驶员完成行程后，必须及时填写《派车登记本》并交回办公室。

③ 下班时，驾驶员必须认真检查《派车登记本》的填写情况，经办公室检查、确认填写无误后方可下班。

十二、员工着装管理

（一）着装规定

（1）管理人员上班时间（加班时间除外）应着正装，不能穿休闲装、休闲鞋。男士夏季必须穿衬衣、打“新国线”领带、穿皮鞋；其余季节均穿西装、打“新国线”领带、穿皮鞋。女士必须穿职业装（套装或套裙）、穿皮鞋，不得穿牛仔服、运动服、超短裙、低胸衫、露脐装。

（2）后勤人员按不同岗位要求着装。

（3）司乘人员按集团公司“司乘人员着装规定”着装。

（4）特殊情况（大型会议、重要接待）管理人员要着集团统一发放的服装和领带。

（二）着装时间

（1）正常上班时间，星期一至星期五着正装。

（2）星期六、星期日等节假日不作统一规定，但不允许穿睡衣、拖鞋在办公场所内活动。

（三）违规处罚

（1）不按规定着装的，发现一次扣绩效考核分 1 分。

（2）每月累计 3 次以上者，对违规人的直接领导一并处罚。

第六节 工作流程

一、合同管理流程

合同管理流程见图 4-1-1 所示。

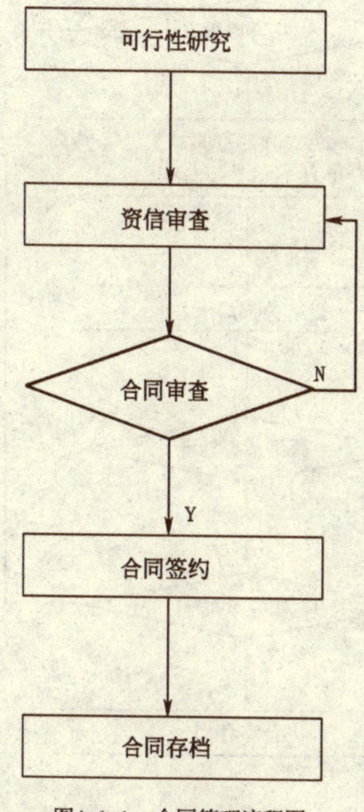

图4-1-1 合同管理流程图

二、工作联系与工作催办管理流程

集团公司内的工作联系与工作催办管理流程如图 4-1-2 所示。

三、员工建议管理流程

集团公司对员工所提建议的管理流程如图 4-1-3 所示。

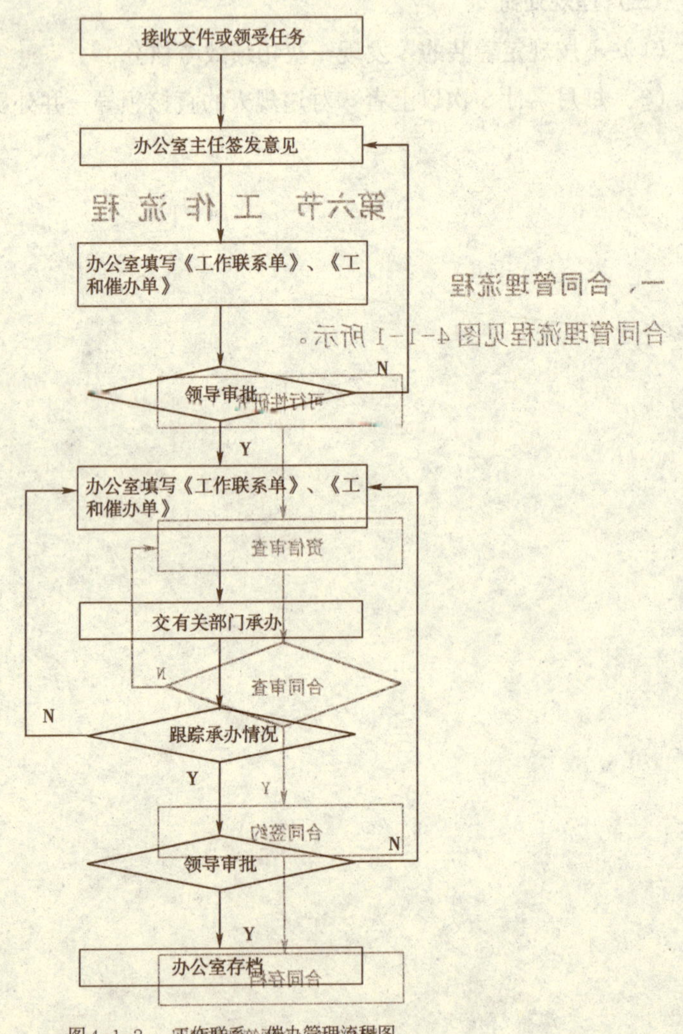

图 4-1-2 工作联系与催办管理流程图

四、重大活动管理流程

集团公司举办承办重大活动的管理流程如图 4-1-4 所示。

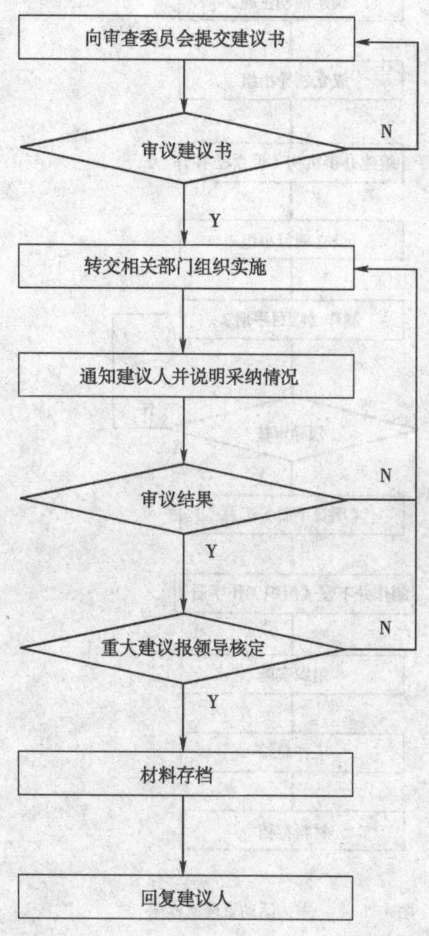

图 4-1- 3　员工建议管理流程图

五、公司内部文件管理流程

集团公司内的文件管理流程如图 4-1-5 所示。

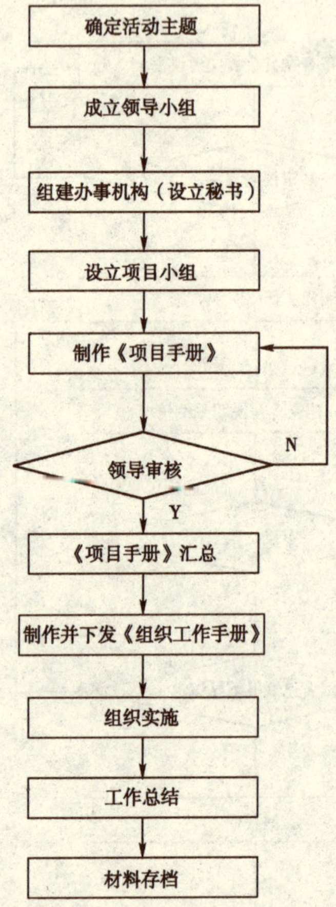

图 4-1-4　重大活动管理流程图

六、集团公司会议组织流程

集团公司主办承办各种会议的组织流程如图 4-1-6 所示。

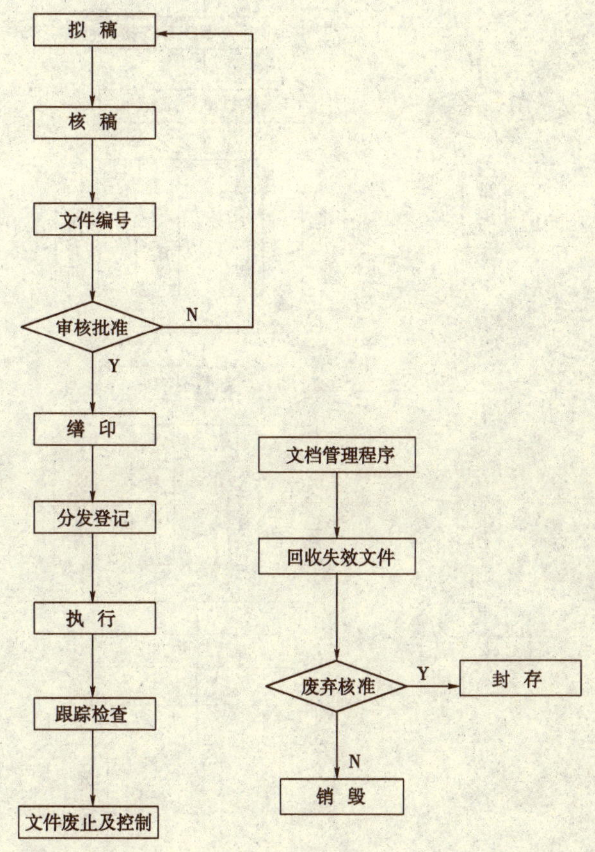

图 4-1-5 文件管理流程图

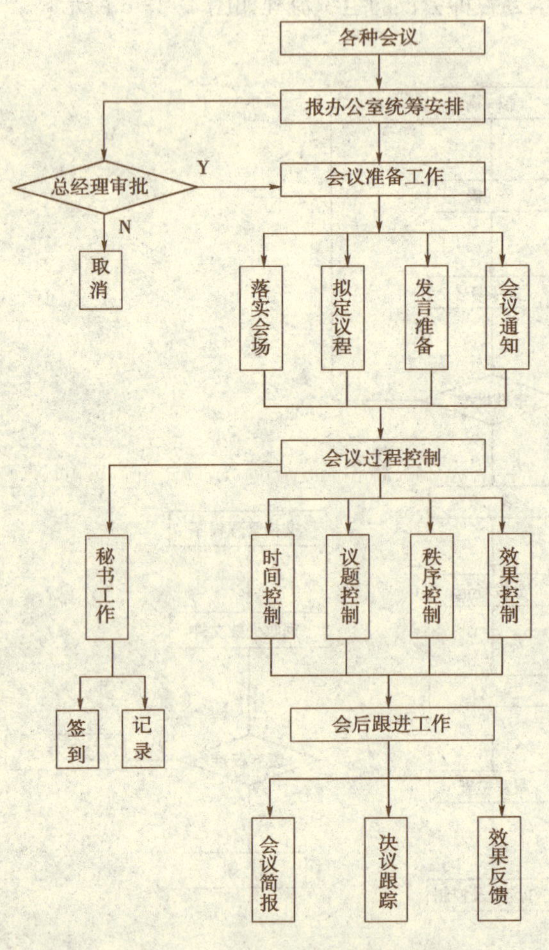

图 4-1-6 会议组织流程图

第二章 人力资源管理

第一节 总 则

为建立科学、规范的人力资源管理制度，合理开发人力资源，实现管人与管事的紧密结合，根据国家《劳动法》、《公司法》等劳动人事管理相关的政策法规以及《新国线运输集团有限公司章程》，特制定本制度。

第二节 适用范围

本制度适用于集团公司本部及属下各经营公司的各级员工。

第三节 适用原则

一、集团公司本部和各非法人性质的分支机构应严格按本制度规定执行。

二、属下各经营公司按下列原则执行本制度：

（1）属于工作程序、工作标准、操作规范、管理要求等性质的内容，必须严格按本制度相关规定执行，各经营公司不得另行出台规定，确保全集团范围内的统一；

（2）属于控制标准性质的内容，在不违反本制度各项原则和制度规定标准的基础上，各经营公司可结合实际，制定本单位的具体规定，报集团公司批准后执行。

第四节　管理责任部门

人力资源的管理责任部门是人力资源部。

第五节　人力资源管理制度

一、员工行为规范

（一）所有员工皆应遵守集团公司的一切规章制度

（二）所有员工应当遵守如下工作行为规范

（1）不断提高自己的工作技能和工作效率，工作上力求精益求精；

（2）对工作认真负责，保质保量地完成工作任务；

（3）倡导团队精神，通力合作，同舟共济，不勾心斗角，相互拆台，发扬集团公司一体化运作的全局观念，分工不分家，主动配合，积极协作；

（4）工作中实事求是，客观公正，坚持原则；

（5）忠于职守，服从领导，不阳奉阴违或敷衍塞责，不弄虚作假，不欺上瞒下；

（6）不利用职务之便贪污、受贿或以公司名义在外招摇撞骗，损公肥私；

（7）不玩忽职守，借故拖延，相互推诿属于职权范围内的工作事项，不得刁难、勒索管理和服务的对象。

（三）所有员工应遵守如下办公区域行为规范

（1）员工上岗(上班)时必须佩戴工牌，人力资源部负责对工牌佩戴情况进行监督检查；

（2）在走廊或通道与领导、同事相遇，应点头致意，相互问候“您好”；

（3）在公司内行进时，与访客、领导相遇，应停留侧立，礼让先行，同时微笑点头致意，相互熟悉的可轻声打招呼；

（4）衣着整洁，不穿不适合工作场合的服装，如背心、短裤、拖鞋、袒胸露背装、运动装、过于休闲的服装等。男员工不打领带时，衬衣纽扣至少要扣到第二个纽扣，容貌保持清洁。男女员工皆不染彩发，男员工不留怪异发型或过长头发。女员工宜着淡妆；

（5）工作时间内，不在办公室内就餐、吃食物或办理私事；

（6）出入办公室开、关门动作要轻，尽量不发出声音，进入其他办公室时，须轻轻敲门，得到允许方可进入；

（7）不谈论与工作无关的事宜或到其他办公室随意走动、闲聊，严禁粗言秽语；

（8）维护严肃紧张的工作氛围，不在办公室、走廊大声喧哗、吵闹，不随意急跑，不抢道先行，更不能边走边大声呼喊，有事情需到相关人员前轻声交待；

（9）临时离开办公室而不需锁门时，桌面上不摆放涉及集团公司保密的文件；

（10）外出办事应向主管领导说明；

（11）原则上不准打私人电话，禁止当着来客面打私人电话、闲聊；

（四）所有员工必须遵守上下级关系规范

（1）领导布置任务时，应准备纸、笔清楚记录，及时用语言作答“行”或“好”，并付诸行动；

（2）任务有异议时，应当面或书面向领导提出，可越级报告，但不能越级请示；

（3）任务完成情况应及时向领导汇报；

（4）做错事领导批评时，不得找借口自我开脱；

（5）尊重下级的个性，鼓励下级发挥自己的特长，有创意地完成任务；

（6）尊重下级的意见，尊重下级的职权，在下级职权范围内，不可随意插手处理，不可随意越级指挥；

（7）下级存在失误或过错时，应多指正、多体谅、多帮助，不可在背后非议下级；

（8）尊重下级的劳动成果；

（9）勇于承担责任，不可将责任全部推卸到下级身上。

（五）所有员工必须遵守同事之间行为规范

（1）互相尊重，不以同事的相貌、缺陷、性别开玩笑；

（2）互相帮助，当同事遇到困难时，应伸出友谊之手，尽力帮助；

（3）互相爱护，当同事做错事时，应当面提出批评和指正，不随便在背后议论他人；

（4）加强团结，不在同事之间，领导与下属、领导之间传播小道消息或捕风捉影的事情，不说没有根据的话；

（5）严禁在集团公司内外制造流言蜚语，更不准挑拨离间。

（六）所有员工必须遵守集会行为规范

（1）参加集团公司举办的各种会议应按时到会，不迟到早退，有事需向会议主办部门请假；

（2）参加会议过程中，会场要保持肃静，站姿、坐姿要端正。认真聆听、记录，BP 机、手机要关机或放在振动档，不在会场上交头接耳，不起哄，不吵闹；

（3）会场内严禁吸烟；

（4）散会时，要等到宣布散会后方可退场，应礼让集团公司领导先行之后，再井然有序逐一退场，不得抢先、拥挤、喧哗；

（5）对集团公司的各种活动要积极参与，并遵守活动规定。

二、聘用与调配

（1）本规定所称的员工聘用与调配，是指从公司内部调整和外部聘用员工。

（2）人员招聘甄选须按照招聘甄选程序和规定进行。

① 公司因工作需要增加人员，应遵循“先内部调整，后外部招聘”的原则，公司内部无合格人选的，再面向社会公开招聘。

② 集团公司人力资源部及经营公司人事主管部门，按照人事聘任审批程

序为公司招聘甄选适合的人选，满足用人单位的需求，保证工作的顺利开展。

③ 根据集团公司人力资源政策规定和用人单位的的用人申请要求，集团公司人力资源部及经营公司人事主管部门负责制订拟招计划和甄选方案。

④ 集团公司人力资源部负责集团公司各部室员工的招聘，指导并配合属下经营公司进行招聘甄选的具体实施。

⑤ 用人单位人事主管部门对需要新设的岗位进行岗位设计及工作分析，制订工作说明书(或作业指导书)，设定人员所应具备的条件。

⑥ 集团公司各部门需增加人员，在核定编制内的，由集团公司人力资源部负责组织招聘录用工作；在核定编制外的，由集团人力资源部上报兆通公司人力资源中心审批后，组织招聘录用工作。

⑦ 集团公司属下各经营公司需增加人员，在核定编制内的，由用人单位负责组织招聘录用工作，上报集团公司人力资源部备案；在核定编制外的，首先由用人单位在一个月前提出人员增补申请，注明增员的原因、岗位所需人员的条件等，报集团公司人力资源部审批后，由用人单位甄选录用。

⑧ 集团公司人力资源部审核用人单位的人员增补申请，核查是否符合人员编制计划及用人制度，报集团公司总经理批准后，按照人力资源招聘甄选工作程序进行；

⑨ 集团属下各经营公司部门经理(含部门经理)以下员工由企业董事长、总经理、副总经理组织公开招聘、竞争上岗，由企业聘任后报集团人力资源部备案。

⑩ 集团公司需增加财务人员、审计人员等专业技术人员、部门正职(含正职)以上人员、属下各经营公司经营班子成员，按兆通公司层级负责制的有关规定进行。

(3) 被聘用人员的报到和录用程序均按照集团公司人员聘任审批程序进行。

① 试用人员须如实填写“新国线运输集团有限公司员工应聘登记表”和“新国线运输集团有限公司员工登记表”

② 与属下各经营公司办理劳动用工手续，签订劳动合同，劳动合同中应注明试用期或考核期。新聘员工试用期一般为1～3个月，最长不超过6个月。

③ 在试用期或考核期内，因工作能力、道德品质欠佳，不适合工作或违反所属公司规章制度者，根据国家规定的相关劳动合同条例，予以解除劳动合同。

④ 在试用期或考核期满后，应填写“新国线运输集团有限公司试用（考核）人员转正审批表”，并附个人转正申请、试用部门／单位鉴定材料，经试用单位及有关部门签署意见后，按聘任审批程序报批转正，所属企业人事主管部门办理相关手续。

⑤ 集团公司人力资源部根据试用或考核人员的不同情况，按聘任审批程序对公司高级管理人员进行考核，提出初步意见，报集团公司总经理审批。

⑥ 集团公司聘用员工应以其学识、品德、能力、经验、体格、适宜岗位或工种为原则。

（4）凡因工作需要进行内部员工调整的，在不违反国家有关政策法规的前提下，被调整员工应无条件服从，否则公司有权与其终止（解除）劳动合同，且不予以任何补偿。

三、职务聘免

（1）对各级管理层的聘任，必须坚持德才兼备、任人唯贤的原则，坚持招聘原则与贯彻《劳动法》相衔接的原则，坚持公开、公平、竞争、择优的原则，坚持下管一级，管人与管事相结合的原则。

（2）集团公司各部室副职以上和所属经营公司部门正职以上（含正职）管理人员必须同时具备下列条件和资格：

① 坚决执行党的基本路线和方针政策，坚决执行集团公司的战略方针、发展方向及既定政策，遵纪守法，作风正派，廉洁奉公；

② 有较强的事业心和责任感，有实践经验及胜任工作的组织能力和处理问题的能力，群众拥护，工作业绩突出；

③ 具有大专以上文化程度，或初级以上专业技术资格，或技术等级（经

劳动部门技术鉴定）中级以上职称；

④ 新聘为集团公司部室正副职和经营公司正职以上人员，原则上年龄在45周岁以下，相关工作经验5年以上；

⑤ 晋升一级职务（含同级副职提升正职，下级正职提升上一级副职）的，须在相应职务（岗位）上任职2年以上，且工作业绩突出；

⑥ 身体健康，具有胜任本职工作的身体素质和条件。

（3）集团公司主管及属下各经营公司部门副职管理人员（含副职）必须同时具备以下条件和资格：

① 坚决执行集团公司战略目标、工作指导方针、发展方向及既定政策，遵制守纪，作风正派，廉洁奉公；

② 有较强的事业心和责任感，能胜任本职工作；

③ 具有大专以上文化程度或初级以上专业技术资格；

④ 年龄在50周岁以下；

⑤ 晋升一级职务（含同级副职提升正职，下级正职提升上一级副职），一般要在相应职务（岗位）上任职1年以上，且工作成绩突出；

⑥ 身体健康，具有胜任本职工作的身体素质和条件。

（4）对少数确有真才实学，工作能力强，业绩显著的员工，需提任集团公司部室正、副职和经营公司部门正职以上（含正职）的，经集团公司人力资源部考核后，可不受以上条款的限制。

（5）集团公司董事、监事按公司章程聘用。

（6）集团公司首席执行官兼总裁，由集团董事长提名，集团董事会考核和聘任，集团公司按章程办理有关手续。

（7）集团公司总经理、副总经理、财务总监、总经理助理、部门正职和部门副职以下管理人员聘免，应按兆通公司层级负责制的有关规定进行。

（8）各经营公司董事长、监事会主席以及董事、监事，按兆通公司层级负责制的有关规定进行。

（9）各经营公司经营责任人（总经理）、经营班子成员（副总经理、总经理助理）、部门正职和部门副职以下管理人员的聘免，按兆通公司层级负责制的有关规定进行。

（10）聘免原则

① 打破员工身份上的界限；

② 凡属晋升一级职务的，一律实行1～6个月不等的试用期，试用期间享受职务晋升后的待遇，试用期内不合格者，予以解聘；

③ 实行管理人员任职回避制度。各级主要领导的亲属、配偶及子女不能在同一单位担任有从属关系的职务或从事人事、纪检、监察、财务、审计等工作；其他员工的亲属、配偶及子女不能在同一部门工作，也不得在有相互联系的岗位工作。

四、薪资管理

（1）建立适应社会主义市场经济体制的薪资制度，按薪资总额增长幅度低于经济效益（利润）增长幅度，员工实际平均薪资增长幅度低于劳动生产率增长幅度的原则，确定薪资总额和员工薪资水平。

（2）逐步建立和完善薪资储备金体系，以保证员工的实际薪资水平免遭经济波动的冲击。

（3）贯彻按劳分配、同工同酬和效率优先、兼顾公平的原则，在提高经济效益和劳动生产率的基础上，逐步提高员工薪资收入。适当提高有突出贡献的经营管理人员、专业技术人员的薪资水平。

（4）集团公司及所属经营公司打破按级别、职务发放薪资的限制，根据每个职位工作的责、权、量、绩的不同，建立差别化的薪资体系和考核体系。

（5）集团公司及所属经营公司的薪资分配方案逐级上报审核至集团控股公司人力资源中心批准后执行，集团人力资源部备案。

（6）集团公司人力资源部负责薪资制度和分配方案的拟定。负责集团所属经营公司的薪资指导，并监督各企业的薪资分配。制定落实临时调派人员的薪资发放标准和金额。各经营公司可根据属地薪资标准和实际情况，结合集团公司薪资分配指导原则制定适合本企业的薪资分配方案，报集团人力资源部批准后实施。

(7)集团公司人力资源部负责收集、存档各企业上报的月薪资报表，核实属下各企业每季度薪资总额情况，检查、监督其薪资发放情况。建立集团公司薪资总额统计台账，以对企业的考核审计提供依据，并提出相关统计分析报告和改革意见。

(8)结合年度薪资总额发放情况，在年末拟订集团公司下年度人力资源成本计划。

(9)根据国家有关法规和政策，审核员工医疗、养老、失业、工伤和福利等项目的支出水平，并负责督促、检查属下企业员工缴纳社会保险金的情况。

(10)集团公司经营责任人、各经营公司经营责任人及财务经理实行年薪制，具体操作另行规定。

(11)薪资项目:标准工资(基本工资)＋管理考核奖金＋效益奖金。

(12)加班工资:法定节假日加班费＝日标准工资×300%×加班天数；公休日加班费＝日标准工资×200%×加班天数；平日加班费＝(日标准工资额)×150%×加班小时数。日标准工资＝标准工资/20.92

五、员工绩效考核

(1)考核应遵循客观、公正、民主、公开的原则，采取领导与员工相结合、定性与定量相结合、平时与定期相结合的方法。

(2)集团公司人力资源部制订《新国线考核方案》，并报请集团公司总经理审批。根据此方案，按程序、层次、权限实施具体的考核工作。

(3)各经营公司在集团公司考核方案的基础上，结合自身经营目标的具体情况制订考核标准，主要从德、能、勤、绩四个方面进行，并报请集团公司总经理审核批准，集团人力资源部备案。

(4)集团公司及各经营公司部门正职(含正职)以上人员考核侧重点为:

① 经营责任人的考核侧重经营成果；

② 经营责任人的考核分为平时考核和年终考核，对于实行年薪制的经营责任人的考核，根据年薪考核标准和考核管理办法进行具体实施；

③ 职能经理的考核侧重管理与控制能力，监管与协调能力。

（5）其他员工考核由集团公司人力资源部会同所在部门／企业共同实施，具体考核应结合被考核对象的工作性质、要达到的工作目标等，按具体方案进行考核。

（6）月度考核以上月工作业绩、经营效益情况进行。季度考核为每季度第一个月对上一季度的工作业绩、管理绩效和个人综合素质进行。年度考核以月度和季度考核为基础，对其全年的德才表现、工作业绩和信息反馈等进行综合考核、评估。

（7）考核分优秀、称职、基本称职和不称职4个档次。考核结果与职务聘免、岗位轮换、评优晋级和薪资等直接挂钩。

（8）建立员工考核档案，作为员工奖惩的依据。

六、员工考勤管理

（1）员工工作时间按国家《劳动法》有关规定和当地政府有关规定执行。

（2）集团公司人力资源部及各经营公司人力资源主管部门负责所属公司员工的考勤管理。

（3）考勤以部门为单位，各部门应准确、详细记录员工到、离工作岗位时间和中途离岗时间。

（4）各部门每月3日前将上月员工出勤统计报表，经部门负责人审核签字后报人力资源主管部门。

（5）凡每月迟到和早退超过3次以上者（以3次为基数），超过1次，扣当月管理考核奖金10％，超过2次扣20％，依此类推，并责成当事人限期改正。

（6）各部门负责人应提倡、要求员工出满勤、干满点，提高工作效率。

① 如因工作需要确需加班，可经部门负责人批准，事后进行补休。确不能补休的，经部门负责人填写“加班统计表”，并注明加班理由，报人力资源主管部门审批，按规定计发加班工资。管理人员原则上不计加班。

② 各部门负责人应严格控制夜班人数和加班班次。凡当日 23：00时仍

在岗位工作的员工均可享受定额夜餐补贴。

(7) 员工请、休假应按请、休假规定执行：

① 员工的假期分为法定节假日、年休假、婚丧假、探亲假、计划生育假、病假、事假。

a. 员工无论申请何种假期都必须提交“请/休假申请”，否则视为无故旷工。“请/休假申请”应提前2天交到所属经营公司人事主管部门；

b. 试用期内一般不允许请事假，确有事请假者，应适当延长试用期；

c. 如遇突发事件未能及时请假，应于当日上班后30分钟内以电话或其他方式通知主管领导，经批准后，于上班第一天补办请假手续；

d. 员工请假须由主管负责人签署意见，并按规定程序办理相关手续。

② 未履行请假手续者，一律视为旷工，根据具体情况作以下处理。

a. 旷工3天以内，按旷工天数扣除：以工资总额计算日工资的300%×旷工天数。

b. 旷工3天以上，扣除当月除基本工资以外的所有工资，并予以除名处理。

③ 其他。

a. 年休假、探亲假等休假时间以不影响正常工作为佳，原则上员工每年只能享受一种，且应一次性休完，年休假不得跨年累加。所有假期均包括法定节假日和公休假日在内，不另加假期天数；

b. 员工假期期满，应在假期结束后的2天之内到人力资源主管部门办理销假手续，并按时上班，否则，按超假处理；

c. 员工在休假期间，因工作需要而被召回公司者，对未休完的假期，可在当年内安排补休；

d. 员工有下列情形者，不能享受效益工资及年终奖金，1年内请事假累计20天以上者，1年内请病伤假累计30天以上者；

e. 请休假规定如有与国家相关政策相抵触的地方，以国家政策为准。

七、员工奖惩

（1）新国线员工的奖励分为通报表扬、表彰、嘉奖和记功 4 种。

（2）员工的奖励可分为精神奖励及酌情进行一定数额的物质奖励，同时对被奖励者视情形提高其工资待遇。

（3）员工有下列情形之一者，将给以通报表扬：

① 品行端正，完成交办工作超过预期效果；

② 遵守各项规章制度，始终严格要求自己，勤奋敬业；

③ 关心企业，积极向上，对工作提出合理化建议；

④ 有效制止不利于工作的行为和事件；

⑤ 拾金不昧；

⑥ 乐于助人，受到同事普遍称道；

⑦ 管理有方，使部门或班组人员团结协作、高效有序、工作富有成效者；

⑧ 受到客人书面表扬或来电表扬者；

⑨ 其他类似情形者。

（4）员工有下列情况之一者，将给予表彰并酌情给予物质奖励：

① 工作努力，能适时完成重大或特殊交办工作；

② 有显著的善行佳话，遵守规章、服务优质，足以成为新国线荣誉；

③ 在艰苦条件下刻苦工作，成为新国线员工楷模；

④ 领导有方，使业务工作拓展有相当成效；

⑤ 拾金不昧价值在 500 元以上者或在考核期内拾金不昧 2 次以上；

⑥ 遇突发事件而妥善解决，使工作生产不致中断；

⑦ 被通报表扬 3 次。

（5）员工有下列情形之一者，将给予嘉奖并给予物质奖励：

① 对于主办业务有重大拓展或改革后具有实效；

② 执行临时紧急工作任务能按期完成；

③ 对于舞弊，或有危害新国线权益的事情，能揭发、制止；

④ 发现职责外的事故，予以迅速报告或妥善处理，防止损害新国线利益；

⑤ 节约资源和对废料利用卓有成效；

⑥ 被表彰3次。

（6）员工有下列情形之一者，将给予记功并给予工资晋升一级的奖励：

① 办理重要业务，成绩卓著或有特殊功绩；

② 适时消灭意外事故或重大变故，为新国线挽回经济损失；

③ 重大科技发明，对新国线确有贡献，能使成本节约，利润增加；

④ 奋不顾身、扶危救人；

⑤ 参加政府、上级主管部门举办的活动并获得名次，为新国线争得荣誉的；

⑥ 被嘉奖3次。

（7）所有奖励均记录在员工档案内，作为员工绩效考核、职务工资提升的依据。

（8）对员工的奖励，按集团公司人事审批程序进行。集团公司各部门管理人员和各经营公司负责人以上人员的奖励，须经集团人力资源部审核后，报集团公司执行总裁批准。

（9） 新国线员工处分分为警告、记过、降级或留用察看、除名4种形式。

（10）员工有下列情形之一者，予以警告处分：

① 仪容仪表不整洁，言语、举止粗鲁无礼；

② 接待顾客或接听电话未使用礼貌用语和规范用语；

③ 对同事或上级没有礼貌；

④ 上班时未按规定着装；

⑤ 考勤冒名顶替签到；

⑥ 破坏环境卫生，随地吐痰，乱扔废物杂物，情节严重；

⑦ 故意浪费生产、办公材料；

⑧ 不正确使用生产、办公设备或违反安全规则，屡教不改；

⑨ 不能与同事合作，以致造成不良影响；

⑩ 上班时间未经领导批准进行指派工作以外活动；

⑪ 试图协助其他员工掩盖其不正当行为或过错；

⑫ 在工作场所喧哗、发生口角，影响他人工作秩序并不服管教；

⑬ 一个月内考勤迟到、早退达3次；

⑭ 其他被认定为类似情形发生。

(11) 员工有下列情形之一者，予以记过处分：

① 私拿所属公司财物为个人所有，情节较轻；

② 遗失所属公司印章及重要文件、资料、单据、钥匙等，产生不良后果；

③ 违反安全条例，造成较大经济损失；

④ 拾遗不报自昧；

⑤ 不良言行对新国线声誉造成一定影响；

⑥ 对上级指示或有限期的工作，无故未能如期完成，以致影响新国线权益；

⑦ 警告2次以上的。

(12) 员工有下列情形之一者，予以降级或留用察看处分：

① 直属主管对所属员工明知舞弊而隐瞒庇护或不予举报；

② 屡次违抗命令或有威胁侮辱主管行为；

③ 工作中恶意诋毁、诬陷他人，制造事端；

④ 品行不端有损集团公司名誉；

⑤ 泄漏机密或虚报、瞒报事实；

⑥ 与顾客发生争吵；

⑦ 故意浪费公司财物或办事疏忽使公司蒙受较大损失；

⑧ 记过2次；

⑨ 其他被认定为类似情形发生。

(13) 员工有下列情形之一者，予以立即除名：

① 触犯国家法律、法规、规定，被判刑或受到劳动教养；

② 行贿受贿，贪污侵吞公司财物，利用职务之便私自收取回扣；

③ 滥用职权，营私舞弊；

④ 侮辱、谩骂顾客，造成不良影响；

⑤ 故意泄露公司机密，捏造谣言或酿成意外灾害，致使公司蒙受5000元

以上经济损失；

⑥ 盗窃公司财物，挪用公款；

⑦ 利用工作时间，擅自在外兼职；

⑧ 恶意破坏公司财物，造成较大损失；

⑨ 利用职权或职务之便谋取个人私利，情节严重；

⑩ 模仿他人签字，盗用公司印鉴或盗用公司名义谋私；

⑪ 在办公场合无理取闹、聚众赌博或械斗；

⑫ 连续旷工3个工作日或一年内累计临工达7天；

⑬ 其他严重违反新国线规章制度或被认定为类似情形发生。

⑭ 对于员工的违规违纪行为，所属公司可以在行驶处分的同时，根据其给公司造成的经济损失及产生的不良影响，按照集团公司及所属公司的规定予以一定数额的罚款。

⒂ 对员工的处分，必须按照集团人力资源审批程序进行。

① 对集团公司各级人员及各经营公司总经理助理以上人员的处分，由所属部门／单位提出或领导建议，经集团公司人力资源部会同相关部门调查核实后，报集团公司总经理批准。特殊情况下，集团公司总经理可直接给予处分。

② 各经营公司部门副职以下（含副职）人员的处分，由所属部门提出意见或主管领导建议，经经营公司人力资源主管部门会同相关部门调查核实后，报公司总经理批准执行，并报集团公司人力资源部备案。

（16）处分员工必须依照时限做出处理决定。要根据其本人所犯错误的事实、性质、情节、危害和后果，参照其本人的一贯表现和对错误的认识态度，区别对待，做到事实清楚，定性准确，处理恰当，手续完备。

（17）人事主管部门在处分决定下达之前，将处分意见通知当事人，由被处分人签署意见；被处分人拒绝签署意见的，应当写明情况，并向所属经营公司领导报告。处分决定应及时存入被处分人的人事档案。

（18）对于被进行留用查看处分以上的人员，可自被处分之日起15日内，向所属经营公司人事主管部门申请复议。人力资源主管部门按集团公司人事审批程序在自接到申请之日起15日内进行调查，并向所属经营公司总经理提出处理意见，经所属经营公司总经理批准后，书面通知复议申请人复议结果。

八、员工解职

(1) 公司员工的解职分为自然解职、退休、停职、辞职、辞退和解聘(解除劳动合同)。

(2) 员工死亡为自然解职，按国家有关规定发放抚恤金。

(3) 员工达到退休年龄，劳动合同自然终止，与所属经营公司解除劳动合同。确因工作需要，由人力资源主管部门进行考核评审后报总经理批准，方可返聘。

(4) 员工有下列情形之一者可由所属公司命令停职：

① 工作出现较大失误，在整改检查期间，所属企业领导认为有必要停职者；

② 请事假累计超过60天者；

③ 触犯法律嫌疑重大而被羁押或提起公诉者。

(5) 员工停职期间，除基本工资外的其他工资和奖金一律停发，待复职后再计薪。

(6) 员工依照法律、法规及新国线规章制度，可以申请辞职，即终止与所属经营公司的劳动合同关系。

(7) 员工有下列情形之一者，辞职不予批准或暂不批准：

① 主要工作尚未处理完毕，须由本人继续处理，或辞职后对工作将造成较大损失或不良影响；

② 从市外招调、录用到本公司工作，服务时间不满3年；

③ 集团公司选派或出资参加半年以上脱产培训，未满规定服务年限；

④ 正在接受审查，尚未结案；

⑤ 其他原因不宜辞职。

(8) 员工提出辞职须按规定提前申请。

① 集团公司部门正职以上、属下各经营公司经营班子成员以上人员辞职应提前30天以书面形式提出申请；

② 集团公司部门主管以上、属下各经营公司部门正职以上人员辞职应提前15天以书面形式提出申请；

③ 部门主管以下、属下各经营公司部门副职以下人员辞职应提前7天以书面形式提出申请。

（9）集团公司部门管理人员的辞职申请由所属部门和分管该部门副总经理签署意见，经人力资源部审核，报请集团公司总经理批准；担任集团公司部门正职以上职务和属下经营公司经营班子成员等高级管理人员，以及在重要经济管理岗位上任职的员工在本人提出辞职申请后，须进行离职审计和考核（经济活动、廉政情况），按集团公司人力资源管理审批程序权限审批。

（10）员工要求辞职未被批准而擅离岗位者（符合《劳动法》规定的除外），应当根据情节轻重，给予处分或作除名处理，并追究其责任。

（11）员工有下列情形之一的，所属经营公司可以依照法律、法规及规章制度对其进行辞退，即终止与员工的劳动合同关系：

① 符合《劳动法》中用人单位可以解除劳动合同的各项规定；

② 长期不安心工作，消极怠工，不履行职责；

③ 年度考核连续2年基本称职，或当年考核不称职，而又不接受岗位调整和培训，或经培训教育仍不适应本岗位；

④ 其他原因应当辞退。

（12）辞退员工须由所在部门在核准事实的基础上提出意见，经所属经营公司人力资源主管部门会同有关部门进行调查核实。辞退担任集团公司部门正职以上职务和属下经营公司经营班子成员，以及在重要经济管理岗位上任职的人员，须进行辞退前的审计（经济活动、廉政情况），按人力资源审批程序权限审批。

（13）员工在办理离职手续时，除本人书面申请和填写相应的表格外，还应填写《员工离职／调动移交清单》，分别由所在部门和各相关部门签署意见后，由人力资源主管部门办理离职手续，并在批准离职之后的1个月内办完相关手续，月内仍未办完手续的，则视其自动离职，所属经营公司将予以除名处理，并无任何经济赔偿。

（14）集团公司各经营公司进行经济性裁员或非经济性大批裁员，按照国家相关法律、法规及地方政府相关规定，制定出具体的实施方案，报经集团公司和市劳动行政主管部门批准后实施。

九、员工福利管理

集团公司及属下各经营公司为员工办理养老、医疗、工伤、失业、生育等社会保险。

十、员工培训

（1）根据集团公司发展对人才的需要，按照各岗位的要求，有计划地对员工分别进行岗前培训、任职资格培训、知识更新培训和专门业务培训。培训成绩和鉴定作为员工考核和职务调整的依据之一。

（2）集团公司人力资源部负责编写集团公司人力资源培训教育发展规划，拟订年度工作和预算计划，在集团公司总经理批准后组织实施。

（3）集团公司人力资源部负责指导各部门和属下各经营公司制订多层次的培训教育计划，并协助其实施。

（4）员工培训采取内部人员培训和外请人员培训相结合、在岗培训与脱产培训相结合、国内学习培训与境外考察（进修）培训相结合的方法。

（5）鼓励员工好学上进，自学成才，一专多能。凡经批准参加与本职工作相关的岗位培训，在取得结业证书或资格证书之后，可酌情报销学费，但凡属于学历教育的，不报销任何费用；取得国家认可的学历证书，可享受普通院校毕业生的同等待遇。

（6）根据国家和有关职业技能鉴定的规定，集团公司及属下各经营公司组织现有技术人员、驾乘人员分期分批参加属地劳动部门组织的职业技能培训班。有条件的企业可自行举办各种培训班，将培训计划或方案上报集团公司人力资源部备案，由人力资源部负责监控。

（7）员工经批准公费、半脱产或脱产学习、出国进修等，须与集团公司签订《培训协议》（内容有期限、专业、待遇、培训后服务期、违约责任等条款规定）。

（8）员工的具体培训管理办法见《新国线培训管理规程》。

（9）集团公司人力资源部负责制订各岗位职称升级的规定和要求。办理工作满1年的大学毕业生初级职称认定，工作满3年的硕士研究生中级职称认定以及工程类中级职称评审材料的申报。整理、报送高级职称评审材料。对中级、高级职称评审材料中的学历、学位、低一级职称评定时间、地点、聘任期考核情况进行初步审核。

十一、司乘人员招聘、培训管理

（1）根据集团公司为实现“打造中国道路客运第一品牌”的经营目标对优秀驾乘人员的需要，按照集团公司《驾乘人员服务规程》的要求，有计划、有步骤、定向性地对驾乘人员进行招聘和培训。

（2）根据用人企业的招聘培训申请，集团人力资源部负责审核所属经营公司上报的驾乘人员的招聘、培训方案，拟订培训课程计划，组织落实培训教师，用人企业负责对所需人员的招聘、培训工作的组织和实施。

（3）为能够吸收较高素质的驾乘人员，人力资源部根据属下各经营公司的服务定向和客源市场，在全国选择若干地区或特定行业作为招收和培养驾乘人员的供补基地。

① 与定向地区的劳动部门建立稳定的人员交流关系，建立长期劳动用工供求关系，形成良性的互惠互利的驾乘人力供补外环境；

② 面向已建立人员供补关系的外事职业学校、旅游服务中专院校的实习生、毕业生以及受过服务专业培训的人员进行导乘员的招聘甄选；

③ 在已建立的供补基地进行导乘员的定向委培和甄选，以保证招聘人员的专业知识和服务技能达到要求。

第六节　工作流程

一、新国线集团员工招聘与调配管理流程

集团公司内招聘员工、人员调配管理流程如图4-2-1。

二、新国线集团员工辞退、离职管理流程

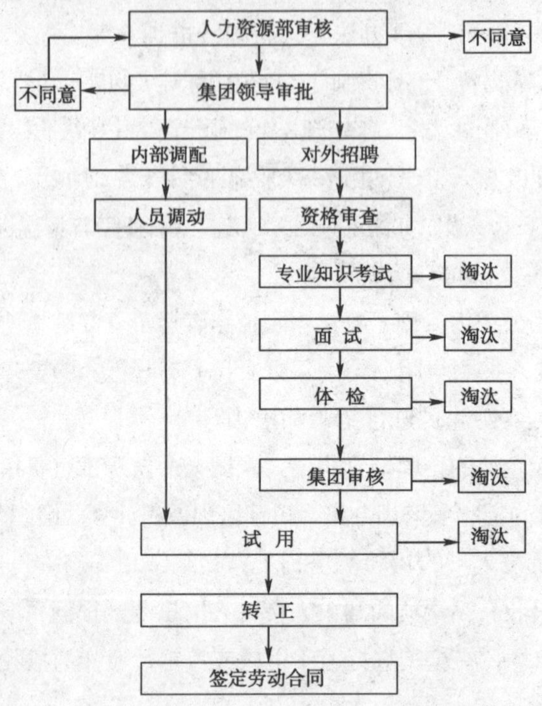

图4-2-1 员工招聘与调配管理流程图

集团公司员工被辞退、离职管理流程如图4-2-2。

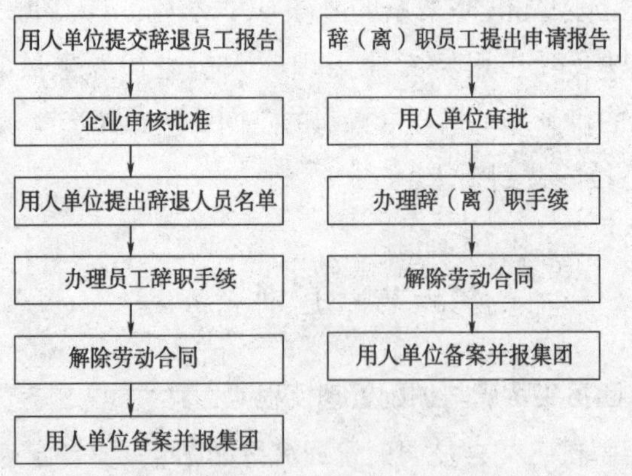

图4-2-2 员工辞退、离职管理流程图

三、新国线集团人才推荐、集团任命管理流程

集团公司人才的推荐、任命管理流程如图 4-2-3。

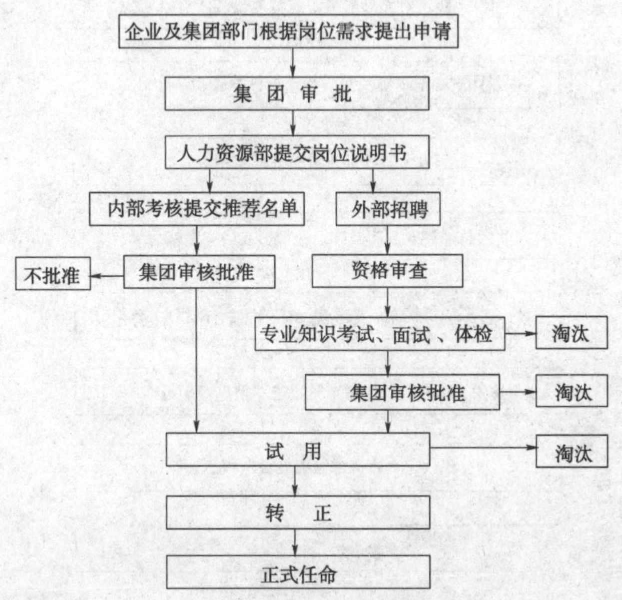

图 4-2-3 人才推荐、任命管理流程图

四、新国线集团管理员工绩效考核管理流程

集团公司内管理员工的绩效考核管理流程如图 4-2-4。

五、新国线集团属下企业经营责任人绩效考核工作流程

集团属下企业经营责任人绩效考核工作流程如图 4-2-5。

六、新国线集团管理员工在职培训工作流程

集团公司管理员工在职培训工作流程如图 4-2-6。

七、新国线集团下属企业驾乘、维修员工岗前及在职培训工作流程

集团下属企业驾乘、维修员工岗前、在职培训工作流程如图 4-2-7。

八、新国线集团员工休假审批管理流程

集团公司员工休假审批管理流程如图 4-2-8。

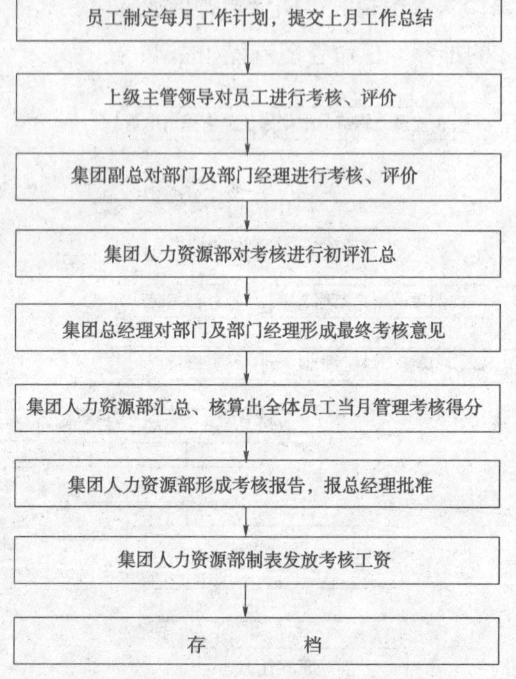

图4-2-4　管理员工绩效考核管理流程图

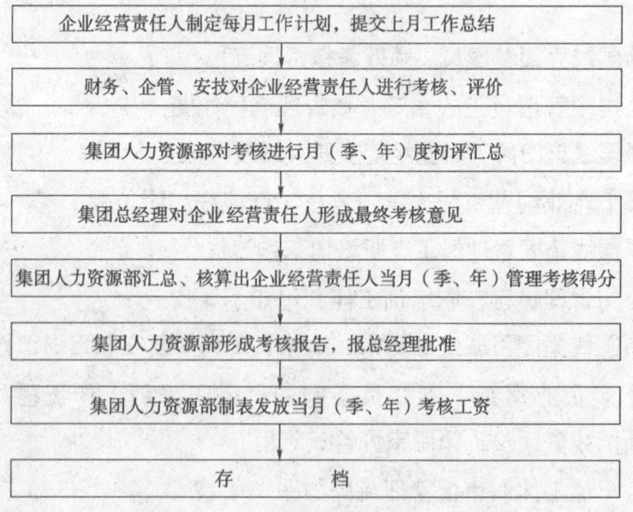

图4-2-5　企业经营责任人绩效考核工作流程图

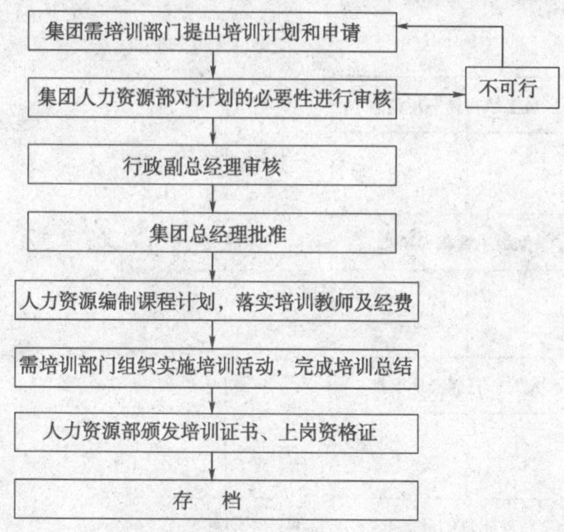

图4-2-6 员工在职培训工作流程图

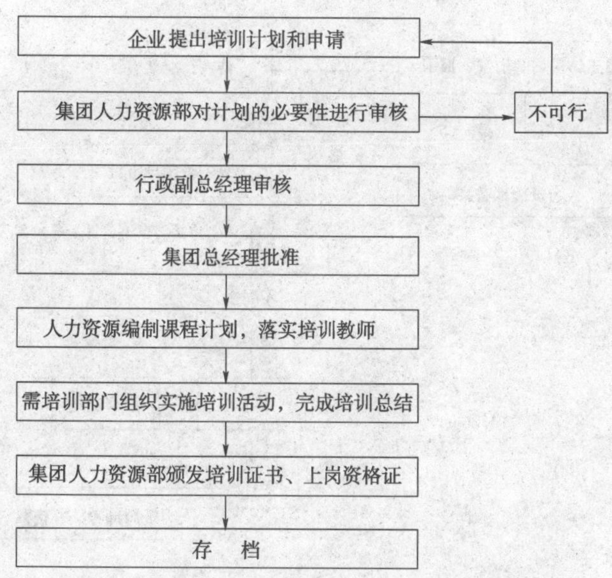

图4-2-7 驾乘、维修员工岗前、在职培训工作流程图

九、新国线集团员工出差管理流程

集团员工出差管理流程如图4-2-9。

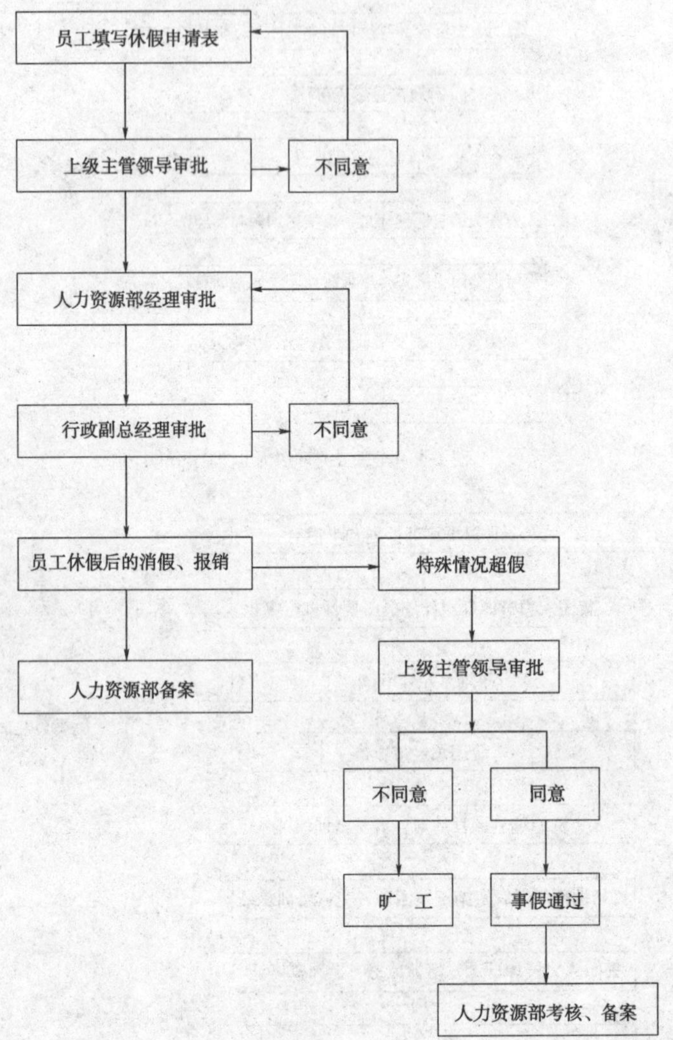

图4-2-8 员工休假审批管理流程图

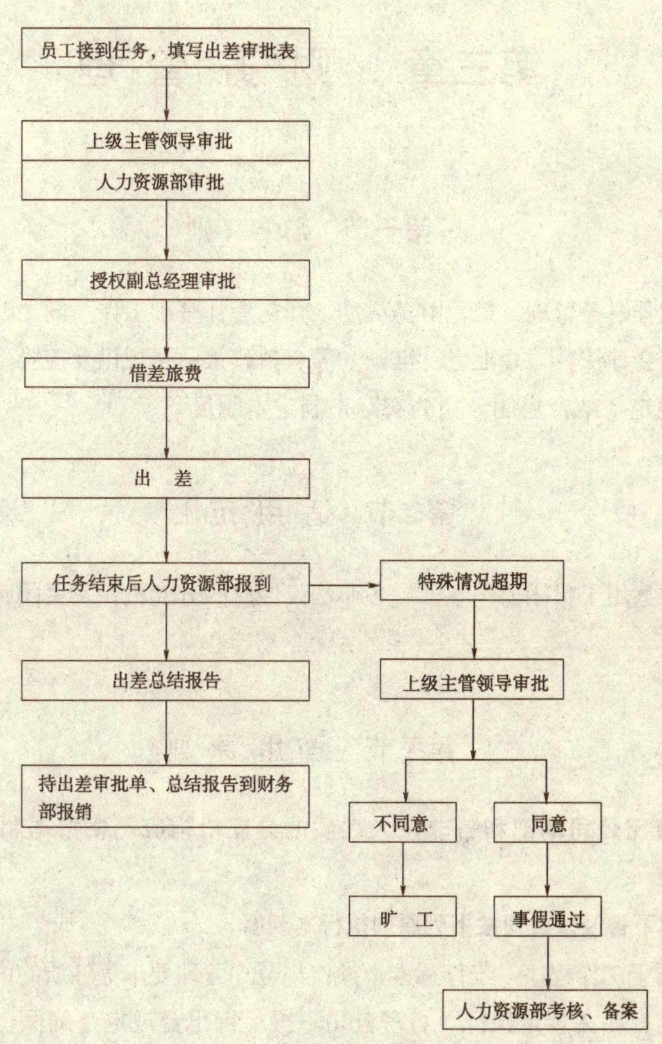

图4-2-9 员工出差管理流程图

第三章 财务管理

第一节 总 则

为了加强财务管理，规范财务活动，强化会计基础工作，健全财务内控制度，根据《会计法》、《企业会计准则》等有关政策、法规以及控股母公司有关财务管理规定，结合集团公司的实际，制定本制度。

第二节 适用范围

本制度适用于集团公司本部、各非法人性质的分支机构及集团属下各经营公司。

第三节 适用原则

一、集团公司本部和各非法人性质的分支机构应严格按本制度规定执行。

二、属下各经营公司按下列原则执行本制度:

（1）属于工作程序、工作标准、操作规范、管理要求等性质的内容，必须严格按本制度相关规定执行，各子公司不得另行出台规定，确保全集团的统一；

（2）属于控制标准性质的内容，在不违反本制度各项原则和不突破本制度规定的标准的基础上，属下各经营公司可结合实际制定本单位的具体规定，报集团公司批准后执行。

第四节 管理责任部门

财务管理的责任部门是财务管理中心及财务结算中心。

第五节 财务管理制度

一、 财务管理

（一）财务管理的基本任务

财务管理的基本任务是做好各项财务收支计划，做好控制，搞好核算、分析和考核工作，为企业积极筹集资金，发挥集团公司财产的最大效用，努力提高集团公司的经济效益，确保企业资产的保值增值。

（二）机构设置及人员配置

新国线运输集团本部设财务管理中心和财务结算中心，2 个中心分别设主任、会计、出纳等岗位。属下各企业设计财部，根据工作需要设置相应岗位，接受集团公司财务管理中心和财务结算中心的业务管理。

（三）计划管理

（1）集团公司对运输经营实行全面的计划管理，建立自下而上上报和自上而下下达的计划管理体系。

（2）在每年 11 月前，属下各经营公司依据次年生产经营预算编制年度财务预算，经本公司经营班子和董事会讨论通过后上报集团公司，集团公司汇总编制全集团的年度财务预算，经集团公司经营班子和董事会讨论通过后上报控股母公司。控股母公司审核批准后下达集团公司执行，集团公司再下达属下各经营公司执行。

（3）年度财务预算按照控股母公司的统一格式和要求编报，集团公司可根据工作需要增加必要的附表下发属下各经营公司填报，属下各经营公司应严格按照集团公司的要求编报，同时也可根据本单位的实际增加必要的附表。

(4)年度财务预算批准下达后，属下各经营公司要进一步分解、落实到具体责任部门和责任人，并制定切实可行的措施，确保年度财务预算完成。

(5)集团公司以年度财务预算为基础，建立月度计划管理体制，月初对属下各经营公司下达当月财务收支计划，月中按照计划进行监督和控制，月末对计划完成情况进行总结、分析和考核。

(6)集团公司以收支两条线管理为手段对月度财务收支实施有效控制，收支两条线管理办法另行下文。

(四)资金管理

1. 银行存款管理

(1)集团公司实行资金一体化运作，一体化的基本原则是集中管理，统筹调剂，余额控制，有偿使用。

(2)集团属下各经营公司应在集团财务结算中心开设内部存款账户，同时在本地开设一个银行基本账户和一个纳税账户。特殊情况需要开设其他银行账户的，须报财务结算中心批准。

(3)集团财务结算中心根据日常周转需要核定各企业银行存款限额，超过存款限额部分资金一律汇入结算中心指定的银行账户，存入集团内部银行，结算中心按0.1%月利率支付存款利息。

(4)各开户单位按照先存后用的原则使用内部存款，不得透支。结算中心在企业存款余额范围内凭付款方的付款通知书办理款项支付业务。结算中心必须恪守信用，履约存付款手续，为开户单位存款保密。

(5)集团结算中心在控股母公司结算中心开设内部存款账户，接受控股母公司结算中心对存量资金的统一调配，大额资金应存入控股母公司结算中心账户内，控股母公司结算中心按其规定的利率支付存款利息。

2. 内部贷款管理

(1)各开户企业发生临时资金短缺时，可向集团结算中心申请内部贷款，结算中心按内部贷款管理规定审批并报集团领导批准同意后予以发放贷款，并按约定月利率收取贷款利息。

（2）借款单位应恪守信用，按期归还本息，逾期不归还者，将按约定的罚息率计算罚息。对极特殊情况，经结算中心同意，按借款审批权限和程序，可办理一次贷款展期手续。

（3）借款单位应严格按贷款项目规定的用途使用贷款，集团结算中心应监控已放贷款的资金流向及流量，如发现使用不当和不合理使用者，结算中心有权从其存款中扣回。

3. 对外融资管理

（1）集团本部及属下各经营公司的所有对外借款，统一由集团财务结算中心负责管理，各单位需要对外借款时，应事前向结算中心提出申请，由财务结算中心按借款管理规定审批并报集团领导批准同意后办理借款手续。

（2）集团本部的对外借款由结算中心负责办理借款手续，各企业的对外借款由各企业直接向当地银行办理借款手续。借款合同及相关手续原件统一交结算中心分类建档保存，借款单位存放 1 份复印件备查。

（3）银行放款后，借款单位应按照规定借款用途使用借款，暂时不用的借款应存入在结算中心开设的内部银行账户，结算中心有权对借款进行调拨或监督使用。

（4）各单位应恪守信用，按期归还借款本息，维护集团的信誉。确实需要办理借款展期或“贷新还旧”的，应按新增贷款审批程序办理审批手续。

4. 对外担保管理

（1）集团公司原则上不对外提供担保，特殊情况需对外提供担保的，应由结算中心签署意见，按担保管理规定中明确的审批权限报集团领导批准同意后办理担保手续。

（2）集团属下各经营公司只有对集团公司系统内企业的担保权，没有对集团公司系统外企业的担保权。属下各经营公司内部相互提供担保时，应事先向结算中心提出申请，由结算中心按担保管理规定审批并报集团领导批准同意后办理担保手续。

（3）集团公司本部及属下各经营公司的所有对内对外担保合同及相关手续

原件统一交结算中心保存，担保单位存放1份复印件备查。

5. 内部结算管理

（1）集团本部及属下各经营公司之间的业务往来一律使用内部支票（付款通知单）通过结算中心划转款项，内部单位之间不得直接进行收付款现金交易，也不得通过外部银行直接结算。

（2）集团内部单位之间按照“一月一清”的原则相互结算，各单位之间的零星款项可于月中通过内部往来核算，但月末必须使用内部支票通过结算中心结清往来余额，如付款单位账内存款不足，可按规定程序向结算中心申请内部贷款支付，内部单位之间月末不得相互拖欠资金。

（3）各属下企业之间，属下企业同集团之间的资金往来账项，应每月在出账前进行核对，保证相互的往来账户数据相符。

6. 财务收支管理

（1）根据集团公司的特点，结算中心对集团所属各单位实行存款限额管理，按照各单位日常周转需要核定资金限额，根据限额控制存款余额。当限额不足时可出具付款通知书申请补足，结算中心应严格按照限额控制拨款。

（2）各单位需要支付大额资金时应提前7天通知结算中心，结算中心应提前筹措资金，保证开支。

（3）为降低财务风险，各开户单位用款时由结算中心根据开户单位出具的付款通知书将款项拨付各单位银行存款账户内，由各单位从自己的银行账户直接支付，结算中心原则上不代开户单位直接支付款项。确需直接代付款项时，付款单位应出具付款委托书。

（4）各单位应严格执行财务收支两条线管理规定，按照集团公司批复的资金收支计划使用资金。结算中心应对各单位的资金使用情况进行监控。

（五）流动资产管理

1. 现金的管理

（1）现金的使用范围包括：

① 支付员工个人的工资、奖金、津贴、福利费、医药费和其他费用；

② 劳务报酬；

③ 支付员工困难补助，抚恤金、丧葬费等；

④ 支付不能转账的低值易耗品、零配件、材料和劳务费；

⑤ 支付职工因公出差的差旅费。

（2）严格按照国家《关于现金管理暂行规定条例》执行，不得超范围使用现金。特殊情况必须超限额使用现金的，用款部门或个人应事先提出书面申请，由本单位财务负责人签署意见后报责任人批准。未经批准出纳员不予办理。

（3）库存现金限额的核定：

① 各单位按照各自的具体情况核定库存现金限额；

② 现金收入应该当日送存银行，当日送存确有困难的，应采取妥善保管措施；

③ 库存现金不足时，出纳员报请财务负责人批准后，可到开户银行提取。

（4）现金使用规定“六不准”

① 不准在集团公司以外单位借用现金；

② 不准利用公司银行账户为其他单位或个人支付或存入现金；

③ 不准将公款现金以个人名义存入储蓄所，不准保留账外公款；

④ 不准谎报用途套取现金；

⑤ 不准用“白条”或不符合财务制度的凭证顶替库存现金；

⑥ 不准私自设立小金库。

（5）出纳员在办理现金收付时，必须检查是否按规定的审批权限程序经过审批，不得受理未按规定审批的收付业务；不得受理不完整、不真实、不合法的内部凭证和外部凭证。

（6）出纳员在办理现金收付时，应坚持“当面点清”制度，每笔现金收付后，须加盖“现金收讫”、“现金付讫”戳记，并当即入账。

（7）“现金日记账”使用订本式账簿，实行会计电算化后，出纳员仍应视情况需要设置现金收付登记簿，逐笔登记。

(8) 出纳员必须做到"日清月结"，日记账与库存现金应于每日终了后核对，如出现长短款，应报告财务负责人，查明原因及时处理。

(9) 财务负责人应对库存现金进行经常性和突击性检查。

(10) 出纳员不得兼管任何购、销业务和实物收发；不得登记除银行存款、现金日记账外的任何其他账簿；不得兼管财务稽核、不抄寄结算账户的对账单。

2. 银行账户的管理

(1) 银行结算的范围和方式：

① 按《银行结算办法》规定，各项经济往来，除了按照国家现金管理规定可以使用现金以外，都必须办理银行转账结算。

② 结算方式按《银行结算办法》及业务特点，可采用银行支票、委托收付款、汇票、汇兑等。

(2) 银行结算纪律：

① 不准出租、出借账户；

② 不准签发空头支票和远期支票；

③ 不准套取银行信用。

(3) 银行存款的核算：

① 按开户银行和其他金融机构，存款种类等，分别设置银行存款日记账。

② 出纳人员根据收付款凭证，按照业务的发生顺序逐日逐笔登记，每日终了应结出余额。

③ 外币银行存款，应当按有关外币记账，并登记外国货币金额和折合率。

④ 出纳员在每月终了后5个工作日内将银行存款日记账余额与银行日记账进行核对，如有差额，应编制银行存款余额调节表，逐笔查明原因并按规定进行处理，最终使余额相符。

3. 备用金管理

(1) 借款范围。

集团员工因公出差或办理相关业务时，确实需要先备款后开支的，可根据实际需要的数额向本单位财务部门预借备用金，除此之外，其他任何情况一律不得借款。员工备用金必须专款专用，不得挪做它用，更不得公款私用。

（2）借款期限。

① 员工在出差返回单位或业务终了后，必须在3日内到本单位财务部门办理报销手续，多退少补，结清借款，不得压票和占用公款。逾期不报的，按每日0.03%的比例收取罚金，同时在当月工资中如数扣回，当月工资不足扣的，在下月工资中继续扣，以此类推，直至扣清为止。特殊情况不能按时报销或必须保留备用金余额的，由本人书面写明理由并明确报销时间后，经部门负责人、财务负责人、企业负责人审查签字后，可延期报销，在允许的延期时间内免收罚息。累计余额较大不能报销时，超过2万元的报集团公司计财部备案，超过5万元的报集团公司执行总裁批准。

② 特殊岗位可实行定额备用金制度，即根据岗位性质和日常工作需要长期借给固定数额的备用金，每次报销时按实际报销数额支付现金，不冲销借款，直到岗位变动或工作不需要时才收回借款。各单位应严格控制使用定额备用金，确实需要定额备用金的岗位和人员，由本单位或部门写出申请，报集团公司计财部和主管财务副总批准后方可执行。

（3）借款审批。

① 员工备用金按照“谁领款、谁签字、谁办手续、谁负责清账”的原则由领款人办理借款手续，借款时必须填写“借款单”并写明借款用途，经部门负责人同意、会计审查、财务负责人和企业负责人审批后付款。一次性借款数额较大时，超过2万元的报集团公司计财部备案，超过5万元的报集团公司执行总裁批准。

② 备用金原则上不得代借，特殊情况必须代借的，在事先征得财务部门同意的前提下，由领款人办理借款手续，借款后双方办理过户签字手续交财务进行备用金转户，未办理过户签字手续的，由原借款人负责清账。

③ 备用金原则上不得相互转借，特殊情况需要转借的，必须事先征得财务部门的同意，转借后双方办理过户签字手续交财务进行备用金转户，未办理

过户签字手续的，由原借款人负责清账。未经财务部门同意私下相互转借的均属个人行为，发生任何问题公司概不负责。

④ 员工备用金原则上只能在本单位财务借款，特急情况需在外单位借款的，代借单位财务必须事先与对方单位财务取得联系，在征得借款人所在单位财务负责人同意的前提下，按照本单位审批程序办理审批手续后方可借款，款项支付后，代借单位应及时将借款列转借款人所在单位，借款人应回本单位报销清账。未经借款人所在单位财务负责人同意而擅自给予借款的，一切责任由借出款项单位承担。

（4）定期对账。

财务部门应按照借款人姓名开设备用金账户，并建立月度对账制度，于每月终了后向借款人发出书面通知，列明备用金余额，借款人接到通知后必须在2日内到财务核对账目，如发现余额不符，应尽快查明原因，核对无误后在通知回执联签字确认并交回财务存档。

（5）及时清账。

① 财务部门要严格把关，不殉私情，及时清理个人备用金，及时将不需用的借款收回财务。凡是发现违反备用金管理规定的行为，可直接按本通知有关规定进行处理，不必向领导请示汇报。

② 财务部门要坚持“前不清、后不借”的原则控制借款，除了特殊情况经领导特批可以延期报销或保留余额外，凡是前期借款未报销清账的一律不再增加新的借款。

（6）加强检查。

集团公司要加强备用金的管理，计财部每月定期检查清理一次，对重点借款大户要跟踪管理，也可根据各单位情况进行不定期抽查或专项检查，督促各企业及时清理备用金。审计部门应把备用金管理列为重点审计内容之一，在开展各项审计项目时应同时对备用金使用情况进行审计，对问题较大的借款要进行专项审计。

（7）严肃纪律。

各级领导必须对备用金管理予以大力支持，各借款人必须严格按有关规定执行，不得消极对待，更不得顶着不办。凡是拒不按时对账、报账和清账的，除按规定进行相应的经济处罚外，情节严重的将给予必要的行政处分，涉及经济犯罪的将交司法机关处理。

4. 应收账款管理

（1）应收账款不仅占用了资金，同时也带来了经营风险，随着欠款期限的延长，形成呆坏账的风险也越来越大。集团上下必须在思想上高度重视，必须把资金回收工作当件大事来抓。

（2）建立应收账款回收责任制。集团公司按月向属下各经营公司下达应收款回收指标，企业按照定任务、定时间、定责任人的办法，将每一笔应收账款再分解落实到4个责任人头上，即企业经营责任人、财务负责人、部门负责人和具体业务经办人，并对回收指标完成情况按月进行考核，具体考核办法另行制定。

（3）建立月结审批制度。旅游包车业务原则上采用现收结算方式接单，特殊情况须月结或推迟付款的，必须事先报批，按照“谁审批谁负责”的原则明确审批责任。月结款按照前清后接的原则结算，前月的款项不结清，后续的任务原则上不接。对长期拖欠款项的客户应及时停止接单。

（4）建立定期汇报制度。相关收款人员每周向部门领导汇报一次回收情况；部门领导每周向公司领导汇报一次回收情况；公司领导每月向集团领导汇报一次回收情况；企业计财部每旬向集团公司财务管理中心汇报一次回收情况。

（5）建立信息反馈制度。企业财务部门应及时将款项回收情况以及客户欠款情况向各回收责任部门和责任人反馈信息，确保各部门及时了解情况。

（6）建立定期检查制度。集团公司每月要对属下各经营公司回收指标完成情况检查一次，企业每周要对责任部门和责任人回收指标完成情况检查一次，及时了解情况，把握动态，解决回收中存在的问题，督促回收。

（7）建立月度例会制度。企业每月应召开一次清欠工作例会，汇报上月工作完成情况并对完成结果进行考核，安排布置下一步工作，下达下一步回收指标。

(8) 建立定期对账制度。财务部门和具体回收责任人每月要编制客户往来对账单，发送对方单位，每年至少办理一次对账签字手续。对长期未收回的款项，有关人员要查明原因，及时采取措施。

(9) 对于已采取各种措施，确实无法收回的账龄3年以上的应收款项，可经本公司负责人确认，按程序报集团公司批准后可作坏账损失处理，并设置处理坏账登记簿进行登记，视情况采取或继续采取法律途径进行追索。

(10) 业务人员辞职或调动工作，须收回自己经手的责任债权，如有特殊情况尚有责任债权未收回，须报集团公司执行总裁批准，在取得客户承付声明并将情况交接清楚后，有关部门方可予以办理调离手续。

5. 存货管理

(1) 存货是指在营运过程中为维修车辆等而储备的物资，包括各种零配件、燃料、轮胎、低值易耗品等。

(2) 存货采购实行计划管理，每月23日前由用料部门提出次月备料计划交仓库保管员，保管员根据需要量结合实有库存编制采购计划报计财部，计财部根据采购计划编制资金计划。采购计划批准下达后，采购人员应严格按计划采购，如需调整计划须按程序办理报批手续。

(3) 存货购入后必须办理验收入库手续，仓库保管员应认真负责，严格把关，确认存货的质量、数量、规格型号、单据、价格等准确无误后方可办理验收入库手续。凡是质量不合格、实物的名称、数量、规格型号等与发票不符的一律不予验收。没有办理验收手续的财务不得报账。

(4) 存货采用永续盘存制，按照实际成本组织日常核算。存货入库按照取得时的实际成本计价，存货出库采用先进先出法确定其实际成本。

(5) 存货出库必须办理领用手续，由领用人填写领料单，经领用部门责任人和安技部门负责人签字同意后发料，领用大件或一次数量较大的，还需企业经营责任人签字。凡是没办理领用手续或手续不全的，保管员不得发料。

(6) 已领未用的存货必须及时退库，不得长期存放于库房之外。

(7) 建立存货盘点制度。按照月度抽查、季度自查、半年全面盘查的办法进行，盘点的内容包括账内、账外、在库、在用、在途、在制以及委托加工的各种存货，要求盘清数量，验明质量，填写盘点表。对于盘点中发现的盘盈、盘亏、毁损、变质、报废等情况，应查明原因，写出书面报告，经安技部门、财务部门和企业经营责任人审批后处理。其中数额较大的需报集团公司审批，未经批准财务部门不得进行账务处理。对于盘亏、变质或毁损的存货，凡能确定过失人的要追究过失人的赔偿责任，已参加保险的应向保险公司索赔。

（8）仓库保管员必须做好存货的实物保管工作，做好存货的验收、发放、保管、盘点、计量、计价、登记账卡、编制报表等日常工作。存货的堆放必须做到整洁、美观、易取易放。库房必须保持良好的卫生条件，每周至少打扫两遍，做到干净、通风、防潮。库房应保持清净，闲杂人员一律不得入内，保管员应坚守岗位，不得擅离职守，不得由他人代收代发存货。保管员应加强存货档案管理，报表等档案要按月装订成册，妥善保管。保管账按年装订成册后交财务部门存档。

（六）固定资产管理

1. 定资产管理

（1）固定资产是指使用期限超过一年的房屋、建筑物、机器、机械、运输工具以及其他与生产经营有关的设备、器具、工具等。不属于生产经营主要设备的物品，单位价值在2000元以上，或使用期限超过2年的，也应当作固定资产。

（2）固定资产应按照下列规定确定其原价，登记入账：

① 购入的固定资产按照实际支付的买价或售出单位的账面原价、包装费、运杂费和安装成本以及增值税额等入账。

② 自行建造的固定资产，按照建造过程中实际发生的全部支出入账。

③ 其他单位投资转入的固定资产，按评估确认或者合同、协议约定的价格记账。

④ 融资租入的固定资产，按租赁协议的设备价款、运输费、途中保险费、安装调试费等支出记账。

⑤ 盘盈的固定资产，按照重置完全价值记账。

（3）固定资产折旧按直线法计算，并按固定资产类别的原价、估计使用年限和估计净残值确定分类折旧率，如表4-3-1所示。

固定资产折旧率表　　表4-3-1

资产类别	使用年限(年)	年折旧率（%）
简易房	5	19
一般建筑物	25	3.8
钢筋混凝土房	35	2.71
机器设备	7	13.5
运输工具	5	19
电子设备	5	19
其他设备	5	19

各企业因特殊情况需缩短或延长某项固定资产折旧年限的，由企业以书面形式报请本公司董事会批准后上报集团公司批准（控股母公司有特殊规定的折旧年限除外），同时还应报当地税务局备案。

（4）固定资产的购置及管理。固定资产的购置应由使用部门提出申请，按规定的审批权限进行审批，同时经审计程序审计价格后，由有关部门负责购买，使用部门验收后填办理验收手续，并由营运部、计财部做明细登记且明确管理责任人后方可投入使用。

（5）财务部门应建立固定资产明细分类账，详细记录固定资产的购入、调拨、结存等情况，并设立辅助台账；营运部门应建立固定资产实物卡片，详细记录名称、规格型号、使用负责人、投入使用日期、原始金额、维修记录等情况；应指定负责人，负责使用管理及日常维修、保养。

（6）坚持年度盘点制度，由营运部门和财务部门等组成盘点小组，每年必须盘点清理一次，检查其使用情况，编制固定资产清理盘点明细表，并写出书面报告，对盘盈、盘亏的资产要找出原因和责任人等，按规定的审批程序和权限，报集团公司批准后处理。

（7）对长期闲置的固定资产，应积极变现，对不能使用，无修复价值的固定资产，要及时办理报废手续。固定资产的报废、转让，均按规定的审批权限审批后方能办理。

（8）应按有关规定正确计算固定资产折旧。对已提足折旧、仍有使用价值的固定资产，不得办理报废手续；已无使用和修复价值，但未提足折旧的固定资产，可按规定的权限审批后报废。

（9）集团公司实行营运一体化运作，可根据经营需要，将固定资产在属下各经营公司之间调配运力，各经营公司必须服从集团公司的统一调度。

2. 在建工程的管理

（1）在确定工程和维修项前(5～20万元的装修、维修工程、车辆维修)，有关部门应先进行可行性分析，制定方案及预算，连同书面报告一起报集团公司审批立项，立项后由审计部门进行预算审计，预算审计结果经集团公司领导批准后正式生效，未经批准前不得开工、不准付款。

（2）工程或维修项目经批准开工后，按合同规定付工程或维修进度款，须由施工或维修负责人根据进度预算核定后，提出申请，报企业经营责任人批准，然后由计财部列入计划安排资金并付款。

（3）在建工程的管理制度。各单位要指定专人负责对在建工程进行监督管理。严格控制各项支出，加强质量监控。施工过程中发生的设计变更应及时办理变更审批手续，追加预算指标。

（4）竣工验收及决算：

① 工程及维修工程接近尾声，应组织专门力量，做好工程的收尾工作，做好债权、债务的清理工作，做到完工账清，对各种结余材料、工具、设备、施工机械等，逐项清理核实，妥善保管。

② 工程完工后，应按批准的设计文件和协议规定的内容进行检查验收，项目监管人员、工程质量负责人、财务负责人、审计人员以及企业经营责任人应在验收报告上签字验收，财务部门根据竣工决算验收报告进行工程结算和财务账务处理。

（七）无形资产、递延资产管理

1. 无形资产的管理

(1) 无形资产一般指专利权、商标权、著作权、土地使用权、非专利技术、商誉等。

(2) 无形资产的计价，按无形资产取得时的实际成本计价。

① 投资者作为合作条件投入的，按评估后确认的或合同、协议约定的金额计价；

② 外购的，按照实际支付的价款计价；

③ 自行开发按照法律程序认可的，按开发过程中实际支出计价；

④ 接受捐赠的按照所附交易或者参照同类无形资产的市价计算；

⑤ 商誉价，应当经法定评估机构确认。除公司合并、兼并或购买另一企业外，商誉不得作价入账。

(3) 无形资产摊销期限的确定。

① 法律、合同或者公司申请书分别规定有法定有效期限和受益年限的，按照法定有效期限与合同或者公司申请书规定的受益年限孰短的原则确定；

② 法律没有规定有效期，公司合同或者公司申请书中规定有受益年限的，按照合同或者公司申请书规定的受益年限确定；

③ 法律、合同或者公司申请书均未规定法定有效期限或者受益年限的，按照不少于10年的期限确定。

(4) 无形资产摊销额的计算：

① 无形资产年摊销额 = 无形资产原始价值 / 摊销年限

② 无形资产月摊销额 = 年摊销额 /12

2. 长期待摊费用管理

(1) 长期待摊费用是指已支出，摊销期限在1年以上的各项费用，包括固定资产大修支出，租入固定资产改良支出等。

(2) 长期待摊费用的摊销应根据受益期的长短，平均摊销，计入营运成本或管理费用。

(3) 财务部门应按费用的种类设置长期待摊费用明细账，加强长期待摊费

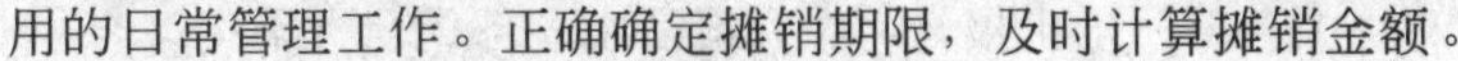

用的日常管理工作。正确确定摊销期限，及时计算摊销金额。

（八）成本和费用的管理

（1）根据年度经营目标和特点，挖掘潜力，努力降低营运成本，并正确处理成本与质量、市场、资金周转等方面的关系，争取最大的经济效益。

（2）本公司的成本工作遵从国家成本开支范围和成本核算等方面的规定，并根据成本管理的要求，围绕责任成本进行核算，建立以责任成本为对象的成本经济责任制。

（3）各部门要严格控制成本和费用开支，每笔开支都要按照“五联签”手续办理审批签字。

(4)各公司应定期进行成本分析工作，将实际成本和实际消耗与计划成本、定额成本、目标成本等进行对比，总结经验，找出偏差，解剖原因，明确责任，并及时采取纠正措施。

（5）运输支出的计算应严格支出基础管理，建立和健全运输支出原始记录制度，规范成本计算规则，材料应严格出库领用制度，用料必须标注车辆名称、车辆编号，正确计量，月末应清点修理现场，不得以领代耗或以购代用。

（6）运输支出与管理费用应严格区分不得混淆，运输支出凡是可明确线路或车号的，可直接计入该线路或该车营运成本，共同性的运输支出应按线路、车辆数或公里数比例分配。

（7）财务费用包括借款利息、银行开证费、手续费、借款担保费等，一般情况下记入公司期间费用。如有购建固定资产，在固定资产竣工验收前，其借款利息可资本化处理。购买土地(不论使用与否)借款的利息不能资本化。

（8）集团公司所有员工的工资、奖励及其他工资性、福利性津贴标准的确定、发放、停止，计财部按人力资源部及有关部门的通知单执行。

（9）职工福利费按工资总额的14%计提、工会经费按2%计提、职工教育经费按1.5%计提(各公司所在地政府有规定的除外)。

（10）办公用品原则上由办公室统一管理，列入当月计划并获得批准后，由办公室统一购买、保管和发放，各部门凭手续到办公室领用。专用办公用品各部门有特殊要求的，由各部门提出报告，经批准后由各部门自行采购。

（11）业务费用由企业经营责任人统一控制管理。

（12）行政车辆维修、保养，由办公室统一安排，一般情况由本公司维修人员负责，车辆用品由办公室编计划报计财部平衡后，列入月度财务开支计划，由办公室统一购买、发放。

（13）差旅费实行包干制度，详细按集团公司《差旅费报销规定》执行。各企业可在集团公司规定的标准内制定本公司的包干标准。

（九）运输收入的管理

（1）运输收入是指车辆营运取得的收入，包括客运和货运收入。

（2）每月终了，财务部门将根据结算单计算的运输收入与营运部门统计台账记录的运输收入核对无误并签字后，报企业经营责任人审核签字后据以入账确认当月收入，各单位必须及时将当月收入入账，不得截留运输收入。

（3）对那些不好确定收入的事项，如旅游包车收入，应按应收原则在每月末计算收入并入账。

（十）利润及分配管理

（1）利润总额减去应纳税所得税后的数额为企业净利润，净利润首先要用于弥补上一年度的亏损，弥补亏损后剩余的利润为可供分配的利润，按以下顺序：

① 提取公积金，公积金提取比例由公司董事会确定；

② 提取公益金，提取比例由公司董事会确定；

③ 股东分红，具体分配比例由公司董事会商定。

（2）可供分配的利润扣除已提取的公积金、公益金和股东股利后的余额，为未分配利润，待以后年度进行分配。

（十一）合同和发票的管理

（1）加强对各种合同的管理，企业应建立经济合同会审制度，重大经济合同必须报集团公司审批。

（2）合同签定后，应及时将原件交办公室统一存档保管，同时交1份复印件给财务部门，财务部门应加强对合同的监督，严格按合同办理款项支付和款项结算，对违反合同规定的，一律不得付款和结算。

（3）加强对发票的使用和管理。

① 各单位必须持有关证件向主管税务部门认购发票，不得私自印制发票，不得向个人或税务以外的单位买取发票；

② 各单位的发票只限于本单位使用，不得互相转借、转让，不得提供给外单位使用；

③ 各单位只能使用本单位合法取得的发票，不得使用其他任何途径取得的发票，不得使用外单位的发票；

④ 发票必须由专人保管，严禁丢失，各单位应建立开票和收款分离制度，开票人不能同时兼管收款业务；

⑤ 各单位必须严格按照《中华人民共和国发票管理办法》中的有关规定使用发票，不得违规操作。

二、会计管理

（一）会计管理的基本任务

集团公司会计工作的基本任务是：真实、准确、及时、完整地反映公司经营过程和经营成果，严格执行国家的财政法规、财务会计制度及北京市的有关政策，监督公司经营财务活动，促进企业加强经济核算和经营管理，并为公司经营决策和管理提供可靠的会计依据。

（二）机构设置及人员配置

1. 会计机构的设置及会计人员配备

（1）集团公司设置独立的会计机构——财务管理中心。财务管理中心内设置主任、会计、出纳岗位，并按业务要求，完成工资核算、成本费用核算、财产物资核算、财务成果核算、资金核算、往来核算、总账报表、稽核、会计档案管理。

（2）按照需要，每岗设一人或一人多岗。

（3）按照政策要求，会计人员必须持有会计证，未取得会计证的人员，不得从事会计工作。

（4）集团公司财务管理中心主任负责本公司计划的编制，组织本公司的会计核算、报表分析等会计管理工作。会计人员负责具体会计核算工作，编制会计报表，完成好财务管理中心主任分配的工作。出纳负责现金、银行存款、结算中心存款的收支等工作。

2. 会计人员的职业道德

（1）会计人员必须热爱本职工作，努力钻研业务，使自己的知识和技能适应所从事工作的要求；

（2）熟悉财经法律、法规、规章和国家统一的会计制度；

（3）按照会计法律、法规和国家统一的会计制度的程序和要求进行会计工作，保证所提供的会计信息合法、真实、准确、及时、完整；

（4）办理会计事务应当实事求是，客观公正；

（5）保守集团公司的商业秘密，除法律规定和单位领导同意外，不能私自向外界提供或者泄露公司的会计和其他信息。

3. 工作交接

（1）集团公司会计人员工作调动或者因故离职，必须将本人所经管的会计工作全部移交给接替人员，没有办清交接手续的不得调动或离职。接替人员应当接管并从事所接交的工作。

（2）会计人员办理移交手续前，必须及时做好以下工作：

① 已经受理的经济业务尚未填制会计凭证的，应填制完毕；

② 未登记的账目应当登记完毕，并在最后一笔余额后加盖经办人员印章；

③ 理应该移交的各项资料，对未了事项写出书面材料；

④ 制移交清册，列明应当移交的会计凭证、会计账簿、会计报表、印章、现金、有价证券、支票簿、发票、文件、其他会计资料和物品等内容；

⑤ 从事会计电算化的移交人员，应当在移交清册列明会计软件及密码，会计软件数据磁盘（磁带等）及有关资料、实物等内容。

（3）移交人员在办理移交时，要按移交清册逐项移交，接替人员要逐项核对点收。

① 现金、有价证券必须与会计账簿记录一致。不一致时，移交人必须限期查清。

② 会计凭证、会计账簿、会计报表和其他会计资料必须完整无缺。如有短缺，必须查清原因，并在移交清册中注明，由移交人员负责。

③ 银行存款账户余额要与银行对账单核对相符。如不相符，应当编制银行存款余额调节表，调节相符。

④ 各种财产物资和债权债务的明细账户余额要与总账有关账户余额核对相符，必要的时候要抽查个别账户的余额，与实物核对相符，或者与往来单位、个人核对清楚。

⑤ 移交人员经管的票据、印章和其他实物等，必须交接清楚，移交人员从事会计电算化工作的，要对有关电子数据在实际操作状态下进行交换。

（4）财务经理移交时，还必须将全部会计工作，重大财务收支和会计人员的情况等，向接替人员详细介绍，对需要移交的遗留问题，应当写出书面材料。会计人员办理交接手续时，必须由监交人员负责监交。会计人员的交换，由集团公司计财部经理进行监交，财务经理的交接，由集团公司执行总裁或指定人员进行监交。

（5）交接手续完毕后，交接双方及监交人员要在移交清册上签名或者盖章，并应在移交清册上注明交接日期、交接双方和监交人员的职务、姓名、移交清册页数以及需要说明的问题和意见等。移交清册填制1式3份，交接双方各执1份，存档1份。

（6）人员临时离职或者因病不能工作，需要接替或者代理的，集团公司财务经理必须指定有关人员接替或者代理，并办理交接手续。临时离职或者因病不能恢复工作的会计人员应当与接替或者代理人员办理交接手续。移交人员因病或者其他特殊原因，不能亲自办理移交的，经集团公司执行总裁批准，可由移交人员委托他人代办移交手续。

（7）接替人员应当继续使用移交会计账簿，不得自行另立账，以保持会计记录的连续性。移交人员对所移交会计凭证、会计账簿、会计报表和其他有关资料合法性、真实性承担法律责任。

（三）会计核算

（1）集团公司的下列事项必须及时办理会计手续，进行会计核算：

① 款项和有价证券的收付；

② 财物的收发、增减和使用；

③ 债权债务的发生和结算；

④ 资本、基金的增减和经费的收支；

⑤ 收入、支出、费用、成本的计算；

⑥ 财务成果的计算和处理；

⑦ 其他需要办理会计手续、进行会计核算的事项。

（2）会计年度自公历1月1日起至12月31日止。

（3）本公司的会计核算采用国际通用的权责发生制和借贷记账法，并以人民币为记账本位币。

（4）本公司一切会计凭证、账本、报表中的各种文字记录均采用中文记载，必要时可用外文旁述。

（5）公司的会计核算以实际发生的经济业务为依据，按照公司选定的会计处理方法进行，并保证会计指标的口径一致，相互可比和会计处理方法的前后各期相一致。

（6）公司的会计凭证、会计账簿、会计报表和其他会计资料的内容和要求必须符合国家统一会计制度的规定，不得伪造、编造会计凭证和会计账簿，不得设置账外账，不得报送　假的会计报表。

（7）在控股母公司审定会计软件后，集团公司实行会计电算化，对生成的会计凭证、会计账簿、会计报表和其他会计资料，应当符合国家和企业所在地关于会计电算化的有关规定。

（8）会计凭证的编制：

① 原始凭证的基本要求是：

a. 原始凭证的内容必须具备凭证的名称、填制凭证的日期、填制凭证单位名称或填制人姓名、经办人员的签名或者签章、接受凭证单位名称、经济业务内容、数量、单价和金额。

b. 从外单位取得的原始凭证，必须盖有填制单位的公章；从个人取得的原始凭证，必须盖有填制人员的签名或者盖章；自制原始凭证由根据需要自行确定；对外开出的原始凭证，必须加盖公司公章。

c. 凡填有大写和小写金额的原始凭证，大写与小写金额必须相符；购买实物的凭证，必须有验收证明；支付款项的原始凭证，必须有收款单位和收款人的收款证明。

d. 一式几联的原始凭证，应当注明各联的用途，只能以1联作为报销凭证。一式几联的发票和收据，必须用双面复写纸（发票和收据本自具备复写纸功能的除外）套写，并续编号。作废时应当加盖“作废”戳记，连同存根一起保存，不得撕毁。

e. 员工公出借款凭证必须附在记账凭证之后。收回借款时，应当另开收据或者退还借据副本，不得退还借款收据。

f. 经上级有关部门批准的经济业务，应当将批准文件作为原始凭证附件，如果批准文件需要单独归档的，应当在凭证上注明批准机关、日期和文件字号或将原文件复印作为附件。

② 原始凭证不得涂改、挖补，发现原始凭证有错误的，应当由开出单位重开或者更正，更正处应当加盖开出单位的公章。

③ 根据审核无误的原始凭证填制记账凭证。记账凭证使用国家规定的合法凭证。

④ 各种原始凭证的内容、格式、填制方法和记账凭证的内容，填制方法以及凭证附件更正错误方法，书写要求等必须符合《会计基础工作规范》和其他会计管理法规的要求。

⑤ 集团公司计财部和有关会计人员要妥善保管会计凭证。

a． 会计凭证应及时传递，不得积压，传递程序科学、合理并能满足内部控制的要求；

b． 会计凭证登记完毕后，应当按照分类和编号顺序保管，不得散乱丢失；

c． 记账凭证应当连同所附的原始凭证或原始凭证汇总表，按照编号顺序，折叠整齐，按期装订成册，并加具封面，注明企业名称、年度、月份和起讫日期、凭证种类起讫号码，由装订人在订线封签处签名或盖章。

d． 原始凭证不得外借，其他单位如因特殊原因需要使用原始凭证时，需经集团公司计财部经理批准，方可复制。向外单位提供的原始凭证复制件，应当在专设的登记簿目登记，并由提供人员共同签名或盖章。

e． 从外单位取得的原始凭证如有遗失，应当取得原开出单位盖有公章的证明，并注明原来凭证的号码、金额和内容等，由集团公司计财部经理和执行总裁批准后，才能代作原始凭证。如确实无法取得证明的，由当事人写出详细情况，由集团公司计财部经理和执行总裁批准后，代作原始凭证。

（9）会计账簿：

① 本公司按照国家会计制度的规定和会计业务的需要设置会计账簿。会计账簿包括总账、明细账、日记账和其他辅助性账簿。

② 现金日记账和银行存款日记账采用订本式账簿。

③ 用计算机打印的会计账簿必须连续编号，经审核无误后装订成册，并由记账人员和会计签字或盖章。

④ 启用账簿时，应当在账簿封面上写明企业名称和账簿名称，在账簿扉页上应当附启用表。内容、启用日期、账簿页数、记账人员和财务经理、会计姓名、并加盖名章和企业公章。

⑤ 启用订本式账簿，应当从第一页到最后一页按顺序编定页号。

⑥ 集团公司实行会计电算化后，总账和明细账应定期打印。发生收款和付款业务时，在输入收款凭证和付款凭证的当天，打印出现金日记账和银行存

款日记账，并与库存现金核对无误（必须同时手工登记现金、银行日记账簿）。

⑦ 账簿记录发生错误，不准涂改、挖补、刮擦或者用药水消除字迹，不准重新抄写，应按下列方法进行更正：

a．登记账簿时发生错误，应将错误的文字或者数字划红线注销，但必须使原有字迹仍可辨认；然后在划线上方填写正确的文字或数字，并由记账人员在更正处盖章。对于错误的数字，应当全部划红线，不得只更正其中的错误数字。对于文字错误，可只划去错误的部分；

b．由于记账凭证错误而使账簿记录发生错误，应当按更正的记账凭证登记账簿。

⑧ 定期对会计账簿记录的有关数字与库存实物、货币资金、有价证券、往来企业或者个人等进行核对，作到账证相符、账账相符、账实相符。对账工作每年至少进行一次。

⑨ 集团公司应当按照国家规定定期结账。

（10）会计科目：

① 本公司的会计科目以运输会计科目为依据制订，除有特别规定外，公司在填制凭证、登记账簿的时候，必须填制会计科目的名称，或者同时填列会计科目的名称和编号，不准只填科目编号，不填名称。

② 本公司会计科目表，如表 4-3-2 所示。

（11）会计报表：

① 集团公司必须按照国家统一会计制度的有关制定，定期编制财务报告。财务报告包括会计报表及其说明。会计报表包括资产负债表、损益表、现金流量表。

② 对外报表根据国家统一会计制度规定的格式和要求编制，并按照规定要求对外报送。

③ 会计报表应当根据登记完整、核对无误的会计账簿记录和其他有关资料编制，做到数据真实、计算准确、内容完整、说明清楚，报送及时，不得延

会计科目表　　　表4-3-2

科目编号	科目名称	科目编号	科目名称
A.资产类		B.负债类	
1001	现金	2151	应付工资
1002	银行存款	2153	应付福利费
1009	其他货币资金	2171	应付税金
1101	短期投资	2161	应付股利
1111	应收票据	2176	其他应交款
1131	应收帐款	2191	预提费用
1141	坏帐准备	2301	长期借款
1151	预付帐款	2311	应付债券
1133	其他应收款	2321	长期应付款
1211	原材料	C.所有者权益类	
1231	低值易耗品		
1301	待摊费用	3101	实收资本
1501	固定资产	3111	资本公积
1502	累计折旧	3121	盈余公积
1603	在建工程	3131	本年利润
1701	固定资产清理	3141	利润分配
1801	无形资产	D.成本类	
1901	递延资产		
1911	待处理财产损益		

后或提前结账，不得任意估计数字，更不得篡改或者授意指使，强令他人篡改数字。

④ 会计报表之间、会计报表各项之间，凡有对应关系的数字，应当相互一致，本期会计报表与上期会计报表之间有关数字应当相互衔接。

⑤ 集团公司报出的会计报表，应当依次编写页码、加具封面、装订成册、加盖公章，封面上应当注明：企业名称、企业地址、会计报表所属年度、季度、月度、送出日期，并由集团公司执行总裁和财务经理及编制人员签名或盖章。集团公司执行总裁对会计报告的合法性、真实性承担法

律责任。

⑥ 集团公司应严格按国家和本制度的规定编制月度（含月度财务快报）、年度会计报表，部门项目应按以下要求填列：

a．资产负债表。

年初数栏目：应与聘请的会计师事务所最后审定数一致。特殊情况不一制的，应附表详细说明差异原因。

债权债务类项目：将明细科目相同的债权债务抵消后，按明细科目的借贷方向填列。不同总账科目及不同明细账的债权债务，在编报时不得相互抵消。

预提费用与待摊费用项目：依据所属明细科目分析填列。预提费用科目有借方余额，应并入待摊费用项目：待摊费用如有贷方余额，应并入预提费用项目。

未付利润项目：反映公司期末应付未付的投资者利润。

未分配利润项目：必须与利润分配表未分配项目核对一致。

b．损益表。

所得税项，反映公司累计预提的所得税。所得税应至少每季度预提一次，并进行账务处理。

⑦ 公司计财部报送的月、年度会计报表，如表4-3-3所示。

⑧ 年度决算报表的编制，除遵守国家等的有关规定外，还必须做到：

计财部月、年度会计报表 表4-3-3

报表名称	报表类型	报表名称	报表类型
A.财务快报	月、季、年报表	D.管理费用表	月、年度报表
B.资产负债表	月、年度报表	E.营业成本表	月、年度报表
C.损益表	月、年度报表	F.现金流量表	月、年度报表

a． 对所有经济业务进行全部清理，确保经济业务全部入账，有关待摊、预提费用、固定资产折旧、无形资产、递延资产等科目应按照权责发生制和配比原则进行核算；

b． 做好实物的盘点工作。要按规定做好现金、存货、固定资产等实物的清查、盘点，并妥善编制盘点报告，保证账实相符；

c． 银行存款科目余额应与开户银行的银行对账单核对，如存在未达账项，必须编制银行存款余额调节表，银行对账单应准备复印件以备查验。

d． 清理债权债务，必须对各种应收账款进行函证，大额款项应准备好确认单位复印件。

(12) 会计电算化：

① 会计电算化的操作管理应做到：

a． 明确规定上机操作人员对会计软件的操作工作内容和权限，对操作密码要严格管理，指定专人定期更换密码，杜绝未经授权人员操作；

b． 已输入计算机的原始凭证和记账凭证等会计数据未经审核不得登记机内账簿；

c． 操作人员离开机房前，应退出会计软件；

d． 根据集团公司的实际情况，要保存好上机操作记录。

② 计算机硬、软件和数据管理应做到：

a． 尽量配有专人或主要用于会计核算工作的计算机或者计算机终端；

b． 经常对设备进行保养，保持机房和设备清洁，防止意外事故的发生；

c． 确保会计数据和会计软件的安全保密，防止对数据和软件的非法修改和删除；对磁性介质存放的数据要保存双备份；

d． 对正在使用的会计软件进行修改、对通用会计软件进行改版和计算机硬件进行更换等工作，要有一定的批准手续；在软件修改、升级和硬件更换过程中，要保证实际会计数据的连续和安全，并由有关人员进行监督；

e． 健全必要的防治计算机病毒的措施，对内部使用的软件，特别是工具软件和财会软件要经常进行病毒检验，发现病毒及时消除；对外来软件、软盘不得随意使用，确需使用的，使用前必须严格检验；内部人员上机操作必须进行登记，外来人员不得擅自操作机器；严禁上机玩游戏，不准保留任何游戏软件；

f． 健全计算机硬件和软件出现故障时进行排除的管理措施。

③ 电子计算机替代手工记账的要求：

a． 代手工记账之前，计算机与手工并行时间须有3个月以上（一般不超过6个月），且计算机与手工核算的数据相一致。

b． 计算机与手工并行工作期间，可采用计算机打印输出的记账凭证代替手工账填制的记账凭证，根据有关规定进行审核并装订成册，作为会计档案保存，并据以登记手工账簿，若计算机与手工核算结果不一致，要由专人查明原因并向本公司领导书面报告。

c． 对于机制记账凭证，要认真审核，做到会计科目使用正确，数字准确无误。打印出的机制记账凭证要加盖制单人员、审核人员、记账人员、会计人员的印章或签字。

d． 记账凭证的类别，可采用一种记账凭证的形式；同时可以按照经济业务和会计软件功能模块的划分进一步细化，以方便记账凭证的输入和保存。

e． 使用会计软件及其生成的会计凭证、会计账簿、会计报表和其他会计资料，应当符合财政部会计电算化的规定；一级会计科目的使用和编号应当符合本制度有关会计科目规定的要求。

f． 总账和明细账应当半年打印一次。发生收款和付款业务的，在输入收款凭证和付款凭证的当天必须打印出现金日记账、银行存款日记账，并与出纳人员的现金日记账、银行存款日记账登记簿和库存现金核对无误。

g． 用计算机打印的会计账簿必须连续编号，经审核无误后装订成册，并由经手人记账人员和计财部经理签字或盖章。

h． 应尽可能的使用磁带、光盘、微缩胶片等介质存储会计数据，尽量少用软盘存储会计档案，但不管采用何种介质存储会计数据，仍需打印成册保管。

（13）财务分析：

① 财务分析报告应包括的内容见控股母公司“财务分析提纲”。

② 编写财务分析报告时，应当运用财务分析的技术和方法，对经营成果和财务状况的构成和趋势分别进行定性和定量的分析。财务分析应当全面、深入、有所侧重。

③ 主要财务指标及计算方法，如表4-3-4所示。

（四）内部牵制和会计稽查

（1）本集团公司内部牵制制度的基本原则：

① 权力分隔，每一项经济业务的处理程序，不能由一个人全部包办，以防止差错和弊端；

② 合理分管，实行账物分管、钱账分管、印签分管、钥匙分管等；

③ 审批稽核，任何经济业务的处理，都要有明确的授权与审批，同时要经过计财部门的审核与稽核；

④ 责任明确，做到集团公司各部门和人员职责分明；

⑤ 凭证控制，建立和健全凭证制度及严格的传递程序，直至会计资料归档；

⑥ 例行核对，对每一项经济业务的合法性、真实性和正确性，都要进行例行核对，以保证账证、账物、账账、账表核对一致。

（2）建立会计和出纳职责分工制度，在计财部门设置专职出纳员，负责办理货币的收、付业务。会计不得兼任出纳，出纳不得保管凭证和其他账目。

（3）加强会计电算化的管理，建立严格的岗位责任制。

① 建立财务经理、会计及出纳人员的岗位责任制，明确系统运行、维护的责权关系；

② 建立严格的审核制度，要对输入前的会计凭证和输入后登账前的会计数据进行严格的审核；

③ 建立会计软件和会计数据的安全保密制度，制定防范措施；

④ 加强会计数据的管理，建立会计数据备份及恢复制度；

⑤ 加强对电脑设备的管理，并指定专人负责。

主要财务指标及计算方法表 表4-3-4

指标名称	单位	计算公式
短期偿债能力指标		
流动比率	%	期末流动资产/期末流动负债×100%
速动比率		期末流动资产－待摊费用－期末存货/期末 流动负债×100%
营运比率		
存货周转率	次/天	销货成本/存货平均余额
应收账款周转期		赊销收入净额/应收账款平均余额或是360/年收周转次数
总资产周转率		销售收入/总资产平均占用额或360/总资产年周转次数
债务比率		
负债比	%	期末负债总额/期末资产总额×100%
负债/权益比		期末负债总额/期末股东权益总额×100%
每股净资产	元	期末净资产总额/期末总股本数
获利能力比率		
主营业务收入利润率	%	主营业务利润/主营业务收入×100%
净资产收益率		税后利润/期末净资产总额
总资产报酬率		税前利润总额+利息支出/总资产平均余额×100%

（4）加强内部稽查，设置会计稽核岗位，从事包括事前、事中及事后的审查、复核与核对工作，以保证证证、账证、账账及账表相符。

① 稽核经济业务的合法性、真实性，防止违法违纪行为；

② 稽核原始凭证的合法性、正确性，防止伪造涂改的发生；

③ 稽核记账凭证与原始凭证的一致性，保证证证相符；

④ 稽核账簿与记账凭证的一致性，保证账证相符；

⑤ 稽核总账与明细账的一致性，保证账账相符；

⑥ 稽核报表与账簿的一致性，保证账表相符。

（5）加强财产物资的盘点，做好电脑记录，保证账实相符。

（五）会计档案

（1）会计档案是指会计凭证、会计账簿、会计报表、财务计划、经济合同等会计资料。计财部应按档案管理的要求，定期收集、审查核对、整理立卷、编制目录、装订成册，做到妥善保管、存放有序、查找方便，严防毁损、散失和泄密。

（2）本集团公司财务人员因工作需要查阅档案时，必须按规定顺序及时归还原处，若查阅入库档案，必须向档案人员办理借用手续。

（3）集团公司各部门因需要查阅本公司会计档案时，必须经集团公司财务经理批准，和经管会计档案的人员许可，由其接待查阅。

（4）外单位人员因公需要查阅会计档案时，应持有单位介绍信，经集团公司计财部经理和集团公司执行总裁同意后，由经管会计档案的人员接待查阅，并要详细登记查阅会计档案人的工作单位，查阅日期、会计档案名称及查阅理由。

（5）会计档案不得带出室外，未经批准，任何人不得擅自将存档案卷外借或转移其他地方，不得拆散原卷册，如有特殊需要，须经集团公司计财部经理和执行总裁批准后方能外借或转移其他地方或复印，并须限期归还。非财务会计人员不得随意翻阅会计档案。

（6）会计档案的保管期限，根据本公司的特点，定期保管期限为15年。会计档案保管期限，从会计年度终了后的第一天算起。

（7）会计档案保管期满需要销毁时，由会计档案管理人员提出销毁意见，由集团公司执行总裁、计财部经理和有关人员共同签定，严格审查，编制会计档案销毁清册，报控股母公司批准后执行销毁，销毁时应派人监毁，并在销毁清单上签名或盖章。“会计档案销毁清册”要长期保存。

（8）电算化会计档案的管理

① 各种会计软件，各类存有会计信息的磁性介质及其他介质，由计算机产生的凭证、账簿或表等，均是重要的档案，应按照《会计档案管理办法》规定进行管理。

② 会计电算化系统开发的全套文档资料，以及各类审批文件，应视同会计档案保管，保管期截止该系统停止使用或有重大更改之后的 5 年。

③ 各种财务计算机运行记录、计算机设备维护及故障处理记录、各种交接记录、保管记录等，应视同会计档案管理，保管期为 3 年。

④ 软件开发和维护人员要求修改某些程序资料时，必须得到集团公司计财部经理的批准，并由计财部经理指示会计人员整理详细的书面记录归入文档，由软件修改人员和会计人员共同盖章。

⑤ 月度会计数据软盘，必须保存 1 年，年度会计数据软盘要按正式会计档案进行保管，并由电算化专职人员或会计电算化系统管理员每年复制 1 份，以防数据软盘霉变等造成损失。

⑥ 对于版本升级后，原各版本的会计软件，应要妥善保存至该版本软件处理生成的所有会计数据到期报批销毁为止。

（9） 由于集团公司人员的变动，会计档案需要移交时，由移交人办理交接手续，并由监交人、移交人、接收人 3 人签字或盖章。

（六）会计监督

（1）集团公司的会计人员应当根据国家财经、会计法规及本企业的财务、会计、税务制度，经营财务计划等，对本企业的经济活动进行会计监督。

（2）集团公司计财部经理、会计人员应当对原始凭证进行审核和监督。对不真实、不合法的原始凭证，应拒绝受理；对记载不正确、不完整的原始凭证，予以退回，要求经办人员更正、补充；对弄 作假、严重违法的原始凭证，在不予受理的同时，应当予以扣留，并及时向集团公司执行总裁或上级主管部门报告，请求查明原因，追究当事人的责任。

（3）会计人员应当对实物、款项进行监督，督促建立并严格执行财产清查制度，发现账簿记录与实物款项不符时，应当按国家有关规定进行处理；无权自行处理的，应当立即向集团公司执行总裁报告，请求查明情况，并作出处理。

（4）会计人员应当对收支进行监督。

① 对审批手续不全的财务收支，应当退回，要求补充更正；

② 对违反规定不纳入企业统一会计核算的财务收支应当制止和纠正；

③ 对违反国家统一的财政、财务、会计制度规定的收支，不予办理；

④ 对认为是违反国家统一的财政、财务、会计制度规定的财务收支，应当制止和纠正，制止和纠正无效的，应当向集团公司执行总裁提出书面意见请求处理；

⑤ 对违反国家统一的财政、财务、会计制度规定的财务收支，不予制止和纠正，又不向集团公司执行总裁提出书面意见的，也应当承担责任。

（5）会计人员对伪造、变造、故意毁灭会计凭证、会计账簿、会计报表和其他会计资料的；对指使、强令编造、篡改财务报告行为；对违反公司内部会计管理制度的经济活动等应当制止和纠正。

（6）集团公司必须依照国家法律和有关规定，接受上级财政、审计、税务的监督、检查，并如实提供会计凭证、会计账簿、会计报表和其他会计资料以及有关的情况，不得拒绝、隐匿、谎报。

三、收支两条线管理

（一）目的

为加强集团公司经营管理，提高集团公司资金使用效率，达到加速资金周转的目的，现根据集团公司董事会收支两条线管理精神，特制定本办法。

（二）收入管理

（1）对内对外现金收入(员工交回备用金余款除外)，统一由集团公司计财部负责清点回收，当日收取的现金必须于当日分来源列清单送交银行，计财部收款后应及时填写“现金收入明细表”。

（2）所有对内对外托收收入，由集团公司各业务经办部门或经办人提供托收依据报送统计主管，统计主管办理统计登记后统一交计财部银行出纳员到结算中心指定的银行办理托收。

（3）出纳员应登记托收台账，定期清理托收，负责将已到账的托收单据取回送交各企业统计主管办理收款统计登记，经统计主管签字后再交会计办理托收入账财务手续，每周向集团公司分管财务的副总和计财部经理报一份托收明细表。

（4）集团公司计财部负责收取现金并将现金分来源列清单存入银行，同时对已收取尚未存入银行及已存入银行尚未办理财务入账手续前的资金的安全性负责。

（5）计财部出纳员的主要职责是对已存入银行账户内的资金负责保管和使用，只有付款责任，没有收款权力，不得直接对外收取任何款项（员工交回备用金余款除外)。

（6）集团公司计财部是各项收入监督、控制、计算和统计的部门。

（7）统计主管对各项收入负有监控责任，同时对提供的有关数据的真实性和准确性负责。统计主管应于每月终了后2日内根据合同、托收依据、收款统计台账等有关资料编制“款项结算情况明细表”报集团公司分管财务的副总、计财部经理、会计各一份，副总和计财部经理根据该表了解掌握款项结算情况，安排布置下步工作；会计根据该表当月应收款金额做相应的账务处理，根据该表月末欠款金额催收款项；统计主管应经常督促有关单位和部门回收各项应收款。

（三）支出管理

（1）按下列程序编制月度“资金收支计划”:

① 首先由统计主管编制次月资金收入计划，由集团公司各部门及经营公司编制本部门次月资金开支计划，并于每月22日前报送本部门或企业会计。

② 本部门或企业会计对报送的计划审核调整后，汇总编制本部门或企业的资金收支计划，报本部门或企业负责人审核签字后于每月23日前上报集团公司计财部经理审核。

③ 集团公司计财部经理对控股母公司各部门及经营公司的资金收支计划审核调整汇总后，于每月24日前上报集团公司分管财务的副总及执行总裁审批。

④ 集团公司分管财务的副总及执行总裁核准后，于每月25日前返回计财部，再由集团公司计财部统一上报深圳控股母公司计财部审批。

(2) 计划内的开支项目审批付款程序：

① 经营公司开支项目，由经办人签字(其中属于物品采购的还需有验收人签字)、部门负责人签字、计财部经理签字、企业执行总裁终审签字后付款。

② 集团公司部门开支项目，由经办人签字(其中属于物品采购的还需有验收人签字)、部门负责人签字、计财部经理签字、集团公司执行总裁终审签字后付款。

③ 计划外的开支项目按集团公司控股母公司规定的审批权限办理特批后，再按第①、②条规定办理有关手续后付款。

(3) 开支项目如房租费、水电费、电话费、办公品购置等统一由集团公司计财部编制计划列支，开支后再通过转账形式按受益人分摊到各经营公司承担。

(4) 企业退押金及租赁金必须提前2天通知计财部。

(5) 所有款项一律先由会计做凭证后付款，出纳人员未见会计传票不得先行付款，特殊情况必须先付款的，必须事先征得财务经理同意。

(四) 资金报表管理

经营公司会计应于次月9日前向集团公司计财部报送“资金收支计划执行情况表”，并对重点项目进行说明。

（五）计划管理

（1）各经营公司必须在本月24日前向集团公司计财部上报“资金收支计划”，次月10日前必须上报上月“资金收支执行情况表”，并加以详细说明，尤其对费用的现金开支部分应重点分析。

（2）集团公司计财部是各经营公司资金收支计划的核定部门，每月应在月底前核定各经营公司的资金收入、支出计划指标汇总后，上报集团公司分管财务副总、执行总裁审批，并及时下发各经营公司执行。

（3）集团公司计财部是集团公司收支两条线调控和具体执行部门，负责对各经营公司收、支两条线计划指标的落实和监控工作，负责各经营公司收入、支出账户的合理设计，负责各企业资金收支余缺的调剂，负责资金缺口的融资填补。

（4）各经营公司当期资金支出(含坐支现金)不得超计划，各项目资金开支以当月计划列支的金额为限额，项目之间不得相互挤占计划额度，需超计划支出要按规定程序报批。

（5）对突发性事故处理急需的计划外开支可以按规定限额审批程序通过电话报批后，先在本企业备用金中支付，次日必须补办手续。

（6）对各经营公司月中上报的计划外开支项目(突发性事故处理除外)，集团公司计财部调查核实后，上报集团公司分管财务副总、执行总裁进行审批。

（7）各经营公司必须于每周五向集团公司计财部上报本周的“资金收支情况表”及“收、支两类账户的余额表”，“应收应付项目明细账”。

（8）当各经营公司开支超出计划指标范围时，集团公司计财部应及时通知企业，并会同经营公司计财部采取相应措施，以纠正超计划使用资金的问题。

（9）各经营公司计财部应每月编制本企业“资金收支情况表”和“资金账户余额表”，并对执行情况加以详细说明，上报集团公司计财部、分管财务副总、执行总裁，以便及时掌握各经营公司的收入、支出具体情况。

（10）集团公司分管财务副总应于每月对计财部及各经营公司上报的资金收支执行情况进行检查，并针对检查结果，分析原因，提出应采取的措施。

（六）资金管理

（1）各经营公司所有的收入必须存入计财部，原则上不允许坐支现金，对经营业务需要，需坐支现金的，事先须报集团公司计财部批准，同时在账务上必须通过计财部存款科目核算，将坐支情况及时上报计财部。

（2）各经营公司在银行开设基本账户和纳税专户及在计财部内存款的结算存款账户，在集团公司计财部核定的计划指标内开支，由计财部根据每月的资金计划划拨到各经营公司账户上。

（3）计财部应根据属下各经营公司具体情况，核定给各经营公司一定数额备用金。

（4）计财部当月划拨的计划资金额度为企业上月底现金账面余额和基本账户银行存款余额之和与经批准的当月计划资金支出的差额。

（5）属下各经营公司的计财部结算存款和基本账户存款余额不足以应付正常经营资金周转需要时，应当按借款手续向计财部借款，由计财部监督其借款的用途和开支情况（专项存款余额以下借款金额不计利息和手续费）。

（6）企业退押金、租赁金的计划须单列，资金由计财部控制，需要退款时应提前1天通知计财部，同时附送押金、租赁金的合同或收据复印件。

（七）账户管理

（1）经营公司应在“存款”科目下，设置“专项存款”和“结算存款”明细账户。

（2）“专项存款”科目核算本企业的折旧和押金数额，将现有账面押金账户余额和本年度已提折旧数作为“专项存款”科目的期初应存款数，以后每月月底按计提折旧数和实际发生押金数存入资金。

（3）“结算存款”科目核算除折旧和押金以外的各项资金，计财部在各经营公司存款户下设置对应科目。

（4）各经营公司在银行开设基本账户和纳税专户，企业不得自行存款进入基本账户。

（5）为使各经营公司存款账户划分工作得以顺利进行，各经营公司应清理历史遗留下来的呆烂账及各企业之间的往来，对白条单应及时清理。

（6）对各经营公司之间的往来清理，采取有资金的企业直接划拨，资金不足的企业向计财部提出借款的方式清理。

（八）其他

各经营公司经营责任人和财务经理为企业收支两条线工作的责任人，对于违反规定的，视情节轻重由集团公司给予通报批评、降级、降职、撤职等处分；给集团公司造成损失的，应依法追究直接责任人的赔偿责任；对情节特别严重的，应移交司法机关追究刑事责任。

四、财务预算管理

为了明确财务预算管理责任，确保年度预算指标的实现，根据控股母公司兆通公司的有关财务预算管理规定，结合集团公司的具体特点，制定本办法。

（一）财务预算管理的体制

集团公司以预算层级归口管理责任制为基础，建立横向归口，纵向分级，条块结合，网状管理的财务预算管理体制。

1. 财务预算的分级管理

财务预算按照块块管理划分，分为集团、片区和企业三个层次，建立财务预算层级管理责任制，实行横向层级管理。

（1）集团财务预算管理。集团公司财务预算管理的主要职责是：

① 负责组织编制集团的年度、季度和月度财务预算，审查片区上报的年度、季度和月度财务预算（含追加预算，下同），按时向兆通公司上报整个集团的年度、季度和月度财务预算。

② 贯彻执行兆通公司各项财务预算管理规定，严格执行兆通公司下达给集团的年度、季度和月度财务预算，完成兆通公司下达给集团的各项年度、季度和月度财务预算指标。

③ 向各片区下达年度、季度和月度财务预算，并对下达给片区的财务预

算进行跟踪管理，监督、检查片区财务预算执行过程，考核、评价片区财务预算执行结果。集团公司总经理是集团财务预算管理的责任人，对集团的财务预算管理结果承担终极责任。

（2）片区财务预算管理。片区财务预算管理的主要职责是：

① 负责组织编制片区的年度、季度和月度财务预算，审查片区所属企业上报的年度、季度和月度财务预算，按时向集团公司上报整个片区的年度、季度和月度财务预算。

② 贯彻执行兆通公司及集团公司的各项财务预算管理规定，严格执行集团公司下达给片区的年度、季度和月度财务预算，完成集团公司下达给片区的各项年度、季度和月度财务预算指标。

③ 向片区所属企业下达年度、季度和月度财务预算，并对下达给企业的财务预算进行跟踪管理，监督、检查企业财务预算执行过程，考核、评价企业财务预算执行结果。片区总经理是片区财务预算管理的责任人，对片区的财务预算管理结果承担终极责任。

（3）企业财务预算管理。企业财务预算管理的主要职责是：

① 负责组织编制本企业的年度、季度和月度财务预算，按时向片区上报本企业的年度、季度和月度财务预算。

② 贯彻执行兆通公司及集团公司的各项财务预算管理规定，严格执行片区下达给企业的年度、季度和月度财务预算，完成片区下达给企业的各项年度、季度和月度财务预算指标。企业经营责任人是本企业财务预算管理的责任人，对本企业的财务预算管理结果承担终极责任。

2. 财务预算的归口管理

财务预算按照条条管理划分，分为投资发展、生产经营、人事行政和财务资金四个专项预算，建立财务预算归口管理责任制，实行纵向归口管理。

（1）投资发展预算归口管理。投资发展预算包括固定资产投资预算、无形资产投资预算、对外权益投资预算和基本建设投资预算等。

投资发展预算归口管理部门的主要职责是：

① 负责制定本层次的投资发展规划，统筹安排本层次的投资发展资金，组织编制本层次的年度、季度和月度投资发展专项预算，审查下一层次上报的年度、季度和月度投资发展专项预算。

② 贯彻执行兆通公司及集团公司的各项投资管理规定，严格执行上一层次批准下达的年度、季度和月度投资发展专项预算。

③ 对下达给下一层次的投资发展专项预算进行跟踪管理，监督、检查下一层次投资发展专项预算执行过程，考核、评价下一层次投资发展专项预算执行结果。各层次分管投资发展的领导是本层次投资发展专项预算归口管理的责任人，对本层次的投资发展专项预算管理结果承担终极责任。

（2）生产经营预算归口管理。生产经营预算包括生产经营方案、生产经营计划、收入预算、固定成本预算、变动成本定额预算以及损益预算等。

生产经营预算归口管理部门的主要职责是：

① 负责制定本层次的生产经营方案，统筹安排本层次的生产经营计划，制定本层次的成本开支标准及各项生产定额，组织编制本层次的年度、季度和月度生产经营专项预算，审查下一层次上报的年度、季度和月度生产经营方案、生产经营计划和生产经营专项预算。

② 彻底执行兆通公司及集团公司的各项预算管理规定，严格执行上一层次批准下达的年度、季度和月度生产经营专项预算，完成上一层次下达的各项年度、季度和月度生产经营专项预算指标。

③ 对下达给下一层次的生产经营专项预算进行跟踪管理，监督、检查下一层次生产经营预算执行过程，考核、评价下一层次生产经营预算执行结果。各层次分管生产的领导是本层次生产经营专项预算管理的责任人，对本层次的生产经营专项预算管理结果承担终极责任。

（3）人事行政预算归口管理。人事行政预算包括工资预算和管理费用预算等。人事行政预算归口管理部门的主要职责是：

① 负责制定本层次的组织机构设置和人力资源配置方案，制定各种费用开支标准，组织编制本层次的年度、季度和月度人事行政专项预算，审查下一

层次上报的年度、季度和月度人事行政专项预算。

② 贯彻执行兆通公司及集团公司的各项预算管理规定，严格执行上一层次批准下达的年度、季度和月度人事行政专项预算，完成上一层次下达的各项年度、季度和月度人事行政专项预算指标。

③ 对下达给下一层次的人事行政专项预算进行跟踪管理，监督、检查下一层次行政专项预算执行过程，考核、评价下一层次人事行政专项预算执行结果。各层次分管行政的领导是本层次行政专项预算管理的责任人，对本层次的人事行政专项预算管理结果承担终极责任。

（4）财务资金预算归口管理。财务资金预算包括现金流量预算、融资预算和资金统筹预算等。财务资金预算归口管理部门的主要职责是：

① 负责制定本层次的资金统筹方案和融资方案，组织编制本层次的年度、季度和月度财务资金专项预算，审查下一层次上报的年度、季度和月度财务资金专项预算。

② 贯彻执行兆通公司及集团公司的各项预算管理规定，严格执行上一层次下达的年度、季度和月度财务资金专项预算，完成上一层次下达的各项年度、季度和月度财务资金专项预算指标。

③ 对下达给下一层次的财务资金专项预算进行跟踪管理，监督、检查下一层次财务资金专项预算执行过程，考核、评价下一层次财务资金专项预算执行结果。各层次财务负责人是本层次财务资金专项预算管理的责任人，对本层次的财务资金专项预算管理结果承担终极责任。

（二）财务预算管理的体系

集团公司针对不同类型企业的不同特点，采用分类法实施财务预算管理，分为直接经营企业、责任经营企业和参股经营企业三类财务预算管理模式。

1. 直接经营企业财务预算管理

直接经营企业是指集团公司控股的并按股权比例享有经营收益或承担经营风险的企业，直接经营企业根据发展阶段的不同按下列原则实施财务预算管理：

（1）正常开展生产经营运作的直接经营企业必须编制年度、季度和月度全面财务预算上报片区，片区审查后上报集团公司，集团公司审查后上报兆通公司。集团公司根据兆通公司批准下达的财务预算，分解下达到各片区，片区再分解下达到企业，企业严格按照片区批准下达的财务预算执行。

（2）新成立的直接经营企业，可根据企业的发展进程，分期、分批、分项、分阶段编制财务预算，逐步纳入全面财务预算管理。

① 在企业投入生产经营运作前，必须编制年度、季度和月度管理费用预算、投资发展预算和资金预算，按程序报批后执行，实行专项财务预算管理。

② 当企业发展到投入生产经营运作时，再补报生产经营预算及其他专项追加预算，纳入全面预算管理。

（3）各直接经营企业新发展的经集团公司批准立项的预算外的大型项目一律编制项目预算，作为年度补充预算，按程序报批后执行，实行项目预算管理。

（4）直接经营企业财务预算日后发生的经集团公司批准的影响年度财务预算的重大事项，企业应编制调整预算，按程序报批后调整企业年度预算。

（5）各片区应单独编制片区本部年度、季度和月度管理费用预算，报集团公司批准后执行。

2. 责任经营企业财务预算管理

责任经营企业是指集团公司不按股权比例享有经营收益或承担经营风险，而是按照责任经营协议享有固定经营收益或承担固定经营风险的企业，包括股东单方责任经营企业、内部员工责任经营企业、第三方责任经营企业和品牌经营企业等，责任经营企业按照责任经营合同或协议执行，不纳入集团公司财务预算管理，但必须将其年度财务预算报集团公司备案。责任经营企业必须与集团公司签订责任经营合同或协议，责任经营合同或协议必须明确利益分配条款。

集团公司分管生产的领导是责任经营企业管理的责任人，对责任经营合同或协议的履行结果承担终极责任。

3. 参股经营企业财务预算管理

参股经营企业是指集团公司持股50%以下(不含50%)的不直接参与经营管理的企业，参股经营企业不纳入集团财务预算管理，但必须将其年度财务预算报集团公司备案。

(三) 财务预算的编制

(1) 年度财务预算的编制按照新运集字 [2003]102号文《关于编制二○○四年度全面预算的通知》中的规定执行。月度现金流量预算按照新运集字[2004]27号文《关于财务付款审批程序及权限的规定》中的第二和第三条规定执行。已经启用用友财务NC软件的单位，按照兆通公司新出台的财务预算编报规定执行。

(2) 各层次必须按财务预算编制要求按时向上一层次编报财务预算，上报的财务预算必须保证质量，凡是不报、迟报、漏报财务预算或财务预算漏项、预算金额不准确的，财务部门不得安排开支，因上述原因影响开支乃至影响生产经营运作的，追究下列人员的责任：

① 追究单位经营责任人财务预算编报失职或失误的终极管理责任；

② 追究单位财务负责人财务预算编报失职或失误的组织及审查责任；

③ 追究单位专项预算归口管理责任人财务预算编报失职或失误的直接责任。具体追究办法另行制定“财务预算管理奖罚条例”，按条例规定的奖罚标准及奖罚办法执行(下同)。

(四) 财务预算的变动

1. 财务预算的变更

财务预算的变更是指编制年度预算的基础发生了重大变化，致使原预算失去了执行的基础，需要改变年度考核利润指标，重新编制年度财务预算的预算变动行为。

发生下列情况需要变更年度财务预算：

(1) 由集团公司直接决策的投资行为增加企业资源的；

(2) 由集团公司直接决策的投资行为增加企业资产的；

（3）由集团公司直接决策而减少企业资源和资产的；

（4）申请专项费用并承诺增加企业年度经济效益的；

（5）其他引起年度经营指标变化的情况。

需要变更财务预算时，由集团公司书面通知企业重新修订年度预算，并按照年度财务预算编制程序上报、审批和下达。

2. 财务预算的调整

财务预算的调整是指因企业经营性调整等原因，需要调整财务收支项目额度但不改变年度考核利润指标的预算变动行为。

发生下列情况需要调整年度财务预算：

（1）企业经营模式发生重大调整；

（2）企业重新配置存量资源和资产；

（3）企业机构及岗位设置发生重大调整；

（4）属于企业主动采取经营性措施，引起资源和资产发生增减变动的；

（5）其他引起收支项目额度变化的情况。

需要调整年度财务预算时，由企业填制“年度财务预算调整审批表”，列明预算调整的原因和理由，需要调整的项目和额度等，经企业财务负责人、经营责任人签字后报片区审查，片区财务总监、片区总经理签署审查意见后报集团公司审批，集团公司专项预算归口管理责任人、财务总监、总经理签字批准后下达企业调整年度财务预算，同时报兆通公司财务中心备案。

3. 财务预算的追加

财务预算的追加是指因月度资金预算漏项、预算额度不足、发生突发事件等原因，需要调剂使用同一项目以后月份的预算额度，但不改变年度考核利润指标和各收支项目年度预算额度的预算变动行为。

需要追加月度资金预算时，由企业填制“计划外资金申请表”，经企业财务负责人、经营责任人签字后报片区审查，片区财务总监签署审查意见后报集团公司审批，集团公司财务总监签字批准后下达企业调整月度资金预算，同时报兆通公司财务中心备案。凡是属于日常性的开支项目发生预算漏项或预算额度不足的，除补办计划外资金审批手续外，还要追究企业归口管理部门负责人工作失职和财务负责人审查不利的责任。

（五）财务预算的控制

1. 投资发展预算的控制

（1）项目投资前必须编制投资概算或投资预算，没有编制投资概算或投资预算的项目不能列入年度财务预算，未列入年度财务预算的投资项目财务不得支付投资款项。投资发展预算按照概预算相结合的办法确定，通过概算控制预算，预算控制投资，投资进度控制付款的办法进行管理，凡是已经有明确投资对象的项目必须直接编制项目预算，明确项目投资总额、投资进度等内容，并按当年实际投资进度确定年预算，按照付款进度确定月度资金预算。凡是尚未确定投资对象的、属于规划性的、目标性的、预期性的发展项目或发展目标，为统筹安排投资发展资金，应先确定项目投资概算，暂按当年概算进度确定年预算，编制月度资金预算，待具体投资对象确定后，再编制具体的项目投资预算，并根据当年实际投资进度调整年预算，根据实际付款进度调整月度资金预算。为保持全盘投资的整体平衡，实际投资预算原则上不得突破投资概算。

凡是因没有编制投资概算或投资预算而影响上项目或错过投资机会的，追究下列人员的责任：

① 追究单位经营责任人错失投资良机的终极管理责任；

② 追究单位投资发展专项预算归口管理责任人错失投资良机的直接责任。

（2）各项投资实行严格的项目管理，各项目之间严禁串项，不得相互挤占预算额度。投资项目按照项目预算控制投资总额、年度预算控制投资进度、月度资金预算控制付款进度的办法管理，项目总投资不得突破项目预算，年度投资不得突破年度预算，月度付款不得突破月度资金预算。

① 特殊情况需要突破投资预算的，按下列原则办理审批手续：

a． 投资需要突破项目预算时，应按程序办理项目预算变更审批手续；

b． 投资需要突破年度预算时，应按程序办理年度预算调整审批手续；

c． 投资需要突破月度预算时，应按程序办理月度资金预算追加审批手续。

② 凡是未办理预算变更、调整、追加审批手续而发生投资超预算的，追究下列人员的责任：

a． 追究单位经营责任人投资发展预算失控的终极管理责任；

b． 追究单位财务负责人投资发展预算失控的监督失职责任；

c． 追究单位投资发展专项预算归口管理责任人投资预算失控的直接责任。

（3）预算内的投资项目按照“先立项，后付款”的原则付款，投资款支付时必须附有下列立项审批及付款审批手续，手续不全的，财务不得付款。

① 项目可行性分析报告；

② 项目可行性论证报告；

③ 投资立项审批表；

④ 投资付款审批表。

上述手续中，①②③三项属于投资立项审批手续，按照集团公司投资审议制度规定的程序办理。④项属于财务付款审批手续，按照新运集字［2004］102号文《关于财务付款审批权限及审批程序的规定》执行。凡是违反投资立项审批手续或投资失误的，一律按照集团公司投资审议制度的规定追究相关审批人员的责任；凡是投资付款手续不全而付出款项的，一律追究财务负责人的监督把关责任。

2. 生产经营预算的控制

（1）收入预算的控制。

① 企业必须充分利用好存量资源和资产，按照收入最大化的原则制定科学合理的生产经营方案，并根据市场变化适时调整生产经营方案，落实各项增收措施，确保收入实现。凡是没有制定生产经营方案，或生产经营方案不够科学合理的，或增收措施不落实的，或收入指标没有完成的，追究下列人员的责任：

a． 追究企业经营责任人收入管理不到位以及收入指标未完成的终极管理责任；

b．追究企业生产经营专项预算归口管理责任人收入管理不到位以及收入指标未完成的直接责任。

② 企业必须建立资金回收责任制，将营业收入款的回收责任落实到具体部门和人员头上，按时结算营业收入，确保资金回收。凡是没有特殊理由又未按时回收资金的，追究下列人员的责任：

a．追究企业经营责任人资金回收不到位的终极管理责任；

b．追究企业生产经营专项预算归口管理责任人资金回收不到位的管理失职责任。

c．追究企业具体资金回收责任人资金回收不到位的直接责任。

③ 按照兆通公司网上银行管理办法规定，各企业应在当地工商银行开立收款专用账户，企业所有收入必须存入收款专用账户，凡是收入没有存入收款专用账户的，一律视为坐支现金。企业发生坐支现金时，追究下列人员的责任：追究企业经营责任人收入预算管理违规的终极管理责任；

a．追究企业财务负责人收入预算管理违规的监督失察责任；

b．追究企业生产经营专项预算归口管理责任人收入预算管理违规的管理失职责任。

c．追究具体资金回收责任人收入预算管理违规的直接责任。

④ 企业必须加强内控管理，建立严密的收入管理流程和科学的收入控制制度，堵塞管理漏洞，防止收入流失。

凡是收入内控制度不健全、不科学、不严密，存在明显管理漏洞的，追究下列人员的责任：

a．追究企业经营责任人收入预算管理有缺陷的终极管理责任；

b．追究企业财务负责人收入预算管理有缺陷的监督失察责任；

c．追究生产经营专项预算归口管理责任人收入预算管理有缺陷的直接责任。

（2）成本预算的控制。

① 完善成本管理基础工作是做好成本预算控制的前提，各企业必须完善

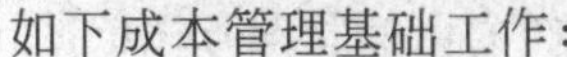
如下成本管理基础工作：

a. 必须科学合理的制定各项变动成本消耗定额和固定成本开支标准。

b. 必须建立严密的成本管理流程、科学的成本控制制度和系统的成本考核体系。

c. 必须开展线路损益核算、单车成本核算和重点项目核算。

d. 必须完善生产统计工作，健全各项原始记录。

② 凡是基础工作不健全、不完善、存在管理漏洞的，追究下列人员的责任：

a. 追究企业经营责任人成本预算管理有缺陷的终极管理责任；

b. 追究企业财务负责人成本预算管理有缺陷的监督失察责任；

c. 追究企业生产经营专项预算归口管理责任人成本预算管理有缺陷的管理失职责任；

d. 追究企业成本基础管理工作分管部门负责人成本预算管理有缺陷的直接责任。

③ 根据成本习性的特点，成本开支分成固定成本和变动成本两类，根据固定成本总额控制、变动成本定额管理的原则，采用分类法控制成本预算开支。

a. 固定成本开支实行固定预算管理，根据各项固定成本开支标准确定并控制各单项成本年度开支总额，按月度资金预算控制各单项成本支付，固定成本严格实行分项控制制度，各成本项目之间不得串项，严禁相互挤占计划额度，各单项成本开支不得突破年度或月度资金预算。

b. 变动成本开支实行弹性预算管理，具体办法如下：年初或月初，按照年度或月度计划生产量和各项变动成本定额计算确定各单项成本年度或月度目标预算，作为年度或月度目标管理的考核依据，用于考核、分析目标完成情况，目标预算只能用于目标管理考核，不能作为控制财务付款的依据。月度资金预算执行过程中，根据实际完成生产量和各项变动成本定额计算确定各单项成本标准预算，作为控制各单项成本付款的依据，用于评价成本管理结果。标准预算只能用于评价成本管理结果，控制财务付款，不能作为目标管理考核依据。变动成本严格实行分项控制制度，各成本项目之间不得串项，严禁相互挤占计划额度，各单项成本开支不得突破年度或月度标准预算。

④ 凡是单项固定成本或变动成本开支超预算额度的，追究下列人员的责任：

a．追究单位经营责任人成本预算失控的终极管理责任；追究单位财务负责人成本预算失控的监督失职责任；

b．追究单位生产经营专项预算归口管理责任人成本预算失控的直接责任。

3. 人事行政预算的控制

（1）企业必须科学合理的设置组织机构，科学合理的配置人力资源，制定科学合理的工资标准，建立科学合理的薪酬考核体系，按照费用最小化的原则统筹配备办公固定资产及家具备品，建立健全费用开支标准及费用管理制度，降低人力成本，节约费用开支。凡是机构岗位设置不科学、不合理，存在人力成本浪费现象的，或是费用开支标准及管理制度不健全，存在费用开支浪费现象的，追究下列人员的责任：

① 追究企业经营责任人费用预算管理有缺陷的终极管理责任；

② 追究企业财务负责人费用预算管理有缺陷的监督失察责任；

③ 追究企业人力行政专项预算归口管理责任人费用预算管理有缺陷的直接责任；

（2）管理费用开支实行固定预算管理，根据各项费用开支标准确定并控制各单项费用年度开支总额，按月度资金预算控制各单项费用支付，管理费用严格实行分项控制制度，各费用项目之间不得串项，严禁相互挤占计划额度，各单项费用开支不得突破年度或月度资金预算。

凡是单项管理费用开支超预算额度的，追究下列人员的责任：

① 追究单位经营责任人费用预算失控的终极管理责任；

② 追究单位财务负责人费用预算失控的监督失职责任；

③ 追究单位人力行政专项预算归口管理责任人费用预算失控的直接责任。

(3)管理费用按照开支特点分为必保开支和弹性开支两类，为确保管理费用开支得到有效控制，应对费用预算实行分类管理。

① 各单项费用中的必保开支必须留足预算额度，在任何情况下，均不得透支必保开支预算指标，必保开支预算额度由财务负责人负责控制，必保开支预算额度发生透支，追究财务负责人的责任。

② 各单项费用中的弹性开支由经营责任人负责掌握使用，弹性开支不得占用必保开支预算额度。弹性费用开支在月度资金预算安排上，可根据实际情况在保证年度预算指标不突破的前提下，在付款时间上可在前后月份之间适当调剂，但必须把握好年度平衡，不得过度透支指标，预算指标累计透支不得超过10%。

(4)为完成特定工作或实现特定目标而需要发生的特殊费用，另行申请专项费用，并按照专款专用的原则管理。专项费用按照先申请指标，后安排资金的办法控制开支，具体管理办法另行制定。

4. 财务资金预算的控制

(1)各专项预算中涉及现金收支的项目必须纳入财务资金预算管理，按年度确定资金收支总额，制定全盘资金平衡方案，统一调剂使用资金，统筹安排内外融资计划。年度资金平衡方案及融资计划由各层次财务负责人负责牵头制定，凡是资金平衡调剂方案不科学、不合理的追究单位财务负责人的责任。

(2)集团上下必须严格执行收支两条线管理规定，根据集团公司的具体特点，收支两条线采用如下两种模式管理：

① 深圳本土企业的所有收入必须存入兆通公司财务结算中心，所有开支必须由兆通公司财务结算中心支付，或先由兆通公司财务结算中心拨付企业银行存款账户，再由企业银行存款账户支付，严禁坐支现金。

② 外地企业的所有收入必须存入收款专用账户，所有开支必须先由收款专用账户拨付到付款专用账户，再由付款专用账户对外支付，严禁坐支现金。

凡是发生违反收支两条线管理规定的行为的，追究下列人员的责任：

a. 追究企业经营责任人预算管理违规的终极管理责任；

b. 追究企业财务负责人预算管理违规的监督失察责任；

c. 追究企业具体经办人员预算管理违规的直接责任。

(3) 实行月度现金流量预算管理，各单位必须按照集团公司批复的月度现金流量预算分项控制开支，各开支项目之间不得串项，严禁相互挤占计划额度，各单项开支不得突破本项开支的月度资金预算额度。财务部门应严格按照“先有预算后开支”的原则控制付款，各项开支的付款审批权限及审批程序按照新运集字 [2004]102 号文《关于财务付款审批权限及审批程序的规定》执行。各层次的财务负责人对本层次的付款把关承担终极责任，凡是没有预算的、超预算额度的、违反预算管理规定的、不符合预算程序的以及付款审批手续不全的，财务部门一律不得付款，否则将追究财务负责人的责任。

(4) 实行资金一体化管理，企业长期闲置的资金必须存入集团财务结算中心，再由集团财务中心存入兆通公司财务结算中心，各片区、各企业必须顾全大局，服从集团公司对资金的统一调配。凡是不服从资金一体化管理的一律追究单位经营责任人和财务负责人的责任。

(5) 集团内部单位之间发生的经济业务往来必须通过集团财务结算中心结算，集团内部单位之间严禁用直接通过银行存款和现金结算。凡是违反本条规定的，一律追究财务负责人的责任。

(6) 集团公司根据企业年度资金平衡结果，下达下列资金管理指标，并将指标与企业经营责任人的年薪及员工的效益工资挂钩考核，凡是完不成资金管理指标的，将按考核规定相应扣发企业经营责任人的年薪及员工的效益工资，具体考核办法另行制定。

① 下达经营活动现金净流量指标，企业必须采取措施，确保完成；

② 下达内部还款指标，凡是有结算中心借款的企业，集团将根据企业本年还款能力下达还款指标，企业必须按计划归还借款；

③ 下达内部存款指标，凡是只有结算中心存款，没有结算中心借款的企业，集团将根据企业本年存款能力下达存款指标，企业必须按计划将资金存入集团财务结算中心；

④ 下达内部借款规模，凡是当年无法做到资金平衡的企业，集团公司将根据企业实际资金缺口下达内部借款规模，集团财务结算中心要严格按照借款规模控制发放内部贷款，不得超规模发放贷款，否则，追究集团财务结算中心主任的责任。

⑤ 下达对外融资计划，集团公司根据整体资金平衡情况，制定对外融资方案，报兆通公司批准后，向有融资条件的企业下达对外融资计划，企业应积极配合集团公司完成融资计划，具体融资管理办法另行制定。

（六）财务预算管理的检查

（1）建立财务检查制度。片区财务总监每季度要对片区所属企业的预算执行情况进行一次实地检查，对检查中发现的问题，能够现场处理的就地处理，不能现场处理的带回请示集团领导批示后处理，检查结束后应同时向片区总经理、集团财务总监、集团总经理、兆通公司财务中心总经理和兆通公司总裁各提交一份书面检查报告，因财务检查不到位造成管理不到位的，追究片区财务总监的责任。

（2）建立审计检查制度。集团公司审计部每季度要对各企业预算执行情况进行一次审计检查，并对审计中发现的问题提出处理建议，检查结束后应向集团总经理和兆通公司总裁提交书面检查报告，因审计检查不到位造成管理不到位的，追究集团公司审计部经理的责任。

（3）建立专项检查制度。对预算管理中出现的重大问题，将由集团公司计财部、结算中心、审计部和专项预算归口管理部门等组成联合检查组进行专项检查，检查结果要形成书面报告报集团公司财务总监、集团公司总经理、兆通公司财务中心总经理和兆通公司总裁，因检查不到位造成问题不能彻底解决或留下隐患的，追究检查小组组长的责任。

（4）建立全面检查制度。集团公司要于年度终了由财务总监牵头结合企业年度考核对各企业年度预算执行情况进行一次全面检查，并形成书面报告报集团公司总经理、兆通公司财务中心总经理和兆通公司总裁，因检查不彻底出现遗留问题或留下隐患的，追究集团财务总监的责任。

（5）被检查单位必须积极配合预算检查，对各项检查中发现的问题，被检查单位必须认真整改，凡是抵制检查或不认真整改或整改不到位的，一律追究企业经营责任人、财务负责人和预算归口管理责任人的责任。

（七）财务预算的报告

（1）建立企业内部汇报制度：

① 各层次财务负责人每月必须向本层次经营责任人做一次预算管理专题汇报，汇报的内容包括预算指标完成情况、经济效益简要分析、收支两条线执行情况、存在的主要问题、强化和改进预算管理的建议等。

财务负责人没有向本层次领导汇报而出现的任何预算管理问题均由财务负责人承担责任；财务负责人汇报了，经营责任人不听或没有及时采取措施加以解决，则由经营责任人承担责任。

② 集团公司结算中心主任每月必须向集团公司总经理做一次资金管理专题汇报，汇报的内容包括本月资金需求及解决情况、存量资金管理情况、融资进展情况、存在的主要问题、下月资金需求及解决方案以及强化和改进资金管理的建议等。

结算中心主任没有向总经理汇报而出现的任何资金管理问题均由结算中心主任承担责任；结算中心主任汇报了，总经理不听或没有及时采取措施加以解决，则由总经理承担责任。

（2）建立下级单位向上级单位汇报制度：

① 建立财务负责人定期汇报制度，汇报的重点是对预算超支项目和预算外开支项目做出解释，对预算执行中的经验和教训进行总结，对预算执行中存在的问题如实反映，对强化和改进预算管理提出建议等。汇报要求如下：

a．企业财务负责人必须在次月10日前通过电子邮件等形式向片区财务总监、集团公司财务总监、集团公司总经理、兆通公司财务中心总经理、兆通公司总裁提交本企业预算管理情况的书面汇报材料；

b．片区财务总监必须在次月10日前通过电子邮件等形式向集团公司财务总监、集团公司总经理、兆通公司财务中心总经理、兆通公司总裁提交本片区预算管理情况的书面汇报材料；

c．集团财务总监必须在次月10日前通过电子邮件等形式向兆通公司财务中心总经理、兆通公司总裁提交集团公司预算管理情况的书面汇报材料。财务负责人没有按时汇报的，追究企业财务负责人的责任。

② 建立经营责任人定期汇报制度，汇报的重点是预算指标完成情况、主要经营方案和经营措施落实情况、年度和月度重点工作完成情况、存在的主要问题和下步主要经营方案和经营措施等。汇报要求如下：

a．企业经营责任人必须在次月10日前通过电子邮件等形式向片区总经理、集团公司总经理、兆通公司总裁提交本企业预算管理情况的书面汇报材料；

b．片区总经理必须在次月10日前通过电子邮件等形式向集团公司总经理、兆通公司总裁提交本片区预算管理情况的书面汇报材料；

经营责任人没有按时汇报的，追究经营责任人的责任。

（八）财务预算的考核

（1）建立个人收入挂钩考核制度。将预算管理与企业经营责任人、财务负责人的年薪以及其他人员的工资挂钩考核，把各人平时在预算管理方面的工作质量、工作表现和工作态度等纳入年终考核体系，列入考评标准参与评价打分，具体考核办法另行制定。

（2）建立预算奖惩制度。除了与个人收入挂钩考核外，还要实行预算管理奖惩制度，集团公司将另行制定“预算管理奖惩条例”，对预算管理做得好的单位和个人给予适当奖励，对违反预算管理规定的各种行为明确处罚标准，进行相应的处罚。

（3）建立行政处罚制度。对严重违反预算管理规定的，除进行经济处罚外，还要视情节轻重给予通报批评、调岗、降级、降职、撤职等行政处罚。

（4）建立责任赔偿制度。因违反预算管理规定给公司造成经济损失的，除经济和行政处罚外，还要追究直接责任人的赔偿责任。

五、单车成本核算及考核管理

（一）目的

为提高集团公司经营管理水平，规范成本核算，提高经济效益，特制定单车成本核算及考核管理办法。

(二) 核算部门及人员配置

1. 核算部门

单车核算的部门为计财部。因该项工作涉及面广，数据收集范围大，各经营公司营运部门、维修技术部门、人力资源部部门均应配合此项工作。其中营运部门需提供各车辆燃油费、路桥费、养路费、保险费、乘客餐饮及清洁等耗材费、洗车费、耗油量、营运片数、营运公里及其他与营运有关的资料。维修技术部门需提供修理工时、材料配件费用等资料。人力资源部部门需提供驾乘人员工资、统筹基金等资料。

2. 人员配置

(1) 各经营公司计财部应按需要设置成本核算岗，配备核算员(目前由会计兼任)。该岗位的人员应具备较强的实际核算能力，较丰富的核算、汇总、分析经验。

(2) 营运部门、维修技术部门及人力资源部部门为配合核算需要，均应指定适当人选，配合计财部的核算。

3. 成本项目及科目设置

(1) 单车成本核算办法的原则。

① 采用权责发生制，计算各单车真实成本。

② 核算期间为会计月份，即每月 1 日至当月最后 1 天。

③ 单车成本作为辅助账，但必须遵循：营业成本总额 = 各单车成本之和。

(2) 成本项目设置。按照目前情况，单车成本项目设置如下：驾乘人员工资及提取的福利费和社会保险、燃油费、路桥费、轮胎费、修理费、折旧费、养路费、运管费、保险费、站务代理费、事故费用、车船税、乘客耗材(配餐、配水等)、洗车费、间接成本和其他共计 18 项。

① 工资：

a. 各车辆驾驶员、乘务员的工资，计入各车辆的单车成本。

b．该项目包括计件工资、备班工资、误餐补助和通讯费补助。

c．该项目资料，在月底或下月初由人力资源部和营运调度部门提供。

b．提取的福利费：各车辆驾驶员、乘务员工资应计提的福利费，计入各车辆的单车成本。该项费用由计财部根据工资情况计算。

② 社会保险费：

a．各车辆驾驶员、乘务员工资按规定应由公司缴纳的社会保险费，计入车辆的单车成本。

b．该项目资料，在月底或下月初由人力资源部部提供。

③ 燃油费：

a．各车辆的燃料用油计入该车辆的单车成本。

b．该项目的有关油耗量和费用资料，由营运部门分车辆提供，计财部定期从定点油站取得加油资料后进行核对。

④ 路桥费：

a．该项目核算各车辆营运途中发生的过路费、过桥费。

b．该项费用由营运部门定期分车辆汇总提供，计财部根据费用报销单进行核对。

⑤ 轮胎费：

a．该项目核算各车辆领用新轮胎费用以及轮胎的拆装、翻新费等。

b．领用新轮胎的费用由计财部根据轮胎领用“出库单”(或购置发票，均须注明车号)计入，轮胎的修补、拆装、翻新费等，由安技维修部门分车辆提供。

⑥ 修理费：

a．该项目核算各车辆的日常一般性维修、保养费用及大中修费用摊销。

b．该项目的有关资料由维修技术部门或有关人员从各关联修理单位取得；如修理作业是由本企业维修部门完成的，应由计财部根据维修材料领用“出库单”(或购置发票，均须注明车号)计入，不能直接计入单车车辆的，根据维修部门提供的车辆维修工时，在各车辆间分配有关费用。

⑦ 折旧费：

a. 该项目核算各车辆应计提的折旧费。

b. 该项目由计财部根据实际计提的车辆折旧费计入。

⑧ 养路费：

a. 该项目核算各车辆应负担的养路费。

b. 该项目由计财部根据实际交纳的养路费发票计入。

⑨ 运管费：

a. 该项目核算各车辆应负担的运管费。

b. 该项目由计财部根据实际交纳的运管费计入。

⑩ 保险费：

a. 该项费用核算各车辆投保后实际交纳的各种保险费。

b. 该项目由计财部根据实际交纳的保险费发票计入。

⑪ 站务代理费：

a. 该项费用核算各车辆营运票款需支付站点的代理费。

b. 该项目由计财部根据实际支付的代理费票据计入。

⑫ 事故费用：

a. 该项目核算车辆因一般性营运事故而发生的费用，如获保险赔偿，应为事故费用减去赔偿后的净额。重大营运事故不包括在此项内。

b. 该项费用应由维修技术部门事故处理人员取得有关资料。

⑬ 车船税：

a. 该项费用核算各车辆应交纳的车船税。

b. 该项目由计财部根据实际交纳的车船税发票计入。

⑭ 乘客消耗材料：

a. 该项费用核算实际购入应由各车辆负担的配餐、饮用水等。

b. 该项目由营运部门定期汇总提供，计财部根据仓库实际领料单进行核对。

⑮ 洗车费：

a. 该项费用核算各车辆的直接清洗费用。

b. 该项目由营运部门定期汇总提供，计财部根据车辆清洗结算清单进行核对。

⑯ 间接成本：

a. 该项费用核算为营运车辆发生的无法直接计入单车的间接成本费用。

b. 该项目由费用发生相关部门负责提供，计财部根据车辆进行分摊。

⑰ 其他：

a. 其他费用是指除上述各项费用以外的应计入营运成本的费用。

b. 该项目由费用发生相关部门负责提供，计财部根据车辆计入。

(2) 其他营运指标。为了对各车辆进行考核、分析，给经营决策和技术管理提供必要、合理的数据依据，各相关部门还需提供车辆营运收入、营运班数、营运公里、百公里油耗、平均每班收入、平均每班成本及百元收入成本等营运指标。

① 营运班数：

a. 该项指标核算各车辆的营运收入(含客运收入、货运收入等)和营运班数。

b. 该项目由计财部统计人员根据营运部生产日报表和结算单进行统计。

② 营运公里：

a. 该项指标核算各车辆的营运公里数。

b. 该项目由营运部门定期汇总提供。

③ 百公里油耗、平均每班收入、平均每班成本及百元收入成本：

该项目由计财部成本核算人员进行计算。

④ 单车核算报表及报送时间：

计财部于每月10日前报送上月“单车核算明细表”(见附表)。

4. 单车(线路)成本核算流程

(1) 资料传递过程，如表4-3-5所示：

(2) 成本的计算、分析过程，如下所示。

成本计算：单车成本—>线路成本—>成本报表

核算内容：核算明细表—>单车成本汇总—>营业成本汇总分析

成本资料传递过程表　　表4-3-5

成本数据	责任单位	核算部门
工资、社保	人力资源部部门	计财部
油耗	营运部门	计财部
路桥费、洗车费	营运部门	计财部
养路费、保险费	营运部门	计财部
乘客消耗材料	营运部门	计财部
修理费((包大、中修)	维修技术部门	计财部
轮胎费	维修技术部门	计财部
事故费用	安全技术部门	计财部

5. 成本要素的管理、控制

(1) 工资费用的控制。

① 工资的具体管理部门为人力资源部(办公室)和计财部。

② 人力资源部(办公室)应根据实际情况，制订驾驶员、乘务员的工资方案。方案的制订应本着工资的增长低于效益的增长， 同时， 有利于调动驾乘人员的积极性、有利于考核、有利于计算操作的原则。

③ 在制订工资标准时，应适当增加与客运量、货运量、收入挂钩的考核工资在工资总额中比重，适当降低工资在全部营业成本中比例。

④ 计财部应配合人力资源部部(办公室)进行工资方案的制订， 进行工资的计算考核、工资的发放等工作。在对驾乘人员进行工资计算考核时， 应严格按照工资方案考核计算工资。

(2) 油耗的控制。

① 油耗的管理控制单位为各营运驾驶员和营运管理部门。

② 营运车辆的油耗，根据集团公司管理规定由属下各企业营运部门制订油耗定额，作为各车辆营运驾驶员的工资考核内容。各营运驾驶员应提高驾驶操作水平，节约用油，以降低公司的营运成本，增加自己的考核工资。

③ 为加强油料的管理，各经营公司营运部门应同各沿途油站建立定点购油关系。同时，为有效的降低油价，在油价变动较频繁的情况下，各营运部门应尽量选择那些油价较低且较平稳的油站购油。

④ 为使油料消耗与营运效益挂钩，营运调度部门应根据实际情况合理调度，合理安排各线路的车次，避免油料的低效率使用。

⑤ 为杜绝漏洞，各经营公司营运部门应按方便安全的原则，确定各营运车辆定点停车场所，所有车辆实行定点停车。在定点停车场实行专人看护。

（3）修理费用的控制。

① 修理费用的控制，其责任主体为驾驶员、营运部门、仓库。

② 修理费用应列入各驾驶员工资考核的内容，各营运驾驶员应提高驾驶水平，加强车辆的保养维护，以提高车辆的完好率，减少修理次数，降低修理费用。

③ 为使车辆修理费用有效降低，同时减少资金占用，修理用配件的采购应上报计划，经审批方可进行具体运作。

④ 配件仓库作为配件的收、发、存的管理部门，应严格履行职责，收料时认真验收，并填制收料单，发料时凭具备完整手续的领料单发料，库存配件要定期进行盘点，定期同计财部进行对账，做到账实相符。同时及时清理那些过期配件，以减少不合理的资金占用。

⑤ 未经驾驶员或有关责任人签字的修理费用单据，计财部一律不得报销费用。

（4）轮胎费用的控制。

① 轮胎费用控制的责任单位是驾驶员、营运部门的采购人员。

② 轮胎的采购是轮胎费用节约的关键问题。采购人员在进行轮胎采购前，应充分了解各种车辆的性能，在能够保证车辆正常、安全运行的前提下，尽量

采购价廉的轮胎，以降低轮胎的成本。

③ 在对旧轮胎进行翻新、换位、修补亦能够安全运行的情况下，本着成本孰低的原则，应尽量不要购买新胎。

④ 对各车辆领用轮胎的摊销，计财部根据各种轮胎使用公里数，计算出各期分摊金额，以保证摊销的科学合理。应尽量避免摊销的随意造成成本的不均衡。

(5) 路桥费的控制。

① 行车路桥费控制的责任单位、责任人是营运部门及驾驶员。

② 为使路桥费得到有效减低，各经营公司营运和计财部门应尽量采用购路桥费卡的形式，以取得费用的折扣，减少费用支出。

(6) 养路费、保险费的控制。

① 养路费、保险费控制的责任单位为营运部门及计财部。

② 养路费的缴纳一般可采用分期缴纳和1年1次性缴纳的方式，一次性缴纳交管部门对交费额有一定的优惠。各经营公司在缴纳该项费用时，应合理安排资金和缴纳时间，争取缴纳的优惠。

③ 保险费的缴纳，在不影响保险责任的情况下，应尽量降低缴费额，以降低成本。

六、财务层级管理工作职责及运行规则

(一) 总则

为适应集团经营和发展形势的需要，贯彻“坚持诚信、渴望创新、科学经营、注重业绩”的核心价值观，建立与集团经营工作层级管理体制相适应的财务管理体制，集团公司设立集团财务总监、片区财务总监和企业财务总监（财务经理、会计主管），建立三级财务管理体制，实行财务层级管理。

(二) 片区划分

根据财务管理片区与经营管理片区保持一致的原则，集团的财务管理片区划分如下：

(1) 直属片区：直属片区的财务工作由集团财务总监直接管理，直属片区所辖范围包括湘、赣、鄂、皖、川、桂及海南省等地区，目前所属企业包括海

南公司、北海公司、常德客运公司、黄山公司、萍乡公司、常德物流公司。

（2）北方片区：集团设立北片区财务总监，代表集团公司财务总监负责管理北片区的财务工作，北片区所辖范围为华北、黄河地区，具体包括京、津、冀、鲁、四省市，目前所属企业包括北京公司、天津公司、沧州公司、聊城公司、济南公司。

（3）华南片区：集团设立华南片区财务总监，代表集团公司财务总监负责管理华南片区的财务工作，华南片区所辖范围为闽、粤两省，目前所属企业包括福州公司、厦门公司、深圳客运公司、惠州公司、徐闻公司，同时代管深圳物流公司。

（4）华东片区：集团设立华东片区财务总监，代表集团公司财务总监负责管理华东片区的财务工作，华东片区所辖范围为浙、苏、沪三省市，目前所属企业包括江苏公司、徐州公司、江都公司、姜堰公司、苏州客运公司、江阴公司、高淳公司、南京公司、上海公司、宁波公司、杭州公司、绍兴公司、上虞公司。

（三）工作职责

1. 集团公司财务总监

集团公司财务总监在经营管理上对集团公司总经理负责，在业务管理上对兆通公司财务中心总经理负责，在财务信息的准确性、及时性、真实性等方面对兆通公司总裁负责。

（1）负责贯彻执行国家《会计法》、财政法律、法规、会计制度以及兆通公司有关财务管理规定，并对贯彻执行结果承担终极责任。对违反国家、兆通公司和集团的各项财务政策、制度、规定和有可能在经济上造成损失、浪费的行为及时加以制止或者纠正，对严重违反国家、兆通公司和集团的各项财务政策、制度、规定并造成重大经济损失和浪费行为的企业经营责任人有权要求撤换。

（2）建立以经营为中心、以资金为核心、管理会计理念为指导思想的财务管理体系。在兆通公司财务管理体系架构下，负责设计和确定集团公司的财务管理体制、财务运转机制、会计机构及岗位设置等，对财务运行基本框架的科学性和合理性承担终极责任。

（3）负责主持和领导集团公司的财务管理工作。在兆通公司财务管理体系架构下，建立集团公司财务管理体系，设计和确定各种财务管理模式，制定集团公司的各项财务管理制度、办法、程序和规定等，组织集团、片区和企业实施财务管理，对集团、片区和属下企业在财务管理中遇到的财务问题做出终极决策，对财务管理体系建设和财务管理实施承担终极责任。

（4）负责主持和领导集团公司的会计核算工作。在兆通公司统一的会计政策规定下，建立集团公司会计核算体系，设计和确定各种会计核算模式、会计核算程序、会计处理方法、会计报表体系、会计工作标准和会计基础工作规范等，组织集团、片区和企业开展会计核算，负责审核集团本部财务报销凭证，审核并签署集团本部及集团公司合并财务会计报告，对集团、片区和属下企业在会计核算中遇到的业务问题做出终极决策，对会计核算体系建设和会计核算开展承担终极责任。

（5）负责主持和领导集团公司的财务预算工作。在兆通公司财务预算管理体系下，建立集团公司财务预算管理体系，制定集团公司的财务预算管理制度、办法和规定，设计和确定财务预算管理模式、财务预算管理流程、财务预算表格和财务预算管理报表等，组织集团、片区和企业实施预算管理，对集团、片区和属下企业在财务预算管理中遇到的财务问题做出终极决策，对财务预算管理体系建设和财务预算管理实施承担终极责任。

（6）设计财务分析指标评价体系、财务分析形式和方法、财务分析报告标准格式、财务分析标准表格等，组织集团、片区和企业开展财务分析，对集团、片区和属下企业在财务分析中遇到的财务问题做出终极决策，对财务分析体系建设和财务分析开展承担终极责任。

（7）负责主持和领导集团公司的资金管理工作。在兆通公司资金管理体系架构下，建立集团公司资金管理体系，制定集团公司的资金管理制度、办法和规定，设计和确定资金管理模式、资金管理流程、资金计划表格和资金管理报表等，组织集团、片区和企业落实资金管理，对集团、片区和属下企业在资金管理中遇到的财务问题做出终极决策，对资金管理体系建设和落实资金管理承担终极责任。

（8）负责主持和领导集团公司的日常财务工作。制定集团公司的财务工作指导思想、财务工作目标、财务工作原则和日常财务工作标准，安排部署集团、片区及属下企业年度和阶段性财务重点工作并提出具体工作要求，组织集团、片区和企业做好日常财务工作，对财务工作的方向性和日常工作效果承担终极责任。

（9）负责集团公司的财务队伍建设工作。定期对财务人员进行岗位培训，对片区财务总监和企业财务总监（财务经理、会计主管）人员的配备和岗位安排调整提出建议，按月对片区财务总监及直属片区所属企业的财务总监（财务经理、会计主管）、集团本部财务人员的工作进行考评打分，根据片区财务总监的考评意见，确定片区所属企业的财务总监（财务经理、会计主管）人员的薪酬发放数额，对财务人员的素质承担终极责任。

（10）以经营为中心，履行财务的服务职能，为领导出谋划策，当好领导参谋。

（11）负责对集团投资项目的经济效益进行可行性分析论证并签署结论意见，参与集团公司的重大经营决策、重大投资项目决策等，防范投资风险。

（12）负责协调直属片区企业财务与企业内部的工作关系，负责协调集团公司财务与集团公司内部的工作关系。

（13）负责集团公司的税务筹划工作。

（14）负责完成上级领导及集团领导临时交办的其他工作。

2. 片区财务总监

片区财务总监代表集团公司财务总监负责片区的财务监督、检查、督导、协调和评价工作，直接对集团公司财务总监负责，协助片区总经理开展片区日常财务管理工作。具体工作职责如下：

（1）负责监督、检查和督导片区所属企业贯彻执行国家、兆通公司及集团各项财务规章制度，对违反财务管理规定的行为及时加以制止和纠正，对严重违反国家、兆通公司和集团的各项财务政策、制度、规定并造成重大经济损失和浪费行为的企业经营责任人有权直接向集团报告，对各项财务规章制度的贯彻执行结果承担监管责任。

（2）负责监督、检查和规范片区所属企业的会计核算工作，指导片区所属企业按照集团公司的要求开展会计核算，督导企业按时编报会计核算报表，对违反国家、兆通公司及集团有关会计核算制度的行为及时加以制止和纠正，对片区所属企业的会计核算质量承担监管责任。

（3）负责监督、检查和落实片区所属企业的财务预算工作，分解、落实片区考核年度财务预算指标，督导片区所属企业按时编报年度、季度和月度财务预算，督导片区所属企业严格执行财务预算，督导片区所属企业按时编报有关财务预算管理报表，对违反财务预算管理规定的行为及时加以制止和纠正，对片区所属企业的财务预算管理承担监管责任。

（4）负责监督、检查和组织片区所属企业开展财务分析，按月组织片区所属企业开展财务状况分析、现金流量分析和经营损益因素分析，督导片区所属企业按时提交分析报告，督导片区所属企业各专业归口管理部门在财务分析的基础上进一步分析原因和采取措施，确保分析产生挖潜效果。对片区所属企业的财务分析质量和分析效果承担领导责任。

（5）负责监督、检查和领导片区所属企业的资金管理工作，督导片区所属企业执行集团公司有关资金管理规定，督导片区所属企业按照资金一体化运作，督导片区所属企业将超过集团规定的存款限额以上的资金及时存入集团财务结算中心，督导片区所属企业将应上缴集团的款项及时上缴集团，督导片区所属企业按时编报月度资金收支预算、重点资金开支计划以及各种资金管理报表，督导片区所属企业及时回收各种应收款和定期清理备用金，对片区所属企业违反集团资金管理规定的行为及时加以制止和纠正，对片区所属企业的资金管理结果承担监管责任。

（6）负责监督、检查和管理片区所属企业的日常财务工作，督导片区所属企业在算好账的基础上管好账，督导片区所属企业定期清查所属企业的财务账面余额，督导片区所属企业及时对账、清账、核账，督导片区所属企业及时清理债权债务，督导片区所属企业定期盘点财产物资，督导片区所属企业建立健全内控制度，对片区所属企业的财务管理基础工作承担监管责任。

（7）负责对片区管辖范围内的投资项目的经济效益进行可行性分析论证并签署结论意见，参与片区的重大经营决策、重大投资项目决策等，防范投资风险。

（8）负责片区的财务队伍管理工作，负责对片区所属企业的财务人员进行业务培训和指导，对片区所属企业财务总监（财务经理、会计主管）的工作交接进行监交，按月对片区所属企业财务人员的工作进行考评打分，有权对片区所属企业不胜任工作的财务总监（财务经理、会计主管）人员提出免职建议。

（9）负责片区本部的日常财务管理工作，包括组织编制片区本部年度、季度和月度财务预算并审核片区本部预算开支，定期编制片区汇总会计核算报表、内部管理报表、财务预算、预算管理报表、资金计划、资金管理报表，开展片区财务综合分析并按时提交综合分析报告，考核评价片区所属企业预算完成情况，完成片区领导授权的其他管理工作等。

（10）以经营为中心，履行财务的服务职能，为领导出谋划策，当好领导参谋。

（11）负责协调片区所属企业财务与企业内部的工作关系。

（12）负责片区的税务筹划工作。

（13）负责完成上级领导及片区领导临时交办的其他工作。

3. 企业财务总监（财务经理、会计主管）

企业财务总监（财务经理、会计主管）在经营管理上对企业总经理负责，在业务管理上对集团公司财务总监负责，在财务信息的准确性、及时性、真实性等方面对兆通公司总裁负责。

（1）负责执行国家、兆通公司及集团各项财务规章制度，严把制度关，对各项违反财务管理规定的行为坚决予以抵制，对严重违反国家、兆通公司和集团的各项财务政策、制度、规定并造成重大经济损失和浪费行为的企业经营责任人有权直接向片区和集团报告，对各项财务规章制度的贯彻执行结果承担直接责任。

（2）负责做好本企业的会计核算工作，按照集团公司的要求开展会计核算，按时编报会计核算报表，严格执行国家、兆通公司及集团有关会计核算制度，对本企业的会计核算质量承担直接责任。

（3）负责做好本企业的财务预算工作，按时编报年度、季度和月度财务预算并严格按照财务预算执行，按时编报有关财务预算管理报表，严格执行兆通公司及集团有关财务预算管理规定，对本企业的财务预算管理承担直接责任。

（4）负责做好本企业的财务分析工作，按月进行财务状况分析、现金流量分析和经营损益因素分析，按时提交分析报告，对本企业的财务分析质量和分析效果承担直接责任。

（5）负责做好本企业的资金管理工作，严格执行集团公司有关资金管理规定，按照资金一体化运作，及时将超过集团规定的存款限额以上的资金存入集团财务结算中心，及时将应上缴集团的款项上缴集团，按时编报月度资金收支预算、重点资金开支计划以及各种资金管理报表，及时回收各种应收款和定期清理备用金，对企业违反集团资金管理规定的行为坚决予以抵制，对本企业的资金管理结果承担直接责任。

（6）负责做好本企业的日常财务工作，在算好账的基础上管好账，定期清查财务账面余额，及时对账、清账、核账，及时清理债权债务，定期盘点财产物资，建立健全企业内控制度，对本企业的财务管理基础工作承担直接责任。

（7）负责对本企业的投资项目的经济效益进行可行性分析论证并签署结论意见，参与企业的重大经营决策、重大投资项目决策等，防范投资风险。

（8）负责本企业的财务队伍管理工作，对本企业的财务人员进行业务培训和指导，对企业一般财务人员的工作交接进行监交，按月对企业一般财务人员的工作进行考评打分，有权对企业不胜任工作的一般财务人员提出免职要求。

(9) 以经营为中心，履行财务的服务职能，为领导出谋划策，当好领导参谋。

(10) 协调本企业内部财务关系。

(11) 负责本企业的税务筹划工作。

(12) 负责完成上级领导及企业领导临时交办的其他工作。

4. 主要财务事项运作规则

(1) 财务预算管理详见本节四、财务预算管理办法。

(2) 财务付款审批。财务付款审批按照新运集字[2004]27号《关于财务付款审批程序及权限的规定》执行，其中需报集团审批的大额资金开支应先报片区财务总监加批审核意见后再上报集团审批。

5. 会计核算报表

(1) 企业编制会计核算报表经企业经营责任人和财务负责人签字后同时上报片区、主管事业部和集团财务部各一份；

(2) 片区编制会计核算汇总报表经片区总经理和片区财务总监签字后同时上报主管事业部和集团财务部各一份；

(3) 集团公司会计核算合并报表经集团公司总经理和集团公司财务总监签章后报兆通公司财务中心一份。

6. 财务分析报告

(1) 企业财务负责人应按月向片区财务总监和集团公司财务总监提交财务分析报告；

(2) 片区财务总监应按月向集团财务总监提交片区综合财务分析报告；

(3) 集团公司财务总监应按月向兆通公司财务中心总经理提交集团综合财务分析报告。

7. 投资项目立项

片区管辖范围内的投资项目立项时，属于片区总经理审批范围内的由片区财务总监签署可行性结论意见并经片区总经理签署决策意见后报集团财务部备案，属于片区总经理审批范围外的由片区财务总监签署可行性结论意见并经片区总经理签署初步意见后报集团公司审批。

8. 财务日常管理

财务日常管理实行层级负责制，按照层级递进关系管理，任何一级只能向直接“上一层级”请示，向直接“下一层级”指挥，不能越级请示和越级指挥。“下一层级”要绝对服从“上一层级”的指示和要求，积极配合 “上一层级”工作，发生重大分歧时才可越级上诉。财务日常管理层级关系如下：

企业财务总监(财务经理、会计主管)向片区财务总监负责；片区财务总监向集团财务总监负责；集团财务总监向兆通公司财务中心总经理负责。同时，各级财务总监(财务经理、会计主管)，在业务上接受提名者的业务指导和监督；在财务信息的准确性、及时性和真实性等方面对委派者负责。

9. 资金管理

(1) 资金调剂。兆通公司的资金实行一体化管理，兆通公司和集团公司可按照资金管理办法规定直接调剂各企业的资金，片区没有资金调配权。

(2) 内部借款。企业申请内部借款由企业财务负责人和经营责任人签字后报片区审核，片区财务总监和片区总经理签署审核意见后报集团公司审批。

(3) 资金报表。各种资金管理报表由企业同时上报片区财务总监和集团财务部各一份；片区编制资金管理汇总报表上报集团财务部；集团公司将集团的资金管理汇总报表报送兆通公司财务中心。

10. 财务人员管理

(1) 人员任免。

① 企业一般会计人员由兆通公司授权企业负责招聘，片区财务总监负责考试面试(直属片区企业一般会计人员由集团公司财务总监负责考试面试)，集团财务总监审批，报兆通公司财务中心备案。

② 企业财务总监(财务经理、会计主管)由兆通公司直接委派，片区财务总监负责工作考核并有免职建议权，集团财务总监根据片区财务总监的免职建

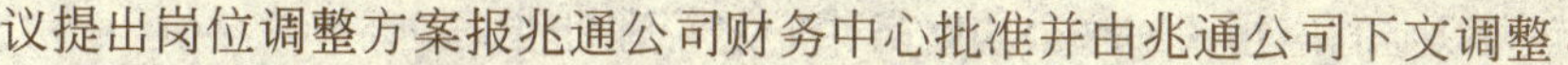

议提出岗位调整方案报兆通公司财务中心批准并由兆通公司下文调整。

③ 片区财务总监由兆通公司直接委派，集团财务总监负责工作考核并有免职建议权，免职建议报兆通公司财务中心批准并由兆通公司下文免职。

④ 集团公司财务总监由兆通公司直接委派，兆通公司财务中心总经理负责工作考核并有免职建议权，免职建议报兆通公司总裁批准并由兆通公司下文免职。

（2）薪酬考核。

① 企业财务总监（财务经理、会计主管）的薪酬标准由兆通公司财务中心核定，薪酬发放由片区财务总监考核打分后报集团财务总监，集团财务总监计算应发薪酬后报兆通公司财务中心批准后发放。

② 片区财务总监的薪酬标准由兆通公司财务中心核定，薪酬发放由集团财务总监考核打分并计算应发薪酬后报兆通公司财务中心批准后发放。

③ 集团公司财务总监的薪酬标准由兆通公司财务中心核定，薪酬发放由兆通公司财务中心总经理考核打分并计算应发薪酬后发放。

（3）工作述职。

① 企业财务总监（财务经理、会计主管）应于每月1日前以书面形式同时向片区财务总监、集团财务总监、兆通公司财务中心总经理和兆通公司总裁汇报本月工作完成情况、下月工作计划、存在的问题以及相关建议等。

② 片区财务总监应于每月1日前以书面形式同时向集团财务总监、兆通公司财务中心总经理和兆通公司总裁汇报本月工作完成情况、下月工作计划、存在的问题以及相关建议等。

③ 集团财务总监应于每月1日前以书面形式向兆通公司财务中心总经理和兆通公司总裁汇报本月工作完成情况、下月工作计划、存在的问题以及相关建议等。

（4）考勤管理。

① 企业财务总监（财务经理、会计主管）出差或休假2天以内（含2天）的应报请片区财务总监批准，2天以上4天以内（含4天）的应报请集团财务总监

批准，4 天以上的应报请兆通公司财务中心总经理批准。

② 片区财务总监在片区内部出差应提前向集团财务总监报告，片区财务总监休假3天以内(含3天)的应报请集团财务总监批准，4天以上的应报请兆通公司财务中心总经理批准。

③ 集团公司财务总监在集团公司内部出差应提前向兆通公司财务中心总经理报告，集团公司财务总监休假应报兆通公司财务中心总经理批准。

11. 财务人员的费用管理

(1) 片区及企业财务总监(财务经理、会计主管)薪酬由兆通公司发放，片区及企业财务总监(财务经理、会计主管)原则上不在企业领取任何补贴，特殊情况在企业领取相关补贴的，应向集团公司财务总监和兆通公司财务中心申报审批。

(2) 集团公司财务总监薪酬由兆通公司发放，原则上不在集团或企业领取任何补贴，特殊情况在集团公司领取相关补贴的，应向兆通公司财务中心申报审批。

(3) 集团公司财务总监及片区财务总监的日常费用开支纳入集团本部预算管理，在集团本部报销，集团公司财务总监及片区财务总监不得在片区所属企业报销任何费用。

第四章 审计管理

第一节 总 则

为了加强内部审计监督和有效地开展内部审计工作，参照《审计署关于内部审计工作的若干规定》，结合集团公司的具体情况，特制定本规定。

第二节 适用范围

本制度适用于集团公司及属下各经营公司。

第三节 适用原则

集团公司审计机构本着维护各方股东利益，维护集团公司经济权益的原则，依据国家的财经法规与规章制度，按照审计工作程序和方法，审核、评价集团公司财务收支及其有关经济活动的真实性、合规性和合法性，出具审计报告，提出工作建议，达到查错防弊、改进集团公司管理和提高经济效益的目的。

第四节 管理责任部门

审计管理的责任部门是审计部。

第五节 审计管理制度

一、财务审计基本准则

（一）总则

（1）财务审计，是指依据《兆通公司审计监察中心工作职责》规定的职责、权限，以我国《会计法》、《企业会计准则》和其他法律、法规以及本公司有关财务收支的规定，评价企业的资产、负债、损益的真实性、合法合规性以及效益。

（2）审计人员在编制审计方案或者评价审计结果时，应当利用重要性原则，凭借专业判断，评估企业会计报表及其单个项目反映的会计信息存在错报或者漏报的可能性，以及这种可能性对审计风险的影响程度，初步判断审计项目的重要性，据以合理确定所需收集审计证据的数量。

本准则所称重要性，是指企业会计报表中存在的错报或者漏报的严重程度，这一程度在特定环境下可能影响报表使用者的判断或决策。

（3）配合审计工作，全面提供真实、完整的会计资料和其他相关情况，是被审计企业经营责任人和其他有关人员的责任。

按照我国法律、法规和本公司的规章制度确定审计范围、程序和方法，发现并揭露可能导致会计资料严重失实的行为，是审计人员的责任。

（4）由于被审计企业不向审计人员提供企业真实、完整的会计资料和其他相关情况，而审计人员因受职责、权限和检查手段的局限，无法揭示企业会计信息的真实情况，从而作出完整、正确的审计结果，企业的经营责任人以及其他有关人员，应当对由此造成的后果承担责任。

（二） 审计目标和内容

（1）对企业资产负债表、损益表、现金流量表、合并会计报表或汇总会计报表、会计报表附注及相关附表应当按照以下目标和内容进行审计：

① 会计报表的编制是否符合法律、法规、《企业会计准则》以及本公司的有关规定；

② 会计处理方法的选用是否符合一致性原则；

③ 会计报表在所有重大方面是否公允地反映了企业的财务状况，经营成果和资金变动情况；

④ 会计报表是否根据登记完整、核对无误的账簿编制，账表之间、表内各项目之间、本期报表与前期报表之间具有勾稽关系的数字是否相符；

⑤ 合并会计报表的编制是否符合制度规定，该合并的是否合并，该抵消的是否抵消，有无因编制不合理造成资产、负债、所有者权益不实的现象；

⑥ 会计报表和附注及其编制说明反映的内容是否真实、完整、准确、合规。

（2）对企业资产类的会计科目，应当按照以下目标和内容进行审计：

① 货币资金。

a． 审计目标。确认货币资金是否真实存在，并为企业所拥有；确认所有货币资金的增减变动业务是否均已入账，收支业务是否合规；确认外币业务的折算是否正确；确认在会计报表上披露的信息是否恰当。

b． 审计内容。审查货币资金的实有数，并与账簿记录核对，查明账实不符的原因；审查货币资金收支行为的合规性、合法性；审查外币折算的正确性，是否符合有关制度规定；审查备用金等其他货币资金设置的合理性；审查货币资金在会计报表上是否充分、正确反映。

② 短期投资、长期投资。

a． 审计目标。确认投资的真实性，是否归企业所有；确认投资业务增减变动及其收益（或损失）记录的真实性、完整性；确认投资计价和损益确认的合规性；期末余额的正确性，以及在会计报表上披露的恰当性。

b． 审计内容。审查投资业务的批准文件，确定是否履行相应的程序，是否归企业所有，经营是否正常；审查各项投资增减变动及其损益是否记录完整，计价方法是否正确，债券投资溢折价摊销是否正确；分析投资收益增减变动和投资收益率，查明投资损失的原因和责任。审查有无利用长期挂账，不将分配的利润收回，从而隐匿投资收益的现象；审查投资项目期末余额的正确性，以及在会计报表上披露是否充分、恰当。

③ 应收账款、预付账款。

a．审计目标。确认应收及预付款的存在性，是否归企业所有；确认应收及预付款增减变动记录的完整性，有无遗漏；确认应收账款的可回收程度；确认期末余额的正确性，以及在会计报表上披露的恰当性。

b．审计内容。核对账证，审查应收及预付款的真实性和正确性，有无存在坏账损失的可能；编制应收账款账龄分析表，分析应收账款的可收回程度；审查预付账款审批手续是否完备，是否符合预算管理制度的规定；通过对折扣、坏账损失转销的检查，确认应收及预付款计算的正确性，以及在会计报表上披露的恰当性和充分性。

④ 应收票据。

a．审计目标。确认应收票据是否存在，是否属于企业所有；确认应收票据增加、贴现、到期收回等变动记录是否完整；确认应收票据的可收回程度；确认应收票据的期末余额是否正确，以及在会计报表上披露的恰当性。

b．审计内容。通过盘点和核对，审查应收票据的真实性；通过账证检查，审查应收票据使用的合规合法性；计算审查应收票据贴现金额、贴现息是否正确和会计处理是否恰当；审查期末余额的正确性，并核对在会计报表上反映的恰当性和充分性。

⑤ 其他应收款。

a．审计目标。确认其他应收款是否存在，是否归企业所有；确认其他应收款变动记录是否完整；确认其他应收款的可收回程度；确认其他应收款期末余额是否正确，以及在会计报表上反映是否充分、恰当。

b．审计内容。核对账证，审查备用金、员工借款等其他应收款的真实性、合理性，有无存在潜亏的可能；审查长期挂账的其他应收款，以确认原因、采取措施；审查员工借款等审批手续是否齐全，是否符合预算管理规定；审查期末余额是否正确，以及在报表上是否正确反映。

⑥ 坏账准备。

a．审计目标。确认坏账准备的计提是否充分，计提比例、计提范围是否符合制度规定；确认坏账准备年末余额是否正确，是否在报表上正确反映。

b．审计内容。分析坏账准备占应收及预付款项余额的比率，审查是否存在重大异常现象；计算审查坏账准备计提是否正确，有无通过多提或少提准备来调节利润的现象；审查坏账损失的审批手续是否齐全、完备，会计处理是否恰当。

⑦ 存货。

a．审计目标。验证存货是否真实存在，是否归企业所有，是否存在跌价损失；确认存货变动记录的完整性、正确性；存货计价方法是否恰当，是否前后一致；存货余额计算是否正确，报表反映是否充分、恰当。

b．审计内容。通过盘点或抽点，审查存货是否账账、账证、账实相符；盘盈盘亏会计处理是否正确，报批手续是否完备；存货业务计价方法是否前后一致，有无利用计价来调节成本、 增或 减利润的现象；审查存货的品质状况，按照存放时间和周转率的不同，对存货价值的可靠性进行鉴定；审查存货的采购业务是否符合本公司有关规章制度；存货的计价方法和跌价计提是否恰当合理，期末余额计算是否正确，是否与会计报表上披露的数据和情况相符。

⑧ 待摊费用、长期待摊费用。

a．审计目标。确认适用待摊费用、长期待摊费用会计政策的恰当性；费用发生和摊销记录的完整性、合规性；期末余额的正确性以及在会计报表上披露的恰当性。

b．审计内容。分析待摊费用、长期待摊费用的属性，审查入账是否符合制度规定；计算待摊费用、长期待摊费用摊销数额是否正确，有无利用多摊或少摊费用来调节利润的现象。审查期末余额是否正确，会计报表上的反映是否恰当。

⑨ 固定资产、固定资产清理、累计折旧。

a．审计目标。确认固定资产的真实性，是否归企业所有；确认固定资产、累计折旧的增减变动记录的完整性、合规性，是否履行相应的批准程序；确认适用固定资产计价和折旧政策的恰当性；期末余额的正确性，以及在会计报表上披露的恰当性。

b．审计内容。通过清点、核对、验证、函证等方法，审查固定资产是否确实存在，是否归企业所有；通过观察、验证等方法，审查是否有因种种原因未使用而不能产生效益的固定资产，有无账上存在实际已严重毁损不能使用的固定资产；审查固定资产的计价是否正确，购入固定资产是否符合公司有关规定，是否履行相应的手续；审查固定资产清理记录的完整性和反映内容的正确性，是否属于提前清理、报废，手续是否完备，清理收入有无入账；审查折旧政策和方法是否符合制度规定，折旧方法使用是否前后一致，折旧计算、会计处理是否正确，有无利用折旧计提来调节利润的现象；审查固定资产和固定资产清理期末余额的正确性，所用折旧方法是否在会计报表附注中恰当披露。

⑩ 在建工程。

a．审计目标。确认在建工程的存在性，增减变动记录的完整性、正确性；确认是否履行相应的批准程序；确认是否按照制度规定，划分资本性支出和收益性支出以及会计处理是否正确；确认在建工程期末余额是否在会计报表上恰当披露。

b．审计内容。审查在建工程有无通过批准立项，有无工程预算，工程开支是否和预算一致，有无严格按照工程进度付款；通过现场观察工程的进度情况，审查工程成本是否按时结转，有无利用工程长期挂账不转资产来调节利润的现象；审查划分资本性支出和收益性支出的会计处理是否正确，以及在会计报表上的反映是否恰当、准确。

⑪ 无形资产。

a．审计目标。确认无形资产的真实性和存在性，是否归企业所有；确认无形资产增减变动及其摊销记录的完整性、适用摊销政策的恰当性；确认期末余额的正确性，以及在会计报表上披露的恰当性。

b． 审计内容。通过账簿、原始凭证、证明文件的核对、分析，审查无形资产的实存性和所有权归属，有无 列无形资产的现象；核实每项无形资产的增减变动的授权批准文件，审查手续是否完备；审查无形资产是否按照不同来源，采取不同的计价方法，计价方法是否正确；审查各项无形资产实际支出是否正确，有无通过 列无形资产来调节利润的现象；审查无形资产的摊销是否合理，是否符合制度规定，摊销金额的计算是否正确；审查无形资产期末余额的正确性，以及在会计报表上披露的恰当性。

（3）对企业负债类科目，应当按照以下目标和内容进行审计：

① 短期借款、长期借款、长期应付款

a． 审计目标。验证各项借款的真实性、合理性；确认各项借款手续是否齐全，各项借款偿还及计息记录的完整性；确认是否按照借款合同按期偿还借款和利息，有无存在风险；确认期末余额的正确性，以及在会计报表上披露的充分性。

b． 审计内容。通过原始凭证和借款合同的核对，审查各项借款的真实性；通过负债比率的计算分析，审查企业负债的合理性；审查各项借款是否得到授权批准，有无按照规定用途使用，资金使用效益如何；审查各项借款的计价是否合理，外币借款的折算汇率是否符合制度规定，折算差额的会计处理是否正确；审查各项借款本金和利息的偿还情况，是否存在逾期未还的现象；审查借款利息是否已足额计算，有无利用少提或多提利息来调节利润的现象；审查各项借款是否在会计报表中正确列示，抵押和担保情况在报表附注中是否充分披露，有无应在报表和附注内披露而没有披露的负债。

② 应付票据、应付账款、预收账款、其他应付款、应交税金、应付利润、其他未交款、预提费用。

a． 审计目标。确认各项应付及预收款项发生的真实性；各项债务变动记录是否完整，会计处理是否正确；确认各项债务是否在会计报表上正确反映，有无低估或漏列的负债。

b． 审计内容。通过审阅、核对、函证等方法，审查各项负债是否真实；

结合现金、银行存款的审计，审查是否存在未入账的负债；审查外币负债业务及汇率折算计价是否正确；审查负债业务是否正常，有无　构业务，有无将已实现的主营收入、其他业务收入、资产盘盈或收取的折扣、回扣等隐匿在应付款或预收款账户上；审查应付款业务核算是否正确，会计处理是否恰当，是否存在未适当利用现金折扣的损失；审查预提费用的计提和转销记录的完整性，有无存在通过本科目调节利润的现象；审查各项负债长期挂账的原因，分析判断是否存在不需支付的债务；审查各项负债业务账账、账证是否相符，以及会计报表披露的充分性。

③ 应付工资及应付福利费。

a. 审计目标。确认各项人工费计提是否符合规定，增减变动记录是否完整，在会计报表上的余额反映是否正确。

b. 审计内容。审查应付工资及福利费发生额是否正确；审查应付工资及福利费是否按照规定计提、核算，实发工资是否符合本公司有关薪酬管理制度和预算管理制度的规定；审查应付福利费的计提、开支是否符合制度规定、是否符合本公司规定；审查应付工资和福利费科目是否出现借方余额，如有应查明原因，及时补足。

④ 应付债券。

a. 审计目标。确认应付债券发行、偿还及计息记录的完整性、正确性，以及债券溢折价发行形成的差额摊销的正确性；确认应付债券期末余额的正确性，以及在会计报表上披露的充分性。

b. 审计内容。审查应付债券发行有无批准文件，发行手续是否符合有关规定；审查债券应计利息、溢折价摊销及其会计处理是否正确，查明各期利息的摊销是否正确，有无利用多摊或少摊利息来调节利润的现象；审查应付债券到期偿还的情况，以及使用效果是否达到预期目标；审查应付债券在会计报表上的披露是否充分、恰当。

（4）对所有者权益类科目，应当按照以下目标和内容进行审计：

① 实收资本。

a． 审计目标。确认实收资本的增减变动是否符合法律法规、合同章程的规定；确认实收资本变动记录的完整性；确认期末余额的正确性，以及在会计报表上披露的恰当性。

b． 审计内容。验证银行存款入账单据、验证评估机构的评估报告，审查实收资本是否真实存在；审查实收资本的变动是否得到批准，增加的投资额，是否办理变更登记手续；审查是否遵守资本保全原则，查明是否所有涉及净资产增减的经济活动都是通过资本公积或营业外收支科目进行会计处理；审查期末余额是否正确，以及在会计报表上是否正确反映。

② 资本公积、盈余公积。

a． 审计目标。确认资本公积、盈余公积是否真实存在，增减变动记录是否完整，使用是否符合制度或本公司的规定；确认期末余额的正确性，以及在会计报表上披露的恰当性。

b． 审计内容。审查公积金来源有无正当渠道，包括捐赠、资本溢价、资产重估增值、利润分配是否有据可查，有无 增公积金的现象；复核公积金计算是否正确，盈余公积金计提是否正确；审查资本公积转赠资本是否依法办理手续，盈余公积、公益金的使用是否符合制度规定；审查各项公积金余额是否正确，是否在会计报表上正确反映。

③ 未分配利润。

a． 审计目标。确认未分配利润的真实性。

b． 审计内容。结合利润、利润分配的审计，审查未分配利润增减变动记录是否完整，期末余额是否正确，以及在会计报表上披露是否恰当。

（5）对损益类科目，应当按照以下目标和内容进行审计：

① 主营业务收入。

a． 审计目标。确认主营业务收入的真实性，记录的完整性、正确性；确定收入的确认是否遵循权责发生制原则和配比原则；确认收入折让发生的真实性。

b． 审计内容。核对账簿、凭证、收入报表，审查收入的真实性；根据不同的销售方式审查对收入确认的正确性，注意有无违反权责发生制原则，利用提前或推迟入账来调节利润的现象；审查发票、收据是否完整、连号，有无存在漏记、隐瞒或 构收入的问题；如公司订有折让等优惠政策，审查折扣发生的审批手续是否完备；审查主营业务收入会计处理是否符合制度规定，有无年末大宗收入，次年红字冲回的现象；审查收入在损益表上是否正确列示。

② 主营业务成本。

a. 审计目标。确认主营业务成本记录的完整性、计算的正确性；分析成本的归集和分配是否适当的，分析主营业务收入、主营业务成本是否配比，分析实际成本偏离预算的原因；审查成本的开支范围是否符合制度规定、是否符合本公司的规定。

b. 审计内容。核对原始凭证、生产报表，验证各成本项目是否真实、可靠，各成本项目的归集和分摊计算是否准确；审查成本结转的一致性，计算方法是否前后一致；分析收入成本是否配比，检查有无利用混淆主营业务成本和管理费用的开支范围来逃避预算资金控制的现象；分析实际成本与预算的差异，评价企业成本控制措施是否有效。

③ 其他业务收入、其他业务支出。

a. 审计目标。确认其他业务收支的真实性，记录的完整性、正确性，收支的确认是否遵循权责发生制原则和配比原则。

b. 审计内容。核对发票和收据，检查其他业务收入是否正常，是否真实完整，有无存在收入不入账的现象；审查其他业务收入的会计处理是否遵循配比原则，是否同时结转成本和税金，有无只计收入不计成本 增利润的现象；审查其他业务收入在会计报表中的披露是否恰当。

④ 管理费用、销售费用、财务费用。

a. 审计目标。确认管理费用、销售费用、财务费用的真实性，记录的完整性、计算的正确性，在会计报表上披露的恰当性；分析实际费用与预算的差异。

b. 审计内容。核对、检查凭证，审查各项费用发生是否真实；审查各项费用发生的会计处理是否正确，有无利用混淆主营业务成本和管理费用的开支范围来逃避预算资金控制的现象；审查各项费用是否及时、足额入账，分析实际费用与预算的差异，评价企业费用控制措施是否有效。

⑤ 确定主营业务税金及附加。

a． 审计目标。确认主营业务税金及附加记录的完整性、计算的正确性，在会计报表上披露的恰当性。

b． 审计目标。审查各项税种的计税范围、计税依据、计税方法是否符合规定，复核各项税种的计算是否正确，缴纳、计提是否及时足额，有无利用少提税金调节利润的现象，有无存在未适当利用税收优惠政策形成的损失。

⑥ 利润、营业外收支、投资净收益、所得税。

a． 审计目标。确认企业利润的真实性，计算的正确性，在会计报表中披露的充分性、恰当性。

b． 审计内容。根据收入、成本费用的审计结果，验证营业利润计算是否正确；根据投资业务的审计结果，审查投资净收益是否真实，计算是否正确；检查有关文件、凭证，审查营业外收支业务是否真实，履行手续是否完备，会计处理方法是否恰当；复核所得税计算是否正确，应纳税额是否足额计提、缴纳，有无利用少提税金调节利润或现金流量的现象，有无存在未适当利用税收优惠政策形成的损失。

⑦ 利润分配。

a． 审计目标。确认利润分配、公积金计提的合规性，以及在会计报表上披露的充分性、恰当性。

b． 审计内容。审查利润分配是否符合制度规定，是否优先弥补亏损；检查有关批准文件，审查是否按照规定的比例计提盈余公积和公益金，以及利润分配是否在会计报表上充分、恰当地反映。

（三）审计程序和方法

（1） 财务审计的程序有以下步骤：

① 按照年度审计项目计划，选派审计人员组成审计组，确定审计组组长，

编制审计方案，送达审计通知书；

② 进行符合性测试，确定实质性测试的范围和重点；

③ 根据选定的抽样审计方法，选取一定数量的样本进行实质性测试；

④ 收集审计证据、编制分项目审计工作底稿；

⑤ 编制汇总审计工作底稿，形成审计结论，出具审计报告。

（2）审计组实施审计时，应当按照《兆通公司内部控制审计基本准则》对被审计企业的控制环境、会计系统、控制程序进行符合性测试，以便确定实质性测试的范围和重点。

（3）实施符合性测试后，如果发现被审计企业会计账目存在重大错误、舞弊未被内部控制防范和纠正，审计组应按照规定的程序调整审计方案，进一步明确审计目标，扩大审计范围，以降低审计风险。

审计组对企业内部控制测试的内容、过程和结果以及对审计方案的修改情况，应当记录于审计工作底稿。

本准则所称错误，是指造成会计资料不实反映的过失行为。主要包括：

① 在会计资料中的计算和抄写错误；

② 对事实的疏忽和误解；

③ 对会计政策的误用；

④ 其他无意过失行为。

本准则所称舞弊，是指造成会计资料不实反映的故意欺骗行为。其中主要包括：

① 不如实向审计组提供完整、真实的会计资料；

② 窜改、伪造、编造会计记录或会计凭证；

③ 侵占资产；

④ 记录不实的经营收支；

⑤ 从会计记录、会计凭证中隐瞒或删除经营成果；

⑥ 故意歪曲会计政策，做 假的会计核算；

⑦ 其他的故意欺骗行为。

（4）对企业内控制度的符合性测试，不能代替对被审计企业资产、负债、损益情况的审计。无论被审计企业的控制风险大小，审计组都必须选择恰当的审计方法对企业进行实质性测试。

（5）审计组对没有内部控制或者内部控制可信赖程度较低，以及小规模的被审计企业，可以不实施符合性测试，直接进行实质性测试。

实质性测试，是指审计组为了检查被审计企业会计数据的真实性、合法性、正确性和完整性，运用检查、监盘、观察、计算、分析性复核、查询及函证等审计方法，对会计报表项目金额进行的证实性审查。

（6）审计人员根据对被审计企业内控状况的测试结果，确定实质性测试的范围和重点，并抽取一定数量的样本进行审计。

（7）抽样审计方法包括判断抽样法和统计抽样法。

（8）在下列情况下，审计组可以采用判断抽样法实施审计：

① 前次审计工作比较深入并且间隔期不长，情况比较清楚的；

② 内控制度较为健全、风险较小；

③ 经济业务比较复杂，审计任务的时限要求较紧。

（9）审计人员在使用判断抽样审计法实施审计时，应当保持严谨、稳健的职业态度，分析判断企业内部控制的薄弱环节、财务人员业务素质和分工状况、容易产生错误的经济事项，以及企业会计系统中可能存在风险的重要线索，恰当地确定审计对象和抽取样本量的规模，控制抽样审计风险。

（10）审计人员采用随机抽样、分类抽样、系统抽样等统计抽样方法时，应当根据被审计企业所处的行业特点、经济规模以及内控测试的结果，确定抽样比例。

运用统计抽样方法抽取样本时，重点审计对象、非重点审计对象中的所有项目都应有一致的选取机会，以保证样本的特征能够代表总体的特征。

在选取的审计样本中，如果单项业务账面价值金额超过总体业务价值金额10%以上的异常个体，应当予以去除，并采取其他审计方法进行审计。

(11) 采用统计抽样方法进行审计时，如果审计结果没有达到对所测试的内部控制预计应当达到的信赖程度时，审计人员应当考虑增加抽样审计的样本量或者执行替代审计程序。

(12) 审计人员应当根据获取的审计证据，分析采用统计抽样法选取样本进行审计形成的误差，推断审计项目总体范围的误差，评估审计风险，形成审计结论。

(13) 在下列情况下，审计组可以采用详查法，对企业与审计目标相关的会计凭证、账表资料和实物等逐一进行全面、详尽的审查，据以判断企业会计资料反映的真实性、合法性、效益性：

① 企业经济规模较小、业务量较少，审计时间充足；

② 企业内部控制不健全、预计风险较大；

③ 审计重点内容中的风险较大的部分项目。

(14) 审计组在实施审计时，应当通过恰当的审计方法收集审计证据。

① 审计中如有需要，可以聘请专门机构或专业人士，对审计事项中某些专门问题进行鉴定，取得鉴定结论作为审计证据。

② 审计人员可以向公司以外的单位发函取证，也可以要求被审计企业发函或采取其他方法证实本企业债权债务、往来款项、委托代管资产以及其他经济业务活动的真实情况，提供审计证据。审计证据，应当有提供者的签名或盖章。

③ 审计人员收到复函或者通过被审计企业获取审计证据后，应当将审计证据的来源和获取的过程记入审计工作底稿。如果未收到复函，应当采取必要的替代审计程序。

(15) 在编制审计方案和形成审计报告阶段，审计人员应当将分析性复核的方法作为必经的审计程序。在审计实施阶段，审计人员也可以运用分析性复核作为实质性测试的方法之一。

本准则所称分析性复核，是指审计人员对企业会计报表反映的会计信息的重要比率或者趋势进行的分析，其中包括调查异常变动和这些比率或趋势与预算和计划的差异。

（四）审计报告

（1）审计组就审计工作情况和审计结果拟定审计报告初稿，依照规定征求被审计企业的意见后，向集团公司总经理提出审计报告。审计报告一般包括以下内容：企业概况、审计的内容、采用的主要审计程序和方法、审计结果和建议。

（2）审计人员在必要时可进行后续审计。

（五）附则

（1）本准则由集团公司审计部负责解释。

（2）本准则自发布之日起施行。

二、内部控制审计基本准则

（一）总则

（1）内部控制，是指企业内部为实现经营目标、保护资产安全完整、保证遵循法律法规、提高企业运营效率及效果而采取的各种政策和程序，其实质是企业为实现目标而形成的自控系统。

（2）内部控制审计目的：

① 通过测试，对企业内部控制的健全性和有效性做出评价。

② 判断财务审计的范围。

（3）内部控制包括控制环境、风险评估、控制活动、信息与沟通、监督五个要素。

（4）控制环境，是内部控制要素的基础，对于塑造企业文化，影响员工控制意识有重要作用。主要包括以下内容：

① 管理层的管理理念和经营风格；

② 企业员工的操守、价值观及胜任能力；

③ 经济性质和公司治理结构；

④ 人力资源政策及其执行。

（5）风险评估，是指辨认并分析影响企业目标实现的各种不确定因素。主要包括以下内容：

① 识别影响企业目标实现的各类风险；

② 建立风险管理机制。

(6) 控制活动，是指确保管理层指令实现的各种政策和程序。主要包括以下内容：

① 所有经营活动应有适当的授权；

② 不相容职务应当分离；

③ 有效控制凭证和记录的真实性；

④ 资产和记录的接近限制；

⑤ 独立的业务审核程序。

(7) 信息与沟通，是指企业内部上下、横向的信息流通，以及企业与外部的信息沟通。主要包括以下内容：

① 及时、准确、完整地记录所有信息；

② 保证管理信息系统的有序运行；

③ 保证管理信息系统的安全可靠。

(8) 监督，是指一种随时间而评估内部控制执行质量的过程。主要包括以下内容：

① 对生产经营过程的持续监督；

② 管理层对内部控制的自我评估。

(9) 建立、健全内部控制并使之有效运行是企业高级管理层的责任。内部控制目标的实现有赖于企业所有人员的参与。

(10) 内部控制是对企业目标实现的相对保证。由于人为错误、串通舞弊、超越制度、环境变化及成本效益原则等因素的影响，内部控制可能无法发挥其应有作用。

(二) 审计目标和内容

(1) 控制环境审计主要包括以下内容：

① 管理理念及经营风格。

a． 了解管理层对逾越既定控制程序的态度如何；

b． 了解管理层对承接经营风险的态度如何；

c． 了解管理层对选用会计政策的保守、稳健程度。

② 操守及价值观审计。

a． 了解企业管理层是否制订有行为准则或类似规范，如果有，是否贯彻落实；如果没有，是否在企业文化方面强调操守的重要性；

b． 企业管理层在与内部员工以及外部供应商、投资人、债权人、客户、中介机构交往时，其行为显示出来的操守及价值观如何；

c． 当发现员工违反既定政策与程序时，如何补救，如何处罚。

③ 董事会与监事会审计。

a． 了解董事会与管理层之间的独立程度如何，董事会和管理层的报酬是否与企业目标挂钩，其密切程度如何；

b． 向董事会、监事会直接负责的员工其任免和工资如何决定；

c． 董事、监事的知识和经验如何；

d． 董事、监事提供指导和监督的程度如何；

e． 董事、监事能获取企业多少信息，其中敏感的信息有多少，获取的速度如何。

④ 人力资源政策审计。

a． 了解企业如何聘请员工，是否作员工背景调查及考核；

b． 如何根据岗位需要培训员工；

c． 员工的留任和晋升如何与员工绩效挂钩；

d． 如何考核与评估员工的绩效，如何建立员工资料档案。

⑤ 执行能力审计。

a． 了解企业是否对每个岗位均制订了岗位职责或职务说明书，如果有，其清晰程度如何；如果没有，了解管理层如何对员工布置工作和提出执行要求的；

b． 了解企业各层次主管是否承担相应的责任，他们对各自所负职责了解的程度如何；

c． 各重要主管的知识和经验是否符合岗位职责的需要，他们履行职责的能力如何；

d． 企业的业务职权划分是否适当，授予员工的权利与其承担的责任是否相称。

（2）风险评估审计主要包括以下内容：

① 企业整体目标审计。

a． 企业制订了哪些整体目标，目标是否可行，是否定期修订；

b． 企业如何让董事会和全体员工了解企业整体目标，了解的程度如何；

c． 企业如何根据目标制订经营策略，目标与经营策略之间的紧密程度如何；

d． 企业如何制订预算和计划，预算和计划与实现整体目标、实施策略的关系如何；

e． 企业如何将整体目标、预算计划的相关内容与风险发生的可能性联系起来，并采取相应的措施。

② 业务活动层级目标审计。

a． 了解企业是否根据管理层级，将整体目标分解下发，各管理层级是否制订自己的目标，目标与企业整体目标之间的关系如何，目标是否具体、明确；

b． 企业如何按照责任归属原则，对收入、成本、费用分别制订责任目标，责任目标与经营过程的密切程度如何。

③ 风险分析审计。

a． 管理层是否了解影响企业整体目标实现的不确定因素有哪些方面，管理层是如何进行识别的；

b． 管理层如何识别和评估由于经济、产业、主管机关和营运环境不断变化而产生的外部风险，影响外部风险的因素有哪些，每一种因素发生的可能性及其影响后果如何；

c． 管理层如何识别由于业务规模不断扩大、业务活动不断复杂而产生的内部风险，影响内部风险的因素有哪些，每一种因素发生的可能性及其影响后果如何；

d. 为避免和降低已识别的风险，企业采取了哪些改变管理方法的措施，这些改变对企业的重大影响有哪些，效果如何。

（3）控制活动审计一般应包括但不限于以下内容：

① 销售和收款循环：包括订单处理、授信管理、开立发票、应收账款及记录、收款、客户投诉等环节。

② 采购预付款循环：包括请购、采购、验收、退货处理、应付款及记录、付款、备用金等环节。

③ 生产循环：包括调度、营运、稽查（或领料、生产、出入库手续）、质量管理等环节。

④ 工资循环：包括人事资料、人力资源规划、人员招聘、培训、考核、升迁、解聘、工资表编制、工资发放等环节。

⑤ 固定资产循环：包括固定资产的取得、清理、处置、报废、折旧、保管及记录等环节。

⑥ 投资循环：包括投资决策的产生、投资过程的监控、投资效果的评估等环节。

⑦ 电脑化资讯处理循环：包括资讯部门与使用者部门之间的权责划分、系统开发或程式修改控制、编制系统文书的控制、程式及资料的存取控制、资料输入、输出控制、资料处理控制、档案及设备安全控制、硬件及软件的购置、使用及维护控制、系统复原计划及测试程序的控制等环节。

⑧ 印鉴使用管理。

⑨ 票据领用管理。

⑩ 预算管理。

（4）信息与沟通审计一般应包括以下内容：

① 企业如何取得外部信息，企业所取得的外部信息如何在内部传递，及采取相应的措施。

② 企业的内部信息如何向外部沟通和传递。

③ 企业如何取得内部信息，如何将员工的不当行为或现象告诉管理层。

④ 企业如何向员工传达他们应负责的任务、应执行的控制作业，以及员工的了解程度如何。

⑤ 企业内部各部门如何进行信息沟通。

（5）监督审计一般应包括以下内容：

① 各层次主管如何监督员工的工作，监督结果是否有书面记录和报告，记录和报告是否完备，记录和报告何人使用，使用方式与效果如何。

② 企业是否借外部信息来判断内部信息的正确性，如有，如何做。

③ 企业是否有专人负责内部稽核或内部审计工作，审查结果是否有书面报告，管理层对内部审计和外部审计的建议态度如何，接纳程度如何。

④ 各层次管理人员对已发现的内部控制缺失问题如何报告，向谁报告，其内容详细程度与报告的速度如何。

⑤ 企业对已发现的内部控制缺失问题是否采取补救措施，其措施效果如何。

（三）审计程序和方法

（1）内部控制审计的程序有以下步骤：

① 调查内部控制的建立情况，查明制度是否健全、合理以及公司各层次对内部控制重要性的态度和意识；

② 初步评价内部控制的健全性，确定是否需要进行符合性测试；

③ 进行符合性测试，确定被审计单位的各项制度或措施是否真实地存在于经营业务和财务活动之中，所有工作人员在实际执行内部控制过程中是否确实遵守了内部控制的规定，内部控制本身是否有效。

④ 对内部控制做出综合评价，提出纠正和完善的建议。

（2）调查内部控制的建立情况，主要是指调查内部控制环境，一般采取预先设计好的问卷调查。同时，要求被审计单位提供相应的政策和制度手册、合同、会计凭证以及相关的业务原始记录。问卷调查的内容，一般包括但不限于下列方面和内容：

① 决策和管理层方面。

a. 公司领导层是否了解可能引发经营风险的内外因素，是否对风险发生的可能性和预计带来的后果有清晰的认识，公司是通过哪些具体措施和方法揭示和提供这些信息的；

b. 公司领导层是否参与资金预算的编制和审核；

c. 公司领导层是否对经营业务和财务管理中的失控情况及时采取应急措施，使之恢复正常；

d. 公司管理层对逾越既定控制程序的态度；

e. 公司管理层是否能及时采纳外部、内部审计人员所提出的审计建议；

f. 企业文化的核心内容及员工对此的理解与认同。

② 组织机构方面。

a. 公司在重大生产经营方面的决策权限是否划分清楚；

b. 各部门、各岗位所拥有的权力和应承担的责任是否有明确规定；

c. 是否制订员工聘用程序及培训制度；

d. 是否制订员工业绩考核与激励机制。

③ 管理制度方面。

a. 公司的投资、购置资产、工程施工、资产和项目处置等经济业务是否履行一定的批准程序；重大的投资、资产购置、工程项目是否必须进行可行性研究，可行性研究报告是否组织相关人员讨论后，由总经理核准；

b. 规定限额以上的重大投资、购置重要资产、工程项目、资产和项目处置签订重要经济合同或协议是否按照规定的程序报经股份公司批准；

c. 公司内部是否按照管理层级或收入、费用的归属制订较严格的经济责任制并对完成情况进行考核；

d. 公司是否实行预算制度，预算的制订是否先进、合理，定额是否经常修订，有无确保预算完成的措施，对预算的执行是否进行严格考核；

e. 是否制订资产定期盘点制度，对各种存货或资产是否每年至少盘点一次；盘点工作是否指定专人监督，账实差异的调整是否经相关负责人批准。

④ 信息系统方面。

a． 会计信息、业务信息的报告制度是否健全，执行情况是否定期检查和反馈；

b． 公司管理层在控制、评估业务活动时是否使用和如何使用会计、统计和业务资料。

⑤ 内部监督方面。

a． 公司是否制订事前审计制度，对资产购置和处置、工程项目等经济业务进行独立的审核和监控；

b． 重大的投资、资产购置、工程项目、资产和项目处置的可行性研究报告是否经财务部门会审；财务总监是否能参与公司生产经营的重大决策，对重大支出是否亲自核准；

c． 是否规定业务监管部门或人员定期进行业务检查，对检查发现的问题是否落实整改措施并有整改回复，对重大问题是否移交股份公司监察部门。

⑥ 会计机构人员方面。

a． 会计业务分工是否明确并坚持批准、执行和记录职能分开的内部牵制原则；

b． 会计人员岗位变动或轮换是否办理交接手续。

⑦ 会计核算与管理方面。

a． 原始凭证是否按照程序经有关人员审核；

b． 是否制订有适合企业的财务收支审批制度；

c． 是否制订有适合企业的会计核算业务规定。

(3) 初步评价内部控制的健全性。初评的步骤如下：

① 根据问卷调查的结果，审计人员对内控制度进行描述。

② 对制度描绘以后，审计人员将企业现行制度与控制目标进行比较。

③ 根据比较的结果，评价内部控制的健全性；健全性评价不取决于企业所建立的相关内部控制制度的数量多少，而是要分析内部控制中是否建立了与

上述调查内容相同或功能相同的关键控制点。

④ 确定是否进行符合性测试。一般只针对企业内部控制强度令人满意的部分才进行符合性测试。对没有建立控制制度，或制度极不健全的关键控制点，不进行符合性测试。

（4）内部控制符合性测试，是指根据企业现行的控制制度，抽取一定数量的样本，对实际的生产经营或会计、财务活动进行检查，以明确这些控制环节是否确实存在，以及执行情况符合制度规定的程度。测试内容具体如下：

① 业务测试。根据企业经营的特点，将企业的经营环节和重要业务划分成不同的类型或系统，检查在这些业务事项的处理过程中，是否按规定的手续办理。

② 功能测试。通过检查各控制点有无漏过不正确的业务，证实各项控制是否按规定发挥了作用，有效程度是否令人满意。

（5）确定测试样本量的方法包括详查或者抽样审计法。

① 详查法，是指逐笔核对的方法。

② 抽样审计法包括判断抽样法和统计抽样法。

判断抽样法，是指审计人员凭经验估计应该抽查的样本量，一般按照制度执行的次数多少而定。

统计抽样法，是指按照估计的差错率、允许的误差大小、应该达到的保证程度以及总体业务量的多少，运用公式计算或查表确定应该抽取的样本量。

（6）样本的测试方法一般包括以下三种：

① 检查证据法，即审核检查已抽取的样本资料。

② 重做法，即审计人员根据业务处理程序，重复做一遍已完成的业务，并比较结果，判断内部控制是否有效。

③ 现场观察法，即通过实地观察或询问，判断业务事项的处理程序是否与制度的要求相符。

（7）根据符合性测试的情况，编制符合性测试记录表，并确定内部控制的最终评价。

（8）内部审计人员对内部控制做出最终评价时，应当包括但不限于以下内容：

① 控制程序存在与否，是否适当。如果企业没有制定合适的标准，内部审计人员可以基于企业利益最大化的原则选择适当的评价标准；

② 存在的控制程序执行与否，执行的程度如何；

③ 失控环节；

主要是对符合性测试中发现的虽然建立了内部控制但没有完全遵守；或由于内部控制没有得到执行，形成部分内部控制本身无效的问题进行分析和揭示。

④ 失控的性质和原因；

⑤ 失控对企业经济效益、会计账目等的影响；

⑥ 是否存在内部控制的局限性。

控制的局限性主要关注控制程序是否因高层管理人员无视其存在而失效、因执行人员粗心大意、串通作弊而失效以及因经营环境和业务性质的改变而失效的可能性。

（9）内部审计人员在评价内部控制时，按照项目的性质和需要，既可以对全部控制要素进行评价，也可以只对部分控制要素进行评价。

（10）内部审计人员可以采用文字叙述、调查问卷、流程图等方法对内部控制进行描述和评价，并记录于审计工作底稿中。

（四）内部控制审计报告

（1）审计报告一般说明审查和评价内部控制的目的、范围、审计评价及对改善内部控制的建议。

（2）内部审计人员在必要时可进行内部控制的后续审计。

三、工程预（决）算审计制度

（一）总则

为了提高工程预（决）算审计的正确性，合理审定工程造价，特制定以下规定。

（二） 工程预(决)算审计的范围

集团公司本部及其下属公司1万元(含1万元)以上的装修、维修、更新改造等工程的工程预(决)算。

（三） 审计的审批程序

（1）报审的资料先上报集团公司总经理办公室，由集团公司总经理办公室对项目立项、施工设计方案的确定、装修标准进行审定，批准同意后，再转交审计部审计工程预算。

（2）报审金额较大的工程项目，符合投资审议标准的，经集团公司总经理办公室同意后，上报股份公司投资审议委员会进行审议。审计部根据审议结果，进行预算审计。

（3）审计部审计结束后，将审计结论报集团总经理办公室呈集团公司主管领导审批，审批以后将集团公司领导的审批意见附审计结论转送审计部和报审计单位各一份。

（4）集团公司总经理办公室负责将报审资料、审计结论、集团公司领导审批意见等资料的复印件汇总报送股份公司审计监察中心备案。

（四） 报审时需提供的资料

（1）图纸资料。

① 报审工程预算的图纸资料。提供有部门或企业负责人签字的工程施工图(包括说明、平面图、平面图或详图)。如对原建筑物、构筑物、线路进行改造或装修变化较大的工程，还应出示施工前的工程状况布置图。

图纸标注的尺寸要清楚完善，如无法在图纸上标注的施工内容可用文字表述。

② 报审工程的决算资料。提供有部门或企业负责人签字的竣工验收报告，施工设计变更资料或现场签证资料。如施工变化较大的还应出具有部门或企业负责人签字的施工竣工图及说明。

（2）工程预(决)算书。报审有部门或企业负责人签字的工程预(决)算书，包括工程预(决)算书的编制说明，套用的定额、材料及设备价格的由来等。

（3）施工合同及其他。提供施工合同或施工协议，施工单位资质证书或有关情况，项目投资大的工程需提供施工组织设计。

（4）工程施工进度计划。提交预计开工和完工时间，工期长的工程需提供工程施工进度计划安排表。

（五）工程项目实施条件

（1）造价1万元（含1万元）以上的工程项目必须在集团公司领导审批意见下达后方可开工。

（2）必须按报审的施工图实施施工，不能随意增加施工项目及内容、提高设计标准，增大工程量。

（3）工程造价控制在批准下达的预算之内。

（4）未经集团公司领导批准擅自开工的项目，根据情节追究责任人的责任并严肃处理（处罚条款参照股份公司有关规定）。

（5）如有特殊情况需要修改已批准的开工的项目设计方案，或需追加工程造价，必须再向集团公司报审，经集团公司领导批准后，才能变更实施。

（6）其造价在审计范围内的，经集团公司领导批准，可先行开工，但审计部将会视具体情况，进行实地追踪审计。

（六）其他有关规定

（1）造价小于1万元的工程项目，审计部有权利视情况而定，进行不定期的抽查审计。

（2）造价大于1万元（含1万元）并经集团公司同意开工的工程项目完工后，审计部有权对该工程项目做追踪抽样审计。

四、经营责任人任期经济责任审计准则

（一）总则

（1）为规范和指导属下企业经营责任人任期经济责任审计工作，提高审计质量，防范审计风险，正确评价其经济责任，更好地发挥审计监督在加强和改善经营管理，保障资产安全完整、保值增值等方面的作用，制定本准则。

（2）本准则所称经营责任人是指集团公司所属公司、控股或者相对控股的企业经营责任人。

（3）本准则所称任期经济责任，是指经营责任人在任职期间，对其所在企业资产、负债、损益的真实性、合法性、效益性，资产的安全完整、保值增值，以及有关经济活动应当负有的责任，包括直接责任和主管责任。

（4）任期经济责任审计按实施审计的时间和内容，分为专项审计、年度审计、整个任期的审计。经营责任人因任期届满，任期内调任、免职、辞职、退休，企业出售、拍卖、破产、解散等，均应进行任期经济责任审计。

（5）实施任期经济责任审计的时间范围，通常包括企业经营责任人所任职务的整个任职期间，一般指到任的次月起至离任的当月；在任企业经营责任人的任期经济责任审计时间范围，一般指到任的次月起至决定审计的上月。对于任期较长的企业经营责任人，审计部门根据相关审计要求和被审计企业经营责任人的实际情况，可以采取逐年详查的方法，也可以采取以任期最后一年的资产、负债、损益情况为重点，有关问题和重大事项追溯以往年度的方法进行审计。

（6）实施任期经济责任审计以被审计企业经营责任人所在企业及其全资、控股企业的审计事项为主，遇有重大事项可以对相关单位进行延伸审计或审计调查。

（7）审计部门在实施企业经营责任人任期经济责任审计时，应遵照全面审计、突出重点、客观公正、实事求是的原则，坚持经济责任审计与资产、负债、损益审计相结合，审计与审计调查相结合，根据具体情况和需要灵活运用各种审计方法，对被审计单位的会计资料、实物资产以及有关经济活动进行审核。

（二）审计内容

（1）经营责任人任期经济责任审计在企业资产、负债、损益的真实、合法、效益情况审计的基础之上，重点检查有无严重做假账，有无重大决策失误造成严重损失浪费，有无严重亏损和不良资产以及或有负债，有无严重违法违纪问题，有无管理上的重大漏洞，审查经营责任人任期内所在企业与资产、负债、损益目标责任制有关的经济指标的完成情况，审查经营责任人所在企业及其本人遵守国家财经法规、公司财务制度规定和个人廉洁自律情况。

（2）企业资产、负债、所有者权益的真实、合法和效益情况审计。

① 资产情况的审计。重点通过审核账面资产和实有资产的符合程度、不良资产和其减值准备计提情况，以及处置资产行为的合规性和合理性等情况，核实企业资产的真实性和完整性、资产质量状况，审查有无严重损失浪费。

② 负债情况的审计。审查负债科目账面的真实性、正确性，负债形成及偿还的合法性、合理性，审查有无通过负债类科目调节企业财务收支、经营成果以及其他违反财经法规的行为。

③ 所有者权益情况的审计。审查所有者权益有关科目余额的真实性、正确性，与所有者权益有关经济事项的合法性、合规性，审查有无侵占投资主体权益的行为；区分净资产资本投入性增减、国家政策性增减、企业经营性增减等情况，正确界定净资产增减变化中企业经营责任人应当承担的经济责任。

④ 损益情况的审计。审查损益类科目发生额的真实性、合规性、正确性，审查企业经营责任人任期内有无隐瞒亏损、 报利润、转移收入，私设“小金库”等违纪违规行为。

(3) 内部控制制度建立及执行情况的审计。通过对与企业资产、负债、损益相关的内部控制制度建立及执行情况的健全性测试和符合性测试，检查相关内部控制制度的健全性、合规性、合理性、有效性，了解经营管理中的薄弱环节以及是否存在重大漏洞。

① 健全性测试可以采用调查表、流程图等方法，主要检查企业应有的内部控制制度是否已建立，已经建立的控制制度是否有明确的控制目标，有关制度内容是否符合股份公司和集团公司的规定。

② 符合性测试可以采用实地观察法、证据检查法、询问法、复核法等方法，主要检查企业实际运行中的内部控制制度存在的薄弱环节。

(4) 重大经营决策的审计。通过对重大经营决策的依据、程序以及执行情况的审计，审查经营决策的正确性、规范性、科学性、效益性，有无盲目决策行为或因违背决策程序而决策失误、造成严重损失浪费或潜在损失的问题。

① 重大经营决策审计包括重大投资决策审计和其他重大经营决策审计。

② 重大投资决策审计，主要审计决策程序与投资效果。

a． 重大投资决策程序审计。主要审查决策投资的项目是否经过可行性研究论证，是否经过必要的方案比较优选和必要的审查批准手续，是否与全局经济利益相一致，是否擅自改变资金用途，是否进行充分的市场预测和产品分析，并充分考虑各方面的因素（成本的变动，贷款来源的增减，国家政策的调整等），投资所造成的负债是否适度，有没有超过企业承受能力。

b． 重大投资决策效果审计。包括权益性投资效果审计、建设项目及技改工程项目投资效果审计。

权益性投资效果审计。审阅入股、联营协议和有关的法律文件，检查有无因产权法律文件无效、法律文件不完整或权益分配显失公平等情况导致资产流失的问题；审查实际投资数额、收益分配的有关文件等资料，核实投资收益情况；

建设项目和技改工程项目投资效果审计。对处于生产期的建设项目和技改工程项目主要通过审查投资利润率、投资偿还率、投资偿还期等指标核实实际投资效果，对失效项目或亏损项目，要重点进行全面的调查分析；对处于建设期的建设项目和技改工程项目主要检查投资方案中的效益指标的正确性。

③ 其他重大经营决策审计。包括对资金筹集和使用、经济担保、产权和股权交易等方面的审计。

a． 资金筹集和使用情况审计。主要审查在资金筹集和使用方面是否存在随意决策，违规借贷、违规拆借或非法集资等行为，以及资金使用效益低下、损失浪费严重等问题；

b． 经济担保情况审计。通过审查被审计单位各种形式的经济担保的决策、程序、内容、形式、风险，核实有无盲目担保，造成赔偿或连带责任，给企业带来直接与或有的经济损失等问题；

c． 产权和股权交易情况审计。主要审查企业产权、股权交易的决策是否正确，交易程序是否合法、合规，交易价格是否公允合理，是否存在应评估的事项未按规定评估以及违规交易等行为，给企业造成重大经济损失等问题。

（5）与企业资产、负债、损益目标责任制有关的各项经济指标完成情况审计。与企业资产、负债、损益目标责任制有关的各项经济指标包括财务效益状况指标、资产营运状况指标、偿债能力状况指标、发展能力状况指标、社会状况指标五个方面。

① 财务效益状况指标。

a． 资本保值增值率和任期年均资本保值增值率。两个指标结合使用，分别反映经营责任人任期内资本保值增值状况和年平均状况。

在计算期末所有者权益时，对于下列因素应作调整：

调减因素为：直接或追加投资增加的资本；无偿划入增加的资本；按规定进行资产评估、清产核资增加的资本；接受捐赠增加的资本；非任期内因素增加的资本。

调增因素为：无偿划出或分立核减的资本；按规定进行资产评估、清产核资核减的资本；因自然　　等不可　拒因素而核减的资本；非任期内因素减少的资本。

b． 净资产收益率和任期年均净资产收益率。两个指标结合使用，反映投入企业的资本获取净收益的能力，是评价企业资本经营综合效益的核心指标。净资产收益率用于表示逐年水平，任期年均净资产收益率用于表示任期内各年的平均水平。非完整会计年度不纳入计算范围。

② 资产运营状况指标。

a． 不良资产比率。该指标反映企业资产质量的总体状况。计算公式为：

不良资产比率＝（期末不良资产总额－已提取的各项减值准备）/ 期末资产总额　100%

在界定不良资产时应对如下内容重点关注：长期结存的应收预付款；银行已付企业未付的长期未达账；账面单价明显高于销售价的产成品（商品）；报废、呆　、积压的原材料、产成品（商品）；长期闲置、不需使用而影响使用价值的固定资产；未能正确结转并投入使用，经确认属失效项目或亏损数额较大的在建工程；亏损数额较大的短期投资；长期未见分利的项目投资；按制度规定应摊销但挂账留待以后消化的待摊费用、递延资产；已形成损失但未报批核销的待处理财产损失。

b． 对企业不良资产的具体状况可以通过以下指标予以反映：不良投资比率、3 年以上应收账款比率、积压商品物资比率、固定资产闲置比率。

不良长期投资是指企业的各项投资中接受投资的企业已破产、　　或者长期亏损，造成难以收回的投资额，或指投资的市场现价远低于投资的价值，包括不良股票投资、不良债券投资和其他不良长期投资等。

③ 偿债能力状况指标。资产负债率。该指标反映企业某期间内负债总额同资产总额的比率，是评价企业负债水平状况的综合指标。

④ 发展能力状况指标。

a． 总资产增长率和任期年均总资产增长率。两指标用于衡量企业资产增长情况，评价企业经营规模总量上的扩张程度。总资产增长率用于表示增长的总体水平，任期年均总资产增长率用于表示任期内各年增长的平均水平。

b． 利润增长率和任期年均利润增长率。两指标分别反映企业利润增长的逐年水平和任期内各年平均水平。当出现亏损时不计算利润增长率（连续亏损时可以计算减亏幅度指标或增亏幅度指标）。当任期内各年度均盈利且利润额逐年增长时，可以计算任期年均利润增长率。非完整会计年度不纳入计算范围。

c． 主营业务收入增长率和任期年均主营业务收入增长率。两指标分别反映企业主营业务收入增长的逐年水平和任期内各年平均水平。当任期内各年度主营业务收入逐年增长时，可以计算任期年均主营业务收入增长率。非完整会计年度不纳入计算范围。

d． 固定资产成新率。该指标表示企业固定资产的新旧程度，反映固定资产用于再生产的能力。计算公式为：

固定资产成新率＝平均固定资产净值／平均固定资产原值　100%

平均固定资产净值＝（年初固定资产净值＋年末固定资产净值）/2

平均固定资产原值＝（年初固定资产原值＋年末固定资产原值）/2

⑤ 社会　　状况指标。

a． 医疗、养老、失业统筹资金缴纳率。该指标表示企业的医疗、养老、失业三项统筹资金是否足额缴纳。

b. 工资总额增长率和职工人均工资收入增长率。两指标分别反映企业工资总额和职工人均工资收入的各年增长水平。非完整会计年度不纳入计算范围。

⑥ 在对上述5方面经济指标完成情况进行审计时，要调查了解被审计企业经营责任人及其所在企业为完成这些经济指标所做的工作。

(6) 企业经营责任人遵守国家财经法规、公司财务制度规定和廉洁自律情况的审计。主要内容包括：

① 有无侵占公司资产，违反与财务收支有关的廉洁规定的问题；

② 在企业经营活动中有无以权谋私的行为；

③ 员工反映的有关执行国家财经法规、公司财务制度规定和廉洁自律方面的问题；

④ 其他违法、违规问题。

（三）审计准备

(1) 审计立项。审计部门根据集团公司下达的审计指令进行审计立项，并于接到指令后15日内制定审计计划，作出审计安排。

(2) 审计组织形式。审计部门根据被审计单位的基本情况和初步确定的审计业务量，可以独立组成审计组直接实施审计，也可以委托社会审计机构实施审计。

(3) 审前调查。审计组在编写审计实施方案前，应当调查了解被审计企业经营责任人及其所在企业的下列情况：

① 被审计企业经营责任人所在企业的机构设置、人员编制、经营范围、关联方关系、财务状况等基本情况；

② 被审计企业经营责任人的职责范围和分管的工作；

③ 人事部门、监察部门掌握的被审计企业经营责任人遵守财经法规和廉洁自律等方面的情况；

④ 其他需要了解的情况。

(4) 根据审计需要，审计组可以要求被审计单位进行自查，也可以在进点后布置自查。

（5）编制审计方案。审计组应根据审计要求和审前调查了解的情况，按照重要性原则、谨慎性原则，在评估审计风险的基础上，围绕审计目标确定审计的范围、内容、方法和步骤，编制审计实施方案。

（6）审核审计方案。审计实施方案由审计组编制，经审计部门负责人审核，报集团公司主要领导批准后，由审计组负责实施。

（7）审计组分工。审计组根据经济责任审计工作目标和审计业务需要，进行必要的业务分工。

（8）送达审计通知书。审计部门应当在实施审计3日前，向被审计单位经营责任人所在企业及其本人送达任期经济责任审计通知书，并向送达企业和经营责任人收取回执。

（9）收集与任期经济责任审计有关的资料。依据审计通知书，要求被审计企业经营责任人及其所在企业提供如下资料并作出承诺：

① 要求被审计企业经营责任人于现场审计开始之日起5日内，提交任期经济责任履行情况的书面材料。其内容包括：

a．职责范围和分管的工作；

b．任期内企业资产、负债、损益情况；

c．任期内企业重大经营决策情况；

d．任期内与企业资产、负债、损益目标责任制有关的各项经济指标完成情况；

e．任职前及任期内重大经济遗留问题及其处理的情况；

f．企业和本人遵守国家财经法规、公司财务制度规定和个人廉洁自律规定的情况；

g．需要向审计组说明的其他情况。

② 要求被审计企业提交的材料包括：

a．公司章程、管理制度、年度工作总结；

b．年度经营计划、经营责任人任期内集团公司下达的与企业资产、负债、损益相关的考核指标；

c. 被审计企业经营责任人任期内历年财务会计资料、统计资料、经济活动分析资料；

d. 重大经营决策资料；

e. 与企业资产、负债、损益有关的内部控制制度建立及执行情况；

f. 有关经济遗留问题及其处理情况、重大诉讼事项；

g. 有关监督部门对企业的检查报告、处理意见和社会审计机构的审计查证资料；

h. 审计组要求提供的其他资料。

（四）审计实施

（1）总体要求。审计部门应按照内部审计准则的要求，实施经营责任人任期经济责任审计。

（2）审计组进点。审计组进驻被审计单位时，召开审计进点会议，说明审计目的和依据，通报工作程序、审计内容、审计范围、审计纪律，提出需要帮助、配合的有关事项。根据需要，进点会议可以邀请人事、财务等部门的人员参加。

（3）审计组可根据实际情况和工作需要，以召开座谈会、问卷调查、个别询问等调查方式，深入了解被审计企业和经营责任人的有关情况。调查对象一般包括被审计企业经营责任人所在企业董事会、监事会成员、其他领导人员、部门负责人、企业工会和职工代表及其身边的工作人员等。通过调查，听取他们对本企业经营、管理、效益等问题的看法，对被审计企业经营责任人的意见和评价，了解被审计企业领导人员在财务收支、经营活动中有无重大决策失误、严重损失浪费及可能存在的侵占公司资产、违反领导人员廉洁规定和其他违法违纪等问题。

（4）内部控制制度测试。审计组应按照审计实施方案，对被审计单位内部控制制度进行健全性、符合性测试。根据测试情况，进一步确定经济责任审计工作的具体范围、内容、重点和审计方法。必要时，应按照规定及时修改审计方案。

（5）审查、核实有关资料和经济活动，编制审计工作底稿，进行审计取证。审计组在实施审计过程中，要认真审核检查被审计单位的会计资料及有关重大经济决策和经济活动的资料，做到重点事项不遗漏，重大问题不放过，重要线索不忽视。审计工作底稿应当真实、完整地反映审计人员实施审计的全部过程，并记录与审计结论或者审计查出问题有关的所有事项，以及审计人员专业判断及其依据。同时，本着客观性、相关性、充分性和合法性的原则，及时、准确、全面地进行审计取证，并经被审计企业盖章，以及有关提供证明材料人员的签名或盖章。审计人员对证据提供者拒绝签名或者盖章的审计证据，应当注明拒绝签名或者盖章的原因和日期。

（6）汇总审计资料及审计证据，并与被审计经营责任人所在企业交换意见。审计组在审计实施阶段结束前，应对审计底稿和审计证据等资料进行初步整理，检查审计方案所列审计事项是否按要求已全部实施，对审计工作底稿进行复核，对取得的审计证据进行综合分析，对审计事项进行初步评价，并与被审计经营责任人及其所在企业初步交换审计意见。

（五）审计评价

（1）总体要求。经营责任人任期经济责任审计评价是在对需要审计的事项进行充分审计核查和审计调查的基础上，评价企业经营责任人任期内与资产、负债、损益目标责任制有关的各项经济指标完成情况，以及企业和本人遵守国家财经法规、公司财务制度规定和个人廉洁自律情况，分清企业经营责任人对企业资产、负债、损益不真实，投资效益差以及违反财经法规和与财务收支有关的廉洁规定等重大问题应当负有的责任。

（2）经营责任人任期经济责任审计评价应遵循以下原则：

① 重要性原则。经营责任人任期经济责任审计评价应在全面分析审计查证问题的基础上，突出重点，紧紧抓住资产、负债、损益审计中存在的重大问题、与企业资产、负债、损益目标责任制有关的各项经济指标完成情况、重大经营决策情况、经营责任人及其所在企业遵守国家财经法规、公司财务制度规定和廉洁自律情况进行评价。对一般性财务核算等方面存在问题的评价，应力

求简洁。

② 客观性原则。在经营责任人任期经济责任审计评价中，审计人员应以审计事实为依据，以法律、法规、规定为准绳，不受外部影响，不附加主观成分，对审计查证的事实发表独立、客观、公正的意见。

③ 准确性原则。经营责任人任期经济责任审计评价应措辞恰当、表述清楚、定性准确、量化分析、少用或不用修饰性语言。切忌用单个的事实或某几项指标来评价经营责任人履行经济职责和遵守廉洁规定的整体情况，防止以偏概全。

④ 历史性原则。对于经营责任人任期内发生的经济活动，既要考察其当时的政策、法规和经济运行环境，也要考虑是否符合公司利益，实事求是地予以说明。

⑤ 谨慎性原则。经营责任人任期经济责任审计评价应坚持稳健、谨慎的原则，对审计过程中未涉及的审计事项或证据不足的、评价依据或标准不明确的，以及超出审计职责范围的事项不予评价，对审计难以定性的事项应予以客观、如实地描述；

⑥ 统一性原则。在进行经营责任人任期经济责任审计评价时，应注意保持以下3个方面的统一性：

a． 评价标准与国家规定相统一。有国家标准或全行业统一标准的，应按统一标准进行评价。同时，要注意在对同一类型企业进行审计评价时按同一标准进行。

b． 审计评价的范围、内容与审计的内容和职责范围相统一。严格按照经营责任人任期经济责任审计的内容和职责范围，对被审计企业经营责任人的经济责任进行评价。审计评价不应超出审计的职能范围和实际实施的审计和审计调查范围。

c． 局部利益与全局利益相统一。坚持从公司发展全局来评价经营责任人的经济责任。对故意损 公司整体利益、谋取局部或“小团体”利益的问题，应通过审计确认的事实和数据予以揭示。

（3）经营责任人任期经济责任审计的评价方法。审计人员应当参照一定的考核指标，将定性评价、定量评价以及其他评价方法结合起来，同时坚持以写实的手法进行评价，做到寓评价和分清经济责任于叙事实之中，一般不做鉴定式的抽象评价。

① 审计人员应主要采用定量和对比评价法，可分别将经营责任人任期经济指标完成情况与上级的相关考核指标、前任或历史实现的经济指标、其他同类企业实际水平进行比较，还可对本企业年度指标完成情况进行比较。

② 审计人员可以采用定性评价与经验判断相结合的方法，对被审计企业经营责任人任期内的财务收支、内部控制制度、管理水平进行分析，以确定其是否真实、合法、有效。

③ 审计人员可以根据企业的不同情况、反映企业经营责任人经营业绩的需要，选用评价指标，但一般地说，资本保值增值率、净资产收益率、不良资产比率、资产负债率等指标完成情况是必须评价的内容。股份公司、集团公司规定的指标评价时应当考虑运用。

（4）经营责任人任期经济责任审计评价，应紧扣“经济责任”这个关键点，根据上述原则和方法对以下事项作出评价：

① 企业资产、负债、损益的真实性情况。

② 重大经营决策情况。

③ 与企业资产、负债、损益目标责任制有关的各项经济指标完成情况。

④ 与企业资产、负债、损益有关的内部控制制度建立及执行情况。

⑤ 企业经营责任人所在企业及本人遵守财经法规、公司财务制度规定和个人廉洁自律情况。

（六）审计报告

（1）总体要求。经营责任人任期经济责任审计实施结束后，审计组应就审计工作情况和审计结果向派出的审计部门提交经济责任审计报告。审计报告提交前，应当征求被审计的企业经营责任人及其所在企业的意见。审计部门审定经济责任审计报告后，应向集团公司报送审计结果报告并抄送有关部门。

（2）撰写审计报告。审计组各业务小组在审计终结后，应分别撰写相关业务的经济责任审计汇总材料或财务收支审计汇总材料。审计组根据各业务组的审计汇总材料以及审计工作底稿和相关资料，在综合、分析、归类、整理、核实的基础上，撰写整个项目的经济责任审计报告。经济责任审计报告应当经审计组集体讨论并由审计组组长定稿。

（3）经营责任人任期经济责任审计报告的格式。

① 标题。关于×××（企业）董事长（总经理）×××（姓名）同志的任期经济责任审计报告。如被审计对象已离任，在标题中应注明为原董事长（总经理）。

② 主送。主送派出审计组的集团公司领导。

③ 正文。主要包括审计实施情况，被审计企业资产、负债、损益的基本情况，与企业资产、负债、损益目标责任制有关的各项经济指标完成情况，被审计企业经营责任人所在企业和本人遵守国家财经法规、公司财务制度规定和个人廉洁自律情况。

④ 落款。×××（被审计企业经营责任人姓名）同志任期经济责任审计组、时间。

（4）经营责任人任期经济责任审计报告的主要内容。

① 前言。主要是概要说明审计的依据，审计范围、内容、方式和起止时间，延伸、追溯审计重要事项的情况，以及被审计企业经营责任人及其所在企业配合审计工作的情况。

② 被审计经营责任人任职及其间所在企业资产、负债、损益的基本情况。包括被审计经营责任人任职情况以及任职期间的职责范围和分管的工作，所在企业资产、负债、损益的总体情况，与企业资产、负债、损益有关的内部控制制度建立及执行情况等。

③ 与被审计经营责任人任职期间所在企业资产、负债、损益目标责任制有关的各项经济指标完成情况。包括资产安全完整、保值增值，企业对外投资和资产处置，企业收益分配等情况以及为完成经济指标所做的工作，所做出的重大经营决策及效果。

④ 被审计经营责任人任职期间所在企业和本人遵守国家财经法规、公司财务制度规定和个人廉洁自律情况。包括反映被审计经营责任人所在企业遵守国家财经法规、公司财务制度好的方面和存在的问题，以及被审计企业经营责任人遵守国家财经法规、公司财务制度规定和个人廉洁自律情况。

（5）征求对经济责任审计报告的意见。

① 审计组提交经济责任审计报告之前，应按照规定的程序向被审计企业经营责任人及其所在企业征求意见。被审计企业经营责任人及其所在企业自收到审计报告之日起5日内提出书面意见；在规定期限内没有提出书面意见的，视同无异议，并由审计人员予以注明。

② 被审计企业经营责任人及其所在企业对经济责任审计报告有异议的，审计组应当进一步研究、核实。必要时，应当修改审计报告。

（6）提交经济责任审计报告。

① 审计组对审计事项实施审计结束后，应当将经济责任审计报告、被审计企业经营责任人及其所在企业对经济责任审计报告的书面意见、审计组的说明或者修改意见，一并报送审计部门。报告的时限为审计实施结束后30日内。

② 审计组长应当对提出的经济责任审计报告的真实性负责。审计人员和审计组组长均不得将审计过程中查出的被审计单位及被审计经营责任人违反国家财经法规、公司财务制度规定和领导人员廉洁规定的行为和问题隐瞒不报。

（7）审核经济责任审计报告。

① 对经济责任审计报告反映的有关情况和问题，审计部门相关人员依据审计工作底稿和证明材料进行复核，并提出意见。

② 经济责任审计报告复核后，应将经济责任审计报告、复核意见连同被审计企业经营责任人及其所在企业的反馈意见，提交审计部门负责人或审计业务会议审定。

（七）审计处理

（1）审计移送和移交。

① 审计组在实施审计过程中，发现被审计企业经营责任人存在重大违纪

违规问题，应及时查明情况和问题线索，移送股份公司审计监察中心进行处理。审计部门认为有关单位或者有关责任人员涉嫌违法犯罪的，应移送司法机关依法处理；

② 遇有涉及职权范围以外的或审计手段难以解决的问题，审计组应当移交相关部门进一步调查、处理。

(2) 审计部门应及时与人事、监察等部门沟通情况，了解经济责任审计结果利用情况，以及移送处理问题的调查和处理情况，必要时应积极配合有关部门对需要核实的事项进行进一步查证。

(3) 经济责任审计项目完成后，负责实施项目审计的审计组应负责将立项性文件材料、证明性文件材料、结论性文件材料及其他备查文件材料整理归档。

(八) 附则

企业资产、负债、损益审计是企业经营责任人经济责任审计的基础。审计部门在实施企业经营责任人经济责任审计时，可以在送达经济责任审计通知书的同时，向经营责任人所在企业送达企业资产、负债、损益审计通知书；也可以将企业经营责任审计和企业资产、负债、损益审计合并为一个审计通知书，在文件标题和其内容中表明同时实施审计两个审计事项。审计组在资产、负债、损益审计终结后，可按照正常的资产、负债、损益审计程序，出具资产、负债、损益审计报告，并根据不同情况，对审计事项作出评价，向被审计单位出具审计意见书；对需要给予处理、处罚的，按规定作出审计决定、审计处罚决定；对应当移送有关部门处理、处罚的，移送有关主管部门处理、处罚；对认为应当给予行政处分的负有直接责任的人员，应当向被审计单位或者集团公司有关部门提出给予行政处分的建议。

第六节 工 作 流 程

一、财务收支审计流程

集团公司内财务收支的审计工作流程如图 4-4-1。

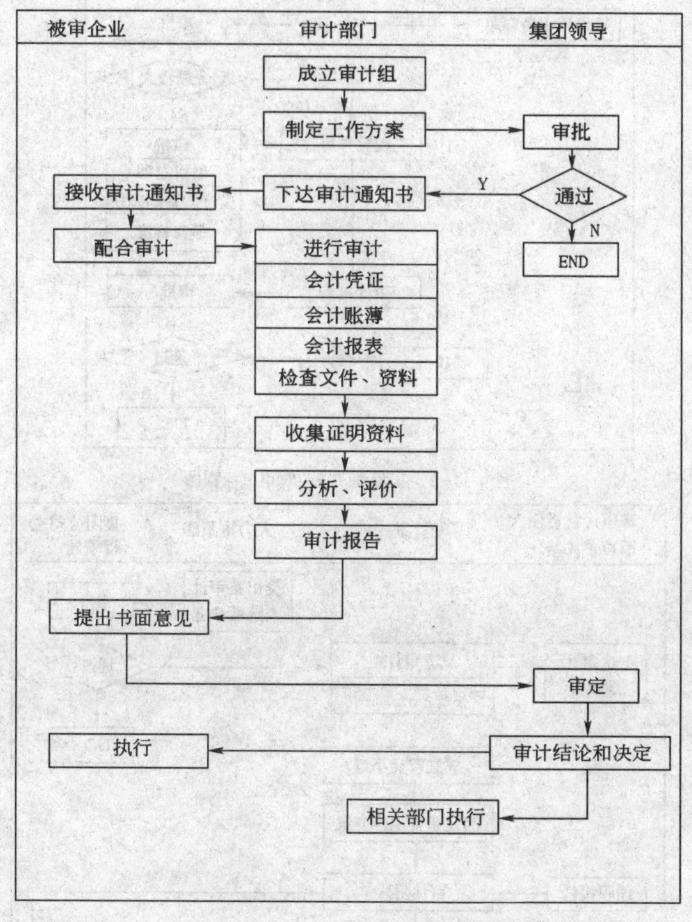

图 4-4-1 财务收支审计流程图

二、工程预(决)算审批流程

工程预算、工程决算的审批工作流程如图 4-4-2。

三、经营责任人任期经济审计流程

经营责任人的任期经济审计工作流程如图 4-4-3。

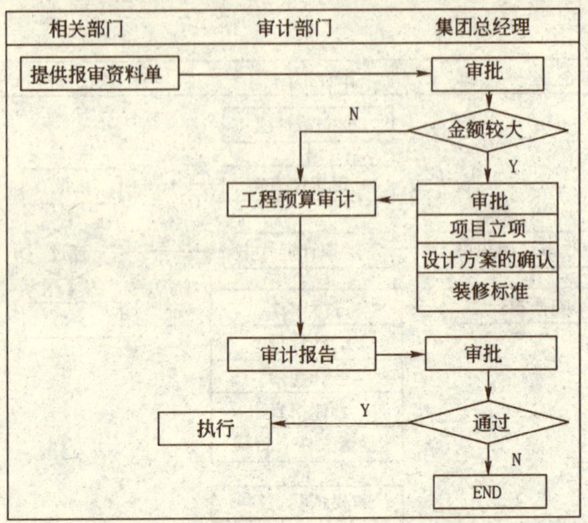

图4-4-2 工程预（决）算审批流程图

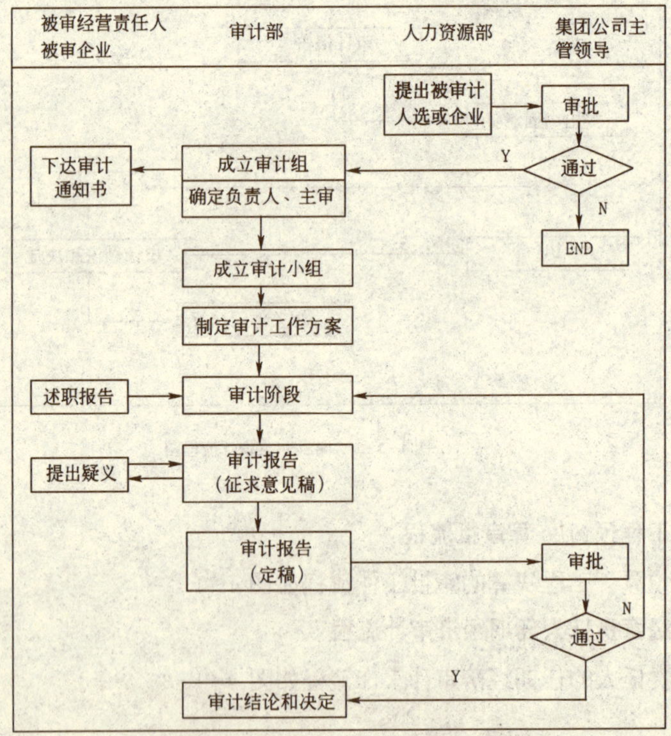

图4-4-3 经营责任人任期经济审计流程图

第五章 统 计 管 理

第一节 总 则

为贯彻新国线“坚持诚信、渴望创新、科学经营、注重业绩”的核心价值观，动态掌握各经营单位的生产经营及发展状况，有效地构建新国线信息控制系统，完善集团公司对经营单位的高层管理信息系统，提高集团公司网络化管理水平，特别制定本办法。

第二节 适 用 范 围

适用于集团公司内独立核算的客运类经营单位（即以客运类业务为主的经营公司，含公司内的货运班线，下同）的所有生产资源、生产营运信息及经营业绩的管理需求，物流类业务暂不适用。

根据信息管理内容和经营单位业务类型，适用于以下内容：

（1）按经营模式，包括直接经营、责任经营和品牌经营的线路及车辆，其中根据具体运作方式，直接经营又分为自营和定额管理。

（2）按业务类型，包括长途客运、城市公交、旅游客运、出租的士、汽车租赁、班线货运等多个业务类型。

第三节 适 用 原 则

集团公司和各经营单位等信息来源单位，必须依照国家、行业的法规和集团公司相关制度和规定，如实提供各类基础信息和日常信息资料，不得 报、瞒报、拒报、迟报，不得伪造和篡改。

信息与信息管理工作必须遵守以下原则：

（1）完整性、真实性原则。唯原始记录的完整性和真实性为基础，它是确保统计质量的基本依据。

（2）统一性原则。统计口径、范围、指标、分组(或分层)、方法、计算程序以及报表形式和报送时间等都应统一，有效实现上下层次的衔接对口、左右对标。

（3）权责发生制原则。信息的统计核算以权责发生制为原则。即凡是当期已经实现的收入和已经发生，或应当负担的成本或费用，不论款项是否收付，都应当作为当期的收入和费用；凡是不属于当期的收入、成本和费用，即使款项已在当期收付，也不应作为当期的收入和费用。

（4）分级分享性原则。满足不同管理层面获取不同信息的需求。

（5）一致性原则。保证营收与成本责任主体的一致性，大力推行直接经营车辆的单车成本核算，实现线路损益核算。

（6）保密性原则。信息是企业的核心的数据或文字表现，各级管理人员必须重视企业重要信息的保密，做到内外有别。

（7）不断更新性原则。信息的价值在于其流动性。企业信息要紧密跟随着企业各项经营活动的进行而不断补充、更新，实现动态管理。

第四节　管理责任部门

统计管理的责任部门是集团公司企管部。

第五节　统计管理制度

一、生产经营信息管理制度

(一) 总则

(1) 生产经营信息管理工作的基本任务是对企业的生产经营活动进行信息采集、汇总与分析，提供信息报表和分析报告，组织统计调查，实施统计监督。

(2) 各经营单位能否按时、准确填报生产经营分析报表和报告，是衡量企业管理基础工作是否建立和完善的重要标志。

(3) 按照统一管理、分级分享的信息管理体系要求和业务部门归口负责的原则，集团公司企业管理部(以下简称企管部)负责归口管理集团公司的信息管理工作。

(4) 各经营单位根据本企业管理需要以及统计业务的繁简程度，配备专职或兼职统计人员。企业统计人员应保持相对稳定，专职人员由企业推荐，报企管部备案，并经任职资格审核后方可上岗。兼职人员可由企业相关人员兼任，但需报企管部备案。专职统计员调(变)动工作时，需选择适合人员接替，同时事先报送企管部审核、备案。

(5) 企管部对汇总后的统计资料的真实性、准确性负责；各经营单位经营责任人对上报集团的本企业统计资料的真实性、准确性、一致性负责。

(6) 各经营单位应当逐步建立和健全统计原始记录、统计台账和本单位的信息管理制度，做到统计基础工作制度化、规范化。

(7) 统计人员应坚持实事求是，恪守职业道德，具备执行统计任务的业务知识和工作协调能力，并根据统计任务的需要定期接受专业知识培训。

(二) 信息资料的管理和分工

(1) 集团公司信息管理层面所需报表的数据项目、数据格式、报表式样及编制办法、指标解释等由集团公司企管部统一规范制订和完善。

按照“一致性原则”，为保证营收与成本责任主体的一致性，明确界定：

① 企业营业收入指与合作方结算前的收入(即包含客票代理费或称票提)，对于途中有配载的车辆，按即定收入分配制度应分配给车属经营公司的收入亦

是该企业营收的组成部分，即始发、终到站营收与途中配客站(点)应分配营收之和即为经营公司单车核算或线路核算的营收指标。

② 驿站营收是驿站与合作场站结算后按驿站收入分配制度执行后，驿站所得营收。

③ 线路加班车辆营收的归属、单车成本核算与线路成本核算的关系，即加班车营收与线路单车核算或线路核算无直接关联关系，仍计入原属业务类营收。

(2) 集团公司各类报表及要求颁发给各经营单位后，由专职统计人员负责编制，并按统一的报送要求，在规定的报送时间内上报企管部，不得推诿、拖延。企管部负责向集团公司决策层报送。

(3) 集团公司系统内部统计报表如有个别项目需要修改时，由企管部直接通知填报单位；若各企业、部门根据业务需增加统计指标的，应报企管部审批备案。

(4) 凡企管部向所属业务部门直接颁发的有关信息统计文件和报表，各业务部门在如实填报后，转送单位领导和主管传阅。

(5) 为确保统计报表数字的准确可靠，各企业主管领导应对上报报表进行认真审查，签字并存档后方能报出。

(6) 各级领导所需的统计数字，原则上由同级信息管理部门或统计人员负责提供，以避免出现由于数字提供人员不同而造成数据口径差异。

(7) 各类生产经营信息是企业规模与经营管理反映的重要凭证，集团公司和经营单位必须建立生产经营资料的保管、调用和移交制度。

① 经营单位在上述各类上报信息资料盖章后，由公司统计员负责统一存档管理，保存期限不得低于5年。

② 集团公司各主要统计资料，由企管部管理；除妥善保存接收的电子文档外，也应定期将文稿打印，作为经营单位原始经营资料分类存档，并将各类汇总结果打印后签章、存档，各类生产资料信息保存期限不得低于8年。

（8）各经营单位的各类基层统计资料，应采用卡片或台账形式，按月、季、年进行整理分类，以便查用。

（9）各经营单位编制的统计台账和加工整理后的统计资料，必须妥善保管，不得损坏和遗失。对已经过时、不再适用的统计资料，如确认无保管价值，应呈请本单位主管领导核准，并经企管部会签后，方可销毁。

（三）信息资料的对外发布

（1）凡在规定范围内需上报国家统计局、地方统计局或相关部门的报表，由集团公司本部根据集团公司、经营单位的业务管理分工，确定责任范围。由企业依据规范要求首先编制，在报送前，先报企管部审核、备案后，方可报出。如报表涉及两个以上企业，则由集团公司企管部负责编制和报送，相关经营公司应予配合。

（2）凡外单位持有上级主管部门或统计局介绍信件来公司索取统计资料时，统一由企管部接洽提供，或由企管部指定有关部门提供。

（3）各经营单位向外提供的统计资料和公布的统计数字，一律以本单位统计人员所掌握的统计资料为准。

（4）各经营单位对外报送的各种专业统计报表，必须先经本单位经营责任人签字，并上报企管部审核备案后，方可对外报送。

（5）各属下企业对外报送的统计报表不能违反公司的保密规定，凡属于公驾驶员密的统计数据不得向外提供，如有特殊需要的，须报集团公司主管领导批准。

（四）统计数字差错的订正

（1）统计数字如发生错误，必须立即订正。受表单位（受表人）发现数字错误时，应立即通知企管部进行核实，若确有疑问，企管部应即时通知填报单位统计员进行核实、订正，填报单位相关人员不得推诿或拖延。若差错属实，原填报单位（填报人）必须填写《信息统计数据、文字订正单》，并将订正单和订正后的新报表重新报送集团公司企管部，企管部负责向相关部门或人员做出解释。

（2）企业内部报表如发生数字错误时，可根据不同情况按下列办法订正：

① 日报表当日发现差错时，应及时用电话或口头查询订正，隔日发现差错时，应当在当日报表上说明。

② 重大差错必须以书面形式订正，并填报《统计数字订正单》。各受表部门(单位)应将《信息统计数据、文字订正单》贴在原报表上，并将原报表数字或分析文本加以修正，以防误用。

（五）统计工作的交接

（1）集团公司和经营单位必须建立统计工作交接制度，各级统计人员调动工作时必须认真办妥交接手续，并及时报企管部备案，在未办妥工作移交以前，原任各级统计人员不得擅离工作岗位，更不得因工作调动而影响集团公司信息管理工作的正常进行。

（2）各级统计人员调离工作时，必须做好下列工作：

① 将经办工作情况全面地向接替人员交待清楚；

② 培训接替人员的业务技能、计算机及网络操作技术，使其能够独立工作；

③ 经手的所有统计资料(包括原始凭证、统计手册、台账、报表、文件、历史资料等)与统计用具(如计算机、绘图仪、书刊等)应一一造出清单并进行移交；

④ 当统计人员发生变更时，上级管理人员应向相关部门或人员通报变更情况。

（六）生产经营分析制度

（1）生产经营分析以统计数据为分析依据，以统计分析为重要分析工具。各经营单位必须认真对待生产经营分析(包括各类图表)，为企业决策者和集团公司管理者提供丰富的生产经营决策信息。

（2）集团公司企管部制定统一的生产分析规范和格式(具体规范和格式另行制定)，以此为基础，各经营单位根据生产管理实际，按期、按时编制，经经营责任人审阅签发后，签章存档，同时将电子版本按统一要求报送企管部。

（3）分析报告应以报表数据为基础，以检查计划为中心，测定计划完成与未完成原因，并提出改进意见。

（4）文字说明是统计分析的重要内容，相关职能部门必须从本部门工作职责的角度出具相关分析，紧密配合统计员完成分析报告，以保证分析报告的客观、严谨、准确，有利于发掘促进企业发展的积极因素。

（5）企管部会同各相关部门对企业分析报告和各类报表进行综合分析，跟踪企业的生产情况，检查监督生产计划的执行情况，考核生产计划的完成情况，结合实际调研编制集团公司的生产经营分析报告。

（七）信息管理纪律

（1）各经营单位、各职能部门的领导人对统计人员依照本制度提供的统计资料，不得自行修改；如果对数据计算或者来源有疑问，应当提出，由企管部或报表签发人核实后，责成统计人员或相关人员进行更正。

（2）各经营单位、各职能部门的领导人不得强令或者授意统计人员篡改统计资料或者编造　假数据。统计人员对领导人强令或者授意篡改统计资料或者编造　假数据的行为，应当拒绝和抵制，依照本制度如实报送统计资料，并对所报送的统计资料的真实性负责。

（3）各经营单位、各职能部门和从事统计工作的人员，必须严格按统计制度规定提供统计资料，不准　报、瞒报、迟报和拒报；各经营单位必须严格近时、按期完成集团系统内各类报表及报告的上报，不得以任何理由推诿或拖延。

（4）公司需要保密的统计资料，必须严格保密、严防丢失，向相关人员提供时必须按公司保密制度的规定执行；由于泄露统计资料损　到公司利益的，应视情节轻重给予处罚。

（八）信息管理工作考核

（1）信息管理工作考核以各类信息报表报送的及时性、准确性、完整性和

分析报告的一致性、客观性、真实性为考评依据。考核项目包括：信息报表质量、生产经营分析报告质量及报送时间要求。

（2）企管部每月16日（遇节假日顺延）完成对经营公司信息统计管理工作的点评或考核，并将结果报集团公司人力资源部。月度考评结果作为对企业月度工作质量考核的依据之一，并在每月绩效考核中体现。年度考核总分与经营责任人的考核年薪挂钩。

（3）集团公司将对经营单位的考评结果落实情况进行跟踪监督。

（九）附则

（1）本制度由集团公司经营班子授权集团公司企管部和人力资源部组织实施，并负责解释。

（2）各经营单位内部信息统计管理制度（细则）及流程，由各单位以本制度为基本遵循自行制订，并将相关制度、管理细则和各类样表报企管部备案。

（3）本制度不包括物流企业的生产经营信息管理。

（4）本制度不包括结点运输部内部经营信息的管理。

（5）本制度从发布之日起开始实施，同期，正式启用新的报表及生产经营活动分析。此前生产经营统计中的各类报表及分析将被替代废止，各公司应配合集团公司尽快完成实施和完善。

二、生产经营信息管理制度实施细则

（一）总则

（1）根据《生产经营信息管理制度》，制定本细则。

（2）集团公司内独立核算的客运类经营单位（即以客运类业务为主的经营公司，含公司内的货运班线，下同），应当遵守生产经营信息管理制度和本细则。

（3）生产经营信息管理制度的主要管理内容包括生产资源基础信息、生产资源配置信息、生产营运信息，相关信息管理机构的设置、信息人员的管理，以及信息管理工作的考核与奖惩制度等。

（4）信息包括客观的数字、数据和以客观数据为基础的信息描述、分析语言。因此，信息的表现形式是数据报表、各类图表以及文字分析报告。

（5）依照信息管理内容和经营单位业务类型，生产经营信息管理制度的适用范围如图4-5-1。

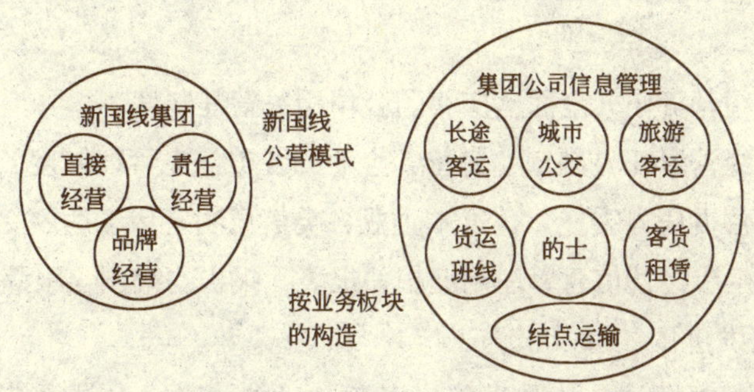

图4-5-1　生产经营信息管理制度适用范围图

（二）组织管理与人员设置

（1）集团公司企业管理部（以下简称企管部）负责归口管理集团公司的信息管理工作。

（2）为实现统一管理、分级分享的信息管理体系要求，企管部设专职信息统计人员2～3人，主要工作职责如下：

① 负责集团公司信息管理体系的建立、培训、推广和不断完善；

② 监督、检查属下经营单位相关制度的制定和落实；

③ 收集、汇总经营单位及集团本部的各类信息，建立企业集团信息档案；

④ 对经营单位进行客观的经营分析。

（3）经营单位的经营责任人是企业信息管理的终极责任人，负责对内、对外各类信息的审核、签发。

（4）各经营单位根据本企业管理需要以及统计业务的繁简程度，配备专职或兼职统计人员。专职统计员要求具备较强的业务能力和协调、沟通能力，人员由企业推荐，报企管部备案，并经任职资格审核后方可上岗。兼职人员可由企业相关人员兼任，但需报企管部备案。企业统计人员应保持相对稳定。

（5）经营责任人可委派企业统计员作为该项工作的第一责任人，负责企业日常统计工作，业务上接受企管部的管理和操作指导，其主要工作职责及要求如下：

① 协助经营责任人全面落实集团公司相关管理制度；

② 协助经营责任人制定、完善本企业的各类信息管理制度；

③ 受经营责任人委托，负责本企业各类信息的上传下达；

④ 负责生产经营信息管理制度相关报表、报告的编制，跟踪其在企业内部的审核、签发进度，以及报送工作。

（6）各级信息统计员必须以事实和客观实际为依据，以集团统一管理口径为基础，以正确的计算公式、科学的分析方法为工具，对各自采集、填报、整理的数据资料负责，并对关键数据拥有以下权利：

① 数据调查权。调查、搜集有关资料，检查相关原始记录或凭证。

② 信息报告权。按职责分工要求，对相关统计调查所得的资料和情况加以整理、分析，向集团公司和经营单位相关主管部门提供数据报告。

③ 信息监督权。根据国家有关法规、政策的实施和集团公司相关制度、规定执行信息监督权，检查 报、瞒报各类统计资料的行为，逐级提出改进工作的建议。

（7）专职统计员调（变）动工作时，必须办理工作交接，接替人员应具备前一条款的素质要求，同时事先报送企管部审核、备案。

（三）集团公司生产经营信息管理

1. 管理工作内容

（1）集团公司通过各类信息报表（含图表）及分析报告掌握企业生产经营动态，了解经营单位的未来发展趋势，其管理内容主要包括以下三部分：

① 生产资料基础信息。生产资料基础信息包括满足企业正常生产经营活动需要的人员、线路、车辆、票网(票点)等资源的基本情况及经营活动中各类资源的配置状况等。

② 生产经营计划的编制。将年度经营指标积极、合理地分解到月度，制订月度生产计划必须是经营单位部署当月生产经营活动的依据和既定目标，是有步骤完成年度计划的坚实基础。

③ 生产计划执行情况的跟踪与经营业绩分析。集团公司对各经营单位生产计划执行情况监督的原则是：记录重点单位、重点线路的日营运情况，跟踪各经营单位月度计划的完成情况、月度经营业绩和年度计划完成情况，高度重视各经营单位月度经营分析中直接经营线路的线路成本核算。

(2) 各经营单位应围绕集团公司生产经营信息报表的内容，从生产最基层做起，从最基础的生产数据抓起，各级统计人员应通过对生产数据的统计，实时掌握监控跟踪生产数据的变动情况，及时反映本企业月、季和年度生产计划执行结果和在执行过程中存在的问题，遇到异常变动情况，及时报告本单位领导及企管部。

(3) 各经营单位应主要做好适合本单位各业务板块的综合信息管理制度和管理细则的制订，企业统计员主抓落实、修订和完善；企业各级信息员必须依据企业信息管理细则做好以下工作：

① 原始记录的记载。它是统计报表的原始凭证，原始记录要求：口径统一、数据真实、可靠、直观、通俗易懂。

② 统计台账的建立。统计台账是按时间顺序整理、积累的道路运输活动统计资料的一种方法，它源于原始记录。

③ 各类生产经营报表编制。各类生产经营报表是企业经营业绩最直接的数据反映，经营单位各级信息管理人员必须遵循统一的统计口径、统一的指标体系，统一的报告格式，统一的报表程序和时间要素要求。

④ 生产经营分析报告。生产经营分析报告以客观数据为依据，以文字描

述方式概括生产经营活动的结果，揭露运输经济活动的本质及其规律，为企业经营决策和宏观调控提出统计依据。分析必须从数据入手、文字概括(统计)、图文结合，做到概括准确、一目了然。

2. 生产经营报表

(1)新国线公营模式包括直接经营、责任经营和品牌经营，其中根据具体运作方式，直接经营又分为自营和定额管理。

根据各经营单位已拓展经营业务的实际情况，本制度所规范的业务类型包括不同经营模式的长途客运业务、城市公交业务、旅游客运业务、出租的士业务、汽车租赁业务、班线货运等多个业务类型。

(2)集团公司信息管理层面所需报表的编制办法、指标解释、数据项目、数据格式、报表式样由集团公司企管部统一规范制订和完善。

(3)按照“一致性原则”，为保证营收与成本责任主体的一致性，明确界定：

① 企业营业收入指与合作方结算前的收入(即包含客票代理费或称票提)，对于途中有配载的车辆，按即定收入分配制度应分配给车属经营公司的收入亦是该企业营收的组成部分，即始发、终到站营收与途中配客站(点)应分配营收之和即为经营公司单车核算或线路核算的营收指标。

② 驿站营收是驿站与合作场站结算后按驿站收入分配制度执行后，驿站所得营收。

③ 线路加班车辆营收的归属、单车成本核算与线路成本核算的关系，即加班车营收与线路单车核算或线路核算无直接关联关系，仍计入原属业务类营收。

(4)紧扣集团公司生产经营信息管理工作的主要内容，集团公司要求的生产经营报表由三类构成：

① 生产资源类。即生产资料基础信息，包括线路资源基本情况表、运力资源基本情况表、生产组织机构与人员配置情况表。

经营公司生产资源类报表分类、数据来源和责任管理详见表4-5-1。

生产资源类报表分类 表 4-5-1

<table>
<tr><th>报表名称</th><th>报表编号</th><th>适用范围</th><th>数据来源</th><th>制表人</th><th>签发人</th></tr>
<tr><td>线路资源基本情况表</td><td>NEG-JT-ZY-XL</td><td rowspan="3">所有经营公司</td><td>营运部</td><td rowspan="3">统计员</td><td rowspan="2">企业经营责任人</td></tr>
<tr><td>运力资源基本情况表</td><td>NEG-JT-ZY-YL</td><td>营运部
安技部</td></tr>
<tr><td>生产组织机构与人员配置情况表</td><td>NEG-JT-ZY-RL</td><td>办公室
（或人事部）</td><td></td></tr>
</table>

② 生产计划类。即以反映企业月度生产安排、营收计划及产生的主要变动成本预测为主要内容的生产经营计划。计划的编制应以企业资源的充分运用和合理调配为基础，应以有利于实现年度经营计划为目标。

经营公司生产计划类报表数据来源和责任管理详见表 4-5-2。

计划类报表数据来源和责任管理 表 4-5-2

报表名称	报表编号	适用范围	数据来源	制表人	签发人
月度生产经营计划	NEG-JT-JH	所有经营公司	营运部	统计员	经营责任人

③ 生产计划执行情况的跟踪与经营结果分析。包括反映重点经营单位、重点线路的生产经营日报，以及反映企业生产计划完成情况、经营业绩、线路损益、资源利用、运输质量状况的报表和反映经营趋势走向的图表等。

经营公司经营跟踪与分析类报表分类、数据来源和责任管理详见表 4-5-3。

（5）本细则的报送和报送时间特指各专项信息表由经营单位上报到企管部的报送活动和报送时间要求（下同），各类信息报表在经营单位内部的流转、签发时间由经营单位在规定的报送时间内自行安排，但必须保证在规定的时间内完成向集团的报送活动。

（6）各类信息报表报送的时间原则上要求：严格按集团公司规定的时间上

跟踪与分析类报表数据来源和责任管理 表 4-5-3

报表名称	报表编号	适用范围	数据来源	制表人	签发人
生产经营日报表	NEG-JT-RB	直接经营线路	营运部	统计员	经营责任人
资源配置情况表	NEG-JT-YB-ZY	所有经营公司	办公室、营运部		
车辆工作情况表	NEG-JT-YB-CL		营运部		
运输质量表	NEG-JT-YB-ZL		营运部、安技部		
客源分布图表	NEG-JT-YB-KYT	直接经营线路	营运部		
月度计划完成情况	NEG-JT-YB-JHWC	所有经营公司	营运部、财务部		
管理指标汇总表	NEG-JT-YB-GL-CK NEG-JT-YB-GL-GL	直接经营线路	营运部、财务部		
线路营收构成情况表	NEG-JT-YB-JDYS	实施结点运输的线路	经营公司		
线路损益核算	NEG-JT-YB-XLSY	直接经营线路	营运部、财务部		
年度生产经营趋势图表	NEG-JT-YB-SCT	所有经营公司	营运部		

报，若遇节假日只可提前，不得延后，专职统计员不得以任何理由拖延、推诿，相关辅助统计员也不得以任何理由延误；统计员在向集团公司报送前，必须经经营责任人签发、存档，特殊情况下可先向签发人汇报情况，而后补签、存档。各类报表报送时间要求如下：

① 生产资源基础信息表(NEG-JT-ZY-…)。为完善生产资源基础信息的管理，集团公司将采用普查的方式全面收集、整理，建立新国线生产资源档案库。第一次基础信息普查的截止时间为2004年9月30日，即集团公司将建立2004年9月30日前的所有经营单位的线路资源(含票网、票点信息)、运力资源、经营公驾驶员构设置与人员配置等基本情况的企业生产资源档案库。此后，以上基础信息的普查截止时间为每个日历年度的最后一日(12月31日)，报表上报时间为新日历年度的第5日(元月5日)。日历年度内发生的各项生产资源主要信息项变更或新增生产资源时，在变更当日或次日内，统计员首先口头告知集团公司企管部变更摘要，在当月报送“月度资源配置情况表”时一同报送新的

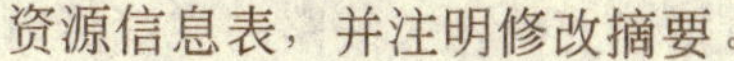

资源信息表，并注明修改摘要。

② 生产经营计划表(NEG-JT-JH)。统计员应在每月3日前完成向企管部上报当月生产计划表的工作。

③ 生产计划执行情况的跟踪与分析。

a. 生产经营日报表(NEG-JT-RB)。用于反映企业直接经营线路的日营运情况，统计员必须在每个工作日11:00前上报2天前(或1天前)的经营日报表。

b. 资源配置情况表(NEG-JT-YB-ZY)。此表为月度报表，本月5日前报送上月完成生产经营活动的各项生产资源配置情况。

c. 车辆工作情况表(NEG-JT-YB-CL)。此表为月度报表，本月5日前报送上月车辆工作情况。

d. 运输质量表(NEG-JT-YB-ZL)。此表为月度报表，本月5日前报送上月运输质量情况。

e. 线路客源分布图表(NEG-JT-YB-KYT)。用于反映直接经营线路上各始发站及配客点的客源分布或走向，此图表为月度上报图表，本月5日前报送上月数据，要求保留必要的图型数据表。

f. 月度计划完成情况表(NEG-JT-YB-JHWC)。此表为月度报表，本月12日前报送上月生产经营计划的完成情况。

g. 直接经营线路主要管理指标汇总表(NEG-JT-YB-GL-CK. NEG-JT-YB-GL-GL)。包括直接经营的长途客运、城市公交及旅游客运业务的管理指标汇总，为月度报表，要求本月12日前报送上月相关线路的主要管理指标汇总表。

h. 线路营收构成情况表(NEG-JT-YB-JDYS)。反映实施结点运输的线路的生产营运情况，由线路所属经营公司汇总结点驿站的相关数据后上报。该表为月度报表，本月5日前报送上月相关线路的营运情况。

i. 线路损益表(NEG-JT-YB-XLSY)。反映经营公司直接经营线路(含公司自营、内部定额指标经营的长途客运、公交、货运班线，旅游包车等)的线路损益情况，该表为月度报表，本月12日前报送上月相关线路的生产经营损益情况(包括线路营收、固定成本、变动成本、营运成本及线路损益数据)。

j. 年度生产经营趋势图表(NEG-JT-YB-SCT)。年度生产经营趋势图为月度上报图表，本月12日前报送考核年度开始至上月的生产经营走势，要求保留必要的图型数据表(包括线路营收、营运成本及线路损益，线路发班、客运量等数据)。

(7) 企管部负责向集团公司决策层提交集团公司报表、分析的分类汇总及报告。具体时间要求如下：

① 生产资源类。在各单位资料充分的情况下，根据集团公司工作需要随机按不同的分类标准汇总、整理生成。通常情况下，在一个工作日内完成提交。

② 经营计划类。在各单位资料齐备的情况下，于本月8日前完成集团公司当月经营计划的提交。

③ 经营跟踪与分析类。

a. 生产日报。通常情况下，在每个工作日16:00前完成2天前(或1天前)相关单位经营日报表的汇总与情况说明注解，每周二16:00前提交上周七日内各经营单位的日报表及集团公司周汇总表。并接受集团公司领导随机、随时的日报表调用或抽查。

b. 月度报表与分析报告。企管部及时处理各经营单位按时上报的各类月度报表及分析报告，随时接受集团公司领导各专项报表的调用，集团公司月度汇总报表及月度分析报告的提交时间为：本月18日前提交上月度汇总资料和分析报告。

3. 生产经营分析制度

(1) 生产经营分析以统计数据为分析依据，以统计分析方法为重要分析工具。各经营单位必须认真对待生产经营分析(包括各类图表)，为企业决策者和集团公司管理者提供丰富的生产经营决策信息。

（2）生产经营分析的重要性表现在以下三方面：

① 文字说明与分析报告是信息统计管理的重要组成部分。

② 文字说明是经营分析的基础形式，必须根据生产经营报表中各项主要指标反映的问题，说明产生的原因、影响因素及其后果。

③ 分析报告应以报表数据为基础，以检查计划为重心，测定计划完成程度，分析计划完成与未完成原因，并提出有效的改进措施。

（3）企管部制定统一的生产分析规范和格式（具体规范和格式另行制定），以此为基础，各经营单位根据生产管理实际，按期、按时编制，经经营责任人审阅签发后，签章存档，同时将电子版本按统一要求报送集团公司企管部。

（4）企管部会同各相关部门对企业分析报告和各类报表进行综合分析，跟踪企业的生产情况，检查监督生产计划的执行情况，考核生产计划的完成情况，结合实际调研编制集团公司生产经营分析报告。

（5）生产经营分析方法可根据实际情况，采用适合本企业的方法，要做到既不空泛罗嗦，又详尽实用。从分析比较的基础看，可同计划指标、定额指标、以前某一时期、同行业先进水平进行对比，从中找出差距，分析产生差距的原因，评判优劣，挖掘潜力。

① 计划分析：可同计划比，找出同计划指标的差距，分析计划完成程度；

② 定额分析：可同定额比，找出同定额指标的差距，分析定额完成程度；

③ 同期分析：可同上年或某一时期对比，找出同上年或某一时期的差距，分析增长或下降的原因；

④ 行业分析：可同同行业先进单位比，找出同先进单位的差距，分析差距的原因；

⑤ 结构比例分析：对于包含多种项目的，进行比例结构分析，分析结构变化的原因及该原因可能造成的后果。

（6）从分析的工具看可包括以下分析工具：

① 平坦趋势分析：当发展比较平坦，增长趋势不明显，并且与以往较远时期的状况联系不大，可用“移动平均法”分析；

② 直线趋势分析：当现象的发展近似为线性增长时，可选用“直线方程法”分析；

③ 曲线趋势分析：当现象的发展近似为抛物线时，可配合“二次曲线法”进行分析；

④ 加速趋势分析：当各期的环比发展速度大体相同，即发展近似为等比速度时，可用“指数曲线法”进行分析。

（7）集团公司分析报告的责任部门为企管部。

（8）经营单位分析报告质量由经营责任人总负责。相关职能部门必须从本部门工作职责的角度出具相关分析，紧密配合统计员完成分析报告，以保证分析报告的客观、严谨、准确，有利于发掘促进企业发展的积极因素。

（9）各经营单位于本月12日前报送上月度生产经营分析报告，集团公司企管部于本月18日前完成集团公司上月度经营汇总报告。

4. 信息管理文件报送流程和报送方式

（1）各类报表、报告以电子邮件为主要报送方式，集团公司生产经营信息报表、报告等的报送邮箱仍延用neg_infocenter@163. com，若遇新的变动，将另行通知。

（2）结点驿站实现对实施结点运输的线路的途中配载，其营收是配载车辆车属公司营收的组成部分，各驿站应根据相关要求分别向托管公司和车属公司报送日(月)配载及营收情况，车属公司按“一致性原则”登记、完善本企业车辆、线路营收的情况。

5. 工作考评

（1）信息管理工作考评以各类信息报表报送的及时性、准确性、完整性和分析报告的一致性、客观性、真实性为考评依据。

（2）考核项目及评分标准如下：

① 信息报表质量。最高扣分为 10 分，扣分标准如表 4-5-4。

② 生产经营分析报告质量。根据生产经营分析报告的书写规范和报告质量扣减分，最高扣分为 10 分。

报表质量扣分标准表 表 4-5-4

序号	项目	扣分标准	最高扣分	说明
1	漏报项	0.3	2	如各项成本、安全事故、大修等
2	私删项目	0.3	2	未经集团企管部允许便私自删减项目
3	漏填项	0.15	1.5	如项目小计不填等
4	填写错误	0.15	1.5	如统计口径不符、单位不符、不同表中同一指标不相符等
5	计算错误	0.15	1.5	如分项合与项目小计不符，数据连续性、一致性错误等
6	填写不规范	0.15	1.5	如数值格式不对、不正确使用特殊字符等
	合计		10	

③ 报送时间要求。迟报一天扣 2 分，最高扣分为 10 分。

（3）考评工作主要以上述三个考核项目和打分标准为依据，由企管部对经营公司信息统计管理工作进行考核。

（4）企管部每月 16 日（遇节假日顺延）完成对经营公司信息统计管理工作的点评或考核，并将结果报集团公司人力资源部。月度考评结果作为对企业月度工作质量考核的依据之一，并在每月绩效考核中体现。年度考核总分与经营责任人的考核年薪挂钩。

（四）现有客运经营单位生产信息资料上报清单

为快速、高效启动“新国线集团生产经营信息管理制度”，增强该制度的可操作性，现将新国线现有规模下各客运经营单位应报送的生产信息资料进行初步归类，各客运经营单位必须对应报的各类信息报表及分析报告非常清楚，不得以责任不清等任何理由造成该制度执行、落实不利。各经营单位经营模式发生变化时，报送报表将随即进行调整，见表 4-5-5。

客运经营单位生产信息资料上报清单　　表4-5-5

<table>
<tr><th>序号</th><th>线路
经营模式</th><th>经营单位</th><th colspan="3">各类报表分类</th></tr>
<tr><td>1</td><td rowspan="9">已有直接经营线路的公司</td><td>北京公司</td><td rowspan="5">经营公司自营线路填报：
(1)线路客源分布图；
(2)线路营收构成情况表</td><td rowspan="9">经营公司自营线路填报：
(1)生产经营日报表；
(2)线路损益表；
(3)主要管理指标汇总表；</td><td rowspan="23">基础信息：
(1)线路资源基本情况表；
(2)运力资源基本情况表；
(3)人力资源基本情况表；

月度计划类：
月度生产经营计划；

月度经营跟踪与结果：
(1)资源配置情况表；
(2)车辆工作情况表；
(3)运输质量表；
(4)月度计划完成情况；
(5)年度生产经营趋势图；</td></tr>
<tr><td>2</td><td>福州公司</td></tr>
<tr><td>3</td><td>绍兴公司</td></tr>
<tr><td>4</td><td>深圳客运</td></tr>
<tr><td>5</td><td>上海公司</td></tr>
<tr><td>6</td><td>南京公司</td><td rowspan="4">—</td></tr>
<tr><td>7</td><td>天津公司</td></tr>
<tr><td>8</td><td>泰和公交</td></tr>
<tr><td>9</td><td>惠州公司</td></tr>
<tr><td>10</td><td rowspan="14">尚无直接经营线路的公司或本年度实行责任经营或品牌经营的公司</td><td>徐州公司</td><td colspan="2" rowspan="14">—</td></tr>
<tr><td>11</td><td>沧州公司</td></tr>
<tr><td>12</td><td>济南公司</td></tr>
<tr><td>13</td><td>聊城公司</td></tr>
<tr><td>14</td><td>姜堰公司</td></tr>
<tr><td>15</td><td>江阴公司</td></tr>
<tr><td>16</td><td>杭州公司</td></tr>
<tr><td>17</td><td>宁波公司</td></tr>
<tr><td>18</td><td>和平公司</td></tr>
<tr><td>19</td><td>徐闻公司</td></tr>
<tr><td>20</td><td>常德客运</td></tr>
<tr><td>21</td><td>北海公司</td></tr>
<tr><td>22</td><td>江苏公司</td></tr>
<tr><td>23</td><td>萍乡公司</td></tr>
<tr><td>24</td><td>其他</td><td>江都公司</td><td colspan="3">归入北京公司管理，不另外设立</td></tr>
</table>

第六节 工作流程

信息管理工作流程如图 4-5-2 所示。

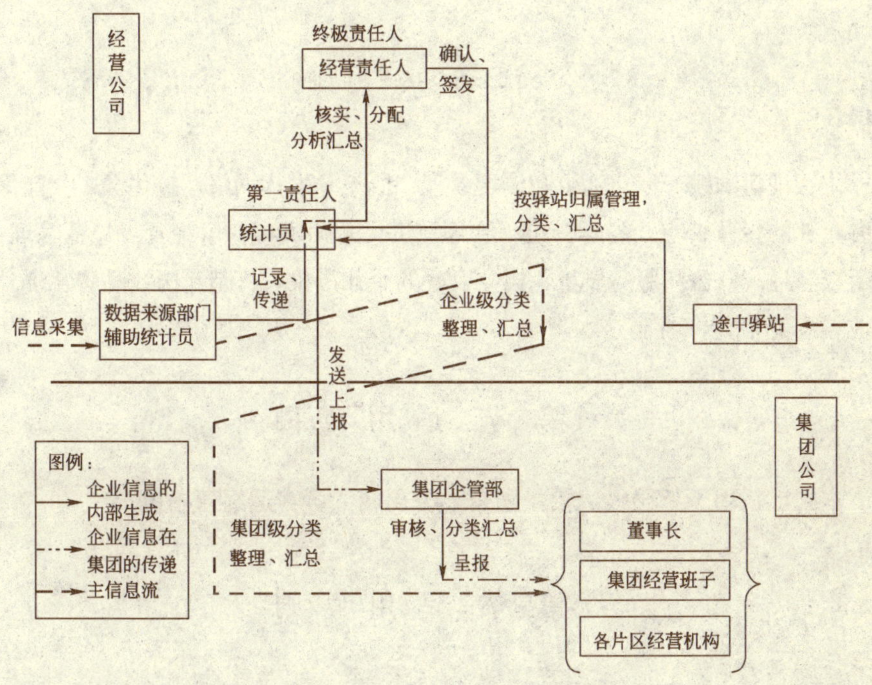

图 4-5-2　信息管理制度报送流程图

第六章 营运管理

第一节 总 则

为实现新国线一体化运营和调度管理，既充分发挥网络运输优势，又能保持各企业的经营特点，科学排班、合理调度，从而实现科学经营、规范管理，不断提高经济效益和服务质量，树立良好的企业形象，打造新国线品牌，提升企业核心竞争力，特制定本制度。

第二节 适用范围

本规定适用于新国线运输集团有限公司属下各客运经营单位。

第三节 适用原则

集团公司本部和下属各运输企业按下列原则执行本制度：

（1）属于工作程序和标准、操作规范、管理要求等性质的内容，必须严格按本制度相关规定执行，各企业不得另行出台规定，确保全集团的统一。

（2）属于控制标准性质的内容，在不违反本制度各项原则和不突破本制度规定的标准的基础上，各企业可结合实际制定本单位的具体规定，报集团公司批准后执行。

第四节 管理责任部门

营运管理的责任部门是集团公司各片区及集团公司企管部。

第五节 营运管理制度

一、运输方式分类及基本制度

（一）班车客运

班车客运包括固定线路班车客运、加班车客运及包车客运等。

固定线路班车客运是指营运客车在城市之间、城镇之间、乡镇之间按照规定的线路、时间、站点、班次运行的一种客运方式。其中，城市间客运班线又分为省际线路和省内线路。

加班车客运是班车客运的一种补充形式，是指客运班车不能满足需要或无法正常运营时，临时增加或调配客车按原线路运行的方式。

包车客运是指以运送团体旅客为目的，将客车包租给用户安排使用，提供驾驶劳务，按照约定的起始地、目的地和途经线路行驶，按行驶里程或包用时间计费的一种客运方式。

1. 调度交接班制度

（1）适时了解车辆状况和可调配运力情况，根据当地旅客的流时、流向、流量进行合理调度、排班。

（2） 当班调度必须认真填写营运日志，详细记录当班期间的一切营运事宜。

（3）做好出车前和收车后的检查，交接事宜（驾乘人员的身体状况、营运手续、货物交接等），并要双方签字确认。

（4）做好营运单据的整理、汇总工作。

2. 驾驶员交接班制度

（1）按定车定人的原则，各公司根据实际情况和线路里程核定每台车的驾驶员人数，规定驾驶员连续驾驶时间和每天累计驾驶时间，安排好驾驶员轮休。

（2）非特殊情况下，所有驾驶员须按排班表准时交接班。

（3） 驾驶员交接班时，必须对车辆进行全面检查，并在单车营运日志上填写好记录，注明交接时间、地点、公里表数据，与车管人员双方签字，否则，出现问题由当班驾驶员负责。检查项目包括：

① 车体外部(包括玻璃)有无刮伤现象；

② 随车工具与备胎是否齐全；

③ 轮胎气压是否达到标准；

④ 油料是否充足；

⑤ 车辆有无故障；

⑥ 车辆内外是否卫生；

⑦ 车辆证照是否齐全。

3. 导乘员交接班制度

(1) 按定车定人的原则，根据公司实际情况核定每台车的导乘员人数，安排好导乘员轮休。

(2) 非特殊情况下，所有导乘员须按排班表准时交接班，未经调度同意，不得私自串班。否则，按导乘员手册相关规定处罚。

(3) 导乘员交接班时，必须对车内进行全面检查，并在单车营运日志上填写好记录，注明交接时间、地点。否则，出现问题由当班导乘员负责。具体检查项目包括：

① 车内座椅、头套是否完好，清洁、数量多少；

② 车内音响、电视、车载通讯系统等能否正常工作；

③ 车内一切设施物品是否完好齐全；

④ 车内卫生状况；

⑤ 洗手间排污水是否充足；

⑥ 营运日志的各项内容填写是否完整。

(4) 乘客耗材领用规定：

① 导乘员按规定领取乘客耗材，并做好领用记录；

② 导乘员按规定发放乘客耗材，并做好发放记录，损耗率不得高于公司规定，否则按相关规定予以处罚；

③ 车辆回场后，导乘员将剩余耗材和记录单一起交回仓库，并与库管人员交接。

（二）城市公交

城市公交是指营运客车在城区内，依托城市道路，按照规定的路线、时间、站点运行的一种客运方式。

（1）营运车应当有明显有效的线路标志顶灯牌、 营运线路图腰牌、价目表、营运线路图、投诉电话号码及禁烟标志。

（2）营运车必须按规定线路营运并在规定的站点（标准路段、标准站点、样板小区核定的路段、站点）上、下客；在非样板路段、次要道路、小区道路要规范停靠。

① 营运车必须按规定的服务时间、首班及末班发车时间准时发车。

② 驾驶员要服从公司或线路有关准点考核规定，否则按有关规定处理。

（3）驾驶员应按照物价管理部门核定的价格标准向乘客收取车费，并使用市运政管理部门规定的统一客运发票（车票）。违反本规定的，按相关规定处罚。

（4）驾驶员无合理解释，不参加正常营运的，视为罢驶。违反本规定的，按相关规定处罚。

（5）驾驶员必须服从和积极配合上级运管部门和公司稽查人员检查，对违规车辆、驾驶员实施扣车、扣证时，驾驶员不得拒绝。

（6）除下列情形外，驾驶员不得拒绝载客。

① 酗酒或患精神病的乘客要求上车且无正常人陪伴的；

② 乘客携带易燃、易爆、有毒、腐蚀等危险物品的；

③ 乘客在禁止上客的路段要求乘车的；

（7）驾驶员应主动照顾老、弱、病、残、孕、 幼等特别乘客乘车，并给予提供力所能及的帮助。

（8）驾驶员在驾驶车辆营运时必须关好车门。若因此造成乘客损伤或酿成交通事故，除处以罚款外，责令赔偿乘客损失，并承担交通事故的一切责任。

(9) 驾驶员要保持匀速驾驶车辆，不准忽快忽慢，不准在中途站点或任何路段故意停车或慢驶候客。

(10) 驾驶员在营运时，必须使用公司统一客运票据，不得滥用有关票据。

(11) 驾驶员不准邀请或聘请熟人、家属、亲戚、朋友跟车揽客、监票、兑换零钱或收钱。

(12) 驾驶员应按公司规定时间、地点清缴当天的营运收入。

（三）旅游客运

旅游客运是指以运送游客旅游观光为目的，在旅游景区内运营或其线路至少有一端在旅游景区(点)的一种客运方式。它分为定线旅游客运和非定线旅游客运。

(1) 驾驶员须经安技部考核，并办理准驾证后上岗。

(2) 驾乘人员及车辆营运资格的认定分别由企业职能部门负责，按《人力资源控制程序》、《车辆技术管理规定》、《安全生产管理条例》进行控制。

(3) 旅游客运经营公司驾乘人员按《旅客运输服务规范》，保持车辆清洁卫生，为旅客提供良好的乘车环境和服务。

(4) 旅游客运经营公司业务部门指派专人进行旅游客运市场的开发，一般通过以下渠道：

① 与旅行社建立良好的长期合作关系；

② 与行政、企事业单位建立良好的信誉关系；

③ 必要时，如在节假日和旅游黄金周期间通过新闻媒体进行广告宣传。

(5) 旅游客运经营公司业务部门与有包车旅游意向的单位签订意向协议，并进行充分的沟通，明确顾客要求、有关法律法规要求及本单位的附加要求。

(6) 旅游客运经营公司业务部门指派专人根据评审结果进一步确定顾客要求，签订旅游包车合同。

(7) 对常规旅游项目，由业务部门直接安排计划，提供客运服务。对特定的旅游客运服务项目，旅游客运经营公司业务部门负责人，依据签订的旅游合同进行策划，必要时策划的结果应形成质量计划。

（8）旅游业务部门派车时，应出具三联派车单，写明行驶时间、接客地点、联系人电话、包车运价、路桥费支付方式等，其中一联交财务，一联交驾驶员，一联由业务部存查。属长期合同月结运费的，由财务部门前往结算；属散客临时包车的，必须先付款后派车或指定由驾驶员负责收回缴交财务，禁止业务部门直接收取现金。

（9） 旅游客运驾驶员驾驶车辆应按照派车单的要求按时到达指定地点或线路提供服务。如旅客要求延长线路增加行驶里程，驾驶员必须电话请示主管领导批准后方可提供服务，否则，超公里运行的成本、费用由驾驶员支付，并按公司规定处罚。

（10）经营旅游的客运车辆应喷印单位全称，车内悬挂顾客意见簿，做好行车前的准备工作。

（11）旅游客运驾驶员应集中注意力，安全驾驶，按规定的时速运行，礼貌待客，为旅客提供良好的服务。

（12）旅客由旅游包车单位经办人带队上车，散客由旅客凭票上车。

（13）行车途中，及时提醒旅客注意乘车安全，为旅客就餐提供方便。

（14）到达景点后，组织旅客按先后顺序，携带好随身物品下车。

（15）旅行结束后，应将旅客安全送达指定地点或中转站。

（16）旅客随身携带物品由个人负责妥善保管，当旅客离开车厢时由驾驶员协助看管。发生丢失、损失时，要及时通知旅客，妥善处理。

（四）出租汽车

出租汽车是指按照乘客意愿提供运送服务并按行驶里程和时间收费的客车。

（1）出租营运车按照规定组织出租客车到公安局车辆管理所、城市客运管理处和环保局参加年度注册、审验，符合条件后投入营运。

（2）出租车营运驾驶员按照当地行业管理部门的规定要求持证上岗。

（3）营运前，驾驶员应对车辆进行全面检查、维护，保证车辆处于良好状态，车辆卫生达到“四净、二亮、一无”的标准。

（4）遇到乘客叫车，选择合适地点停靠，车辆停稳后，为乘客打开车门，必要时协助乘客搬放随身携带物品。

（5）车辆运行前乘客需要时，介绍城市有关情况。在车辆运行时打开计价器。

（6）车辆到达目的地时减速、慢行、停稳，按规定向乘客提供发票，必要时，协助搬运物品。

（7）乘客要求出市区时，驾驶员要按公安部门的规定进行登记；出长途时，向公司调度室报告，公司调度室应在“出租车长途营运登记表”中记录。

（8）对签订合同租车的，出租分公司应对其要求作出评审后，方可签订合同并保留评审记录；对电话预约租车的，出租分公司要保证在约定时间到达乘客指定地点。

（9）出租车驾驶员在车内按规定放置统一编号的工作牌。

（10）按照当地行业管理部门的要求，对出租客车作出统一顶灯、门徽、监督电话标识。

（11）计价器按规定安装和检定，经有关部门检验合格后方可使用。

（12）公司每月对驾驶员组织一次业务培训和安全教育，并建立培训学习教育记录。每月对车辆的营运服务设施检查一次，并建立“营运服务设施检查登记台账”。年末对驾驶员作出综合评定。

（13）公司定期组织上路巡查所属出租车的服务设施、卫生要求和驾驶员的服务，对巡查结果作出记录。

（14）对乘客携带的物品做好防护。易损物品放车内，由乘客扶好。

（15）乘客上车后，驾驶员提醒乘客关好车门。行驶过程中，驾驶员应遵守道路交通管理规定，根据路面情况和道路情况减速慢行，使乘客乘车舒适安全。

（16）驾驶员将乘客遗留物品交公司，作好记录，寻找失主。

（17）出租车载荷按照核定标准执行。

（18）出租车运行中，驾驶员在征求乘客意见后确定开关空调、音响。

二、计划运输与合理运输

（一）计划运输

计划运输是在市场经济条件下，经营公司对内部固定班线车辆的一种运行组织安排和调配，充分结合营运车辆、车辆技术维修、驾驶员工作安排等做出的一种内部生产管理机制和组织形式。

在市场经济条件下，为了有效组织运输生产，合理调配生产资源，在生产的内部管理机制方面，需要进行生产计划，组织计划运输。

计划运输需要考虑的因素：

（1）经营单位的运输生产量，即是所有经营线路；

（2）完成所有营运线路需要的车辆运力及运行班次；

（3）现有车辆运力及其维修计划与状况；

（4）所需要的驾驶人员安排情况；

（5）天气了及道路等影响运输生产的自然因素。

（二）合理运输

新国线已经建立起初具规模的公司和驿站网络，各经营公司也已初步形成运输线路的网络，按照集团一体化运作的要求，一体化运作是网络化经营和企业集团管理的基础。运输企业的一些相关业务，比如新线路的调研、申请，新线路获得后的筹备、运力合理配置、线路开通营运，班次调整、运力调整，包专车、站务设施、定制票价、广告宣传等，涉及“一体化运作”的部分，由集团公司组织和审批实施。

在线路的运行、运力的合理化配置等方面，要资源共享，减少重复，充分发挥驿站功能，运用现代科技手段，科学合理组织运力和运输生产环节，以较少的资源性投入取得较大的运输综合经济效益。

经营公司在具体的组织实施中，结合自己的实际情况，原则上可以考虑平时的厂班车和节假日的旅游运输及春运加班运输，旅游包车和班线运输的加班包车运输，在节假日和春运高峰期长途班线的夜间运行与短途班线白天的套班运输。

三、营运组织管理及基本内容

为了适应新国线的经营战略调整，必须实行两个转变，即转变经营思想，转变经营作风。为此，结合新国线的战略方针和战略目标，进一步明确集团公司与经营公司的运作规则，建立新的营运管理规范，制定可行的战略措施，是“管理符合经营，经营符合市场”的客观要求，也是促进经营主体自主经营、自我约束、自我发展，获取经济效益的制度基础。

集团公司是发展中心、经营中心、管理中心；经营公司是生产中心、成本中心、利润中心；片区是为集团更好地实现对经营公司有效地管理而设置的区域性管理机构，片区总经理由集团公司副总经理兼任，同时兼任片区内所属企业的董事长，对片区内公司的资产保值、增值及经营结果负终极责任。

（一）营运管理的组织机构

新国线营运管理的组织机构是连接集团、片区和经营公司的有机体，以“精简、合理、高效”为其设立的原则，主要有以下部门或机构：

1. 集团公司企管部

集团公司企管部在集团公司分管领导的直接领导下宏观管理系统内的营运管理活动，行使拟定集团公司营运规划、监督、协调、考核的职能。负责制定集团公司系统的营运管理规范，编制集团公司系统内短期、中期、远期的经营规划，下达生产经营指标，检查生产进度，考核经营绩效，指导重大节假日和运输生产活动，协助和指导各经营公司线路招投标和可行性分析工作；依据统计资料进行生产经营活动分析，并根据集团公司发展速度和发展规模适时地修订、补充、完善集团公司的营运管理标准和规范。

2. 片区管理机构

集团公司现有华北及黄河片区、华东及长江片区、华南及沿海片区。片区总经理作为片区内经营公司的终极责任人，行使集团公司对经营公司的直接管理，同时肩负着组织、指导相关公司营运管理的重大责任，对公司的主要经营行为进行指导、监督，配合完成年度经营指标。

3. 经营公司营运部

经营公司营运部在经营公司主管领导的直接领导下行使编制本企业的营运规划、生产计划，下达指令、指挥营运，总结、分析经营状况的职能。负责拟定企业营运规划，进行行业市场调研，线路招投标的组织实施，依据生产经营指标，认真组织实施生产营运活动，跟踪、检查生产营运全过程；认真执行集团公司规定的生产统计制度，做好分析与总结。

（二）集团公司营运管理的基本内容

1. 线网规划管理

这项工作的核心内容是根据集团公司的战略部署来展开：即以建立全国综合道路运输网络为目标，以打造中国道路客运第一品牌为追求。通过东部结网、中部辐射、西部布点形成全国性运输网络；通过对我国公路（特别是高速公路）建设进程的了解和对大众出行需求的了解，合理利用集团公司已有网络资源及各经营公司线路、运力资源，按照点、线、块布局和组合的思路，发挥集团公司网络和道路旅客运输企业一级经营资质优势，结合城际公路（或城市道路）和企业实际情况，通过线路经营权投标等多种方式，争取优质线路资源，纳入线网规划并组织经营。促使集团公司利益最大化，为集团公司的可持续发展创造新的空间和环境条件。

充分利用现有资源和网络进行营运管理是各经营公司的中心工作，集团公司的经营方针、经营目标通过各经营公司的营运管理来实现，经营措施也同时贯穿在营运管理之中。

2. 营运规划管理

集团公司企管部根据集团公司发展的不同阶段，向各经营公司提出经营规划拟定的基本框架和要求，对各经营公司上报的经营规划进行初步审核、汇总，编制集团公司生产经营规划，并报集团公司经营班子审定后，向经营公司下达经营规划。

3. 年度生产预算管理

集团公司企管部对经营公司上报的年度生产预算进行初步审查、汇总，编制集团公司年度生产预算方案，报集团公司经营班子审定后，向经营公司下达年度生产经营计划。以实现年度生产预算为目标，各经营公司结合本公司实际，科学、合理地将年度计划分解为月度计划指标，并积极组织生产，以便实现更好地经营业绩。

4. 建立生产经营信息管理制度，构建集团公司营运信息数据库

集团公司企管部负责制定、完善生产经营信息管理制度，建立生产统计网络。集团公司作为各经营公司的控股方或参股方，通过生产经营信息管理制度的实施对经营公司的生产规模和经营动态进行掌握和分析，并以此作为集团公司生产营运规划的数据支持和重要依据。集团公司企管部负责监督各经营公司生产经营信息管理制度的执行情况。各经营公司有义务按照该制度的要求提供真实、及时、准确的生产营运数据。

5. 建立和实施“生产经营分析会”制度

生产经济分析会是指在集团公司分管领导的组织下，集团公司企管部协同经营公司领导、相关部室和人员组成专题分析小组，对经营公司从线路资源、运力配置、收入、成本、市场等各方面进行不同的角度分析，力求找出经营的成功经验和存在的不足，并对存在的问题提出可行的解决方案。

各经营公司是新国线的经营主体，经营公司董事会行使最高经营决策权，经营责任人在公司董事会的领导下实施经营、管理，对经营公司董事会负责。

企管部作为集团公司的职能部室，对经营公司生产营运的监督管理建立在经营公司自主经营的基础上，通过生产经营分析会制度，提高企业经营管理水平，促使经营公司做好成本控制、挖潜增效。经营公司必须认真对待集团公司的生产经营分析报告，对报告中提出的问题要逐项落实，并将结果及时报集团公司企管部。

6. 营运质量的管理

营运质量的管理是新国线一体化运作的重要组成部分，营运质量的高低直接作用于经营公司经营绩效，主要包括:（1）线路、车辆资源的利用率；（2）线路运营实载率、营收水平、盈利水平等经济指标；（3）通过网络化、集约化、规模化、智能化、标准化、精细化、集团化经营形成品牌个性；（4）以安全、正点、舒适、便捷为目标，努力提高服务质量。

集团公司要发挥核心作用，建立道路综合运输网络和运营工作标准化体系；遵循科技就是生产力的原则，加强智能化、信息化建设，建立网络化运输管理体系、提高运输效率。

经营公司营运机构要通过各种切实有效的管理手段，来保证预期营运质量的实现，一方面贯彻"以人为本"的服务理念，树立企业全心全意为乘客服务的形象；另一方面加强运营管理，努力提高运营效益。

7. 营运业务的管理

一体化运作是网络化经营和企业集团管理的基础。运输企业的一些相关业务，比如新线路的调研、申请，新线路获得后的筹备、运力合理配置、线路开通营运，班次调整、运力调整，包专车、站务设施、制定票价、广告宣传等，涉及"一体化运作"的部分，由集团公司组织和审批实施。其他具体操作由各经营公司按照规范实施。

（三）经营公司营运管理的基本内容

1. 运输市场调研、运输资源获取及企业做大做强

经营公司要扩大规模，获取新的线路资源，挖掘、培育优质线路，在日益激烈的竞争中立于不败之地，就必须有灵敏的市场"嗅觉"，而对运输市场实时的调研和正确的分析便成了运输企业的重要触角。经营公司要与行业管理等相关部门建立密切的协作关系，掌握了解行业管理的动态变化、线路资源变动及新线路的招投标活动及相关城市总体规划、城市区域变迁、城市人口和劳动就业动态、道路工程、交通管理、大众出行习惯等，从而制定线路发展规划，使之在发展速度、投资规模上与城市发展保持适当的比例关系。

经营管理者除了掌握运输市场的变化外，还应对竞争对手、合作伙伴有准确的认识，正确处理竞争与合作的关系，在有效利用资源，争取组合最优化、利润最大化的基础上加强协作，实现双盈或多盈。

2. 运力适应运量的需求

社会大众根据各自出行的目的（商务、访亲、旅游等），在时间、地点、方向上对交通运输承载主体有不同的要求，形成了大量的、变化的、交错复杂的客流。尽管客流处于经常变化的状态，但它仍然是有规律可循的。客运量的规律可归结为三大集中（时间、地点、节假日）、四大变化（时间、周期、气候、季节）、五个高（高峰小时、高峰日、高峰季节、高单向、高断面），这是交通运输企业组织营运的基本出发点。为此必须经常进行客流调查，研究分析客流规律，做好营运调度工作，研究运力与运量的相应比例关系，使运力配置适应运量的需要。为此工作重点必须放在客流调查研究工作上。经营公司必须重视市场调研的重要性，要善于分析、积累调研资料，注重经验积累。经营公司要采用现代科学技术手段和先进技术装备，应用数理统计方法，揭示旅客运输中的客流规律，为线路布局、站点设置提供科学依据，努力争取最优发班时间和地点，为平衡运力、运量奠定基础。

3. 行车计划编制与调整

交通运输企业为乘客服务的方式，就是在研究乘客流动规律之后，利用已有运力资源，在规定线路上，按照客流的数量、方向、时间，制定有节奏、周而复始的行车计划（即行车时刻表）和各时期的运输生产方案，组织、指挥重要运输活动。

行车时刻表，在运行过程中起着内部法律的作用。行车时刻表的制定必须符合客流规律，即“点客合一”。因此，计划要科学，执行要严格、有力。只有这样才能有效地组织车辆，更好地提供服务。

客流调查是编制行车时刻表的依据。行车时刻表是客流调查产生的结果，是一项数量上、时间上、空间上的分配组合。这个分配组合直接关系到能否为社会提供较好的服务，所以交通运输企业的营运调度管理必须强化这项工作，以建立科学合理的运行秩序。

4. 现场调度

行车时刻表力求点客合一，这是编制时必须坚持的原则。但在执行时常会遇到临时性的变化，因此现场调度很重要的一项工作内容就是采取有效措施，及时迅速地解决临时性的变化，使运行秩序尽快恢复正常。

现场调度要掌握正常的规律性变化，如节假日、纪念日、黄金周等营运周期内规律性的高峰、平峰等，及时加车或减车调整发班时间；同时加强临时性变化的应变能力，如雨、雪、雾等不利于运输的天气的出现，交通堵塞、突发灾难或其他社会活动影响等，调度人员要根据具体情况，采取临时调度措施，要尽快恢复正常的运营秩序。

四、推行线路经营模式多元化

《中华人民共和国道路运输条例》和即将实施的《道路旅客运输管理办法》要求：客运经营者应按照道路客运经营许可的内容和要求从事经营活动，鼓励实行规模化、集约化经营，禁止挂靠经营。非挂靠经营应符合下列条件：

（1）车辆产权：车辆由企业出资购买，车辆产权属于企业所有，车辆有关证照注明的所有者为企业。其他企业或个人可向运输企业进行投资，按股分红，但不针对单车进行投资。

（2）客运线路经营权：客运线路经营权是由运管机构赋予给企业所有。

（3）人事关系：驾乘人员是与企业按照《劳动法》签定劳动合同的企业员工，其工作由运输企业统筹安排。

（4）运输组织：车辆由运输企业统一调度指挥，安排运营。

（5）财务关系、收益分配：营运收入应全部上交企业，由企业统一支配，按相关规定发给驾乘人员工资，并确定相应福利待遇；是股东的员工按企业盈利情况参与分配利润；是责任经营的员工按照与企业签订的责任经营合同领取应得收入。

（6）管理责任：企业必须对所有运输车辆负有全部的管理和安全责任。

在保证经营公司按照集团公司一体化运作和维护品牌形象的前提下，建立和完善多种经营方式，采取直接经营和责任经营等经营方式，形成新国线多元化的公营模式。

1. 直接经营

直接经营是一种企业自有线路、自有车辆，自主经营、自主管理的公车公营模式。结合具体的线路特征，直接经营又可分为自营和定额管理。

(1) 自营：对于资源和客源较好，收入比较稳定，现时或潜在经营效益好的线路，实行规模化集约化的企业直接经营模式。它是一种全面导入新国线的经营理念，以加强营销管理、沿途配载管理和稽查力度，防止票款流失。自营的特征是：成本、收入全归公司承担与受益。

(2) 定额管理：对于区域封锁较严或客源垄断严重，而且经营效益不稳定，或沿途没有固定配载点，管理难度大的线路，在有效控制成本和保证车况的前提下，实行线路责任人(含驾驶员个人)负责制，将客运量按线路落实到车辆运行的车组人员，将营运收入和效益与车组成员薪金挂钩。定额管理的特征是：公司承担营运成本和费用，营收指标超额奖励，不足自补。

2. 责任经营

责任经营即由企业提供线路资源，车辆由企业出资购买，车辆产权属于企业所有，车辆有关证照注明的所有者为企业。其他企业或个人可向运输企业针对线路进行投资，按股分红，但不针对单车进行投资。责任经营的特征是：生产性经营成本由经营责任人承担，企业每月给投资者分红。

五、新国线集团内部车辆调配管理

为了盘活集团公司存量资产，提高车辆利用率，减少折旧损失，集团公司对内部车辆调配工作和相关费用开支规定如下：

(1) 各企业增量投资购置车辆必须统一报集团公司审批，集团公司根据企业所需车型、座位等需求，首先在集团公司内部调配。

(2) 其他企业或个人出资购置车辆参与经营的，必须首先在集团公司内部调配车辆，确定各企业无相关等级的闲置车辆可调后再准许购新车。

(3) 集团公司根据各地区旧车上牌政策、各企业新增线路需求和闲置存量资源内部统一进行调配。

(4) 旧车接收企业在确认当地交通主管部门和车管所允许旧车上牌的基础上，必须写出“经营可行性分析报告”报片区、集团公司有关部门审批后，再由集团公司发出“车辆调配通知书”，调入单位经营责任人对调入车辆的入户和经营结果负终极责任。

（5）各经营公司调出车辆一律按账面价划转。

（6）调出车辆技术性能必须完好，在调入企业上牌使用前所发生的维修费用由调出单位负责。

（7）由于调出闲置车辆大部分已统缴养路费和保险费，而且是按账面价调拨，因此，调出车辆养路费、途中保险费、过户费及车辆接送的路桥费、油费、以及驾驶员工资和返回差旅费由调出企业负责支付。

（8）如旧车在上牌过程中因手续不齐而产生的业务费用，经知会车辆调出单位后，由车辆调出单位支付。

（9）调入单位因地区政策变化无法上牌，需要调出单位办理第二次调出手续，手续费用由第一次调入单位负责。

（10）各企业闲置车辆调出后再无同型号车辆，而仍有库存配件，必须按账面价一起调拨，调入企业无条件接受。

（11）闲置旧车和配件调给个人全资购置责任经营的，可以按市场价洽谈，价格由调出企业决定。

六、经营成本管理考核标准

为了有效降低生产经营成本，完善以单车核算为主要内容的管理基础工作，建立激励机制，促进经济效益的提高，对集团公司下属自营运输车辆特制定本标准。

（一）车辆行驶公里统计工作标准

（1）车辆行驶公里统计工作标准是一切管理工作的基础。

（2）车辆行驶公里统计原则上以车辆里程表显示为准，固定班线根据不变里程以行驶趟次统计，但必须计算停车场至发班地点的往返空驶里程和线路以外的行驶里程。

（3）车辆行驶公里统计工作必须指定专人负责，每天收集填报。

（4）旅游包车和非专线车辆一律以里程表显示数据统计为准。

（5）如里程表有误差，必须修正，修正方法如下：

① 更换公里表。

② 驾驶有误差的车辆行驶固定里程，求出百公里误差数，然后在统计该车公里数时加或减误差数。

（6）里程表每天由车管员抄表登记一次，不准漏抄和估算。

（7）里程表损坏必须当天更换，不准过夜。

（8）车辆行驶里程数据必须按月填入车辆技术档案和驾驶员档案。

（二）燃油消耗考核标准

（1）各企业根据各种车型的实际油耗，分冬季和夏季、高速路面、混合路面或普通公路、专线车和旅游包车等，确定车辆油耗标准。

（2）油耗标准确定办法：

① 由企业派员与驾驶员一起跟车到油站加满油箱，加油枪自动跳开后不得再加，然后再跟车辆行驶一天后返回原地加油，以同样的方法将油箱加满。

② 被检车驾驶员不准超速，亦不得故意放慢速度行驶，应保持正常速度。必要时，可由安全员亲自驾车测试。

③ 根据里程表显示的公里数或根据固定班线公里数和实际加油量，求出百公里油耗。

④ 车辆百公里油耗夏季比冬季增加1升，旅游包车比专线班车增加1升/百公里。

⑤ 市内公交和普通路面的油耗标准，各企业可根据实际情况自行确定。

⑥ 不同车型应分别测试。

（3）考核奖惩标准：每节省1升/百公里，按当地油价的30%提奖给驾驶员；每超过标准1升/百公里，不奖不罚；如超过标准2升/百公里以上部分，按当地油价的30%扣罚驾驶员，次月5日前兑现奖惩。

（4）各企业应严禁维修人员在油箱里放油。

（5）严禁非城市公交车驾驶员挂空档滑行节油，发现一次，取消当月的节油奖和安全奖。

（三）轮胎考核标准

（1）轮胎使用寿命以生产厂家规定的行驶里程为准。

（2）轮胎使用前，必须由管理人员登记轮胎编号和领用时间，不准在轮胎上写字或烙印。

（3）更换轮胎时，胎管员必须查清被换轮胎的使用时间和行驶里程，每超过标准10000公里，给予驾驶员奖励100元；每低于标准10000公里，给予驾驶员扣罚100元。

（4）轮胎早期报废，安技部门必须查清报废原因，如属驾驶员操作不当，轮胎碰撞硬物导致早期报废，按轮胎购置价减去行驶公里后的残值的50%扣罚驾驶员；如属于炸胎或其他不可抗力原因导致轮胎早期报废，免予处罚。

（5）车辆前轮必须使用新胎，后轮不准使用“光头胎”。

（6）车辆维护时必须按规定调换轮胎，以延长轮胎使用寿命。

（四）维修成本考核标准

（1）维修成本主要是指日常的车辆维护和零配件费用。

（2）维修费用标准的确定：

① 新车以日常维护费用为准；

② 二年以上车辆以年度平均正常维修费用为准，每增加一年，增加10%维修费用；

③ 车辆更换部件总成，必须按月分摊，原则上每月分摊1000元。

④ 各企业可以根据具体情况和不同车型确定合理的维修费用标准，原则为奖励总额与罚款总额基本相等，如差别较大，应在次月给予调整至合适为止。

（3）维修费用奖惩标准：超出维修费用标准与节约维修费用，奖惩均不超过节超费用总额的50%。

（4）车辆维修换件必须经驾驶员签字确认。

（5）各企业必须按规定完善车辆回场安检制度，对有故障而不报修的车辆必须强制维修。

（五）车容车貌管理标准

（1）新国线所有车辆必须保持整洁、外观完整、设施完好。

（2）营运车辆每天内外清洗一次以上。

（3）各企业必须建立车辆回场检查制度，发现车辆外观有划痕或损伤的，必须如实登记，并经当班驾驶员签字认可。凡是非交通事故划伤车身的，修复费用由当班驾驶员承担，如安检员因检查不细，未发现伤痕，导致驾驶员今后对车身伤痕责任有争议时，修复费用由安检员承担。

（4）车身伤痕必须在2天内修复。

（5）为保持车身颜色的统一，车身伤痕修复由公司统一指定修理厂，严禁驾驶员私自将车交给不具备修复能力的个体维修摊档修理或自行用漆掩盖。

（六）附则

（1）本标准由各经营公司强制实施推行。

（2）各经营公司可根据本标准制定符合本企业实际的管理细则，如车辆交接班制、配件领用规定、车辆回场检验规定等。

七、单车成本核算管理

为强化经营公司成本管理意识，提高企业经营管理水平，集团公司要求各经营公司对自营车辆强制落实单车成本核算，根据“新国线集团经营成本管理考核标准”的有关规定要求，制定符合本企业实际的管理细则，集团公司将对落实情况进行定期检查。

八、服务质量管理

（一）优质服务质量标准

1. 车辆技术等级

车辆必须具备一级完好车的标准（符合我国交通部1990年第13号令《汽车运输业车辆技术管理规定》第十七条款中的规定）。

（1）车辆各总成、基础件、零部件应安装齐全、正确、牢固可靠、技术性能良好。

① 发动机的起动性、动力性、加速性能良好，怠速平稳，在各种转速下运转无异响。各附件齐全，作用有效。各气缸压力不低于标准的95%，各缸压力差汽油车不超过平均值的5%，柴油车不超过8%。燃润料消耗不超过定额指标。各

部及接头、垫片紧密牢固，无漏油、漏水、漏气、漏电现象。废气排放符合国家标准。

② 传动机构工作平稳、无异响。离合器结合平稳，分离彻底，无打滑、发抖现象。离合器、变速器操作轻便可靠。变速器、差速器工作性能良好、无异响、无漏油。传动轴连接紧固，无抖动及键槽松旷响声。

③ 前桥与转向系:前桥无变形。转向机构操纵轻便，行驶中无走偏、摆振现象。转向机无漏油，转向盘自由行程应符合规定，各部及连接部位无松旷。

④ 制动系:脚制动踏板及传力拉杆灵活有效，自由行程符合规定。液压制动系无漏油、拖滞现象。手、脚制动性能符合当地车检规定标准。

⑤ 车架与车身:车架大梁无弯曲断裂变形，铆钉无松动。车箱骨架牢固，车身外表平整无锈蚀、腐烂。车身内外清洁，漆皮光亮，颜色均匀一致无缺陷。门窗玻璃齐全无破损，开关轻便，车厢内无漏土、漏雨现象。地板牢固严密，坐椅沙发完整牢固可靠。

⑥ 电器仪表:电动机、发电机工作性能良好，调节器齐全作用有效。各种电器设备、仪表、灯光、信号、标志齐全，工作正常有效，符合当地车检规定标准。收音机、天线杆，冷、暖风装置工作正常有效。

(2) 车辆噪声符合《机动车辆允许噪声》(GB1495) 的规定。

(3) 车辆各项装备齐全、完好。符合车辆管理部门的有关规定。

2. 车辆设备配置

(1) 车辆标记、车身颜色、出租单位名称、车辆编号标记、租价等标志均符合有关规定。

(2) 车辆座位装备安全带，并符合车管部门的有关规定。

(3) 车内装有坚固、美观、视觉效果良好的 VCD、DVD 视频设备。

(4) 车内装有立体声放音机、收音机的音响设备及工作性能良好。

(5) 车内装有冷暖风设备，且工作性能良好。

(6) 窗帘、坐椅坐套齐全、整洁、美观。

(7) 备有符合规定的灭火器。

3. 车辆服务设施与车容

车辆服务设施应安装正确，使用完好，经常维修。保持车辆卫生整洁，不破不损，圆满为宾客提供服务。

(1) 车身整洁、卫生。车辆外观整齐，没有撞击、擦痕，颜色一致。漆皮一致无掉漆、褪色等现象，玻璃、镀件明亮，车身两侧裙边、轮胎无泥土。

(2) 车内卫生。车内脚垫齐全无脚印，靠垫平整卫生，不破不损，每月清洗一次，备物袋清洁，每天进行清理，车内无浮土，前后遮阳板无杂物。

(3) 发动机卫生。发动机无油垢，木箱、蓄电池无尘土、机液等不洁之物，发动机内各条线路清洁，不破不损，无漏电、断电等现象。

(4) 行李箱卫生。行李箱物品放置正确，清洁用品码放整齐有序，没有杂物。

(5) 服务设施。顶灯标志、租价标志、服务证件、字迹清楚，按规定安装、使用，音响电视设备、冷暖风、安全带等安装正确，使用灵敏有效。

4. 客人投诉处理

公司为保证服务质量，对乘客的来访、来电、来信及各类投诉要认真处理，并认真记录有理投诉。

(1) 来访接待。投诉管理人员要严格执行公司“驾驶员仪容仪表”标准，自检后上岗。接待投诉客人时要主动问候、主动让座、举止大方、彬彬有礼。接待室内环境干净、整齐、美观舒适。接待标志醒目，中英文对照，字迹清晰。

(2) 受理投诉。受理电话、来访、来信投诉时，要做到“三清”，即：清楚投诉人姓名、工作单位；清楚事情的经过；清楚联系地址及电话。并认真做好记录。不准以任何方式要求或暗示对方撤回投诉。

(3) 调查核实。接到投诉后，应立即进行查询。根据客人提供的线索，弄清当事人所在的车队、所驾车型、车辆牌号。并及时通知主管领导，共同调查了解、核实情况，写出调查报告。

(4) 投诉处理。对经认定的投诉事件，肇事人根据事情经过写出检查报告，部门领导及主管领导在报告上签署处理意见。由有关人员向投诉者当面道歉，赔偿损失。遇重大服务事故，要及时请示公司领导予以研究解决。

（5）情况反馈。投诉事件处理完毕后，应立案存档，并向领导做详细汇报。及时给投诉者予以答复。

（二）驾乘服务操作标准

1. 仪容仪表

驾驶员在上岗前必须认真整理仪容仪表，以便在工作中为客人提供优质服务。

（1）仪容整洁。执行任务时，驾驶员必须穿统一配备的服装，做到清洁、平整，衣扣、裤扣缀齐扣好。穿工装不得绾袖、绾裤腿。发型梳理整齐，美观大方，皮鞋上油擦亮。

（2）标志标牌。按规定张贴公司标志，做到:美观、大方、醒目。标志要完好无损、不褪色。驾驶员按要求统一佩带服务标志，整齐统一，字迹清晰，不破损，不褪色。

（3）仪表大方。接待宾客时要站立端庄、大方稳重。同宾客见面时，面带微笑，谈吐得当，以礼待人，热情周到。并适时使用迎接、问候、告别等敬语。

（4）精神状态。驾驶员执行任务时必须做到精力充沛，若患有疾病、身体不适、睡眠不足等情况，应及时向领导提出，不得擅自开车运营，以便确保行车安全。

（5）举止文雅。接待宾客要始终做到彬彬有礼、落落大方。不当着客人的面擤鼻涕、打哈欠、剪指甲、挖耳朵。咳嗽、打喷嚏时，应用手帕捂住口鼻面向一旁，尽量降低声响。

（6）自身修养。要使用礼貌语言，根据不同场景使用迎接、问候、告别等敬语，使宾客有亲切感。在执行任务时，不能穿短裤及单穿背心，不光脚。更不能当众解扣，敞胸露怀。

（7）车辆卫生。车身漆皮、玻璃干净，镀件光亮，轮胎无泥土。车内无浮土、无杂物，脚垫齐全，头垫、靠垫平整清洁，不破损。发动机无油垢，备箱清洁整齐无杂物。

（8）清洁卫生。保持个人卫生，外衣、衬衣要经常清洗，要适时理发、刮脸、剪指甲，头发要勤梳理，容貌要端庄大方。

2. 礼节礼貌

礼节礼貌是人与人之间在接触交往中，互相表示友好的行为规范。驾驶员在工作中要按照标准的礼节礼貌规范为宾客提供优质的服务。

（1）仪容仪表。端庄大方，精神饱满，服饰整洁，不在执行任务期间吃异味食品，服务标志佩带端正。

（2）礼貌待客。执行任务与宾客见面时，要面带微笑，站在车门一侧，主动打开车门，引客上车。热情搀扶老弱病残者，主动提拿行李。宾客上车后注意清点乘客人数，检查车门是否关牢。要按季节使用冷暖设备，提前开放冷暖气。

（3）礼貌用语。接待宾客要站立端正，在引客上车时，逐位向宾客问好“您好！早晨好！中午好！晚上好！”对初次为其服务的宾客应主动自我介绍：“我是新国线(××)公司驾驶员(导乘员)，工号×××，愿为大家提供良好服务，请提宝贵意见。”载客到达预定地点后，亲切地说：“请下车，请带好自己的物品”，站在车门一侧，面对宾客表示谢意，并说：“谢谢，愿下次再为您服务，再见！”

（4）文明驾驶。行车中驾驶姿势端正，不准将胳膊跨在车门上或斜坐驾驶。做到：起步不闯、转弯不晃、制动不点头，使宾客有舒适感。如遇复杂路面应提醒宾客“请扶好，坐好！”。远途行驶时，每行驶一定距离应选择适当地点停歇，请宾客稍事休息活动。

（5）服务周到。对宾客所游览的景色要做到“四知”即：知地理位置、知行车线路、知停车地点、知各站起始时间。主动为宾客指引住宿、饮食、购物地点。停靠、返车时，需核对人数，避免宾客丢失，使宾客有亲切感。

（6）礼节礼仪。了解南、北方的风俗、礼仪、宗教信仰，熟悉宾客的基本禁忌，尊重他们的风俗习惯，不得讽刺、讥笑、品头论足。不当着宾客有不文明的举止，让宾客有满意和舒适感。

（7）遵纪守法。停车位置如无特殊情况不应轻易变动；不准翻阅宾客放在车内的文件、书刊杂志和其他物品。有事需离开车辆时，应锁好车门。

九、线路资源管理

（一）建立线路资源档案

（1）建立已营运线路资源的班次安排、运行实绩、客货配载、线路优化情况档案。

（2）建立新增线路资源的开发计划、进度和可行性分析档案。

（二）营运线路资源优化管理规定

1. 已有线路资源优化原则和报批程序

1）闲置线路资源的优化原则

各经营公司对闲置线路资源本着“合理优化、积极开发、减少闲置”的原则，遵循“线路调研、资源整合、编报计划、组织营运”的步骤，通过深入市场调查、营销和资源改造，挖掘市场潜力，采取灵活适宜的营运方式恢复线路营运。

2）非优良线路资源的优化原则

本着效益最大化原则，充分发挥结点接驳运输模式在网络运输中的作用，对非优良线路资源通过调整车型、变更发车站点、调整发班密度、线路走向、增加周边驿站的辐射和补给效应等多种方式优化线路经营。

3）线路资源优化方案的报批程序

（1）程序：线路资源优化方案的报批程序如图 4-6-1 所示。

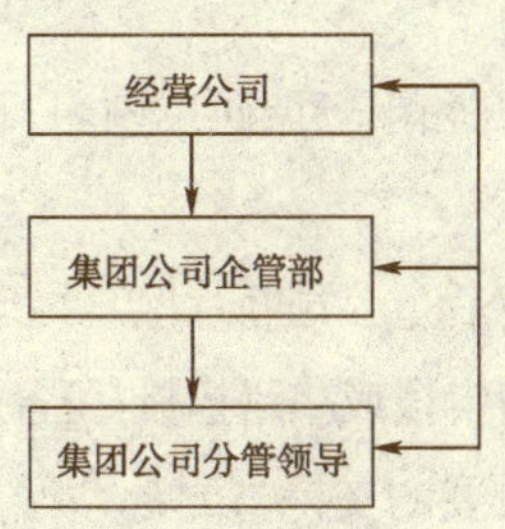

图4-6-1 报批程序

（2）各经营公司营运部对本公司的线路营运绩效情况要适时评估，提出市场营销、营运排班整合方案，报公司经营班子研究实施。

（3）针对整合方案涉及到线路经营的站点、线路走向、运力投放数量等发生变化的报集团公司企管部。

（4）集团公司企管部通过经营公司上报的报表，分析其生产中存在的不足，并将分析结果报相应片区总经理，协助各经营公司开展市场调研，提出可行性优化方案，并适时指导和监督。

2. 新增线路资源申报审批程序

1）立项

各经营公司应本着做大做强的原则，按照集团公司的发展战略，不断开发本地区向周边地区辐射的线路资源。

（1）市场调研。各经营公司根据公司所在地的行业实际情况，对具有潜在市场效益、战略意义地区线路进行市场调研，主要包括周边地区经济文化发展水平和交流密切程度、出行人员构成、当前市场的客流现状及未来发展趋势分析、各种运输方式之间竞争和联运状况的调研。

（2）可行性分析报告。通过市场调研，写出开辟新增线路的可行性分析报告，分析报告应包括客流状况分析、各种运输方式间的趋势分析、运力投放情况和经济效益分析(量本利分析)。

2）申报

（1）根据公司的实际情况和市场调研，附可行性分析报告上报本片区总经理。

（2）片区总经理批复同意后，公司将片区总经理的批复意见上报集团公司企管部备案，并按属地相关线路申报或线路招投标程序组织线路申报。根据线路特征，片区或集团公司应给予必要的支持与配合。

3）获取

通过申报或参加线路招投标获取预期的线路资源，并将结果报片区总经理和集团公司企业管理部备案。

4）运力准备与申请开通

对于新线路的运力安排，必须考虑该线路的运价、盈利能力、同行竞争、未来发展等综合因素，选择相适宜的车型。按优先级高低，可有以下三种获取方式：

（1）利用本公司原有车辆；

（2）片区内或片区间进行运力调配；

（3）购置新车。

以上任一运力配备方式均需要进一步的市场分析，车辆营收、成本核算及营运可行性报告，须上报片区总经理，批复后由片区报至集团公司。集团企管部负责将集团公司批复的结果传达至片区和申报公司。对于必须购置新车投入新线路的营运，则必须按集团公司《投资审议制度》进行车辆购置。

5）营运

待车辆调整到位或购置、上牌、营运证件手续齐全后，经营公司应根据计划认真组织排班、调度，以实现预期或更好的营运业绩。

十、稽查管理

（1）路单上必须详细填写乘客上车地点、下车地点、票价、人数、货物件数和收入，否则按偷逃票款处理。

（2）乘客上车后，在公司规定距离内必须按要求填写完路单，并不得涂改、更换路单，否则按偷逃票款处理。

（3）当有稽查人员查车时，当班驾驶员必须听从指挥，按稽查人员要求停车接受检查并积极配合，否则对当班驾驶员按相关规定予以处理。

（4）当稽查人员检查时，驾驶员只开前门，并不得让乘客下车，如出现乘客下车情况，下车人数按偷逃票款处理。

（5）导乘员有监督权和汇报的责任，并按相关规定奖惩。

（6）若有偷逃票款现象，按相关规定对当班驾驶员（导乘员）予以一定的经济处罚，交齐罚款后才予以复班，情节严重者予以辞退。

（7）稽查人员必须如实填写"稽查记录表"，如发现有隐瞒真相或通风报信的，一经查实，予以辞退。

（8）稽查人员到外地稽查需住宿的，按公司出差制度给予补助。

（9）确定稽查后，除领队外，其他人员一律将手机关掉，并交领队保管，稽查完后再予以归还。

十一、旅客输送应急预案

（一）领导机构的建立

公司成立事故处理领导小组，分管安全的副总经理任组长，成员由相关部室负责人组成。其工作职责是：决定预案的启动，调配人员和车辆，及时赶赴现场指挥。做到人员落实，职责明确，通讯指挥畅通。

（二）物质准备

依据突发事故的特点，为确保相关人员第一时间赶赴事故现场，指定专车为处理突发事故用车，保证车况良好，24 小时随时待命。

（三）预案具体实施办法

1. 组织抢救

（1）发生行车事故，驾驶员必须停车保护事故现场，抢救伤员和财产（必须移动时应当标明位置），及时向当地公安交管部门及辖区分公司报告，并按要求如实填写事故经过，听从安排，接受处理。

（2）公司接到事故报告后，安管人员必须迅速赶到现场了解情况，协助调查，组织善后处理工作。发生重大事故，除上述人员外，公司负责人应立即赶赴现场，组织抢救伤者、现场指挥事故处理。

（3）公司运调部门安排就近车辆接转乘客。

(4) 公司安管人员在事故现场抢救及清理工作进行的同时，在公安交管部门的指导下对事故现场进行真实、全面、详细、准确的勘查和取证，并在此基础上配合公安交管部门、保险公司共同对事故及时进行真实准确的处理，并将有关资料及时交事故车属单位。

(5) 事故责任论定结案后，各公司安全部门应做好事故档案汇总备查工作，并按规定报集团安技部。事故档案包括：

① 本人的书面陈述笔录和本人检查；

② 事故现场图或照片；

③ 事故的调查材料和公安交通管理部门处理的结论；

④ 公司的事故报告、安全防范教育情况；

⑤ 事故总经济损失、保险索赔及车辆修复情况；

⑥ 对责任者(从领导人到具体人)的赔偿及其他处罚意见。

(6) 事故现场处理完毕后，当事人应用书面形式向有关部门陈述事故的详细经过以及对事故的深刻认识。

(7) 事故结案后，公司将事故的所有资料存档备案。

2. 接待工作

事故处理领导小组安排相关工作人员及时收集有关事故信息，准备好第一手资料，随时接受上级(行业)主管部门及新闻单位的来访和询问。配合有关人员做好伤亡人员家属的安抚工作。

3. 后勤保障

公司财务部门要储备一定数额的应急资金，启动预案后听从现场指挥人员的安排，及时提供所需资金，并采购救灾所需物资。

4. 通讯畅通

确保人员到位，认真做好事故处理善后工作，并且与行业管理部门保持联系，随时通报有关事故情况。

第六节　工 作 流 程

客运服务的工作流程如图 4-6-2 所示。

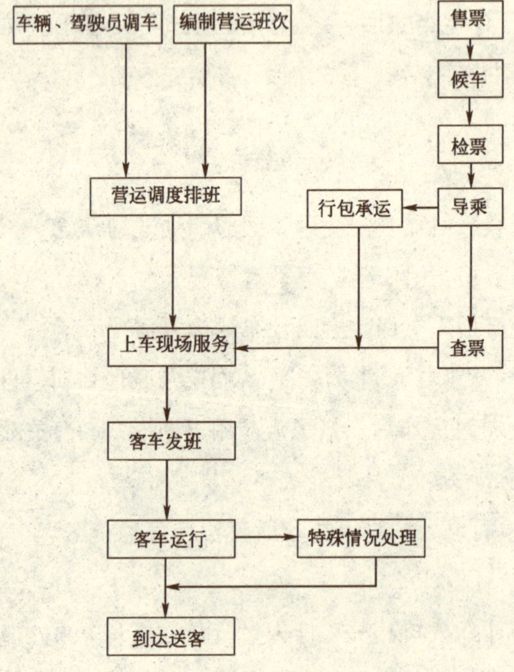

图 4-6-2　工作流程

第七章 结点运输管理

第一节 总 则

为加强结点运输的应用与管理，指导新国线驿(e)站的建设和规范操作，发挥结点运输组织技术在生产经营中的经济效益，特制定本管理制度。

第二节 适用范围

本制度适用于新国线集团及属下各经营公司。

第三节 适用原则

(1) 属于工作程序、工作标准、操作规范、管理规定等性质的内容，必须严格按本制度相关规定执行，各经营公司不得另行出台规定。

(2) 属于控制标准性质的内容，在不违反本制度各项原则和不突破本制度规定的前提下，各经营公司可结合实际制定本单位的实施细则。

第四节 管理责任部门

结点运输管理的责任部门为集团公司结点运输部。

第五节 结点运输管理制度

一、结点运输的适用范围和基本要求

结点运输适用于在国道主干线上的长途客运班线中组织实施，结点运输实施要加强运输的计划性和科学性，运用相应的科技手段提高运输效率和结点接驳的规范性。结点运输应体现以客运服务质量和企业经济效益为核心。

组织结点运输必须具备下列基本条件：

(1) 拥有适宜于开展结点运输的客运线路资源；

(2) 拥有驿(e)站或是具有组织结点接驳运输条件的接驳点；

(3) 拥有中级以上客车并在车上安装有GPS系统和通讯联网系统，以确保“无缝接驳”的实施；

(4) 拥有专门用于接驳的车辆；

(5) 拥有经过培训的驿站工作人员和具备优质服务技能的驾乘人员；

(6) 拥有规范的结点运输管理基础。

经营公司组织开展结点运输，须事先在充分进行道路运输市场调研的基础上编写可行性研究报告，报集团公司审查并转报上级管理部门批准后方能够实施。

结点运输的组织应在当地交通主管部门领导下进行，并应与客运线路通达以及驿(e)站所在地有关方面做好有效衔接工作。

二、新国线驿(e)站

(一) 新国线驿(e)站的性质

“驿站”古代是指设立在驿道上用于供传递政府文书和信息的人休息与换马的地方。当今的概念是指以提高道路运输现代化与组织化水平为宗旨，以方便乘客出行和提高运输效率为目标，具有结点接驳运输等功能的专用场站及其设施。新国线将“驿站”古为今用加上了“e”符号，寓意为增加和延伸了网络化与电子化的概念的驿站。

新国线驿(e)站作为新国线结点运输的主要设施之一，在组织结点运输时，采用科学的管理技术，有序地进行配客和换乘的接驳作业操作，可有效地提高长途客运结点班车的运输效率和服务质量。

新国线驿(e)站是新国线运营网络的结点。它既是新国线客、货运输网络的终端，还可成为旅游运输网络以及汽车租赁网络的服务终端，实现网络经营。

（二）新国线驿(e)站的级别划分

(1) 按照规模，驿(e)站分为简易驿(e)站和招呼驿(e)站；

(2) 按照位置和功能，驿(e)站分为综合驿(e)站、旅游驿(e)站、小件快运驿(e)站、票务代理驿(e)站和租赁驿(e)站。

驿(e)站等级划分标准待另行颁布。

（三）新国线驿(e)站的VI管理

(1) 结点运输部负责新国线驿(e)站VI的统一管理，并根据驿(e)站的位置、功能设施及规模核定驿站等级。

(2) 新国线驿(e)站应严格按照驿(e)站等级和《新国线集团VI管理手册》进行相应配置和建设，维护品牌形象。

(3) 新国线驿(e)站的主色调为蓝色，象征着海洋文化的开放性和新颖性，标志着企业不断创新和奋进的精神；五星：标志着新国线的服务是五星级服务；双象：是新国线的服务标识，标志着经营和服务的稳健、安全、诚信和亲和力。

（四）新国线驿(e)站的建设与分工

集团公司结点运输部负责指导驿(e)站的规划，并负责国道主干线上驿站的建设。

各经营公司负责支线上的驿(e)站建设，以及驿(e)站的经营工作。

（五）新国线驿(e)站的服务功能

1. 基本服务功能

(1) 组织候车：提供具备特色与个性化服务的舒适候车场所。

(2) 行包、小件运送：利用客运班车，组织行包、文件、小件快运，并负责当地市场开发及操作。

(3) 旅客上、下站：在高速公路收费站指定地点设立旅客上、下站，为旅客提供上、下车场所。

2. 特色服务功能

(1) 接驳服务：组织结点运输班车旅客与货物的接驳、换乘、换载、运送等咨询服务。

（2）安全检查：对运营班线进行途中安全检查，防止出现疲劳驾驶、超速行驶、车辆超员等违法违规行为，加强行车的安全管理。

（3）质量检查：对运营班线行驶途中的卫生、服务质量以及工作人员的行为规范进行检查，保障服务质量。

（4）驾驶员休息站：在超长距离客运班线上，合理安排驾驶员的排班。长途客运班车驾驶员可以利用驿(e)站进行轮换上岗，在驿(e)站得到充分休息后再继续上岗，更好地保障行车安全。

（5）后勤救援：为京沪高速公路行驶的客运班车提供紧急情况下的后勤保障服务体系。协助做好故障处理、紧急救援、雨雪天气人员补给、旅客快速转移等应急救援服务。

（6）延伸服务：为旅客提供各地城市内的门到门运输、酒店旅游代理等延伸服务。

三、新国线驿(e)站结点运输管理规范

（1）旅客进站：驿(e)站人员应按规定统一着装、保持卫生环境，旅客进站时微笑迎客，主动询问旅客的去向等信息，并介绍售票、候车接驳、托运货物等有关事项，并查看携带物品，防止“三品”进站。

（2）售票：驿(e)站通过信息系统跟踪票位情况，引导旅客到站内售票窗口购票，核查旅客车票的车次与时间是否相符。

（3）候车：在旅客候车的过程中做好运营记录，受理货物托运时计费开票、贴好货物标签、装上接驳车，同时，为旅客随身行李贴好标签，提供饮用水、班车运行信息等服务。

（4）接驳：新国线驿(e)站与结点班车遵循驿(e)站主动联系班线车辆原则，新国线驿(e)站的接驳车必须遵循提前于结点班车抵达接驳站原则，且等候与接驳业务时间控制在15分钟之内。

（5）上落客：长途客运结点班车到达换乘站后，导乘员须立于车门前微笑迎接旅客或引导旅客下车，核查旅客人数及到达地点，对照交接清单确认并签字。

(6) 交接:驾驶员核查货物信息与货物交接清单是否相符,确认后签字并收好单据,将货物装上班车底舱,班车起动,驿(e)站员向班车行注目礼。

(7) 接驳运输:驿(e)站负责组织、引导旅客及小件快运货物的接驳运输工作。

四、结点运输质量管理规定

为维护新国线品牌,促进结点运输班线的规范运作,提高服务质量,对结点运输实施过程中的质量管理规定如下:

1. 责任管理部门

结点运输质量管理工作的责任管理部门是结点运输部。

2. 质量管理方法

1)质量管理检查组人员构成

质量管理检查组人员由结点运输部管理人员、经营公司品牌负责人和实施过程中的各级生产管理人员构成。

2)质量管理检查方式

① 定期与不定期检查相结合;② 明查与暗访相结合;③ 岗位互动检查;④ 征集乘客评价检查。

3)质量管理检查工作原则

① 公平公正原则; ② 真实记录原则;③ 及时更正原则。

4)质量管理检查执行标准

质量管理检查执行《驾驶员岗位服务质量规范》、《乘务员岗位服务质量规范》、《调度岗位服务质量规范》、《驿(e)站岗位服务质量规范》。

3. 质量监控程序

(1)每次质量检查中出现的问题,以"整改通知书"形式予以指正,由经营公司和驿(e)站负责落实更正,结点运输部负责整改结果的跟踪、审核和存档。

(2)结点运输部根据质量检查结果,定期下发《月度服务质量简报》。

五、驿(e)站接驳车管理规定

1. 基本要求

（1）加强驿(e)站接驳车管理，做到规范用车、及时安全、降低消耗、提高效能，充分发挥车辆在接驳服务和业务联系中的作用。

（2）驿(e)站长作为驿(e)站接驳车的责任人，负责对驿(e)站接驳车的使用、维护、修理、年审、安检等工作进行管理。

2. 接驳车使用管理

（1）接驳车具体办理交纳各种税费和保险，领取有关证件，经验证归档后方能投入使用。

(2) 驿(e)站建立“接驳车管理档案”。车辆的各种附带资料，除车辆行驶证、保险卡、车辆购置税纳税证明、车船使用税纳税证明、养路通行费缴纳凭证、车辆使用手册、车辆购置时配备的随车工具和附属品由接驳车驾驶员保管外，其余均由驿(e)站长统一保管。

（3）车辆零配件、车用饰品、工具等，由接驳驾驶员负责保管。

（4）驿(e)站长要将每部车辆所配置的附属品、随车工具等，在“接驳车管理档案”中予以记载，车辆移交时应全部随车移交，如有损坏或遗失，由使用人负责赔偿。

(5) 驿(e)站对接驳车建立“驿(e)站接驳车行驶记录”，接驳驾驶员根据接驳情况如实填写，并以此作为相关报销依据。

3. 车辆维护和修理

（1）接驳驾驶员负责对车辆进行定期检查和日常维护，经常检查各部位、各种仪表是否正常，保证油、水处于正常位置，油、电路畅通，使车辆始终保持良好的技术状况。发现车辆异常应及时上报驿(e)站长并组织维修。

（2）接驳车辆如需送厂维修时，接驳驾驶员填写车辆维修申请表，由驿(e)站长交经营公司审批后，送交定点维修单位进行维修。车辆维修完工后验收，接驳驾驶员和驿(e)站长应在接驳车管理档案中予以相应记载，随时掌握车辆的技术状况。

（3）车辆维修费用一律采用转账结算。维修经办人须将维修费用发票及项目明细清单一并送交经营公司，由经营公司审核并按规定进行报销；未按规定办理修车手续送到维修地点修理的，维修费用由接驳驾驶员自行承担。特殊情况的，应在事后补办相关手续，并报公司领导批准后，可予报销。

4. 车辆油料管理

驿(e)站要建立“接驳车辆油料使用登记簿”，接驳驾驶员对每次用油情况要逐笔登记入簿，并每月在接驳车管理档案上统计记载每辆车行车里程和用油量，以备核算核查油耗。

5. 接驳驾驶员管理

(1) 接驳驾驶员必须认真学习、遵守交通法规；强化安全意识，提高技术水平；

(2) 接驳驾驶员必须认真、及时做好驿(e)站接驳车行驶记录；

(3) 接驳驾驶员不得随意交(借)他人用车，不得私自换车；

(4) 发生交通事故时，接驳驾驶员应根据交通法规进行处理，不得破坏现场和擅自离开，不得采取私了方式处理解决。接驳驾驶员事后要如实写出书面报告，经营公司及时查明原因，作出结论，按照公司相关规定认真处理。

六、新国线驿(e)站报表管理规定

(1) 驿(e)站报表主要包括：个人月度工作总结、驿站营运日报表、驿站营运月报表、驿站经营状况分析表、驿站接驳车行驶记录、新国线物流货物运输协议书、驿站客货物交接单。

(2) 报表填制人必须按报表填写的要求认真填写，并对填制报表信息的真实性、准确性负责。

(3) “营运日报”报表，要求经办人在当日填写记录，驿(e)站长履行审核工作。

(4) 每月要求全员填写个人月度工作总结，各驿(e)站及部门负责人于每月2日上午12点前，将个人月度工作总结收集并上报结点运输部。

(5) 驿(e)站月度营运表及驿(e)站月度经营情况分析表由驿(e)站长进行汇编，并在每月2日上午12点前上报结点运输部。

(6) 每月最后一日，驿(e)站负责人须提交本月计划执行情况表及下月工作计划，并以电子邮件方式发送指定邮箱。

(7) 各类报表填写的具体要求：

1）个人月度工作总结

个人月度工作总结重点反映个人的工作行为、工作业绩，按照指定要素认真填写。

2）驿(e)站营运日报表

(1) 要求各驿(e)站员准确、及时填写驿(e)站营运日报表

(2) 凡是没有发生费用的栏一律填写“0”，不得涂画其他符号，不可漏填或不填，并在每次接驳工作完毕后的两个小时内，将有关数据及时通报给始发站调度或管理部门。

(3) 合计栏要统计正确：客运量按人次计算，对于不足购票年龄或购半票的儿童及持免费乘车证的人员，均须计算在内，并在备注栏予以说明，经办人必须签名并对数据的真实性和准确性负责。

(4) 各驿(e)站结算之前，驿(e)站长负责对“驿(e)站营运日报表”中每个运营运班次的客运和小件快运的收入数据与合作站方开具的结算单进行逐项核对和审核，以便及时、准确地收回款项。

3）驿(e)站营运月报表

(1) 由驿(e)站长负责“驿(e)站营运月报表”的汇总统计工作，要求根据接驳线路和接驳班次逐项填写，并保证填写数据清楚、准确。

(2) 旅客周转量为(运送的旅客数×每位旅客运送距离)，以万人公里为单位。

4）驿(e)站月经营状况分析表

(1) 由驿(e)站长负责填写“驿(e)站月经营状况分析表”。

(2) 驿(e)站营运成本费用：包括驿(e)站生产人员工资、接驳费等在内的一切支出费用。

第六节　工 作 流 程

一、结点接驳运输工作流程

结点接驳运输的工作流程如图 4-7-1 所示。

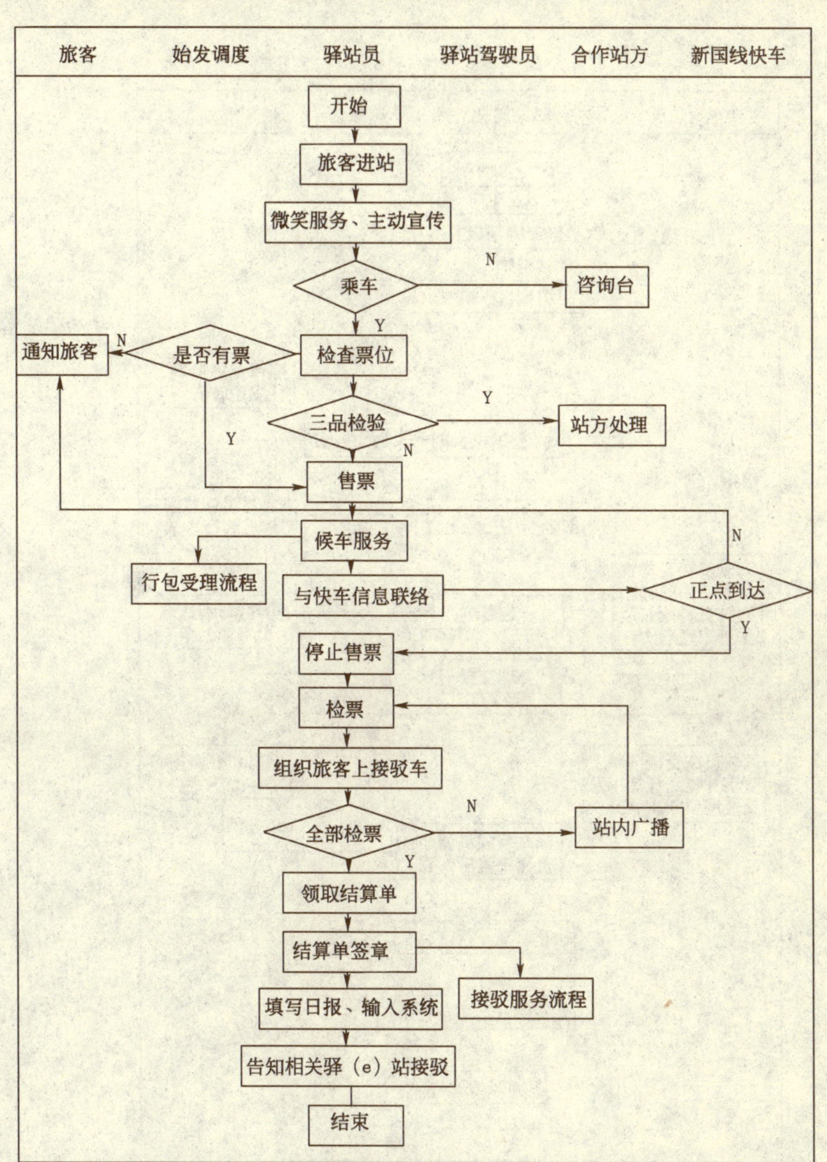

图4-7-1 结点接驳运输工作流程

二、驿站接驳流程

驿（e）站接驳流程见图4-7-2。

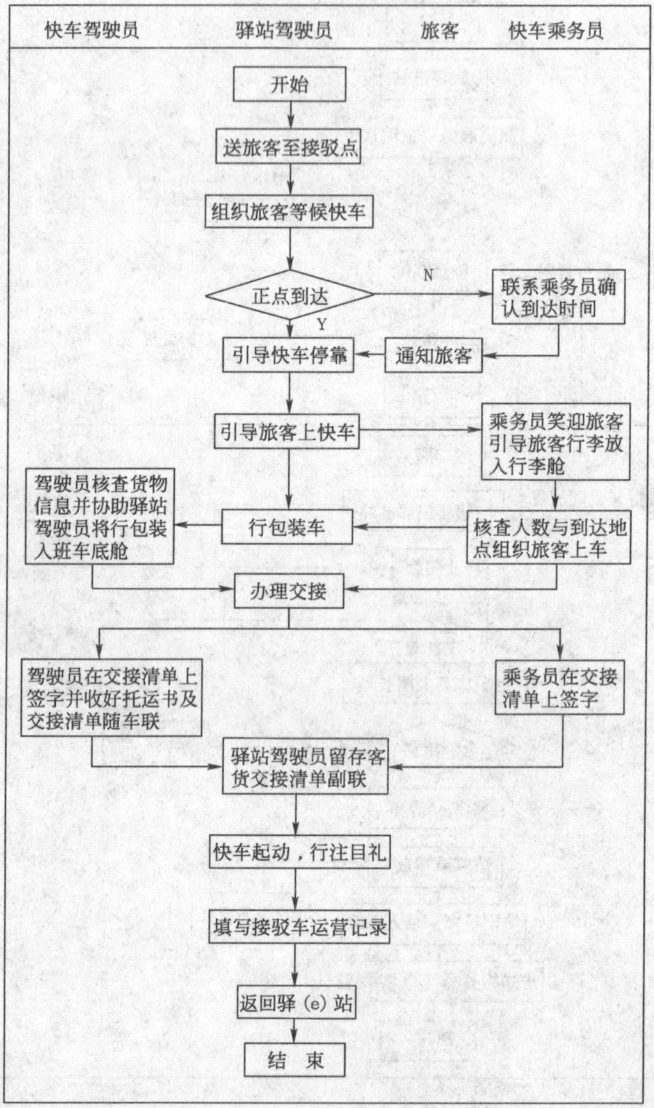

图4-7-2 驿（e）站接驳流程

三、行包受理流程

行包受理流程见图 4-7-3。

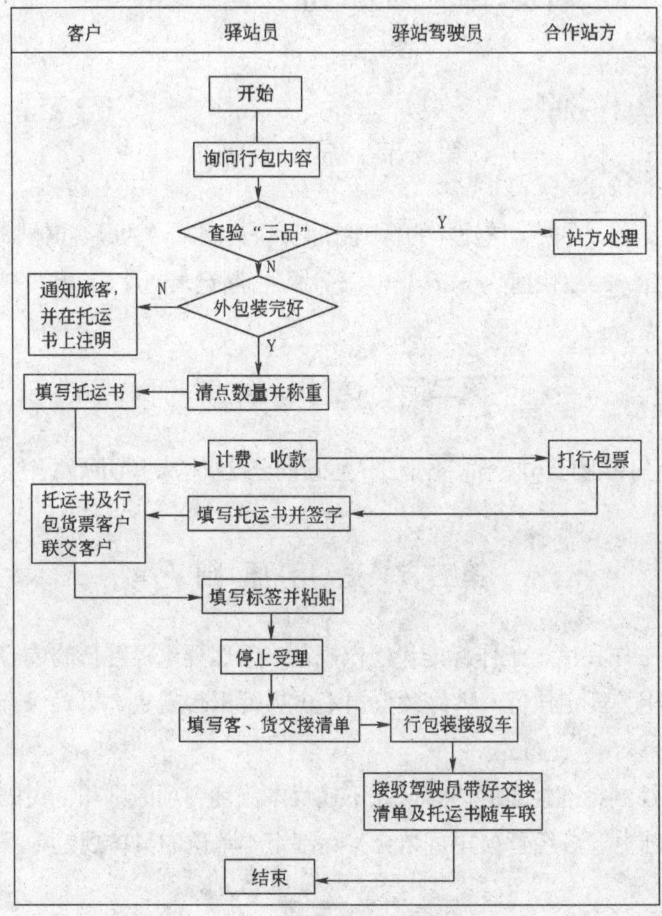

图 4-7-3　行包受理流程

第八章 物 流 管 理

第一节 总 则

为创造“安全、方便、快捷”的新国线小件快运网络，为顾客提供3S服务：Safety(安全)、Speed(快捷)、Service(服务)，特制定本制度。

第二节 适 用 范 围

本制度适用于集团公司本部、各非法人性质的分支机构及集团所属各经营公司。

第三节 适 用 原 则

（1）属于工作程序、工作标准、操作规范、管理要求等性质的内容，必须严格按本制度相关规定执行，各经营公司不再另行出台规定，以确保全集团的一体化管理。

（2）属于控制标准性质的内容，在不违反本制度各项原则和不突破本制度规定标准的基础上，各经营公司可结合实际制定本单位的具体规定，报集团公司批准后执行。

第四节 管理责任部门

本制度的责任管理部门是物流分部。

第五节 物流管理制度

一、新国线小件快运基本介绍

新国线小件快运是依托新国线在全国的高速客运网络，以高速客运班车（利用底仓装载）、专线货车为基本运输工具，实现货物的收揽、城市内配送、城市间的货运专线运输等快速货运服务，形成全国性的快运网络，从而打造具有新国线特色的快速货运系统。

二、新国线小件货物托运管理规定

（1）承运人必须如实填写货物的名称、性质、重量、数量、总价值、收货地点及收单位(人)的详细资料，字迹清楚。认真核对确认后，验证物品签收。

（2）托运的货物不得夹入易燃、易爆、剧毒、放射性等危险、禁运、限运等物品，承运人对货物物品有疑问时，有权利要求托运人拆开托运物品包装共同检查，确认合格后给予办理托运手续。

（3）托运货物的包装必须捆扎严密、牢固，适宜运输和装卸，符合国家和交通运输部门的规定和要求。如不符合货品托运标准，则需要在我方专业人员的指导下重新包装(提供包装材料的另行收费)。

（4）托运货物的单件重量不得超过30公斤。单件货品的重量超出30公斤，将加收重大行李的机械装卸费用。

（5）对于乘客随身携带的物品，凡体积超过0.2立方米/件或重量超过20公斤/人，以及自行车、电视机等必须办理托运。

（6）对于易燃、易爆、易碎，以及国家明令禁止的物品，一律不给办理托运。古玩、字画、金银手饰等贵重物品，必须做保价运输，运价为普通物品的3～5倍，且必须在我方的保险代理点购买保险后，方可办理托运。

（7）行包托运人托运行李时，必须填明收件人姓名、身份证号码或其他有效证件、联系电话等，以及托运人姓名、地址、联系电话等。对于托运人违反有关禁运规定，给公司造成经济损失的将追究其经济甚至法律责任。

（8）一般物品，公司不办理行李保价托运业务，对物品丢失属承运方责任的其最高赔偿限额不超过托运费（票价）的5倍（或以政府相关部门的具体文件为协商的基础）。

（9）货物到达目的站后，尽量在当日完成领取工作。如因收货人原因，误时或其他因素而导致托运货物超期保存不领取的，产生的其他管理费用将由托运人或者收货人负责。

（10）凡下列原因造成托运货物毁损、灭失的，承运方不负责赔偿：

① 不可抗力因素；

② 货物包装完整无损而内装货物短损、变质；

③ 货物的自然损失和性质变化；

④ 因托运人或收货人责任造成的损失；

⑤ 托运人因违反国家法令，货物被政府有关部门查扣。

（11）货物由托运人指定收货人领取，须由收货人本人持身份证或有效证件原件办理；收货人无法出具有效证件证明本人身份的，须由当地派出所、居委会或所在单位出具证明，否则不予办理。

（12）由于公司员工责任造成托运物品丢失的损失，应全额赔偿给托运人。具体处理如下：

① 丢失货品1000元以下，由责任人全额承担。

② 丢失货品1000元以上的，公司将令事故责任人承担80%的货品价值损失，并视情节轻重给予相应的纪律处分（罚金不低于1000元）；对给公司声誉造成恶劣影响的重大事故责任人，公司将给予当事人除名处分。

（13）经查证，工作人员利用工作之便盗窃托运物品的，一律予以辞退。数值较大的移交司法机关处理，集团公司积极配合司法机关追究其刑事责任。

三、小件快运业务操作规程

（一）站点接收货物操作流程

1. 接受货物

（1）检查货物和货物外包装，按照公布的报价系统予以报价，收费处收费。

（2）托运人应阅读“托运人须知”后，承运人协助托运人填写托运单。

（3）规范填写托运单(收货人、发货人联络方式)。

（4）场站工作人员，负责填写和打印托运货物标签并由工作人员粘贴到托运货物的指定位置(右下角)。

（5）场站接交过程中，必须按要求规范填写货物交接单。

（6）货物装载入接驳车辆并清点，填写“货物装卸移交单”。

（7）接货网点人员，必须配合驾驶员卸货、验收并签字确认。需要配载上货时，站点人员须主动上货，运输驾驶员负责监督、清点，上货完毕后，承运驾驶员必须验收，并在“货物装卸移交单”上签字确认。

2. 查货

检查货物是否为可承运货物。对于易燃品、易爆品、易污品、有强烈挥发性气味物品、放射性物品、腐蚀性物品、外包装破损物品、超承运标准物品或易对其他货物造成损害、污染的物品以及法律法规禁运物品不接受承运。

单件重量超过100公斤、单边长度超过2米、高度超过1.5米的均属本公司无法承运物品，不予以承运(根据各分公司物流业务开展的情况，以及各个区域的特殊性，各经营公司可以附加规定)。

3. 报价

必须按照集团公司物流分部统一报价表格规范报价。考虑到地区市场差异，各经营公司在得到集团公司职能部门同意后，依据实际情况调节。高价贵重货物和易破碎货物按特殊服务报价和收费，且必须要求客人在指定的保险代办点办理托运保险业务。

4. 填写协议

按托运单内容要求客人仔细阅读托运单背面相应条款后认真填写。注意在委托人签字部分一定要求客人亲自填写。核查、复述客户所填写电话号码的位数。

5. 贴标

标签上面须注明货物总数，起止地点和货物摆放的特殊要求等。标签必须规范粘贴在货物的右下角。

6. 填写交接单

交接单序号按照各驿(e)站开头两个字母大写后加4位数字，交接单单号要求连续。超标行包不纳入交接单。贵重物品需要专门的交接单，填写时必须实物单证相吻合，并使用醒目的贵重货物标签予以严格区别。

7. 上货

按目的地的不同分别将货物装于不同仓内，要求驾驶员核对货物数量、到达地并在交接单上签字。贵重物品使用贵重货物交接表格，必须单件清点、交接，在每件货物的后面，分单件接收签字。

（二）到达货物操作流程

1. 终点站到达货物操作流程

(1) 车到站，安排旅客提取行李。

(2) 核对货物交接单、电脑编码(工作号)、货物标签、货物托运单随车联。

(3) 要求行包房内收货人员按微机指令卸货，核对总数。

(4) 签单，要求行包房开具货物签收证明。

(5) 将货物签收证明交付驿(e)站指定人员保存。

(6) 按照托运运输协议书，通知收货人提取货物。

2. 中间站到达货物操作流程

(1) 车抵达前40分钟通知驿(e)站准备接货并报货量，驿(e)站工作人员通过微机系统核对到货数量和品种。同时，将需要上车的货品根据系统提供的空间合理安排装车工作。装车完毕后，30分钟内录入微机系统。

(2) 换乘站，驾驶员核对货物标签、电脑编码(工作号)和托运单随车联。

(3) 协助驿(e)站工作人员按要求卸装至接驳车，要求驿(e)站工作人员核对标签及交接单(主要参数)。

(4) 站员检查外包装是否完好。

(5) 站员查收托运单和其他文件，并在交接单上签字。

(6) 驿(e)站人员将货物交付货物寄存处。

（7）驿(e)站人员通知货主提货，办理相关手续。

3. 装货基本要求

装货时应遵守的基本原则是：重下轻上原则；最大装仓原则；先远后近原则；贵重物品确保安全、完好。

四、新国线小件快运收费方法及标准

（1）托运货物的单件体重不得超过30公斤，超出重量按加重大物品收取装卸费，体积不得超过0.5立方米。

（2）新国线小件快运收费项目表见表4-8-1。

（3）新国线小件快运运费费率表见表4-8-2

（4）新国线小件快运装卸费费率表见表4-8-3。

（5）新国线小件快运最低收费表见表4-8-4。

新国线小件快运收费项目表 表4-8-1

项 目	费 率	说 明
运费	见运费费率表	参照快件运输价格
装卸费	见装卸费费率表	参照行包运输标准
保管费	—	按合作站方行包房或货物寄存收费标准收取
保险费	××％×货值自定义投保	
退运费	××元／票	以货物未装载接驳车前为准

新国线小件快运运费费率表 表4-8-2

区间公里数（公里）	费率（元／公斤）	说 明
0～200	1.0	1. 根据当地实际费率上下调幅15%，到付运费上调20% 2. 实际工作中，以当地市场为基础，报集团批复后执行
201～550	1.5	
551～1000	2.2	
1001～1400	2.8	

新国线小件快运装卸费费率表 表4-8-3

单件重量（公斤）	单件体积（米³）	费 率（元/件）	说 明
0～10	0～0.05	0.3	1. 根据体积和重量，择大计收 2. 依据市场，报集团调整
10～20	0.05～0.1	0.6	
20～50	0.1～0.12	1.0	
50～100	0.12～0.3	10.0	

新国线小件快运最低收费表(单件) 表4-8-4

区间公里数（公里）	最低收费（元）	说 明
0～200	25	1. 根据当地实际费率上下浮动15%，到付运费上调20% 2. 调整需报集团物流部
201～550	30	
551～1000	35	
1001～1400	40	

五、物流管理和网络应用管理规定

(一)新国线快件物流管理

快件物流运作管理特点是鱼刺型分散和集中，具体为：

(1) 分散网点收货；

(2) 选择分发中心集中货源；

(3) 在主线上，利用自己的客运、货运班线将集中的货物运送到目的地分发中心；

(4) 目的地分发中心收货后，做支线配送；

(5) 准备回程货物(逆向运作一次)。

快件物流运作分散和集中过程（鱼刺型）如图4-8-1所示。

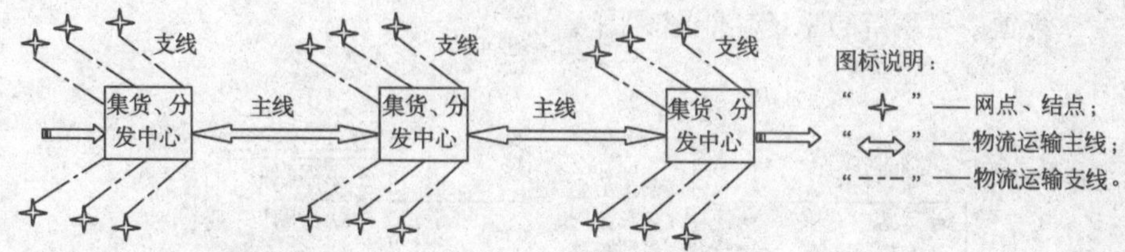

图4-8-1　快件物流运作管理特点

（二）新国线快件物流网络应用

新国线物流的成功运作，必须有一套完整的、高科技的物流信息系统为之服务，并且有一群良好素质人员组成物流运作团队。每一个物流结点(环节)都必须连接到新国线信息网上，实现信息共享，使每个物流结点(环节)都依据系统的指令进行规范运作。各个结点(环节)信息录入时间不得超过30分钟，物流运作信息应及时、准确，以便实现物流运作管理。

（三）新国线小件快运管理信息系统

1. 系统功能

1）基本功能

由于目前新国线小件快运业务的类型比较单一，尚未涉及第三方物流服务，对信息系统的要求相对较低，而开发一个功能齐备的物流信息系统所需的费用也比较高，因此，结合新国线小件快运的现状及近期发展情况可采用功能相对简单、成本相对低廉的系统，待业务发展到一定阶段，再采用新的系统，或者在原系统上进行升级。

根据现阶段小件快运的特点，管理信息系统需要满足以下功能模块：订单处理、存货处理、运输作业、货物跟踪、统计分析、费用结算六大功能，向客户提供货运信息先于货物到达，向客户提供货物发出和到达的手机短信服务，网

上货物定位跟踪信息发布和查询，结算自动化等服务。

管理信息系统的系统功能图见图4-8-2。

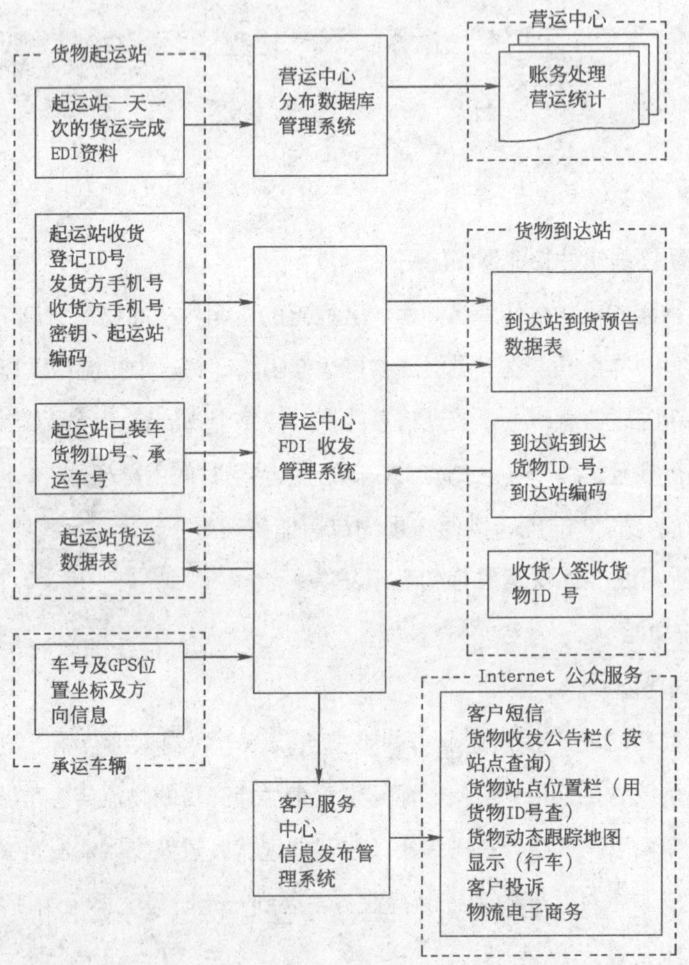

图4-8-2　系统功能图

2）对客户的功能

（1）随时随地追踪托运货物位置与方向；

(2) 发货方、收货方能及时地被告知货发、货达信息；

(3) 给用户提供密钥提货办法，以提高快运运达效率；

(4) 准确的发票和账单；

(5) 大客户能定时得到各类账务报表；

(6) 开放客户的投诉途径和及时的应答处理；

(7) 完善的事故追踪体系，以提高社会信用度；

(8) 更便捷的货运委托指令，预约货位、在线交易(电子商务)。

3) 对公司的功能

① 完善的账务管理，包括各营业站点、各车辆间的账务互结；尽可能细化的成本核算；最及时地反映盈亏现状；总部能集中监视各站点账目；

② 异地数据库联网，分布在各站点上的数据做到能像集中在总部一样方便查询使用；

③ 完善的运营统计分析工具。

4) 对驿站的功能

① 使用条码技术实现方便的收发货的分拣、配车、接驳、集散和分发作业；

② 实现各站点之间电子数据交换EDI，做到商流、物流的同步，实现电子单据领先于实物传递；

③ 方便各站点之间实时的异地资料查询；

④ 应收应付、已收已付款的管理(收入与费用的分类管理)；

⑤ 提供业务代理制管理的手段，实现业务员业绩考核；

⑥ 提供外委管理手段。

2. 技术手段

物流信息系统由硬件和软件组成，硬件主要包括计算机、输入/输出设备和储存媒体等，软件包括处理各种物流活动、分析和制定战略计划的系统和应用程序。

新国线小件快运信息系统主要采取的技术如下：

货物条码标签化管理、电子商务、分布式数据库技术、GPS跟踪定位与地图服务、GPRS短信单发与群发技术等。由于高科技物流信息系统的支持，新国线物流运作管理可以实现“安全、方便、快捷”的服务。

安全：安全是提供物流服务的基本要求，从收到货物开始，一直到送到收货人手中，将全程跟踪货物，建立全套的规范的安全管理制度，确保货物安全。

方便：遍布全国的网络，门到门为客户提供最大的便利。客户可以在任何地方通过新国线网站，立即查询到其托运货品目前所在的地方，即在结点、中心、客车、货车的任何一处。充分展示新国线人“诚信经营，以客为尊”的服务精神，更好的体现“您的愿望，我们实现”的服务理念。用我们的服务精神和服务理念赢得客户的认同和支持。

快捷：新国线物流快捷服务的承诺是，支线配送速度为每天500公里；主线配送速度为每天800公里。客户将按照我们的承诺放心地等待您托运的货品完好、及时地送到您指定的地方和收货人，用我们的星级服务欢迎您再来支持我们！

第六节 工作流程

一、新国线小件快运收货操作流程图

新国线小件快运收货操作流程图见图4-8-3。

二、新国线快件到站操作流程图

新国线快件到站操作流程图见图4-8-4。

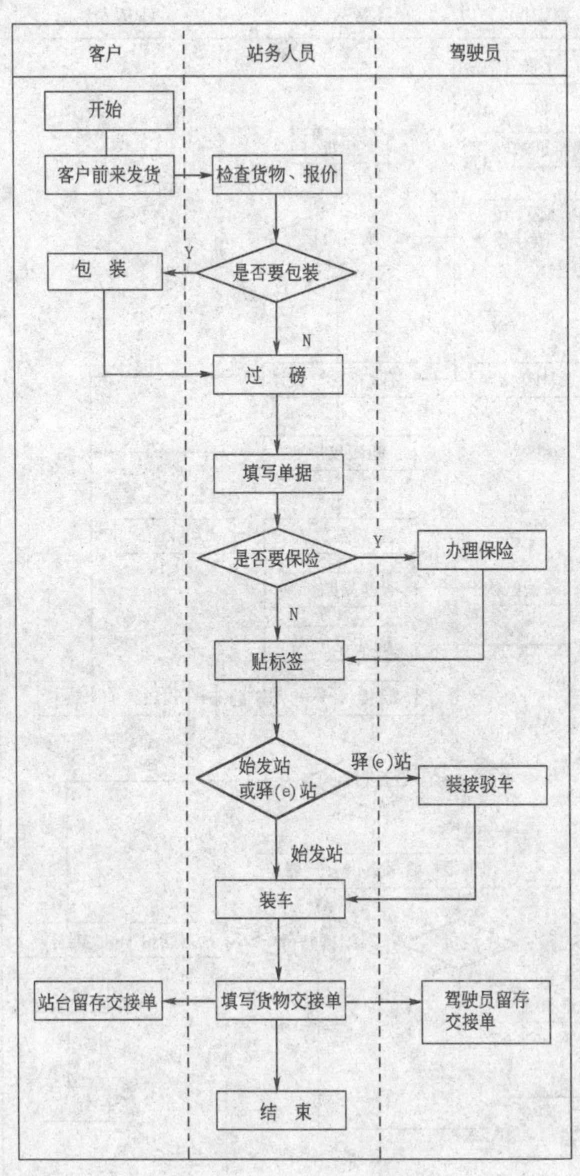

图4-8-3 小件快运收货操作流程图

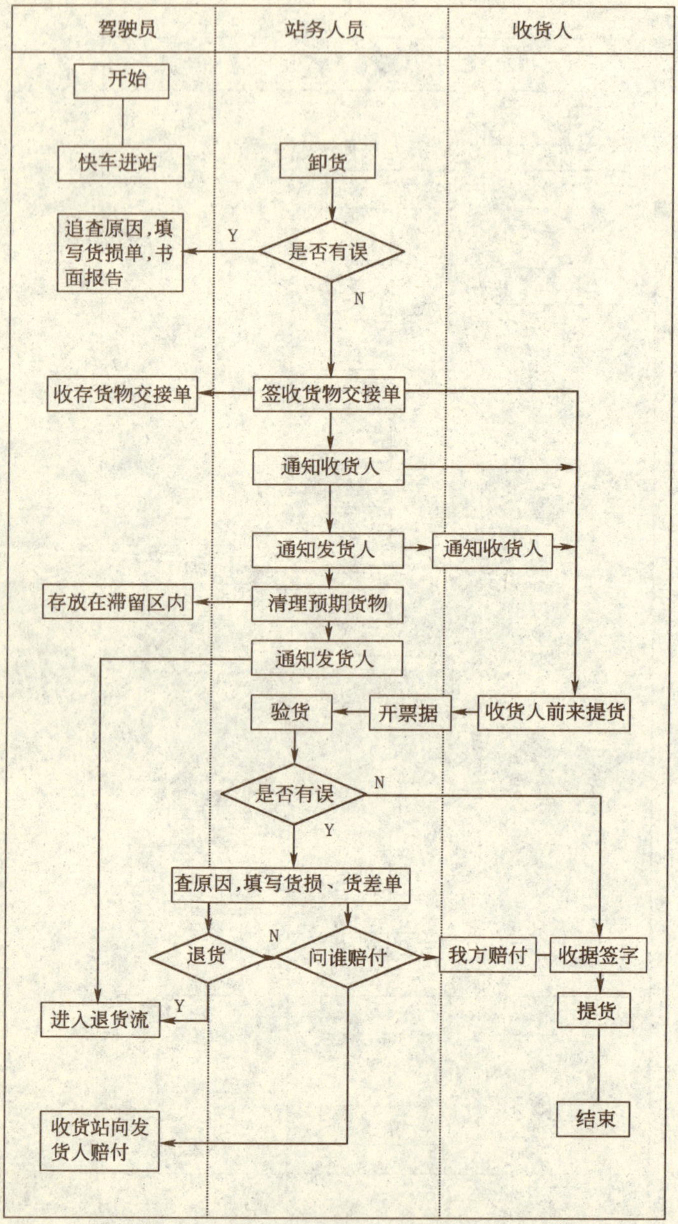

驾驶员
站务人员
收货人

开始
快车进站
卸货
是否有误
Y
追查原因,填写货损单,书面报告
N
签收货物交接单
收存货物交接单
通知收货人
通知发货人
通知收货人
清理预期货物
存放在滞留区内
通知发货人
收货人前来提货
开票据
验货
是否有误
N
Y
查原因,填写货损、货差单
退货
N
问谁赔付
我方赔付
收据签字
Y
进入退货流
提货
结束
收货站向发货人赔付

图4-8-4　快件到站操作流程图

第九章 站场管理

第一节 总 则

站场是道路旅客运输的集散地，是一个涉及广大群众、联系千家万户的服务性行业，是交通行业精神文明建设的重要窗口，它所体现的行业风尚、职业道德水准和服务水平直接关系到人民群众对党和政府的信任，关系到旅客的切身利益，关系到交通行业的声誉。为适应道路运输事业发展的新形势，进一步提高集团公司所辖站场的管理和服务水平，推动汽车客运站管理和服务的科学化、标准化、规范化，使之真正成为“安全优质、文明服务”的窗口，成为社会主义精神文明的“前哨兵”，特制定本制度。

第二节 适用范围

本规定使用于集团公司属下各汽车客运站和驿站。

第三节 适用原则

集团公司本部和属下各站场按下列原则执行本制度：

属于工作程序、工作标准、操作规范、管理要求等性质的内容，必须严格按本制度相关规定执行，各企业不得另行出台规定，确保全集团的统一。

属于控制标准性质的内容，在不违反本制度各项原则和不突破本制度规定的标准的基础上，各场站可结合实际制定本单位的具体规定，报集团公司批准后执行。

第四节　管理责任部门

站场管理的责任部门是企管部。

第五节　站场管理制度

一、站场总体服务规范

(一) 站务着装标准

总体要求：统一、整洁、大方、庄重、美观。

(1) 上班时必须着工作服、佩带工号牌。

(2) 出勤时必须施淡妆，禁止浓妆艳抹。

(3) 头发勤洗保持油亮，短发不过肩，长发必须使用统一发夹盘起，男站务员不得留怪发型，不敞胸露怀或赤膊。

(4) 着装应干净、整洁、无油污，平整无皱痕，无露线，纽扣应齐全，无掉扣和松扣，并严禁将袖口卷起。

(5) 指甲在1毫米以下，不准涂有色指甲油。

(6) 保持个人清洁卫生。

(7) 皮鞋干净光亮，禁止穿拖鞋(包括无后带鞋)和1.5寸以上的高跟鞋。

(8) 除工号牌和本公司授带外，不得佩戴不合规定饰物。

(9) 不符合以上着装标准者不得上岗。

(二) 服务接待标准

(1) 接待旅客应笑脸相迎，首先开口，主动接待、态度和蔼、语言亲切。

(2) 当需要旅客按要求排队，候车或检查车票时，应"请"字当先，耐心解释。

(3) 当请正在睡觉的旅客起身时，要用手轻轻推醒，不能用脚或其他物件推醒，更不能大声叫喊或训斥。

（4）当旅客询问或需要帮助时，站务员必须停止手中的工作，面对旅客耐心回答，不能边走边回答，更不能置之不理。

（5）当旅客与工作人员发生矛盾或无理取闹时，站务员应克制忍让，及时进行调解处理，不能发生冲突，做到打不还手，骂不还口。

（6）当旅客到办公室反映情况时，工作人员必须首先起立，让座，了解情况并尽力予以解决。

（7）树立旅客至上、服务第一、用户至上、质量第一的观点，全心全意为旅客服务。接待旅客要做到“五心、五勤、四要、八不准”。

五心：对旅客诚心、解答问题耐心、帮助旅客热心、照顾旅客细心、接受意见虚心。

五勤：① 眼勤：观察分析，主动服务；② 耳勤：听取旅客反映，改进工作；③ 嘴勤：宣传安全旅行常识；④ 手勤：扶老携幼，照顾老弱病残；⑤ 腿勤：帮助旅客解决实际困难。

四要：一要面带笑容后说话；二要一请二谢三劳驾；三要待客真诚不虚假；四要嘴勤有问必有答。

八不准：不准擅离职守、不准聚众闲聊、不准酒后上班、不准讽刺讥笑乘客、不准刁难责备旅客、不准边走边解答旅客问题、不准对旅客态度生硬、不准和旅客争吵打架。

（三）礼貌用语标准

（1）全体员工应使用“请、您好、谢谢、对不起、再见”十字文明用语和其他一些文明用语。

① 迎送语：欢迎、欢迎光临、慢走、走好、欢迎再来、一路平安。

② 问候语：您好，您好吗？

③ 请托语：请稍候、请让一下、拜托、劳驾、打扰一下、请帮帮忙。

④ 致谢语：谢谢、谢谢您、多谢、十分感谢。

⑤ 征询语：需要帮助吗？我能为您做点什么？您需要什么？

⑥ 应答语：很高兴能为您服务、这是我们应该做的。

⑦ 道歉语：抱歉、对不起、请原谅、不好意思、请多包涵。

（2）态度要和蔼、语言要亲切，使用普通话。

① 当旅客询问接听电话时："您好、请讲、再见"。

② 当旅客买票时："请问、您买到哪里？买几张？"当旅客购完车票快离开窗口时："请您将钱和车票当面点清，欢迎下次再来"。

③ 向旅客表示歉意时："对不起、请原谅"。

④ 当旅客提出批评时："对不起、谢谢您对我们的批评、我们一定尽力改正"。

⑤ 当旅客表示感谢时："不用谢，这是我们应该做的、请您多提宝贵意见"。

⑥ 当检查"三品"时："同志，为了您和大家的安全，我们进行'三品'检查，请您协助，谢谢！"。

⑦ 当在旅客中通行时："对不起，劳驾，请让让路"。

⑧ 整理行李或打扫卫生时："对不起、请、谢谢"。

⑨ 需要旅客协助做某项工作时："对不起，请帮帮忙"。

⑩ 查票、检查时："请您将车票拿出来"。

⑪ 验完票送旅客上车时："谢谢、您好走、欢迎您再来我站乘车"。

⑫ 当观察到旅客焦急不安时："同志，您是否有什么急事，请告诉我们，我们帮您想办法"。

⑬ 当旅客发火时："同志，请您冷静些，有什么意见慢慢讲"。

⑭ 当旅客之间发生纠纷时："请旅客同志不要争吵，有什么问题向我们反映，让我们帮助你们解决"。

⑮ 当发现旅客神情异常时："同志，您是否身体不舒服，或有什么为难事，请告诉我们，我们尽可能想办法帮您解决"。

二、岗位服务规范

旅客是客运站服务的主要对象，站务工作要通过为旅客提供舒适的条件和周到热情的服务，使旅客感到"宾至如归"。各项服务工作应主动热情、和蔼周到，其具体岗位服务规范如下：

（一）值班站长服务规范

1. 岗位职责

（1）代行站长职责，做好站内当班服务和现场管理工作。

（2）负责指挥、部署、总结和协调各岗位工作，督促各项服务工作顺利进行。

（3）督促检查各岗位服务人员的服务质量、操作程序，并对其进行考核。解决当班发生的各种问题，遇有重大问题立即向站长汇报。

（4）协助站长组织服务人员开展优质服务活动和业务学习，搞好团结，不断提高服务质量。

（5）负责处理、解决旅客疑难问题，定期组织召开旅客座谈会，听取旅客意见和建议，研究、改进、提高服务工作。

（6）负责办理旅客改乘、退票的签证工作。

（7）完成站长交办的其他站务工作。

2. 工作标准

（1）按时组织召开当班服务人员班前会。

（2）检查当班服务人员是否按规定要求上岗。

（3）带领当班服务人员搞好站内的环境卫生。检查各项服务设施、设备是否齐备、有效。对有损坏、丢失等情况做好记录，及时通知有关部门修复。

（4）经常巡回于服务第一线，及时处理当班发生的服务质量、商务事故等问题。

（5）协调、衔接好各岗位、各班组之间的工作，考核当班服务人员的各项规章制度的执行情况和服务质量、卫生情况等，并做好记录。

（6）掌握客流变化和班线通行以及供车等情况，及时调整运行作业计划，指派有关服务人员将变更后的运行情况向旅客通告，并做好宣传解释工作。

（7）按时召开旅客代表座谈会，征求旅客对车站工作的意见和建议；接待旅客来访，妥善解决旅客遇到的疑难问题；拆阅旅客来信和检查旅客意见本并做好签字和记录。

（8）组织召开班后会，听取各岗位工作汇报，做好记录和小结，对旅客提出的意见和建议及时做出处理。

（9）突出问题及时向站长汇报。

3. 工作程序

（1）提前上岗，做好各项准备工作，迎接当班职工。

（2）清查人员到岗情况，做好考核记录。

（3）组织检查各班班前会，布置当日工作要点。

（4）检查班车到位情况，清理发班车场。

（5）密切注意站内旅客动向，帮助旅客解决疑难问题。

（6）处理临时突发性事件。

（7）检查处理当日旅客意见本上的问题，并及时做出答复。

（8）对当日班车晚点、塌班等情况及时了解记录，并采取有效措施做好旅客转乘转运事宜，将旅客、车站损失减轻至最低。

（9）认真做好值班站长日志和交接班工作，遗留问题交接清楚。

（二）总台服务员服务规范

1. 岗位职责

（1）熟记本站营运线路、班次、发车时间、沿途主要停靠站点、里程、票价、运行时间等，了解掌握当地风土人情、名胜古迹及当地主要单位的地址和急用电话号码等情况。

（2）负责接待旅客问事，有问必答，百问不烦。

（3） 负责做好旅客遗失物品的登记和通知广播寻找失主并及时向值班站长反映。

（4）服务项目齐全，免费供应茶水，及时更换报纸，联系广播找人等工作。

（5）保证总台各项服务设施和设备等功能的正常发挥，发现问题及时向有关部门反映。

（6）认真做好各项服务工作的原始记录，负责收挂旅客意见本，及时整理上报。

2. 工作标准

（1）仪容整洁，站姿规范，微笑服务，主动问候。

（2）不擅自离岗，回答问讯时，使用普通话（含简单英语、哑语），做到有问必答，主动热情，合理使用“十字”文明用语。

（3）耐心地为旅客做解释工作，引导其购票，做到想旅客所想，急旅客所急。

（4）联系及时，全面了解班车运行等业务情况。

（5）下班后，应关闭工作场地用电设备的电源。

3. 工作程序

（1）做好上岗前的准备工作，提前上岗。

（2）打扫辖区卫生。

（3）整理问讯服务工具，悬挂意见簿，调换悬挂在候车厅内的日期、星期牌。

（4）与各生产岗位联系，及时准确了解售票系统、客流、车辆、道路、天气变化等情况。

（5）热情接待旅客，静候旅客问讯，用普通话回答，语气和蔼，详细耐心地回答旅客询问，提供旅客方便，并做到“请”字当头，使用文明用语。

（6）主动热情地代外地旅客打电话，为特殊旅客代购车票，做好旅客的向导，尽力解决旅客的实际困难，及时向上级汇报。

（7）代收公话费，每天上缴一次，配备晕车药、导游图、行车时刻表、信封、笔、邮票等。

（8）按规定逐项交接，交接生产变化信息、重点情况，做好各项记录。

（9）下班以后，切断各种用电设备电源。

（三）售票员服务规范

1. 岗位职责

（1）严格执行运价政策和票据管理及营收报解制度，负责票据的领取、登记、发售、保管工作，遵守售票纪律，严禁无关人员进入售票室。

（2）根据不同旅客的特点，采用多种方式按时保质保量地完成售票任务。

（3）熟记本站营运线路、班次、发车时间、沿途停靠站点、里程、票价、运价时间及中转站换乘的班次时间。

（4）注意观察客流动态，当客流发生变化时，及时向有关人员提供信息，以便加(减)班。

（5）熟练掌握售票工具和设备性能及操作技术，爱护设备、用具，定期保修，保持售票室、设备、工作台和机工具的清洁卫生。

（6）按时填写当班工作记录、原始台账，负责交接好当班工作。

2. 工作标准

（1）上岗前在售票窗口悬挂工号牌，做好票据、零钱、账单及其他方面的准备工作，做到用具齐全有效，摆放整齐合理。

（2）注意掌握当日营运班线车型定员、预售票和以其他方式售出客票票号情况，以便做到合理配载，一视同仁，不售超员票。

（3）售票时精力集中，严格执行规范程序(三问一唱四交待)：问到站、问张数、问整半、唱收钱数，交待到站、张数、找回零钱数、开车时间。

（4）发售的客票票面班次、票价、日期、起止站名、发车时间、座号、乘车地点等打印必须字迹清楚，无涂改痕迹，不错号、重号、改乘、退票应有签章。

（5）售票差错率低于0.5‰，旅客排队购票时间一般不超过15分钟。

（6）交接班清楚，收入日报填写准确，票款收入日清日结，票、款、账相符，不压、不挪用票款。

3. 工作程序

（1）提前上岗，整理工作台，准备售票用具。

（2）做好清洁卫生，机台无杂物，票据、零钱准备充足。

（3）检查微机等售票相关设备性能，保障无障碍服务。

（4）接待旅客面带微笑，用普通话。服务态度热情，回答提问细致耐心。

（5）售票过程规范，“三问一唱四交待”到位。售票动作迅速准确。

（6）注意掌握当日营运班次信息及变更、客源情况。

（7）办理退票、换票手续时，向旅客解释相关事宜，按规定办理。

（8）下班后按微机管理要求正确退出售票程序，清理柜台、清理票据、票款，做好交接班手续。

（9）与收款人当面点清票款金额，并签字认可。

（四）检票员服务规范

1. 岗位职责

（1）熟记本站营运线路、业务知识，全面掌握班车变更情况。

（2）禁止无票旅客进站，照顾重点旅客优先检票进站。

（3）严禁旅客携带危险品进站上车。

（4）维护好进站口秩序，保证进站口秩序井然有序。

（5）负责检票，做到不错检，不漏检。指导旅客按车次时间候车，排队检票进站。

（6）做好查票前的准备工作，组织旅客有秩序地排队上车，杜绝无票旅客和无效客票旅客上车。

（7）及时清点旅客客票及行包票，认真填写结算单和发车记录。

（8）发车前，清点上车人数，并向旅客宣传安全注意事项。

2. 工作标准

（1）做好检票前的准备工作，按发车时间和班次组织检票。检票前向旅客介绍车次、时间、沿途停靠站。

（2）检票时，认真检查客票，做到“五看”：看车次、座号、日期、站点、行李件数；“三唱”：唱站点、座号、行李件数；“一交待”：交待旅客和自己的行李见面；“三注意”：注意超高儿童持半票或残废军人持残废军人票、注意免费行李超重量、注意旅客是否携带危险品。动作迅速，无错检、无漏检。

（3）行李、货物及危险品应区别对待，对禁运物品进行劝阻，及时上报。查看货票是否齐全，没有货票的，通知打票员办理货票。

（4）随时掌握班车变更情况，保持进站口秩序井然、畅通。

（5）无旅客从检票口随便出入现象。

（6）仔细观察旅客情况，掌握旅客心理，根据不同对象、不同要求细心处理问题，满足旅客的合理需求，及时改进服务工作。

（7）能够应用日常的外语和哑语对话。

（8）做好发车前的各项记录，填写好结算单，做到字迹清楚、计算准确、项目齐全。

3. 工作程序

（1）做好上岗前的准备工作，提前上岗。

（2）了解当日生产运行安排及变更情况，检察车辆到位情况，挂好车次牌。

（3）保持检票口整洁，检查微机设备是否正常运行。

（4）认真核对票面时间、车次、票价、不错检、漏检。

（5）及时疏通检票口，保持检票口畅通，秩序井然有序。

（6）随时查看微机班次、时间、人数等情况，与导乘员协调。

（7）票面核对无误后，引导旅客按车次时间排队上车，解答旅客咨询。

（8）上车清点人数及行包，并做好安全宣传工作。

（9）下班后检查微机设备，整理并保存好检票工具，及时保持检票口干净、整齐，与对班做好交接。

（五）小件寄存员服务规范

1. 岗位职责

（1）严格执行交通部有关收费规定和票据管理制度、营收报解制度，按规定收费，办理存提手续。

（2）严格寄存库房管理，负责保管好旅客寄存的物品，严格寄存手续，严禁无关人员进入寄存室。

（3）宣传安全运输规章和小件物品寄存规定，收存小件物品时做好安全检查，严防旅客寄存的小件物品内夹带危险品。

（4）寄存物品要求挂签、牢固、码放整齐，提取准确。

2. 工作标准

（1）上岗前应首先清点核对存放物品的件数、状况、存取时间和上班遗留问题，同时整理清洁卫生，摆放整齐。

（2）对不符合寄存规定而未予寄存的物品，要向旅客做好宣传解释工作。对拟收存的物品如有疑问，应要求旅客开包共同检查，严防旅客在寄存的小件物品内夹带危险品等不符合寄存规定的物品。

（3）填写的寄存票签和收费凭据要内容齐全、字迹清楚，悬挂标签，按件计量收费，唱收唱付。提取凭证、找补零钱和存费收据应一并交付旅客。

（4）爱护寄存物品，轻拿轻放，摆放合理、整齐，经常保持清洁卫生，如发现异常现象，应做好现场记录，及时上报，查明原因，妥善处理。

（5）旅客提取寄存物品时，要认真查验凭证、点件核对、逐件交付。对超过寄存提取时间的按规定补收寄存费。如旅客丢失凭证，应按有关规定，凭值班站长签字的有效证明，并与旅客当场核对所存物品无误后，方可办理提取手续。

（6）按有关规定定期清理超期存放无人认领的物品，上交主管部门并填写上交记录，不得私自处理或挪它用。

3. 工作程序

（1）提前上岗，做好寄存室的清洁卫生、准备好票据、零钞。

（2）坚守工作岗位，坐姿规范。有旅客寄存，起身站立、微笑相迎。

（3）严格执行“三品”检查制度，避免违禁物品寄存。

（4）按规定收费，钱票当面点清。

（5）寄存物品轻拿轻放，发放准确无误、核对清楚。

（6）保持寄存室的环境卫生及行包摆放整齐，便于查找。

（7）做好交接班工作，清点寄存物品数量和核对记录。

（六）行包员服务规范

1. 岗位职责

（1）熟记本站营运线路、班次、发车时间、沿途停靠站点、里程，熟练掌握计件物品重量折算方法和行包运费计算方法，负责行包的受理、开票、保管、装卸、交付等工作。

（2）严格执行交通部收费规定和票据管理制度、营收报解制度，负责行包票据的领取、使用、登记和保管工作。严格行包库房的管理，严禁无关人员进入行包库房。

（3）受理行包时负责做好安全检查，严防托运的行包内夹带危险品、禁运物品和超限量物品，要求包卡相符，堆码整齐，计量准确，按规定收费。

（4）严格执行行包监装，监卸和交接制度，对行包的责任事故，迅速做好商务事故记录，及时上报。

（5）主动为旅客代办包装，代售包装材料，收费合理。

（6）按时填写当班工作记录和原始台账，负责交接好当班工作。

2. 工作标准

（1）上岗前准备好各种业务用具，校正衡量器。检查搬运器械等设备。

（2）收件、过磅、计费、开票。

① 检查旅客托运的物品是否符合规定，对有疑点的行包应要求旅客开包共同检查，严防托运行包内夹带危险品、禁运物品和超限量物品，行包包装应牢固，且不得超长、超宽和超重。

② 对行包认真过磅或丈量，正确核算运费和装卸费等费用，做到合理计量，按标准收费，票据清晰准确。

③ 填好标签，并将其栓在行包的两端，便于校对和查找。

（3）分包入位，做好记录。

① 对受理的行包按标签、到站班次、开车时间安排货位，堆放时应将标签朝外，并做到重不压轻，大不压小。

② 行包出库装车时要核对件数，做好出库记录，与驾、乘人员办好交接手续。

（4）行包装车要按标签上到站的远近，做到先远后近，上圆下方，软硬搭配，码放整齐的操作方法，轻搬轻放。装卸时严禁吸烟。

（5）凡备有货箱的客车，装完行包后应锁好箱门，并填写好托运单与驾驶员交接，三方签字(行包员、驾驶员、旅客)方才有效。

(6) 交付行包时要与旅客核对凭证，做到交接无误，并做好交接记录。对未与旅客同车到达的行包，必须及时卸车，办好入库交接手续，待旅客提取，对逾期提取的行包，按规定加收保管费。

(7) 行包正运率应达到99.9%以上，行包赔偿率应在0.5%以内。

(8) 交接班清楚，收入日报填写准确，行包款及其他费收应日清日结、票、款、账、物相符，对行包及其他费收款不积压不挪用。

3. 工作程序

(1) 提前10分钟上岗，准备好各种工作用具。

(2) 货物到站，进行检验物品。

(3) 无违禁物品，过磅收货入库。

(4) 发车时间顺序将货物放在指定位置，并贴好标签。

(5) 对货物进行准确计费，并开据票证。

(6) 将所收货物进行登记，记录要全。

(7) 保证库房及工作场地清洁卫生。

(8) 做好交接班工作。

(七)"三品"安检员服务规范

1. 岗位职责

(1) 负责对进站旅客行包及货物的"三品"(易燃、易爆、毒品)检查，将危险品堵在站外、车下。

(2) 做好"三品"检查记录和处理记录，发现重大禁运物品，要及时通知公安部门处理。

2. 工作标准

(1) 按规定着工作服和佩戴"三品"检查员标志牌。

(2) 坚守工作岗位，不离岗、串岗。

(3) 精力集中，眼观六路，耳听八方，查堵的物品应依法处理，同时做好群众宣传工作。

（4）开包检查时，要从上到下，对旅客的物品轻拿轻放，一般行包件件过目。

（5）报告及时，保护现场，做好防范工作。

（6）危查的收缴单据要保管有序。

（7）检查本岗位环境卫生及检查电源有否中断。

3. 工作程序

（1）准时到岗，搞好本岗位卫生清洁工作。

（2）按规定着装，挂好工号牌和“三品”检查员标志，查阅上班记录。

（3）上岗时保持立姿，一面宣传，一面检查。

（4）认真查处，做到件件过目，重点开包检查。

（5）对查堵到的危险物品依法进行处理，向所携物品的旅客开具收缴单，并向广大旅客做好宣传工作。

（6）遇到重大事情，应立即向保卫部门汇报。

（7）整理好危险品检查时的用具和用品。

（8）做好交接班记录，收缴的物品集中统一交公安部门处理。

（9）搞好环境卫生，下班关闭电源。

（八）广播员服务规范

1. 岗位职责

（1）宣传党的方针、政策和路线，宣传客运规章。及时广播重大新闻，宣传表扬好人好事，遵守国家规定的播音纪律。

（2）围绕为旅客运输服务，有计划地宣传本站业务，服务项目，旅客须知和安全卫生，旅行常识等，介绍风土人情及乘车线路。

（3）收集积累资料，组织编写制作广播资料、稿件及文艺节目，丰富广播内容，爱护设备器材。

（4）严格交接班制度，做好播音准备，不出差错。

（5）坚守岗位，精力集中，广播时应正确使用标准普通话和广播宣传用语。

（6）及时播放当日班线、车次、售票、发车和到站地点及班次变更情况。

（7）声音甜美，亲切，普通话标准，音量适中。

（8）严格播音室管理，严禁无关人员进入播音室。

2. 工作标准

（1）播音前认真检查设备，试播监听，调好音量，准备好播音稿，保证按时播音，音响效果良好。

（2）坚守岗位，精力集中，　广播室使用标准普通话，必要时穿插一定的外语播音。语言亲切、声音甜美、播音准确。

（3）介绍本站情况要熟悉准确，播放当日班线、车次、售票、发车和到站时间、地点及班次变更情况要准确及时。

（4）严格播音室内部管理，保持室内肃静整洁，妥善保管广播器材和各种资料，建立台账。

3. 工作程序

（1）做好清洁卫生，着装整洁，佩戴工号牌。

（2）提前10分钟上岗，检查器材无误后，接通电源。

（3）准备好播音文稿和宣传稿件。

（4）上班时，播出站名内容，向旅客问好，播放当日日期、欢迎词。

（5）按时播放班次发车情况，广播车辆晚点、变更情况。

（6）根据要求插播客运知识、旅客乘车安全知识、卫生常识。

（7）宣传车站简介，适时播放音乐及站长室通知的播音内容。

（8）发车前播放欢送词。

（9）下班后清理工作现场，按顺序关好电源并检查无误，做好交接班。

（九）现场调度员服务规范

1. 岗位职责

（1）负责车辆及时到达发车区，并督促车辆停放整齐有序。

（2）保证发车现场车辆通道畅通，保持发班有序。

（3）掌握车辆变更情况，及时通知各班组和值班站长，对车辆临时发生故障及时报告有关部门，并积极采取措施，保证车辆正点运行。

(4) 监督班车到点发车，发车后下辆班车才能到位，不能出现两辆班车同时到位相对。

(5) 对未到时间进入发车区的车辆进行耐心解释、宣传。

(6) 现场指挥车辆按点进出发班车位，方便旅客上车。

2. 工作标准

(1) 认真指挥车辆进入发车区，保持车辆秩序，保证发车区行车畅通。

(2) 保证班车按规定时间进入发车区，停放在指定车位待客上车。

(3) 监督班车到点发车，发车后下班车才能到达发车位，确保车辆停放有序。

(4) 制止不法人员拉客、喊客，做到文明管理。

3. 工作程序

(1) 清理发车现场、站点牌。

(2) 按时间规定，检查进入发车区车辆是否按点进入。

(3) 指挥得当，保证发车区通道畅通。

(4) 监督班车到点发车，保证发车区车辆及旅客的秩序和安全。

(5) 保证发车区车辆摆放整齐，停放车位正确。

(6) 对未到时间进入发车区的车辆，进行耐心解释、宣传。

(7) 交接班要清楚。

(十) 出站检查员服务规范

1. 岗位职责

(1) 坚持原则，秉公办事，廉洁奉公，不查人情车、人情票。

(2) 根据有关规定对有关经营车辆实施补票和签章。

(3) 对出站车辆检查进行遵章守法的宣传教育，做好对违章行为的预防工作。

(4) 工作严肃认真、作风正派、实事求是、以理服人。

2. 工作标准

(1) 仪容整洁，着装规范，挂牌服务。

(2) 保证人票相符，不发生超载、超宽、超重、超高现象。

(3) 记录完整无误，事情因果有据可查。

（4）核对车上人数与路单是否相符，行包是否有票，是否超载。

（5）严格检查，发现问题及时下达维修通知单，签字。重要问题及时向安全部门报告。

（6）做好各项检查记录、报告。

（7）下班前，整理好检查用具和用品，交接清楚。

3. 工作程序

（1）上岗前着好标志服，佩戴工号牌。

（2）整理用具，打扫卫生。

（3）熟悉本站发车班次，热情接待询问者，要求回答准确。

（4）遇无票出站或补票者，应先问明原因，再行补罚手续。

（十一）车辆安全检查员服务规范

1. 岗位职责

（1）注意车辆的各项性能和设施，负责对发班车辆的安全检查，及时发现隐患，把不安全因素降到最低。

（2）了解行车安全知识，负责对发班车辆三防物资的检查和驾驶员宣传工作，严格督促车辆配备齐全。

（3）负责对照车辆各种行车证件及线路牌是否相符。

2. 工作标准

（1）逐一检查发班车辆外观，杜绝残破车辆参加营运。

（2）检查车辆转向、传动部位、轮胎、灯光等重要部位是否完好，保证行车安全。

（3）检查参营车辆各种设施及“三防物资”是否齐全。

（4）做好各项检查记录，不合格车辆不得载客出站。

3. 工作程序

（1）提前上岗，做好上岗前的准备，佩带安全员标志。

（2）在车辆发车前逐一检查车辆安全性能及各种证件。

（3）做好驾乘人员安全宣传，对不合格车的驾驶员耐心劝阻，不得载客出站。

(4) 做好各项原始记录。

第六节 工 作 流 程

站务服务工作流程见图 4-9-1。

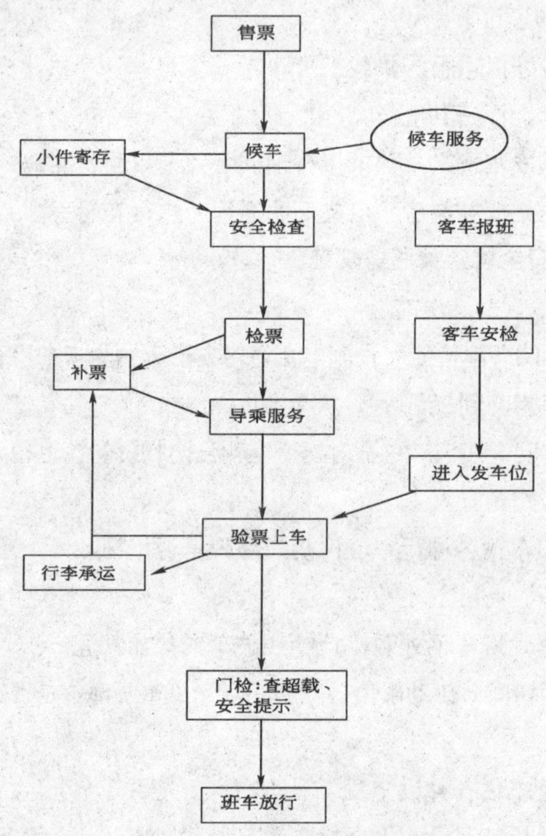

图 4-9-1 站务服务工作流程图

第十章 安全管理制度

第一节 总 则

“安全责任重于泰山”。为切实加强安全生产管理，突出安全预防，落实安全责任，实现集团公司安全管理一体化，以保证人民生命财产安全，维护企业利益，特制定本制度。

集团公司和各经营公司的安全生产管理工作必须坚持“安全第一、预防为主”的方针，按照“企业负责、行业管理、国家监察、群众监督、劳动者遵章守纪”的原则，建立“管生产必须管安全、谁主管谁负责”的安全生产管理责任体制，认真做好安全生产管理工作。

第二节 适用范围

本制度适用于集团公司及属下各经营公司、驿站。

第三节 适用原则

属于工作程序、工作标准、操作规范、管理要求等性质的内容，必须严格按本制度相关规定执行，各经营公司不得另行出台规定，确保全集团安全管理的一体化。

属于控制标准性质的内容，在不违反本制度各项原则和不突破本制度规定的标准基础上，各经营公司可结合实际情况制定本单位的具体规定，报集团公司批准后执行。

本制度由集团公司安技部负责组织实施，各经营公司安全管理机构按管辖范围行使职权并负责执行对驾驶员招聘、培训、鉴定、岗位调动、运行安排、事故处理等工作。

第四节　管理责任部门

根据《中华人民共和国安全生产法》规定，集团公司设置安全生产委员会（以下简称安委会），由集团公司总经理为第一责任人，分管副总经理为直接责任人，统一管理集团公司安全生产工作；集团公司设安全技术部，为安全生产监督管理常设机构；各经营公司相应成立安全生产委员会或安全生产领导小组，设立安全管理机构和安全主任，负责本公司安全管理工作。

各级安全生产机构的组成和变动情况，应逐级上报备案。

第五节　安全管理制度

一、岗位职责

（一）集团公司安委会职责

（1）贯彻落实《中华人民共和国安全生产法》、《中华人民共和国道路交通安全法》、《道路交通管理条例》及有关法律、法规，坚持“安全第一，预防为主”的方针，认真执行上级有关安全生产的政策、条例、规定，制定集团公司安全生产管理目标和考核制度。

（2）定期召开安全生产会议，分析、研究安全生产情况和有关重大问题，并根据安全生产存在的问题制定有效措施，总结安全生产的成功经验并加强推广教育。

（3）负责审议和决定集团公司安全生产的重大决策、方案和奖惩措施，监督、指导安技部门制定安全管理制度和驾驶员管理规范等。

（4）负责协调集团公司与各经营公司实现安全生产的综合治理，监督、检查安全生产各环节及安全生产制度的落实情况。

（5）对各经营公司发生的交通事故，特别是重、特大交通事故严格按“四不放过”（即事故原因没有查清楚不放过、当事人没有受到教育不放过、整改措施没有制定不放过、有关责任人没有受到处理不放过）的原则，严肃认真地处理事故相关责任人。

（6）负责审批集团公司所有车辆采购的选型、技术配置及安全技术配件的选装，指导、监督各经营公司的车辆保险及事故处理、理赔等。

（二）集团公司安全技术部门经理职责

（1）贯彻落实《中华人民共和国安全生产法》，坚持“安全第一，预防为主”的方针，负责安全生产管理日常事务工作，认真执行上级管理部门的有关安全生产的政策、条例、规定，配合集团公司安委会制定本集团公司安全生产管理目标和考核制度，根据本公司的实际情况，有针对性制定安全管理制度、标准及操作规范等。

（2）拟订集团公司对各经营公司考核的安全生产经济指标，拟订集团公司关于安全生产管理的重大决策、活动方案（如春运、黄金周长假运输高峰期及安全生产周、竞赛月、百日安全活动等）、奖惩措施等，供集团公司安委会决策和实施。

（3）督促各经营公司制定落实安全生产责任制，组织实施重大安全生产活动的紧急预案，对下属单位安全工作检查和督导。

（4）定期向集团安委会和有关主管部门汇报安全生产情况，针对问题提出处理意见和整治措施，贯彻上级领导的批示、指示。

（5）本着“公开、公平、公正”的原则，会同有关部门共同制定驾驶员招聘条件、招聘程序，并负责监督、检查、落实各经营公司的驾驶员招聘、培训及考评标准执行情况。

（6）协助领导组织召开集团安全生产会议，学习国家有关安全生产的政策、法令、规定，结合企业实际制定贯彻落实措施，分析、研究安全生产情况和有关重大问题，并根据安全生产存在的问题制定有效措施，听取广大员工的有益建议，总结安全生产的成功经验，表彰安全管理的先进、典型，并加强推广宣传教育。

（7）负责制定及规范集团所属经营公司驾驶员档案、安全驾驶档案、车辆安全行驶档案等一体化管理工作及安全会议制度。

（8）负责监督检查各经营公司驾驶员相关年度审验工作，组织集团所属车辆的投保和经营保险工作。

（9）负责协调集团公司与各经营公司实现安全生产的综合治理，深入基层了解、掌握各经营公司的安全生产情况，并督促、检查经营公司安全管理制度的建立及落实情况。

（10）负责收集和汇总各经营公司上报的安全生产报告、安全统计报表等，进行安全生产小结和分析，总结经验教训，表扬先进、鞭策后进，提出加强安全管理、开拓经营、增收节支的建议。

（11）对各经营公司发生的交通事故，特别是重、特大交通事故按“四不放过”的原则，根据有关规定严肃认真地处理事故有关责任人，并督促事故的善后处理及协办保险理赔工作。

（12）考核、审定集团公司及所属各经营公司安全管理人员的任职资格。

（13）采用科学管理手段，逐步实现安全管理制度化、标准化、规范化和科学化，提高安全管理水平。

（三）经营公司安全责任人及安全主任管理职责

（1）各经营公司经营责任人及安全主任必须严肃认真地贯彻国家安全法规，高度重视安全管理工作，以“责任重于泰山”的态度，切实贯彻“安全第一、预防为主”的管理方针，把安全管理作为企业管理的重要内容，把落实安全工作贯穿于生产的全过程。安全管理要强调预防措施到位，讲求实效。

（2）坚持每周召开安全生产工作例会，听取安全工作汇报，分析安全生产形势，检查安全生产隐患，研究改进措施，设立专用的安全例会记录本，以备考查。

（3）经营公司安全主任必须经常深入生产一线检查、调研安全生产情况，制止违章作业和车辆“带病”行驶，发现事故隐患及时整改，并提出防范措施，把安全管理工作落到实处。

（4）经营公司安全主任每月定期组织召开全体驾乘人员、安全管理人员及其他有关员工参加的安全生产例会，分析和布置安全生产工作，抓好安全教育，深入宣传《中华人民共和国安全生产法》，总结经验教训，表彰先进典型。

（5）发生情节严重的道路交通事故，分管经理要亲临现场指挥善后处理，属重大以上交通事故，企业经营责任人和安全主任要亲临事故现场，同时应在24小时内向集团公司领导汇报情况，并在48小时内向集团公司作出书面汇报，集团公司根据事故实际情况需要，前往现场协助指挥。

（6）组织建立系统的安全统计报表制度，根据集团公司和地方行业主管部门的要求分别报送，并立案存档。

（7）组织本企业员工开展安全学习、宣传、教育培训工作，并根据上级有关部门的要求，结合本公司的实际情况开展安全生产竞赛活动和安全检查。

（8）严格执行车辆技术管理规定，负责建立车辆二级维护和安全检测制度，落实车辆的“回场必检、合格放行”制度，以及做好车辆在出车前、行车中、回场后的三检工作，保证车辆技术状况良好。

（9）负责组织建立驾驶员档案、安全行车档案、事故档案、车辆技术档案等，做好安全例会、安全学习、行车事故、车辆回场检查、安全检查记录等工作。

（10）督促检查本企业安全生产制度、措施的落实情况。收集信息，总结经验，推广先进，表扬通报好人好事。对不利于安全生产的工作安排有权制止，对评先进及安全目标考核达不到标准的有否决权。

（四）安全员岗位职责

（1）熟悉国家及各级主管部门的有关安全生产法规、条例、规定，以及集团公司各级制定的安全管理制度。

（2）负责运行车辆安全技术状况检查，深入生产一线，及时掌握驾驶员的思想动态、驾驶技术和安全行车等情况，并进行监督管理，制止违章作业和车辆“带病”行驶，发现事故隐患及时整改，提出防范措施。

（3）组织和会同有关部门开展各项安全学习活动，负责会议活动记录和资料保管，用典型交通事故案例教育广大驾乘人员，整顿不良驾驶作风，消灭事故苗头，消除安全隐患。

（4）遵循“四不放过”原则，负责行车事故调查和处理工作，填报安全生产责任事故统计表和安全生产月、季、年度报表。根据事故责任划分提出对肇事驾驶员的处罚意见，执行安全领导小组的处罚决定。

（5）配合领导做好公司安全档案管理工作，主要包括安全管理文件、驾驶员档案、安全行车记录、行车事故档案、奖惩记录等。

（6）会同有关部门对调入和招聘的驾驶员进行技术考核及上岗培训，对不符合条件者有权制止接收和提出解聘。

（7）会同有关部门对驾乘人员进行分类考核，对不符合条件者提出解聘意见并上报审批。

（8）负责驾驶员的驾驶证年审组织、督促工作，办理肇事车辆出险报案，送修估价和保险索赔等手续。

（9）定期检查和督促驾乘按时作息，劳逸结合，掌握驾驶员的身体状况，配合有关部门合理安排，防止驾驶员疲劳驾车。

（10）负责召集驾驶员开展驾驶技术交流，特别是重点季节和特殊气候条件下的安全行车技巧与经验；所有经营线路的行车特点和重点路段安全防范措施等，相互交流，相互学习，并形成文字及图表记录。

（11）经常上路和随车检查，贯彻安全行车操作规程，及时纠正驾乘人员的违章行为，消除事故隐患。

（12）负责协调和处理公司、车队与交警、交管、运政部门的关系。

（13）收集和整理主管部门和集团公司各级安全管理的文件资料，建立专门档案。

（五）修理公司（厂、车间）安全管理职责

（1）贯彻行业主管部门和集团公司各级关于技术安全管理的法律、条例和有关的各项安全管理制度。重点放在修理现场的防火、防触电、防塌车和在修车辆意外发动等。

（2）坚持以“预防为主”的方针，认真做好报修车辆的检验工作，排除机械安全隐患，把“安全第一”的思想贯穿保修工作的始终。

（3）严格执行劳动主管部门技术工种持证上岗的规定，会同有关部门做好各类修理技工、检验工的招聘及岗前培训和在岗培训。

（4）掌握新型车辆各类设备、特种件（如视听、通讯设备）的配置、性能和使用维护要求，并负责培训驾修人员正确使用和维修。

（5）会同有关部门对车辆的机械事故的有关责任人作出处理意见。

（6）坚持车辆出场技术检验制度，严禁无驾驶证的维修人员发动和驾驶试车。

（7）坚持规范操作，严格执行维修规范程序，杜绝违规操作。

（8）做好消防、治安、物业等各项工作。

（六）驿站安全管理职责

（1）新国线驿站是实现长距离高速公路结点运输的必要条件。要求驿站的运作要在确保安全前提下实现，其重要环节是乘客的上下车，行李交接，接驳车辆的行车安全等。

（2）新国线驿站分布于营运线路的不同路段上，对新国线车辆行经本地区的营运车辆负有安全管理责任。遇封路等特殊情况随时与公司及营运车辆沟通信息，指导运行；遇车辆发生故障或事故时，及时做好抢修救援和事故处理的先期工作。

（3）各经营公司、驿站应与属地交通管理部门、路政管理部门开展共建工作。通过邀请交通、路政部门为驿站工作人员进行法制法规的宣传教育，不断提高驿站工作人员的安全管理水平；在努力提高企业效益的同时保证社会效益。

（4）负责旅客进站行李的安检工作，严禁旅客携带违禁物品进站，严防在驿站内出现盗窃、诈骗、打架等违法乱纪行为的发生。

(5) 按有关规定布置消防设施(如消防龙头、灭火器等)，严防各种突发事件。

(七) 驾驶员安全岗位职责

(1) 遵章守法，严格执行有关管理部门的安全管理规章制度，遵守劳动纪律，服从调度指挥，按时按质完成运输任务。

(2) 服从经营公司现场调度的指挥，不抢点、不晚点、不缺班，安全正点运行。

(3) 行车时集中精力，谨慎驾驶，注意安全，遵守交通规则，严格执行安全操作规程；服从公安交警、运管、稽查人员检查，严格遵守本单位的各项规章制度。

(4) 行车途中停歇、进餐、无乘务员随车时，要向旅客宣布车辆停、开时间，开车前核对人数，做到无旅客漏乘。

(5) 途中发生意外或事故时，应尽快与有关部门取得联系，报告情况，抢救伤者，保护现场。

(6) 执行经营公司调度命令，不准私自换班，不准将车辆转交他人驾驶(含本公司非应班驾驶员)，不准私自变更运行路线，不准中途转车倒客，班车按规定停靠、进站。

(7) 树立良好的职业道德和新国线的品牌形象，文明服务，礼貌待客，重点照顾有困难的旅客；不准假公济私，私吞票款。

(8) 驾驶员应按车辆正常发班时间提前到位，出车前做好车辆行车安全检查，带齐随车有效证件。

(9) 遵守车辆管理和保修制度，自觉做好车辆的“三清日常维护”工作，保持车辆、轮胎附属设备、随车工具的整洁及车牌、证件齐全和完好。

(10) 熟悉车辆性能，熟练驾驶技术，学习先进经验，掌握行车规律，努力完成各项技术经济指标。

二、安全管理标准

根据集团公司以“直接经营、责任经营、品牌经营”为主的多元化经营方式，各经营公司要结合本公司的实际情况，有针对性地将安全管理工作落在实处，形成“齐抓共管，确保安全”之势。

本工作标准规范了安全生产管理的具体操作标准，各经营公司要认真遵照执行。

（一）建立和健全安全管理资料档案制度

1. 建立和健全驾驶员档案制度

1）驾驶员档案的设置

驾驶员档案设置为一人一档（内含驾驶员档案本一本、档案袋一个），档案管理员要严格按照集团公司汽车驾驶员档案管理要求，及时、准确、认真、如实填写档案资料，不得虚报、瞒报、错误填写。

2）驾驶员档案的使用目的

建立汽车驾驶员档案的目的在于取得驾驶员的招聘、培训、管理、使用的主动权，准确、真实地掌握驾驶员日常动态及操作技能，合理运用科学管理手段，确保生产安全。同时，也是考核基层驾驶员管理工作的依据。

3）驾驶员档案的使用说明

（1）驾驶员档案是有系统的记录驾驶员自报名、招聘、培训及投入使用起，至驾驶员离开本企业（不含内部调动）为止的整个过程。

（2）因营运车辆的经营方式有所不同，各经营公司要结合本公司的实际情况，有针对性地填写驾驶员档案资料，经营方式为“直接经营、责任经营”的车辆，经营公司必须要认真、如实地做好驾驶员档案资料的填写工作；经营方式为“品牌经营”的车辆，各经营公司在做好驾驶员基础档案资料建设的同时，也要掌握驾驶员日常安全生产的第一手资料，对不符合公司要求的驾驶员，要及时予以辞退。

（3）驾驶员求职审批表是记录驾驶员的相关资料（如驾驶员的基本特性、家庭背景、工作简历等），为公司招聘、培训、使用、管理上提供科学、准确的依据。

（4）驾驶员招聘、培训考试表是记录驾驶员从招聘、培训至上岗的全过程，通过基础操作的考核，准确地反映驾驶员的基本技能、特点、驾驶作风等情况。

（5）安全行车责任书是在驾驶员上岗前签订的，目的是使广大驾驶员明确自己的岗位职责。

（6）安全行车记录表主要记录驾驶员在日常工作中的安全运行里程、累计里程等，目的在于考核驾驶员的工作积极性、安全驾驶情况等。

（7）表扬、奖励情况记录表及违章、投诉记录表是记录驾驶员在日常工作中因工作表现的差异而获得的表扬、奖励或批评、处罚等情况，目的在于准确地掌握驾驶员的工作作风、驾驶技能，为安全生产管理提供准确的依据。

（8）交通事故记录表是记录驾驶员在职期间发生交通事故的资料，目的在于考核驾驶员的驾驶技术水平及驾驶作风，杜绝事故苗头，确保安全行车。

（9）驾驶证、从业资格证在年审结束后要及时复印存档，保证驾驶员证件的合法性、有效性。

4）驾驶员档案的保存

驾驶员档案资料的保存期为驾驶员在职期间的整个过程，即从驾驶员招聘、培训、录用至离开本企业为止。

2. 建立和健全交通事故档案制度

1）交通事故档案的设置

交通事故档案设置为一事一档，档案管理员要严格按集团公司交通事故档案要求，及时、准确、认真、如实填写档案资料，不得虚报、瞒报、错误填写。

2）交通事故档案的使用目的

建立交通事故档案，目的在于取得道路交通事故发生的规律性、共同性，准确、真实的记录交通事故多发的原因、地段、性质、驾驶员操作技能及车辆性能等因素，合理运用科学管理手段，杜绝事故苗头，确保生产安全。同时，也是考核基层安全管理工作的依据。

3）交通事故档案的使用说明

（1）交通事故档案主要用于系统地记录道路交通事故发生的整个过程，包括事故发生的时间、地段、车号、驾驶员姓名、事故原因、责任划分、事故损失、处理人员及对当事人和相关管理人员处罚等资料档案。

(2) 因营运车辆的经营方式有所不同，各经营公司要结合本公司的实际情况，有针对性地填写交通事故档案资料，在档案封面注明其经营方式(直接经营、责任经营、品牌经营)。

4) 交通事故档案的保存

交通事故档案资料的保存期为长期保存，即从事故发生之日起开始保存。

(二) 建立安全生产报表制度

1. 建立安全生产月、季、年度报表制度

1) 报表的设置

报表的设置分为月、季、年度报表，针对集团公司经营模式多样化的特点，各经营公司要根据本公司的实际情况，严格按照集团公司报表要求，做好安全生产报表的上报工作。

2) 安全生产报表的上报时间

上报时间为每月5日前；季度报表的上报时间为每季度结束后的第一个月5日前；年度报表的上报时间为每年元月5日前。

3) 报表的填写说明

(1) 安全生产报表中数据的填写方法按《新国线集团安全管理制度》中第六章所述的安全生产统计制度规定的方法填写，不得瞒报、虚报、漏报、拖报。

(2) 若发生重、特大交通事故，各企业必须在当月的安全报表中按规定叙述事故情况，不得瞒报、漏报。

(3) 营运车辆的经营模式是指直接经营、责任经营、品牌经营。

4) 安全生产报表的保存

保存期为长期保存，不得丢失、更改，以便查证。

(三) 建立和健全安全工作例会制度

1. 建立和健全安全生产办公会议制度

1) 办公会议的内容

(1) 坚持“安全第一、预防为主”的方针，认真学习、贯彻、宣传、落实有关安全生产的方针、政策、法规、文件，听取本企业安全工作汇报，分析、总结本企业安全生产形势，检查安全生产隐患，研究加强安全管理的措施，布置下阶段的安全生产任务等。

（2）分析、研究企业安全生产情况及有关重大问题，总结成功经验教训，针对本企业存在的问题进行整改。

2）办公会议的参加人员范围

参加人员范围包括各经营公司总经理、分管安全技术的副总经理（总助）、安技部门负责人、各专线负责人、安全员、责任经营者、品牌经营者等。

3）办公会议召开时间

各经营公司每月至少召开一次安全生产办公会议，召开时间为每月的第一个星期内。

4）实行会议签到、记录制度

制定安全、技术生产会议记录表，记录会议内容，规定参加人员在记录表上签到。

5）记录表的填写要求

（1）记录表由各经营公司安技部门负责记录；

（2）表格填写要求准确、明晰，语言简明扼要；

（3）参加会议人员必须按规定签到，记录缺席者名单；

6）拟发会议纪要

安全生产办公会议结束后，拟发会议纪要，详细记录会议精神、重大决策及相关要求，各企业员工要认真学习。

7）记录表的保存

记录表的保存期为长期保存，资料档案员要妥善保存会议记录表。

2. 建立和健全安全生产日常例会制度

安全教育是一项长期而艰巨的任务，各企业要根据流动分散的特点和改革开放的形势，运用各种有效的宣传形式和教育方法，宣传安全生产的方针、政策和重要性，宣传安全生产的先进模范人物及其经验。

1）例会的内容

（1）坚持“安全第一、预防为主”的方针，认真学习、贯彻、宣传、落实上级有关部门及本企业的安全生产管理规定。

（2）分析、研究各企业安全生产情况及有关重大问题，听取广大员工的意见和建议，分析交通事故和对事故责任者开展批评和自我批评，解决员工的实际困难，总结成功经验教训，针对本企业存在的问题进行整改。

2）参加人员范围

参加人员范围包括各经营公司分管安全技术的副总经理（总助）、安技部门负责人、各专线负责人、安全员、全体驾乘人员（含责任经营车辆、品牌经营车辆的负责人及驾乘人员）等。

3）召开时间

各经营公司每月召开不少于两次的安全生产日常例会，召开时间定为每月的上旬及下旬。

4）实行会议签到、记录制度

实行会议签到、记录制度，记录会议内容，规定参加人员在安全、技术生产会议记录表上签到。

5）拟发会议纪要

安全生产日常例会结束后，拟发会议纪要，详细记录会议精神、及相关要求，各企业员工要认真学习。

6）记录表的保存

记录表的保存期为长期保存，资料档案员要妥善保存会议记录表。

（四）建立和健全驾驶员招聘、培训制度

1. 建立和健全驾驶员招聘制度

1）驾驶员招聘条件

（1）年龄：25～38周岁（驾驶长途及超长途线路的驾驶员年龄要求在30～38周岁间）；

（2）驾龄：具有5年以上车辆驾龄（招聘驾驶员类别不同，对应驾驶车辆的车型也不同，如招聘大客车驾驶员要求有5年以上大客车驾龄等)，并具有相应的安全行车证明。长途及超长途线路的驾驶员驾龄要求在8年以上，其中具有3～5年以上长途客运经验。

(3) 性别:男性；

(4) 身高:168～185厘米；

(5) 裸眼视力:1.5以上；

(6) 体重:60～85公斤之间；

(7) 外形:身材标准，无明显缺陷；

(8) 语言:话音清晰，熟练掌握普通话，懂英语者优先；

(9) 学历:具有高中以上学历；

(10) 证件:持有效的身份证、驾驶证、从业资格证等；

2) 驾驶员招聘操作流程

(1) 结合本公司的实际情况，制定驾驶员招聘计划，上报集团公司人力资源部、安技部；

(2) 做好驾驶员的招聘宣传工作，公布招聘的时间、地点、条件等，吸引广大驾驶员前来报名；

(3) 做好应聘驾驶员的报名登记、证件审验工作，并要求应聘者填写相应的求职表格，同时应聘驾驶员要向经营公司交驾驶证、身份证、从业资格证等相关证件及复印件；

(4) 做好应聘驾驶员的初试工作，重新核定应聘驾驶员的应聘条件是否符合招聘条件，公布初试合格驾驶员名单；

(5) 经营公司对通过初试者的相关证件(身份证、驾驶证、从业资格证)分别到相关国家部门(公安局、车管所、交管局等)进行重新的审验、查询，以防持无效证件者进入本公司；

(6) 对初试合格并通过证件审验的驾驶员进行驾驶技能操作考试。此项工作要求由4名及以上有经验的监考人员参加评分，考核完毕，统计分数方法按“去高去低”的原则执行，即要删除4个分数中的最高分、最低分，取中间两个分数的总和，就是驾驶员考试的最终成绩。挑选驾驶员要按成绩由高至低择优录取；

（7）各经营公司要求复试合格的驾驶员到公司指定医疗机构进行身体检测（费用自负），检验结果表明驾驶员患有传染性疾病、高血压、心脏病、低视力或家庭精神病史，一律不得接收。

（8）对上述操作完毕后，公司研究确定并公布驾驶员录取名单。

3）驾驶员招聘要求

（1）公司实行“直接经营”车辆的驾驶员招聘要严格按集团公司的招聘条件、招聘操作流程执行。

（2）实行“责任经营”、“品牌经营”车辆的驾驶员招聘要根据集团公司的招聘要求，结合本公司车辆的实际情况，制定相应的招聘操作流程。经营公司严把驾乘人员的进入关，派员参加招聘、培训考试工作的全过程，对不符合集团公司招聘要求的驾驶员不得录用。

4）驾驶员招聘表格的保存期

驾驶员招聘表格的保存期为长期保存，不得遗失。

2. 建立和健全驾驶员培训制度

1）培训目的

（1）通过上岗前的培训教育，增强驾驶员的职业道德素质及安全责任感，提高遵守交通规则和操作规程的自觉性。

（2）通过上岗前的培训教育，促使广大驾驶员了解公司及当前形势，有利于驾驶员更好地开展工作。

（3）规范驾驶员的操作技术，使驾驶员熟悉所驾驶车辆的构造、技术性能及了解车辆的日常维护项目和技术要求，增强驾驶员检车、修车、爱车的自觉性。

2）培训内容

（1）术科培训内容：

① 学习国家及地方政府有关安全生产、道路交通安全的法规、制度；

② 学习集团公司及本经营公司的有关安全生产、车辆技术管理规定；

③ 学习相关对安全行车有影响的因素及预防措施，如驾驶员自身素质、机动车辆、道路、环境等方面与安全行车的关系；

④ 针对集团公司的经营特点（以长途及超长距离高速客运为主），学习相关高速公路运输管理规定、长途运输的相关规定及注意事项；

⑤ 学习交通事故的分类及预防措施、公司对交通事故管理的相关规定（特别是处罚规定）；

⑥ 学习公司对驾驶员违章的处罚规定；

⑦ 学习车辆保险的内容及有关规定，介绍本公司车辆的保险情况；

⑧ 学习消防安全法规、制度；

⑨ 学习公路客运车辆防劫反劫及其他治安防范知识；

⑩ 学习公路客运管理规定中对旅客、公路沿线城镇居民特别是中小学生的安全宣传教育及防范工作；

（2）驾能培训：

① 熟悉车辆的基本性能、概况、构造及有关该车的注意事项；

② 端正驾驶员的坐立姿势，规范其操作技能；

③ 进行线路驾驶培训，端正驾驶作风和经营作风，熟悉线路经营状况，实地经营，规范服务用语和与旅客的沟通方式；

④ 进行车辆倒桩入库的培训，按国家规定进行倒桩入库，增强驾驶员对车辆的认识（对车辆的长、宽、高等方面的认识）；

（3）维修培训：

① 现场讲解车辆的性能、构造，使驾驶员熟悉各操作部件及注意事项；

② 现场讲解车辆日常维护、三检的项目及技术要求；

③ 现场讲解车辆运行过程中常见的小修项目及解救方法；

④ 安排驾驶员到修理车间进行实地操作（含一级维护、二级维护及日常维护、小修工作）；

3）培训要求

（1）驾驶员的培训时间不低于一个月，其中术科培训不低于一周，驾能培训不低于两周，维修培训不低于一周；

（2）培训工作要认真组织、严肃教学、规范流程，做好培训、签到记录；

（3）在培训期间，各经营公司要指定思想素质好、工作负责、作风正派、技术熟练、能模范地遵守交通法规的管理人员及驾驶员担任教员，对学员进行培训、教育，并对实习驾驶员的安全行车负50%责任；

（4）采取“走出去”或“请进来”的方法，组织驾驶员参观交通事故的展览，请交警人员授课等，增强驾驶员的安全行车意识。

（5）驾驶员培训过程要做好记录，以备查验；

4）培训考试表格的保存期

培训考试表格的保存期为长期保存，不得遗失。

（五）建立和健全安全生产检查制度

1. 安全生产检查制度的目的

建立和健全安全生产检查制度是贯彻、落实安全生产工作方针、政策、法规，发现和纠正各种违章、违纪行为，消除事故隐患的重要措施。

2. 建立和健全营运车辆违章、违纪检查制度

1）检查内容

营运车辆违章、违纪检查的内容主要是检查营运车辆的违章、违纪情况，如车辆超速行驶、越线行驶、超装滥载、强行超车、酒后驾驶、无证开车、随意违章上客、偷票漏票等违章、违纪行为，杜绝事故苗头。

2）检查表格的填写要求

（1）检查表由稽查人员（稽查人员必须由两人或两人以上组成）认真填写，并签名确认；

（2）检查表内容要言简意赅、简明扼要，不得虚报、漏填；

（3）对所检查的车辆要注明检查的日期、时间、地段、所属线路、驾驶员姓名、违章、违纪情况，不得虚报、瞒报；

（4）对违章、违纪驾驶员进行处罚，将处理结果填入检查表中，同时驾驶员必须签名确认；

3）检查表格的保存期

检查表格必须长期保存，即对车辆检查完毕后长期有效。

3. 建立和健全安全生产现场检查制度

1）检查内容

在营运车辆发班站场、配客点内检查车辆及驾驶员的相关情况，如驾驶员的身体状况、车辆及人员证件的佩带情况、车辆的技术状况、随车工具的配备情况等。

2）检查表的填写要求

（1）检查表由检查人员（检查人员必须由两人或两人以上组成）认真填写，并签名确认；

（2）检查表内容要言简意赅、简明扼要，不得虚报、漏填；

（3）对所检查的车辆要注明检查的日期、时间、地段、所属线路、驾驶员姓名、检查情况，不得虚报、瞒报；

（4）驾驶员身体状况指驾驶员的身体状况、精神状况、疲劳状况等；

（5）证件佩带情况是指驾驶员证件（身份证、驾驶证、从业资格证等）及车辆证件（行驶证、营运证、养路费、附加费、季审证、运管费、车船税、保险卡、进站证、线路牌、加油卡等）的佩带情况；

（6）车辆技术状况是指车辆是否存在对安全行驶有影响的技术问题，如制动系统、照明系统、转向系统、动力系统等；

（7）随车工具的配备情况是指车辆本身的随车工具、灭火器、三角木等工具的配备情况；

（8）检查表中其他项是指车辆是否携带危险物品、是否超装滥载等违章、违纪现象；

3）检查表格的保存期

检查表格的保存期为3个月，即对安全生产现场检查完毕后3个月内有效。

4. 建立和健全消防安全检查制度

1）检查内容

对企业停车场地、发班站场、维修场地、办公场地、员工食堂、宿舍及营运车辆进行消防安全检查，对影响安全生产的违章项目、火灾隐患要及时整改，消除火灾隐患，确保安全生产。

2）检查表的填写要求

（1）检查表由检查人员（检查人员必须由两人或两人以上组成）认真填写，并签名确认；

（2）检查表内容要言简意赅、简明扼要，不得虚报、漏填；

（3）对所检查的场所要注明检查的日期、时间、具体位置、发现隐患情况，整改情况，不得虚报、瞒报；

（4）检查表中“消防安全宣传、教育情况”栏的主要内容是指消防安全的宣传、教育情况，如消防安全的相关文件、规定，宣传画册、板报、召开消防安全教育会议情况等；

（5）检查表中“消防安全措施落实情况”栏的主要内容是指消防安全措施的落实情况，全体员工对消防安全的重视程度；

（6）检查表中“消防安全硬件配备情况”栏的主要内容是指消防所需的硬件用品，如灭火器、消防龙头、消防通道、消防警报铃等；

（7）检查表中“消防安全存在的隐患”栏的主要内容是指影响消防安全的隐患，如消防通道的堵塞、灭火器失灵或过期、消防铃损坏等；

（8）检查表中“整改结果”栏的主要内容是指受检单位对消防安全隐患的整改情况；

3）检查表格的保存期

检查表格的保存期为3个月，即对消防安全检查完毕后3个月内有效。

（六）建立驾驶员询问、告知制度

1. 建立车辆发班前的询问制度

（1）询问驾驶员的身体状况，防止驾驶员疲劳驾驶、酒后开车、带病行车；

（2）询问驾驶员证件的佩带情况；

（3）询问车辆正常运行所需有关证件、工具的配备情况；

（4）当班调度或安检员，每天早上负责对发班车辆驾驶员进行询问、检查，并填写营运车辆发班前询问情况表，发现问题及时排除。

（5）表格的保存期为一个月，即自当天车辆检查结束后，一个月内有效。

2. 建立车辆发班前的告知制度

（1）当班调度或安检员在车辆发班前告知当班驾驶员有关道路状况、天气预报情况及途经地的突发事故、民族风情等。并填写营运车辆发班前告知记录表，驾驶员签名确认；

（2）表格的保存期为一个月，即自对驾驶员告知结束后，一个月内有效。

（七）建立和健全交通事故处理程序

1. 建立和健全交通事故处理程序

1）交通事故的登记、报告制度

（1）交通事故的登记制度

① 交通事故的登记表格及登记本严格按照集团公司统一制发的交通事故记录本的要求记录。

② 交通事故发生后，各经营公司要将事故的详细情况记录在册，不得瞒报、虚报。

（2）交通事故的报告制度

① 交通事故的报告表格严格按照集团公司统一制发的交通事故记录本所列内容如实填写上报。

② 交通事故发生后，各经营公司除做好事故的登记工作外，必须及时向集团公司上报事故情况，事故上报程序详见《新国线运输集团有限公司交通事故处理程序》的有关规定。

2）交通事故处理、审核、冲账、索赔及处罚程序

（1）交通事故处理、审核、冲账、索赔及处罚程序详见《新国线运输集团有限公司交通事故处理程序》的有关规定，各经营公司要遵照执行。

（2）交通事故处罚审批表由经营公司安技部门负责填写，要求填写工整、

字体清晰、如实上报、按章处罚；事故处罚审批表必须由经营公司安技部门、财务部门审计，最终经公司领导审批后生效，否则作无效处理。

交通事故处罚审批单的保存期为长期保存，待事故处罚审批后，将审批单会同事故资料按集团公司要求，一并制定事故档案，长期存档。

（3）交通事故“四不放过”审批表由经营公司安技部门负责填写，要求填写工整、字体清晰、如实上报、按章处罚；事故“四不放过”审批表必须由经营公司安技部门、财务部门审核，最终经公司领导审批后生效，否则作无效处理。

交通事故“四不放过”审批单的保存期为长期保存，待事故“四不放过”处罚审批后，将审批单会同事故资料按集团公司要求，一并制定事故档案，长期存档。

三、安全生产管理

（一）安全基础管理

1. 召开安全生产例会

各经营公司每周召开一次安全生产例会，由分管领导或安全主任主持，会议主要内容为传达、学习有关安全生产的方针、政策、法规，听取安全工作汇报，分析、总结本企业安全生产状况，检查安全生产隐患，研究加强安全管理的措施，布置下阶段的安全生产任务。要做好会议内容记录，并将记录妥善保存，以备查验。

2. 组织安全学习教育活动

经营公司每月组织两次以上由驾乘及其他人员参加的安全学习教育活动，传达、学习安全生产法规、文件，总结、交流安全行车经验，分析、解剖事故案例，针对行车安全中存在的问题，提出整改、防范措施，并将安全学习活动的内容和参加人员的签到做好记录，妥善保存，以备查验。

3. 组织安全培训

经营公司应重点对安全管理、驾驶、维修、乘务、安检等人员进行分期分批培训，培训内容以业务和技术为主。

4. 组织安全竞赛活动

集团公司安技部结合上级有关部门的要求和生产实际情况，组织各经营公司开展不同形式的安全竞赛活动。

5. 建立行车安全监督检查制度

各经营公司应建立行车安全监督检查制度，安技部门对本企业的营运车辆抽查每月不得少于一次，抽查比例不少于营运车辆的２０％；对本企业所有车辆技术总状况检查每年不得少于２次。并有计划地对营运车辆和驾驶员等生产人员执行安全制度和安全技术情况进行检查，对检查中发现的问题和事故隐患应制定相应措施及时整改，并做好详细记录。经营公司安技部门须将营运车辆抽查和生产人员的检查情况上报集团公司安全技术部备案。

6. 建立行车安全管理档案制度

１）建立基础资料档案

所建立的基础资料档案主要包括有关行车安全的政策法规、规章制度、安全生产管理机构的设置和安全管理人员名册、驾驶员名册、检查考核记录、安全例会、安全学习活动记录等。

２）建立驾驶员行车安全档案

建立驾驶员行车安全档案有利于企业对驾驶员的安全管理，要求一人一档，内容包括驾驶员基础资料(姓名、性别、证件号码、家庭住址、联系电话、有效证件复印等)、招聘、培训考试记录、安全行车里程、事故违章情况记录及奖惩情况等。

３）建立行车事故档案

要求一般以上事故做到一事一档，记录事故的基础数据，包括时间、地点、当事人资料、责任划分、损失程度、事故原因、现场图及事故处理情况、整改措施等，要求如实填写，不得瞒报、漏报、少报。

４）建立安全生产值日制度

要求经营公司建立安全生产值日制度，掌握公司运行车辆或驻点车辆的动态，应急处理发生意外和行车事故，并填写安全日报表。

5）建立安全生产统计报告制度

（1）为贯彻落实“安全第一、预防为主”的安全管理方针，加强各经营公司的安全生产管理，做好本企业责任行车事故的统计、总结、报告工作，及时、准确、完整地反映各经营公司事故情况和总结教训，防止事故发生。

（2）各经营公司安技部每月负责统计、上报本企业的责任行车事故；集团公司安技部负责汇总、统计集团公司所有企业的行车事故。

（3）事故统计报表填写一定要实事求是、严肃认真，不得虚报、瞒报、漏报，对重大以上行车事故要求在24小时内逐级上报。

（4）具体要求：安全生产统计报表必须在每月5日前将本企业上月安全生产情况按附表要求如实填写，呈报集团公司安技部，以备汇总上报及存档。

（5）统计报告项目说明及计算方法：

① 交通事故划分为轻微、一般、重大、特大事故4个等级。

轻微事故：一次事故造成轻伤1～2人；或现场车、物（含牲畜伤亡）损失折款为1000元以下的事故（注：不作事故统计）。

一般事故：一次事故造成重伤1～2人；轻伤3人或3人以上；或现场车、物损失折款在1000元以上至3万元以下的事故。

重大事故：凡一次事故造成死亡1～2人；重伤3人至10人；或现场车、物损失折款在3万以上至6万元以下的事故。

特大事故：凡一次事故造成死亡3人或3人以上；重伤11人或11人以上；死亡1人，同时重伤8人以上；死亡2人，同时重伤5人以上；或现场车、物损失折款在6万元以上的事故。

② 事故类别分翻车、坠车、碰撞、刮擦、运行伤害、爆炸、失火等。

③ 事故责任划分为：全部、主要、同等、次要4级，其责任系数分别为1.00、0.75、0.50、0.25。

④ 实际事故次数是指一般及以上责任事故；责任折合事故次数是指实际事故次数与责任系数之积。

⑤ 事故死亡人数是指事故发生的当时到事故后7天内实际死亡的人数。

责任折合事故死亡人数是指事故死亡人数乘以相应的责任系数之积的叠加（责任折合事故死亡人数＝事故死亡人数×责任系数）。

⑥ 事故受伤人数是指事故中乘客、行人（骑车人）和运输企业的员工等全部受重伤和轻伤人数总和。

责任折合受伤人数是事故受伤人数乘以相应的责任系数之积的叠加（责任折合事故受伤人数＝事故受伤人数×责任系数）。

责任折合重伤人数是事故重伤人数乘以相应的责任系数之积的叠加（责任折合重任人数＝事故重任人数×责任系数）。

重伤和轻伤按最高人民法院、最高人民检察院、司法部、公安部联合颁布的《人体重伤鉴定标准》和《人体轻伤鉴定标准（试行）》确定。

⑦ 直接经济损失包括轻微及以上事故所发生的医疗费、误工费、住院费、住院伙食补助费、护理费、残疾者生活补助费、残疾用具费、丧葬费、死亡补助费、被抚养人生活费、交通费、住院费和财产直接经济损失。

⑧ 责任率是指统计期内实际事故次数与责任折合事故次数之比率。 计算公式为：

$$责任率=\frac{责任折合事故次数}{实际事故次数}\times 100\%$$

⑨ 事故率是指责任折合事故次数、责任折合事故死亡人数、责任折合事故受伤人数、直接经济损失与总行程之比率。

百万车公里责任行车事故率（简称责任事故率）是指统计期内责任折合事故次数与总行程之比率。

计算公式：

$$责任事故率=\frac{责任折合事故次数}{总行程}\times 100\%$$

百万车公里责任行车事故死亡率（简称责任死亡率）是指统计期内责任折合事故死亡数与总行程之比率。

计算公式：

$$责任死亡率=\frac{责任折合死亡人数}{总行程}\times 100\%$$

百万车公里责任行车事故受伤率（简称责任受伤率）是指统计期内责任折合受伤人数与总行程之比率。

计算公式：

$$责任受伤率=\frac{责任折合受伤人数}{总行程}\times 100\%$$

百万车公里直接经济损失率（简称直接经损率）是指统计期内行车事故直接经济损失与总行程之比率。

计算公式：

$$直接经损率=\frac{统计期内直接经济损失}{总行程}\times 100\%$$

总行程是指企业营运车辆的累计行驶里程和非营运车辆的累计行驶里程。

（二）驾驶员管理

（1）各经营公司要加强营运车辆驾驶员管理，抓好驾驶员安全行车可靠性鉴定，分类排队，有针对性地开展安全技术培训、教育，使广大驾驶员遵纪守法，服从安全管理和指挥，并做好其驾驶证、准驾证管理工作。

（2）驾驶员必须具备良好的职业道德，作风正派、遵纪守法。必须持有经车辆、行业管理部门考试合格后颁发的“中华人民共和国机动车驾驶证”，从事营业性道路运输机动车驾驶人员必须依照交通部《中华人民共和国营业性道路运输机动车准驾证管理规定》申领“准驾证”。

（3）各经营模式（含直接经营、责任经营、品牌经营）的线路招聘驾驶员，都要报公司，由公司组织有关人员对调入或招聘的驾驶员资质严格进行审查。凡新招聘驾驶员都要通过政治思想、驾修技术、身体素质三方面考核，在上岗前必须组织学习《中华人民共和国安全生产法》及《中华人民共和国道路交通安全法》，按规定进行安全行车、业务知识、劳动纪律教育。明确安全生产是驾驶员最基本的义务和不可推卸的责任。录用后应经过1～3个月的试用阶段，经审查合格后，由公司安技部门签发内部车辆准驾证，无准驾证者，不准驾驶本公司车辆。签发准驾证者对公司负责。有准驾证者方可签订劳动合同，并签订交通安全保证书。

(4) 驾驶员出车前必须检查车辆牌证、行车路单、客货票据及随车安全设备、工具等是否齐全可靠，检查乘客有否超员，物资、行李装捆是否牢固可靠。

(5) 驾驶员应认真学习安全、技术和业务知识，自觉参加公司各种安全活动，每月不得少于两次。

(6) 驾驶员要爱护车辆，坚持出车前、行车中、收车后的“三检”制度和做好车辆日常维护工作。

(7) 各经营公司要经常了解和掌握驾驶员的思想动态和精神状态，及时做好思想教育工作，并给予必要的帮助，解除后顾之忧，防止疲劳开车。

(8) 各经营公司要对违反交通条例和安全操作规程、发生行车事故的驾驶员，及时按照“四不放过”的原则，认真进行批评教育和严肃处理。

(9) 驾驶员肩负安全行车的直接责任，必须具有良好的职业道德和高度的安全行车责任感，坚持新国线安全行车理念：我要安全、我懂安全、人人尽责确保安全，做到“有理让无理”和“安全之本是忍让”，严格遵守《中华人民共和国道路交通安全法》和安全操作规程及公司安全生产管理制度，保证安全行车。

(10) 要经常教育和督促广大驾驶员遵守交通法规和操作规程，抵制违章行为，维护交通秩序。

(11) 驾驶员交通违章处理规定。驾驶员严重违章而被交警或运管暂扣车辆行驶证、驾驶证，或所带证件不齐全，如由安技部负责取证的，所需费用由该驾驶员承担，并视情节轻重对其停班及经济处罚。

（三）车辆管理

(1) 所有营运车辆必须符合《机动车安全运行技术条件》(GB 7258－1997)和有关汽车运输的车辆技术管理规定，证照齐全，手续完备，所有营运车辆必须按要求投保。

(2) 购置营运车辆需合理选配，从适应性、可靠性、经济性、日常维护及修理方便等方面进行详细的论证后方能购置，并按照《营运车辆管理规定》使用车辆，定期进行车辆维护，做好各项检查、调试工作，严格执行车辆走合期的各项规定。

(3) 经营公司安全管理人员必须执行车辆监管制度，除督促驾驶员自觉做好出车前、运行途中、收车后的“三检”和“爱车例保”工作外，还应建立车辆“回场必检、合格放行”制度。指定专人负责，配备必要的检验设备对车辆的安全部位逐项检查并记录、签名。未经检查或检查不合格的车辆不准参加营运。

(4) 经营公司对所有营运车辆，必须实行定期检测、强制维修，对不上线检测、检测不合格、无检测合格证的车辆，公司不予办理相关营运手续，并对其进行经济处罚，直至勒令停止运营。

(5) 严格执行汽车维修技术作业规范，做好各级维护、修理作业和轮胎换位工作，确保车况良好，附属用具设施齐全有效。对无厂牌、无标志的伪劣配件，不准装用在直接影响行驶安全的制动、转向、行驶系统。

(6) 经长期使用、技术性能下降、消耗增加、维修费用高、经济效果差、安全性能不可靠的老旧车辆，必须执行国家经贸委等六单位国经贸委[1997]456号文件规定，申请报废处理。

(四) 营运安全管理

(1)“安全为了生产，生产必须安全”，这是运输企业的宗旨。驾驶员肩负安全行车的直接责任，必须树立良好的职业道德和高度的安全行车责任感，保证安全行车，安全行车要点是：

① 一要：要牢固树立“安全第一”的思想。二严：严格遵守交通规则，严格遵守操作规程。三检：坚持出车前、行驶中、收车后的检查。四勤：对车辆要做到勤清洗、勤检查、勤调整、勤维护。五掌握：掌握车辆技术状况，掌握道路情况；掌握气候变化；掌握货物装卸要点；掌握车、马、行人、乘客的动态

及儿童活动特点。六不开：不开英雄车，不开斗气车，不开带病车，不开冒险车，不开侥幸车，不开车办私事。七慢：起动出车慢，狭路、桥梁慢，交叉路口和繁华地段慢，视线不清慢，拐弯下坡慢，雨天、下雪路面慢，会车让车慢。八不准：不准超速行车，不准超载滥载，不准越线行驶，不准酒后开车，不准赤脚驾车，不准直流供油，不准熄火滑行，不准无证开车。

② 转弯做到3件事：减速、鸣号、靠右行。

③ 主动做到礼让三先：先让、先慢、先停。

(2) 各经营公司要合理运用先进的科学技术(如：GPS卫星定位监控系统或车载数据记录仪等)实行营运安全管理，对营运车辆进行实时监控，严防车辆超速行驶、不按线路行驶、强行超车、越线行驶、超装滥载等违章行为的发生，消灭事故苗头，有效预防交通事故的发生。

(3) 企业应对车辆出车前或收车后的安全技术状况进行检查。检查主要内容：

① 制动系；

② 转向系；

③ 传动系；

④ 前桥车轮胎气压；

⑤ 灯光信号装置；

⑥ 牵引装置及侧向防护装置。

对于检查合格的车辆，应签发合格证；对于检查不合格的车辆，不准运行，同时签发检修施工通知单，待修复后，方准运行。经营公司禁止“带病车”、“未完全修复车辆”上路行驶。

(4) 企业客运车辆载客应符合《汽车旅客运输规则》的有关要求。同时：

① 客车行李仓内严禁搭载旅客。

② 客车车厢内不得堆放、携带危害旅客人身安全和健康的物品。

③ 客车顶行李架装载货物必须符合有关规定。

④ 客车日行程在400公里以上或连续行车时间超过8小时以上的长途班

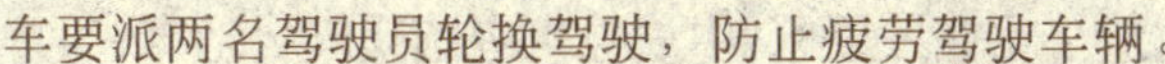

车要派两名驾驶员轮换驾驶，防止疲劳驾驶车辆。

⑤ 当班乘务员应配合、协助驾驶员做好行车安全工作，保证旅客上下车安全。

⑥ 客车在夜间必须停在车站、场内或保管站，不准乱停乱放。

（5）经营公司对营运里程在800公里以上的长途线路及运距在1200公里以上的超长途线路必须安排足够的驾驶员参加营运，每班2名以上驾驶员，并固定分段（分区域）接力驾驶（在中途休息点实行“换人不换车”制度），特别是山路、弯道较多的路段，让使熟悉路况、气候、当地民情、社情的驾驶员驾驶车辆，同时保证驾驶员在驿站或休息点处有充足的休息时间，也可使车辆能得到检修，以保证安全行车。

（6）特殊环境下的安全行驶参照《新国线运输集团有限公司特殊环境安全行车规定》执行。

（7）企业货运车辆载货应符合《货物运输规则》的有关要求。同时：

① 对于长途（运距400公里以上）货运驾驶员，在执行任务前要进行安全教育，交待任务，行驶路线、注意事项及有关要求。

② 运输“三超”（高、长、宽）货物必须办理“三超”证，在运行前必须将货物捆扎牢固，应设货物轮廓标志，以引起其他车辆的注意，行驶途中经常检查，发现问题及时处理，应特别注意架空电线的高度，防止触电。

③ 运输超限笨重货物，应掌握货物的体形、尺寸、重量、重心以确定装载方法，要了解装卸场地有无电线、管道、地下建筑物，车辆是否可直达现场进行装卸操作；要预先了解行驶经过的公路、桥涵、渡口、隧道是否能载运通过，并制定运行安全措施。

④ 企业货运车辆装运危险货物，必须严格执行《汽车危险货物运输规则》（JT 3130）。同时：

a． 经有关部门批准，办妥手续，按指定的路线、时间行驶。

b． 应选派责任心强，技术熟练、道路熟悉的驾驶员担任。

c． 驾驶员在行驶中要提高警惕，保持一定车距，严禁超速和强行超车，避免紧急制动，会车必须做到“礼让三先”，中途停车应选择安全地带。

d．必须配备消防器材和防护用具。

e．应派熟悉货物性能的人员担任押运和途中照料货物。

f．车辆排气管应装置火星灭火器，防止火星飞溅造成火灾。

（8）客、货运输车辆在冰雪或危险区域道路上行驶时，必须严格控制车速，下陡坡时不得熄火或挂空档滑行；通行弯道时必须在中心线右侧行驶；在通过桥涵、漫水路、限高桥时，应停车查明情况，采取了必要的安全措施后方可通过。

（9）客、货运输车辆在高速公路上行驶时，要遵守《高速公路交通管理办法》中的规定，尽量保持在客、货车运行车道行驶，并保持一定的车速。

（10）车辆在途中因故停车或修理时，应紧靠路边停车，入好排档、拉紧驻车制动，垫好三角木，以及悬挂危险警告标志，夜间应开危险信号灯。

四、消防安全管理

（一）加强消防安全的组织管理

（1）企业消防工作按照“谁主管，谁负责”的原则，实行逐级负责制。单位的法人代表对本单位的消防工作负责，由一名业务主管领导具体负责本单位的消防工作。分管其他工作的领导和业务部门，负责工作范围内的消防安全工作。

（2）各经营公司均应建立防火委员会或领导小组，在防火负责人的领导下，定期召开会议，组织、协调、开展消防安全工作。

（3）各经营公司要结合生产特点，制定消防安全管理规定、制度和各工种岗位防火责任制，纳入运输生产、经营管理内容，组织贯彻实施。

（二）客运站场的消防要求

（1）候车室内开设商场、娱乐场所等网点，应经公安消防监督机构审核同意。

（2）安全出口应设置明显的疏散指示标志，疏散通道应保持畅通。

（3）车站应制定候车室疏散旅客应急方案。超过额定人数时，客运工作人员应及时引导疏散。

(4) 有专人查堵易燃易爆危险物品。

(5) 向旅客宣传道路运输防火防爆的规定：严禁携带易燃易爆危险物品进站上车；严禁在候车室吸烟；不得在通道处堆放物品；不得随意动用消防器材。

(6) 车辆出发前，应对火源、电源、灭火器材进行全面检查，到站后和入库前要彻底检查，及时消除火险隐患。

（三）大力加强消防安全宣传工作

(1) 各经营公司、站场要结合上级主管部门的规定、法规，采用各种形式，经常对员工进行消防安全宣传教育，外来人员也应对他们进行安全宣传，宣传教育主要内容是：

① 国家和公安消防部门制定的有关消防法规。

② 各级商业行政部门和本单位制定的消防安全条例、规定、制度。

③ 有关消防业务商品知识。

④ 消防安全经验和典型事故案例。

(2) 各修理车间、库房、场站要求每月确定一天为“安全活动日”，开展消防安全活动。

（四）加强火源的监控管理

(1) 各经营公司要对火源严加管理，特别注意修理车间、库房、站场的消防管理。维修车间、库房及贮放易燃、易爆物品仓库内严禁吸烟和使用明火，全体员工、外来人员和车辆入库，必须收留火种，禁止带入库区。

(2) 库区如确需动用明火，必须经防火负责人或有关主管部门批准，落实安全措施，指定专人监护现场，作业结束要认真检查，不得留有火种。大风天气不准明火作业。

(3) 站场、修理车间、库房生活区，安装、使用固定火源，必须符合安全规定，经防火负责人批准，指定专人管理，备有消防器材，做到火灭人离。对各种防火设备要定期检查、维修。

(4) 不准用易燃液体引火，不准在火源附近堆放易燃物，不准靠近火源烘烤衣物。从炉内取出的炽热灰烬，必须用水浇灭后，倒在指定安全地点。

(5) 修理材料入库应认真检查是否留有火种，特别对草包、纸包、布包商品，更要严格检查，如有可疑应另外存放，进行观察。

(6) 取暖锅炉、茶炉严禁缺水点火，库房内不准堆放杂物，炉灰要用水浸灭后再清除。

(7) 车厢电源和电气设备必须保持状态良好，严格遵守操作规程，严禁乱接电源、乱拉电线、乱安电气装置或在电气设备上搭挂衣物。严禁用水冲刷车内地板。

(8) 监督旅客不得在不吸烟车厢内吸烟。

(9) 对空调客车应严格执行操作规程，认真检修、维护，严禁“带病”运行。

（五）加强电源的监控管理

(1) 仓库、修理车间、站场的生产、生活用电线路必须分开，电线和电器设备必须按照设计规范由正式电工安装、维修。不准乱拉临时电线，不准超负荷作业，不准用不合格的保险装置。

(2) 材料库房照明灯头应装在通道上方，堆码物品必须与灯头保持50厘米以上距离，工作完毕，切断电源。

(3) 每年至少对电线进行两次绝缘检测。发现电线老化、破损、绝缘不良，可能引起打火、短路等不安全因素，必须及时更新、维修。对各种电器设备、避雷装置也要经常检测维修。

(4) 每个材料库房应单独安装分闸，开关箱应设在库外，并安装防雨防潮等保护设施。

（六）加强物品、材料的储存管理

(1) 材料库区必须和生活区分开。没有分开的老仓库，应采取安全措施，并作出规划，逐步加以解决。

(2) 商品应根据不同性质，分库、分区、分类、分堆储存。库房内主要通道宽度一般不应小于两米。中、小型仓库库房要根据实际情况留足防火通道，保持畅通。

（3）易燃和可自燃商品，应存放在温度较低、通风良好的库房，不准将性质相互抵触、灭火方法不同的商品混存。

（4）不准在库区内停放、修理机动车辆。不准在库区内存放汽、柴油，装卸机具、消防车（泵）必备少量用油，应存放在远离库房的安全地点。

（5）库区和库房内应经常保持清洁，对散落的修理用废纸、废布等应及时清除，妥善处理。

（6）修理车间、库房、场站要建立统一安全组织，统一安排消防设施，划分安全责任区，明确分工，各负其责。

（7）仓库保管人员必须对本职工作认真负责，非工作人员不得进入库房，不准住人，库区不准违章搭建货棚，外来临时人员如在库房工作，必须经保卫部门审查同意。

（七）加强消防设施的管理

（1）各修理车间、仓库、场站应根据规模大小，建筑结构等不同情况，因地制宜建筑消防设施，安装消防通讯、报警、避雷设备。同时还要配备相应种类和数量的消防器材，做到布局合理，便于取用。

（2）各种消防器材应建立严格的管理制度，定点、定人、定期检查、维修、换药，严禁挪用。消防设施周围，严禁堆放其他物品。对怕冻设备，在寒冬季节要采取防冻措施。

（3）各经营公司购置、更换、扩建消防设备和器材，应本着节约、适用的原则。费用可按现行财务制度，分别从更新改造资金、利润留成和商品流通费用中支付。

（八）加强消防设施的安全检查、监督管理

（1）修理库房、场站必须实行分级负责的安全检查制度，仓库每月、班组每周、岗位每日检查一次。检查的重点是火源、电源、消防设施、生产设备等要害部位的防火措施，安全制度的执行情况。

（2）在修理车间、库房、站场检查出来的火险隐患，必须做出详细登记，建立档案，逐条研究，限期整改。一时难以解决的问题，要及时上报，同时采取安全防范措施，保证安全。

（3）修理车间、库房、站场等场所必须坚持每日防火安全检查制度。保管员、班（组）长、警卫、值班人员要按照职责，严格做好班后的安全检查工作。

五、行车事故处理规定

（1）行车事故的定义：机动车辆在道路行驶或运行中的停放时，发生碰撞、辗压、倾覆、失火、落水、爆炸或机械故障等其他原因，造成人、畜伤亡或财物损失之一者，称为行车事故。

（2）发生行车事故，驾驶员及随车乘务员必须迅速报告当地公安交警部门及经营公司，保护好事故现场，积极抢救伤者，做好防火、防爆、防盗工作和维护好现场秩序，不得伪造和逃离现场。

（3）接到事故信息后，经营公司应立即派人员前往事故现场做好事故善后处理工作。凡发生重大行车事故，应及时报告集团公司，集团公司应派出有关领导和人员赶赴事故现场，协助指挥事故的善后处理工作，同时报告当地交通主管部门。地方公安机关对交通事故另有处理规定的，可参照地方管理规定处理。

（4）凡发生重大或特大事故，所属企业应在24小时内逐级上报，重、特大行车事故报至市交通主管部门。报告内容要有时间、地点、车属单位、驾驶员姓名、车型、车号、事故状态、事故原因、残伤人数等情况。

（5）凡发生重、特大事故，所属企业应立即采用《新国线运输集团有限公司重、特大事故应急处理预案》对事故进行紧急处理。

（6）为教育肇事者和广大驾驶员，肇事单位对事故要按照“四不放过”的原则，认真总结和吸取事故教训，并上报集团公司备案。

（7）行车事故的责任应以公安交警部门的裁决书为准。所属企业可根据裁决书划分的责任结合企业内部有关规定，对肇事驾驶员及有关人员进行处罚。

（8）行车事故处理后，运输企业应填写“行车事故处理报告表”上报交通主管部门，特大行车事故“行车事故处理报告表”应上报省交通厅。并将有关的一切文字、图片、录像等资料归档。

(9) 违章、事故处罚及赔偿：集团公司安委会关于违章、事故处罚及赔偿作出如下指导性框架规定；各经营公司可依照规定制定具体的处理、处罚和赔偿细则。

① 原则上保险公司免赔部分由肇事驾驶员承担，幅度不超过事故损失总额的10%，按事故的责任分类和损失程度的差异，各经营公司应根据各地区行业收入情况另行制定处罚标准，最高罚款不超过20000元。

② 发生行车事故属于无责任的驾驶员，免除处罚。一般事故赔款处理由各经营公司自定，办理赔偿手续；重、特大事故，由各经营公司拟出赔款处理意见，报集团公司安技部批准后，在经营公司办理赔偿手续。

③ 事故处理过程中所产生的非正常性支出费用(如公安部门罚款等)，由肇事驾驶员个人承担。

④发生一般以上的责任行车事故，驾驶员当月安全行驶里程取消；发生重、特大责任行车事故，驾驶员安全里程从发生事故之日起终止，其安全公里重新计算。

⑤ 凡玩忽职守、破坏现场、隐瞒逃逸、酒后驾车(含乙醇食品饮料)或将车辆交无证人员或他人驾驶等严重违章肇事者无论有无责任、后果大小，由此造成的全部经济损失一概由其本人或相关人员赔偿。擅自换班者，按肇事者相同处理结果进行处理。

⑥ 发生一般、重大(无死亡)行车责任事故，安技部应对肇事驾驶员实行暂时调离生产岗位的处罚。见表4-10-1。

调离生产岗位处罚标准 表4-10-1

类 别	全 责	主 责	同 责	次 责
一般事故（不低于）	20天	18天	15天	10天
重大事故（无死亡）	90天	75天	45天	30天

停班时间从事故结案之日起计算，如遇被公安交管部门吊扣驾驶证的，应累计计算其停班时间。驾驶员停班期间由经营公司安排学习培训。轻微事故的停班时限由各经营公司掌握。

⑦ 驾驶员发生重大以上行车事故，停班期满后，本人提出复班申请，经车队书面鉴定，提出复班建议，经营公司安全经理批准后，方可复班。在停班期间，驾驶员对事故认识深刻，表现突出，可提前复班，但须本人申请，经安全经理批准，方可复班。

⑧ 驾驶员在停班期间，必须按时上下班，积极工作，服从管理安排，对于迟到、早退、工作消极者应延期复班或辞退。

⑨ 对于表现突出、工作一贯积极肯干、任劳任怨，且发生事故后态度诚恳、能深挖事故根源、认识深刻、在接受调查事故处理中能积极主动工作的肇事驾驶员，经营公司安技部门可酌情减少停班天数或减免处罚。

⑩ 在试用期内的驾驶员发生轻微责任事故的，除按上述有关条款处理外，还要延长试用期一个月；发生两次以上轻微事故和发生一般责任事故，应予以解除试用合同。

⑪ 对破坏、伪造事故现场或谎报、瞒报、知情不报的肇事人员或其他人员，应从严处理，必要时可直接解除劳动合同。

⑫ 发生机械事故由安全和技术部门组织鉴定。凡属驾驶员违反操作规程造成的机件损失以及由此造成的相关经济损失按有关规定由驾驶员赔偿。

⑬ 驾驶员因违章而扣证，经营公司原则上不予代取执照(因经营公司自身原因所造成者除外)，违章一次停班学习2天(不含取执照时间)，凡属违章超速(指超过当地交管部门规定的车速)的，每次还要罚款200元。各经营公司要认真做好违章记录。

⑭ 驾驶员因轻微事故频繁或因心理、生理等因素不适合从事驾驶工作，经经营公司安委会研究，可对其变换工种或者解除劳动合同。

⑮ 事故车辆定损按标准出具定损清单。驾驶员个人赔偿的计费基准为：材料费按汽车制造厂家配件材料标准计算；工时费按保险公司核定费用的一半

计算；油漆费按保险公司认定的费用核算；玻璃按实际费用核算；修复件、校正件，不计配件价，而需嫁接、补缺、帮补的零件按新件价计算，不计材料管理费。

六、非交通事故处理规定

（一）非交通事故的定义

非交通事故是指车辆在停车场、库房、修理厂（场）等地所发生的碰撞、零部件丢失、损坏等故障及事故。

（二）非交通事故的分类及责任划分

（1）机械事故：指车辆因设计制造不合理或零部件质量缺陷所产生的早期磨损及损坏，或因此而引起的相关部件、总成报废等。

（2）责任事故：指由于单位或个人责任心不强，操作不当或违反车辆技术管理规定，致使车辆在非道路运行、停放、封存或维护中出现的机械故障及事故。

（3）非交通事故责任的划分：次要、主要、全部三个等级。

（三）非交通事故的处理

（1）非交通事故处理一定要实事求是、尊重科学，必要时请专业人员进行现场分析鉴定，按照责任事故的3个等级分清责任，确保公平公正。同时，要写出鉴定结果及处理报告。

（2）机械事故的处理：

① 车辆在运营或修理中出现故障或事故的，经分析确认，实属厂家生产质量问题，可免予追究当事人的责任。

② 车辆在运营或修理中出现的事故，经分析确认，虽属厂家生产质量问题，但由于当事人责任心不强或经验不足致使事故恶化造成较大经济损失，额外损失部分按责任事故处理。

（3）责任事故的处理：

① 车辆直接经济损失在1000元以下的，给予当事人批评教育或经济处罚，结果可不作事故统计。

② 车辆直接经济损失在1000元以上的，视情节给予当事人10%～30%经济处罚及行政警告，同时，写出事故处理报告上报集团公司。

③ 各经营公司可参照“责任事故的处理”条款中第一、二点的标准制定非交通事故的责任事故处理办法，并报集团公司备案。

七、交通事故处理程序

（一）事故的处理及上报程序

发生交通事故时，驾驶员及随车乘务员必须立刻停车，保护事故现场，积极抢救伤者和财物（必须移动时应当标明具体位置），做好防火、防爆、防盗工作，维护好现场秩序，迅速报告车队（线路）和当地公安交警部门，并同车队（线路）一起协助经营公司安技部做好事故的处理工作。

1. 事故的现场处理

（1）单方责任及责任明显的事故（只限无人员伤亡的事故）：

① 发生上述交通事故，肇事驾驶员立即停车，保护事故现场。

② 肇事驾驶员必须于事故发生后15分钟内将事故的详细情况报告车队长（线路负责人）。

③ 车队长（线路责任人）接报后必须第一时间报经营公司安技部。

④ 经营公司安技部立即报集团公司安技部，并派员与车队长一同前往事故现场。

⑤ 经营公司安技部通知保险公司前往事故现场查勘，必要时报当地公安交警部门。

（2）发生人员伤亡或责任不明确的交通事故：

① 发生交通事故，肇事驾驶员必须立即停车，保护现场，积极抢救伤者和财物。

② 肇事驾驶员必须于事故发生后15分钟内将事故的详细情况迅速报告车队长（线路责任人）及当地公安交警部门或执勤民警（报警电话：122）。

③ 车队长（线路责任人）接报后必须第一时间报经营公司安技部。

④ 经营公司安技部立即报集团公司安技部，并派员与车队长一同前往事

故现场协助抢救伤者和财物，对事故现场进行调查和分析。

⑤ 经营公司安技部通知保险公司前往事故现场查勘，了解事故损坏情况。

（3）私了事故（不须报交警处理及保险索赔的事故）由车队（线路）负责处理，事故双方必须签订私了协议，同时报经营公司安技部备案。

（4）发生重大、特大交通事故时应启动集团重大、特大紧急事件应急预案。

2. 事故处理的权限及上报程序

（1）车辆发生交通事故，肇事驾驶员必须立即向车队（线路）报案（交通事故24小时内，被盗、被劫车辆12小时内），未及时报案者，一切经济损失先由肇事驾驶员支付，待事故结案及保险公司赔付后再进行结算处理。凡未经公司或车队（线路）同意，私自了结的，一切损失和造成的后果均由肇事驾驶员负责。

（2）车辆发生私了事故（不须报交警处理及保险索赔的事故），肇事驾驶员应立即将事故的详细经过向车队（线路）反映，由车队（线路）负责处理，同时，事故双方必须签订私了协议，待事故处理完毕后报经营公司安技部备案。

（3）车辆发生一般交通事故，肇事驾驶员应立即将事故的详细经过向车队（线路）反映，车队（线路）在接报后第一时间上报经营公司安技部，由安技部负责向保险公司报案，事故由安技部及车队（线路）有关人员负责处理。肇事驾驶员在发生交通事故24小时内提供书面事故经过并由车队长（线路负责人）陪同到安技部立案，安技部门于事故发生后48小时内以书面形式向集团公司安技部汇告事故情况，并实时汇报事故处理过程及处理结果。

（4）车辆发生重、特大交通事故，车队（线路）在接报后第一时间上报经营公司安技部，由安技部负责向保险公司报案，事故由各经营公司第一责任人牵头，主管安全副经理亲临事故现场，协助安技部及车队（线路）有关人员处理，集团公司根据事故情况，必要时派集团公司安技部门协助经营公司处理。肇事驾驶员在发生交通事故24小时内提供书面事故经过并由车队长（线路负责人）陪同到经营公司安技部立案。经营公司安技部门于事故发生后24小时内以电话或其他方式向集团公司安技部汇报事故情况，并在48小时内以书面形式向集团公司安技部汇告，并实时汇报事故处理过程及处理结果。

（5）事故处理及上报程序的各个环节都是紧密相连的，各经营公司要以认真、务实、准确、及时的态度对待，不得虚报、瞒报、迟报、漏报，否则，严格追究领导及有关人员的责任。

3. 事故处理和调解

（1）发生交通事故24小时内，肇事驾驶员必须提供书面事故经过并由车队长陪同到经营公司安技部立案，经营公司安技部负责向保险公司报案，同时提供事故经过和肇事驾驶员的驾驶证及行驶证复印件到集团公司安技部立案。

（2）各经营公司安技部委派安全员和肇事驾驶员一同前往当地公安交警部门接受处理。

（3）车辆放行所需的所有费用（拖车费、停车费、事故清理费、评估费、验车费等）由肇事驾驶员（公司自营车辆除外）先行支付，结案后保险公司认可赔付部分转为驾驶员事故押金。

（4）经营公司自营车辆放行所需的费用由安全员借款垫付。

① 交通事故本方负全部责任时，车辆放行所需费用由安全员填报报销凭证（原则上要求在当月内办理完毕），在所在企业报销后由本企业财务部向驾驶员收回或在驾驶员工资中扣减。

② 交通事故本方负部分责任时，车辆放行所需的费用直接计入总经济损失，待保险公司赔付后一起结算扣减。

（5）公安机关要求交纳的事故押金由各经营安全员办理相关手续后在本企业财务部借款垫付；肇事驾驶员或线路经营责任人未按规定缴纳事故押金时，安全员不得向公司申请借款。

（6）伤者住院期间的医疗费在保险额度内的由各经营公司通知保险公司垫付，保险额度以外的由经营公司安全员到公司借款垫付（责任经营的车辆，超额部分由经营责任人垫付）。

（7）伤者抢救时凭保险担保卡在就近医院抢救。

（8）事故车辆放行后需要修复的，一律安排在公司汽车修理厂（或指定的修理厂家）修复，并由负责该事故的安全员办理完放车手续后，通知汽车修理厂前往扣车场将车辆拖回修理厂修复。特殊情况需提交书面申请报本公司领导批准。

（9）事故处理过程中所需垫付的费用由安全员从各经营公司财务部借款垫付。为减少经营公司、驾驶员的损失，伤者生活费、护理费等补助原则上不得预付，特殊情况由安全员提交书面申请经企业经营责任人审批同意后借款预付。

（10）交警部门责任认定后，由各经营公司安全员协同肇事驾驶员到当地公安交警部门领取交通事故责任认定书，并在交通事故责任认定书上签字确认，肇事驾驶员对事故责任认定没有异议后，安全员将交通事故责任认定书交经营公司安技部保管，安全员保留复印件；肇事驾驶员对责任有异议的，由安全员协同驾驶员到交管局申请办理责任重新认定手续。

（11）事故车辆修复后或伤者治疗终结后，各经营公司安全员、肇事驾驶员一同到当地公安机关调解，必要时所在车队（线路）的车队长必须协助处理。

（12）事故结案后，安全员将全部资料呈送各经营公司安技部，安技部负责办理事故的保险索赔。

（二）事故押金的交纳

发生交通事故，按如下标准交纳事故押金（责任经营的车辆由肇事驾驶员自行交纳，责任经营线路车辆由责任经营线路责任人交纳），事故押金直接交到经营公司财务部：

（1）车与车之间发生事故，损失在10000万元以下，交5000元。

（2）轻伤1人或损失40000万元以下，交10000元。

（3）轻伤2人及以上或损失40000万元以上，交15000元。

（4）死亡1人及以上，交30000元。

（5）当事故损失的费用接近或超过肇事驾驶员交纳的事故押金时，经营公司安技部要及时敦促肇事驾驶员交纳足够的事故押金。

（6）事故处理及保险索赔完毕，肇事驾驶员承担相应的罚款后，其余事故押金可退回给驾驶员，不得拖欠。

（7）公司自营车辆驾驶员的事故押金暂不用交纳，待事故结算后由安技部通知财务部门将事故欠款在肇事驾驶员的风险押金中直接划转财务部，并从工资中扣回相应的风险押金。

（8）各经营公司根据实际情况可适当增加事故押金数额，但原则是不可低于集团公司安技部制定的标准。

（三）事故备用金的使用

（1）事故备用金的管理以“限额申请、严格管理”为原则。企业安全员凭所在企业经营责任人签字的借款凭证到财务部门领取事故备用金（原则上不得超出1万元），作为企业的紧急事故备用金，并由经营公司安技部负责人负责监督。

（2）安全员处理事故需借款时，统一到经营公司办理借款手续。

具体手续为：安全员填写借款凭证（注明事故编号、借款用途）→安技部经理签字→分管安全技术副总经理审核→经营责任人审核→财务部门办理借款。

（3）各经营公司安全员所借事故借款必须在5个工作日内持有效的付款凭据的原件及复印件，经安技部审核后，到财务部办理冲账手续。凭据经财务部门复核后，以复印件入账，余款退回经营公司财务部，同时原件交经营公司安全技术部，安技部委派专人负责保管。安全员保留一份单据复印件，若需用原件时由安全员到安全技部借取。5个工作日内不能提供付款凭据的一律将所借款项交回经营公司财务部，特殊原因需出示书面说明，并报企业责任人审核。

具体流程是：安全员在款项借出后5个工作日内整理好单据（复印二份）→安全技术部制作事故冲账表→安全技术部经理签字→分管副总经理审核→经营公司总经理审批→财务总监审核→财务部审核入账。

（4）对在规定时间内不办理退款冲账手续的，集团公司将按借款金额向借款人收取每日1‰的资金占用费。

（四）事故冲账、索赔及结算

(1) 事故处理完毕，各企业安全员必须于5个工作日内将资料交公司安全技术部和财务部冲账，因资料不齐等特殊原因需书面报告由所在企业经营责任人审批申请延期。

具体流程是：安全员在款项借出后5个工作日内整理好单据（复印二份）→安全技术部制作事故冲账表→安全技术部经理签字→分管副总经理审核→经营公司总经理审批→财务总监审核→财务部审核入账。

(2) 事故处理完毕冲账时如有交警大队押金或医院押金未收回，原则上应由经办的安全员负责及时收回，安全员具体办理时应到安技部借领押金单原件，填写委托代退事故押金确认单，安技部复印后原件交财务部，财务部凭单将款项转挂安全员借款。安全员必须在3个工作日内将收回的押金交财务部冲账，否则将按金额每日收取1‰的占用费，特殊原因需书面报告经营责任人申请延期。

(3) 事故冲账后由经营公司安技部将事故资料送保险公司，并按与保险公司签订的协议督促保险公司及早办理索赔。

(4) 保险公司赔付到账后由安技部统一制作事故结算表，经领导审批后到财务部门报账。

具体流程是：安技部制作事故结算表，并加盖业务专用章→车队长签字→安技部经理签字→分管副总经理审核→企业经营负责人审核→财务总监审核→财务部审核入账并办理有关结算手续。

(5) 保险公司赔付到账及办理相关结算手续后，驾驶员可结退有关事故押金。

① 驾驶员结退事故押金时凭事故结算表原件（加盖业务专用章的结算表）并附上事故押金收据原件，到经营公司财务部退款。

② 若肇事驾驶员出现事故欠款部分，由安技部在事故结算表下发后10天内通知并督促肇事驾驶员将所欠事故款交回公司财务部。

③ 逾期未结清事故欠款的，由财务部直接从驾驶员账户上扣款。

④ 私了事故驾驶员结退事故押金时，凭所在企业的安全员、安技部经理、

企业经营责任人签字的事故押金单原件及私了协议或驾驶员申请私了报告(车队长加签意见)到财务部门办理退款手续。

具体流程是:驾驶员凭事故押金单原件及私了协议或驾驶员申请私了报告(车队长加签意见)→经办安全员签字→安技部经理签字→分管副总经理审核→企业经营责任人审核→财务总监审核→财务部办理退款手续。

(6)驾驶员期满退车或中途退车时,必须经安技部审核。凡发生交通事故未索赔完毕,肇事驾驶员的一切押金和结退款转公司财务部,作为事故押金,待事故索赔完毕后再行结算;副班驾驶员发生交通事故未索赔完毕,主班驾驶员期满退车或中途退车时按此规定执行。

(7)终结的事故,事故押金按《民法通则》规定的民事权利诉讼时效期期满后结退。

(8)肇事驾驶员的事故罚款由财务部扣除后转入安全奖励基金,统一管理,专款专用。特殊情况下事故损失无法向肇事驾驶员追讨的,肇事驾驶员的事故罚款先用于抵偿事故损失。

(9)安全员发生人事变动,必须经公司安技部、财务部审核确认无事故欠款并办理完有关工作交接手续后方可进行。

八、特殊环境安全行车规定及注意事项

(一)视距不足路段的行车对策

1. 预见性观察

(1)观察内容:沿途的道路条件和交通条件,特别是道路线形骤变和突变先兆的观察。

(2)应观察的道路条件:道路行车道的宽度、路肩、侧向净空、道路标志、标线、道路线形和沿途绿化,居民地及地形地貌等内容。

(3)应观察的交通条件:前后车辆的特点、行人对交通的干扰、交通参与者之间的位置、时间关系的变化、行驶方向与速度和加速度的变化,驾驶员可能出现的操纵错误或冒险行为及交通情况的危险程度。

(4)观察时应遵循的原则:

① 注意力集中到行驶路线的中心区域。

② 做到快速观察交通情况，并能迅速转移视线，重要目标的观察时间要长一些。

③ 适当观察侧方和后方情况。

2. 防御性驾驶及操作要领

(1) 做到减速、鸣笛、靠右行，行车中只要遇到视距不足的路段，都必须严格遵守减速、鸣笛、靠右行的行车规范，并随时准备停车。

(2) 做到弯道不“占道”。车辆在弯道发生事故，多数因“占道”所致。因此，转弯前驾驶员应根据车速、转弯角度准确操作，不能为省事，侥幸“占道”行驶。

(3) 做到预见性制动，即驾驶员为了确保行车安全，对已经发现或预料可能出现的情况，有准备地提前减速或停车。

（二）陡坡路段行车对策

1. 陡坡不安全因素分析

(1) 车辆速度不一的影响。

(2) 操纵失误的影响。

2. 陡坡行车对策

(1) 上陡坡：通过短陡坡时，要尽量使用低速档一次通过。通过长陡坡时，要先判断好路况，正确选择档位，尽量减少换档。上陡坡严禁超车。

(2) 下陡坡：严禁使用紧急制动，严禁熄火滑行。路面较滑时，应装上防滑链，并做好其他防滑准备。充分利用发动机的牵阻作用控制车速。跟车下坡时，要保持足够的跟车距离。

车辆下坡时，车体重心前移，转向加重，制动效能下降，要合理控制车速。

（三）道路方向突变路段的行车对策

1. 道路方向突变路段的形式

(1) 次要道路与主要道路的曲线段相连接，使驾驶员产生主要道路直线延伸的感觉。

（2）路线与小河或铁路直交。

（3）路线作“之”字形转弯。

（4）圆曲线起点位于纵断面竖向转坡点后的急转弯等。

2. 通过突变路段的注意事项及行车对策

（1）仔细观察，减慢车速。驾驶员应认真观察，预先获取道路急变的信息，减慢车速。

（2）先转向后制动，由于这种路段出现情况很突然，驾驶员必须首先利用转向来改变车辆的轨迹。

为了减少车转弯时的离心力，车辆应尽量利用弯道加宽部分进行大转弯，利用转弯道超高部分增加车辆稳定性，防止车辆向外侧倾翻。

转弯过程中不宜制动，必须制动时，应根据车速的大小和道路方向角度变化的大小，轻缓地制动减速，一般不要轻易使用紧急制动。

（3）先稳定车辆，后换档变速。

（4）谨防侧滑。方向突然急变，路段由于转弯半径过小，转弯过猛，极易造成侧滑。

防侧滑要注意：正常天气条件下，遇到这种路段，要合理地操作转向盘、制动踏板；不良气候条件下，要低速行驶，轻转方向，断续制动。

（四）车行道宽度不足路段的行车对策

1. 车行道宽度不足路段的特点

车行道宽度不足路段的特点是车辆行驶的侧向间距和路面侧向净空较小；停放车辆、路边摊商占道现象严重；机动车与非机动车混行路段，非机动车长时间在机动车道行驶等。

2. 车行道宽度不足路段的常见形式

（1）车行道宽度小于或等于道路路面宽度的桥梁。

（2）公共汽车站附近没有专门路面加宽的路段。

（3）居民区内、商店、饭店或机关附近没有停车场的路段。

（4）路面较窄，特别是未加固路肩的路段。

（5）路肩种有树木的路段。

3. 驾驶员对路面的调节利用

（1）在道路等级较低，行车路面狭窄且路肩又未加固的路段上，车辆要尽量靠路的中间行驶，或稍偏右行驶。

（2）速度选择应与交通环境相符合。车速过快，会给非机动车带来威胁，使人们心理压力增加，产生恐惧效应。车速过慢，对人们不会产生危险感，非机动车和行人便不会主动让路。

（3）会车时，要选择路肩较宽、相对结实的地点会车，没有把握的路肩不要占用。

（4）遇有超车车辆，不要盲目让车。

（5）夜间行车，遇有对面来车灯光炫目时，不可盲目行驶。

（6）通过窄桥前应注意对面来车，让车时应将车停在桥头靠右的位置。通过时要给行人、非机动车让出其通行的必要空间。

（7）通过公共汽车站，遇有停站车或进、出站低速行驶的车辆时，要保证有足够的侧向间距，注意借道行驶的非机动车动态。

（五）雨天与行车安全

1. 雨天对行车安全的影响

（1）由于地面溜滑，增大了制动距离，要求驾驶员比平时提早采取制动措施；

（2）驾驶员视线受到来自各方面的严重干扰；

（3）道路上其他交通参与者行为异常给安全行车带来极大的干扰。

2. 雨天行车中应注意的问题和采取的方法

1）做好出车前的准备工作

出车前应注意天气预报和气候变化的情况，及早做好刮水器的检查，点火系的防潮工作等，以免在出现问题而陷于危险境地。

2）降低汽车行驶速度

为了弥补雨天道路附着系数下降、汽车制动距离延长的缺点，雨天的行车速度应比晴天至少减少两成，特别是在积水路面，为防止水膜滑溜，更应降速行驶。遇有情况，要及早采取预见性措施，注意观察周围车辆的行驶状况，不要抢道行驶，尽可能不要超车。

3）禁止使用紧急制动，避免急转弯

路面附着系数的下降，不但使制动距离延长，而且使汽车抗侧滑能力大大减弱。车辆紧急制动时，极易产生侧滑和甩尾，而使车辆失去控制，导致事故的发生。

在雨天转弯过程中在降低行驶速度的同时，一定要避免急转弯、急变道，以增大行驶时的曲率半径，避免侧滑事故的发生。

4）加大行车间距

雨天路面附着系数下降，行车制动距离延长，因此要加大行车间距。

5）提高安全防范意识

在暴风雨中行走，驾驶员可能会本能地感到危险而控制车速，并紧握转向盘，全神贯注。而在普通雨天，可能由于思想上的麻痹大意而放松警惕，这也是雨天事故多的主要原因之一，应引起驾驶员的高度重视。

3. 几种雨天类型的行车方法

1）久旱初雨天气

雨水和路面上所积聚的油污、泥土及渣油相混合，形成危险的“润滑剂”，使道路溜滑异常。行车时必须谨慎，操作机件的动作应轻缓（包括转向盘、离合器、制动器和加速踏板），严格控制行车速度，做好防滑操作的思想准备。

2）蒙蒙细雨天气

雨丝虽细却下个不停，刮水器刮不净挡风玻璃上的雨水，因而造成驾驶员视线模糊。行人和骑车人因雨具的遮挡，听觉和视觉都受到限制，对交通情况不易掌握，当车辆临近时，还可能突然转弯或横穿马路，并且容易滑倒。因此，必须采用防滑操作，控制车速，密切观察行人、骑车人的动态，并与车辆、行人等保持较宽的前距和横距。

3）久雨不晴天气

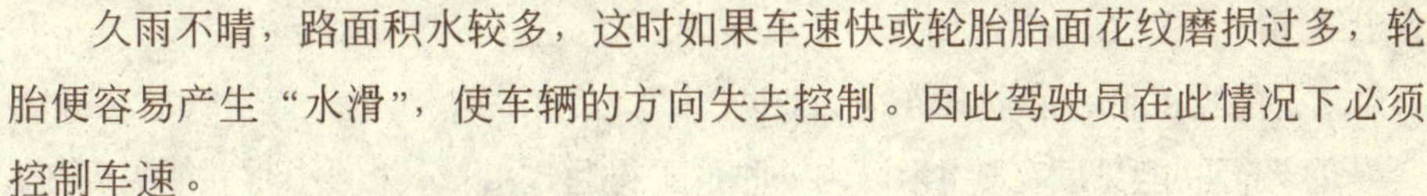

久雨不晴，路面积水较多，这时如果车速快或轮胎胎面花纹磨损过多，轮胎便容易产生“水滑”，使车辆的方向失去控制。因此驾驶员在此情况下必须控制车速。

4）阵雨、暴雨前的天气

乌云笼罩，狂风大作，这时骑车人、行人往往会因为天气骤变而埋头急奔，寻找避雨场所。遇到这种情况驾驶员必须谨慎慢行，注意观察动态，随时警惕突然情况的发生。交通状况过于混乱时，可暂时靠边停车，待情况好转再继续行驶。遇有积水路段，过水后要轻踩制动。若水深超过轮胎半径，不得冒险通过。如大雨倾盆而下，可降低车速并开启示宽灯、防雾灯，以警示来车和行人。

（六）雾天与行车安全

对驾驶员来说，雾天是最恶劣的交通环境，这是因为在雾天最容易发生交通事故，而且最容易发生恶性交通事故。

1. 雾天对行车的影响

（1）雾天能见度极低，使驾驶员看不清楚运行前方和周围的交通情况。

（2）由于道路上雾气与积聚的油渍泥土的混合而使制动距离增加，给安全行车造成困难。

2. 雾天安全行车应注意的问题和行车方法

1）勤鸣笛，开雾灯

要充分利用各种车灯以提高驾驶员自己与周围其他交通参与者的能见度。驾驶员在雾天行车时应当将挡风玻璃、各种车灯擦拭干净，并开启防雾灯、近光灯及尾灯；要适当利用汽车喇叭与其他交通参与者交换信息，多鸣喇叭，以警告车辆和行人；如听到来车的喇叭声，应短鸣喇叭应答，以免相互刮撞。

2）拉开距离，减速行驶

雾天因视距短，路面湿滑使制动效能大大降低，制动距离增加。驾驶员要降低车速，使制动距离小于驾驶员的可见距离；要增大跟车距离，以防止由于下雾时能见度降低而引起追尾的交通事故。雾天行驶在交叉路口或弯道上时，极易发生事故，所以在到达路口和弯道之前，应放慢车速，采取平稳制动，以防止侧滑。

3）能见度低，及时停车

雾天行驶能见度在30米以内，时速不得超过15公里/小时；能见度在5米以内，应当停车。市郊公路上的迷雾往往一阵浓一阵淡的，车辆在浓雾中盲目行驶易出事故，所以浓雾地段，不可冒然驶入，须降速或停车，待弄清情况后，再行通过。

（七）风天与行车安全

风天飞沙迷漫、视距减少。有些行人或骑车人为躲避风沙会突然横穿马路或埋头骑车、行走；有些骑车人受风沙影响，致使车辆失控、驶入道路中央或摔倒，使驾驶员措手不及，对安全行车威胁较大。为此，驾驶员在风天行驶的措施应该是与自行车或行人放宽横向距离，减速慢行，遇到人车不盲目行驶，视线不清及时停车。

（八）雪天与行车安全

1. 降雪和积雪结冰道路对行车的影响

(1) 驾驶员视线受阻，能见度会大大降低。大雪纷飞时，雪花源源不断地落在挡风玻璃上，加之车外寒冷，车内温度相对较高，驾驶员和乘客呼出的呵气在挡风玻璃上凝成一层薄薄的霜，因而可视距离大大缩短，能见度降低。

(2) 制动距离加长，制动非安全区扩大。在积雪结冰的道路上，附着系数十分小。积雪道路附着系数只有0.2，结冰道路只有0.1，因此，在这种道路上汽车的制动距离要比非积雪结冰道路上的制动距离大得多。

(3) 车辆易产生滑溜。在积雪或结冰道路上行车时对驾驶员威胁最大的是滑溜，滑溜有以下4种：

① 后轮滑溜：后轮被制动，车辆发生滑动，这是最常见的车辆滑溜现象。

② 前轮滑溜：前轮被制动，由于车辆失去方向控制而发生滑溜现象。

③ 动力滑溜：由于加速过猛所引起，在积雪结冰或泥泞道路上驾驶员加速行驶时常发生这类滑溜现象。

④ 横向滑溜：在转弯时如车速过快，最容易引起车辆横滑、甩尾，甚至

倾覆。

（4）道路上其他交通参与者交通行为的改变。

2. 冰雪天气应注意的问题和行车方法

（1）在大雪中行车，驾驶员视线不清，盲区较大，能见度低，因此应及时清除挡风玻璃上的积雪，以开阔视野，使视线尽量少受影响；在行驶中还应适时开启近光灯和示宽灯，以便向其他车辆或行人示意。

（2）当道路被大雪覆盖难于辨认时，要根据地形、路边树木、交通标志或电线杆等来判断行驶的路面和路线，并适当控制车速，把稳转向盘，沿路中心或路中积雪较浅的地方缓慢行驶。

（3）在积雪较深时，由于阻力很大，车辆难于起步，可先铲除车前 1 米以内的积雪，然后缓缓行进，如积雪深度超过车身最低处或保险杠时，应停驶。

（4）在结冰道路上起步时，应缓抬离合器，逐渐踩下加速踏板，以防止车轮滑动或侧滑；如起步困难，可在驱动轮下铺垫砂土等，以提高道路附着力。在行驶中，要严格控制车速，时速不准超过 20 公里／小时，行驶速度要均匀平稳，不可突然加速或减速；行驶中严禁空档滑行，尽量少用制动。

（5）寒冬季节，人们都穿戴厚重，视听和动作不灵敏，反应迟缓。在结冰道路上，行人和自行车容易滑倒，因此必须放宽前距和横距，以防意外；结冰道路会车时，应提前降低速度，选择宽平地点，加大横向间距，缓行交会，避免停车交会；在结冰的道路上行驶还应加大与前车的距离，并严禁超车。

（6）在冰道上转弯时，要提前减速，转弯半径要大，不使转向盘急转急回。如发现车辆侧滑，转动转向盘不能按转向角度转弯时，不要急躁慌乱，只须放松制动踏板，使车轮保持滚动，并将转向盘朝车尾侧滑方向转动少许，即可使车辆稳定下来。

（7）在结冰道路上车辆进站时，要利用发动机的牵阻作用降速，也可用减档的方法来降速，但要慎用制动。停站时，车辆不要过于靠边，因为路边坡度较大，容易产生侧滑，造成碰撞乘客、站台设施等事故。

（8）车辆通过结冰坡路时，应视坡度大小，选择适当的中低速档行驶，尽量避免中途换档或停车。下坡时，挂入低速档，严格控制车速。

(9) 冬季由于温差大，白天有融雪的路段，夜间可能结冰，特别是在桥梁、高速公路路面、高架路面，温度下降快，汽车通过时更容易发生侧滑，驾驶员要格外小心。

（九）夜间行车安全

夜间行车是驾驶员经常遇到的，由于夜间能见度、驾驶员疲劳等因素影响，对安全行车仍构成了较大的威胁。

1. 夜间行车的特点

1）光照不足，视野范围变小

高速公路除立体交叉处、服务区、隧道外，一般没有道路照明，驾驶员的有效视野范围只是前照灯照射到的地方，视野范围较白天大大减少。同时，驾驶员视觉的立体感也减弱，中央分隔带和路肩的距离感也变得极其微弱。行车过程中，车灯的照明是惟一的视线引导，很容易盲目跟随前车灯光行驶，由于目测距离不准，当发现行车间距过小时，可能已经太迟而容易发生追尾事故。

2）驾驶员易疲劳，判断容易失误

从驾驶员本身来说，夜间长时间在高速公路上行车，由于视野中的情况比较单调，很容易陷入低感觉状态，特别是午夜以后，大脑很容易处于半睡眠状态。在这种意识疲劳状态下开车，驾驶员往往会意识模糊，反应迟钝，这也是发生事故的前兆。

2. 夜间行车应注意的问题

(1) 降低汽车行驶速度。夜间行车，灯光是驾驶员获得行车信息的惟一手段，通过灯光可判断道路情况，车辆信息等。因此，必须注意前照灯的明视距离，以确定合理的行车速度。

(2) 注意灯光的使用及变化规律。在夜间，灯光是高速公路上行车的惟一信息来源。因此，必须了解夜间高速公路上行驶车辆灯光的变化及使用规律。这也是高速公路安全行车的一个基本保证，一般来说，在距离前车较远时，可使用前照灯的远光照明，以扩大可视距离，当前车已进入远光照射区域时，则应改用近光灯，以免对前车造成干扰。

(3) 夜间停车。高速公路停车是危险的，特别是夜间停车，更是极为危险。由于灯光是夜间行车的惟一信息来源，但从其本身却很难判断前车是停驶还是在行驶，当后车发现前车而需要停车时，可能已经来不及了。

夜间在高速公路上停车，首先要把汽车驶出车道线之外，把车停在停车带或路肩上，并及时打开汽车的紧急情况显示灯(闪光双跳灯)，显示汽车发生故障停车，以引起其他车辆的注意。

(4) 注意驾驶疲劳。高速公路上的驾驶疲劳是相当危险的，因此，为预防夜间行车过于疲劳而引起事故，最有效的措施是休息。首先在出车前要很好地休息；其次在行车过程中感到困乏瞌睡，要在附近的服务区内停车稍作休息后再继续行驶。此外在平时要注意保持身体的健康和精力充沛，切不可开疲劳车。

(5) 尽早开灯。驾驶员对于肉眼可以识别的现象，如雨、雾、雪等气象变化而引起的视野改变，行车时会引起特别注意，但对于引起视觉模糊的黄昏却不大注意。所以在黄昏行车，驾驶员必须提高警惕，保护自己的首要措施便是尽早开亮车灯，使前后的车辆认清自己汽车的存在及动向。在车辆行驶过程中，如果尚未开灯，但沿途路灯或其他车辆部分已经开灯，就应立即亮灯。

(6) 行驶在市区有路灯照明的街道，应避免使用远光灯。

(7) 在超车时，应用断续灯光示意，先开左转向灯，待前车让路后，从左边超越；再开右转向灯，驶入正常车道行驶。

(8) 行驶中，严禁双班驾驶员或乘务员在车头盖上铺板睡觉。

(十) 隧道行车安全

1. 隧道行车特点

(1) 隧道是一条四周封闭的通道，无护栏、无自然光照明。进入隧道后人的视野会首先变得狭窄，如果是白天还会有视野突然变暗的感觉，这主要是内外光线强弱差别很大，人由亮处突然进入暗处，眼睛不能马上适应的缘故。驾驶员视野突然被侧壁挡住，可能感到不舒畅，并会产生车辆与隧道内壁相撞的感觉，大大增加了驾驶员的心理负担，可能因此会向左或右转动转向盘，很容易与两侧壁或并行的车辆相撞，造成事故。

(2) 由于汽车驶入隧道口带动气流的影响，汽车驶出隧道口时会突然遇到侧向风的作用，汽车在高速条件下，很容易造成方向摆动，脱离正常行驶轨迹，引发事故。

2. 隧道行车应注意的问题

1）调整汽车行驶速度

从洞外进入隧道，据测定，人眼的适应时间大约需10秒左右，也就是说大约在10秒左右的时间里，人处于一种“失明”状态。为了弥补这一缺陷，必须调整车速，否则很容易发生车祸。

2）不要随意超车和停车

在隧道内行车，严禁超车，不要随便改换车道，保持一定速度直至驶出隧道。有些驾驶员在行车中只要出现问题便会立即靠边停车检修，这种习惯在高速公路，特别是在隧道内行驶，是应该彻底改正的，否则很容易导致连锁式的撞车事故。

3）隧道内要开灯行驶

高速公路的所有隧道内都装有照明设备，为适应驾驶需要，根据不同目的设置了内部基本照明、入口照明、出口照明、非常照明等，但人工光的色调效果毕竟不如日光，在隧道中当光线成了驾驶员惟一的信号来源的时候，行车时应打开前灯，增加照明度，打开尾灯，以使后车驾驶员辨明前方有车。

九、奖惩

(1) 集团对各生产运输单位实行目标管理。每年年初集团安委会制定各经营公司的各项安全指标，由各经营公司的第一责任人向集团总经理签订安全生产责任状，年终进行考评。

(2) 集团设置安全生产管理基金，对安全工作作出如下显著成绩的单位或个人，给予安全奖励：

① 及时发现和排除事故隐患，避免重大事故者；

② 模范遵守交通法规、行车安全管理条例，安全生产成绩突出者；

③ 工作认真负责，维护安全生产、贡献较大的安管人员；

④ 提出合理化建议，经采纳实施后对安全工作确有重大贡献者。

(3) 不遵守安全生产规章制度，不服从安排，违反劳动纪律，事故隐患较大的有关驾驶人员，经营公司将及时予以辞退或除名。

(4) 集团对有以下行为之一者，将按国家和地方有关安全生产的法规、规章给予处罚，对情节特别严重，触犯有关法律者，移交司法部门处理：

① 不重视安全生产，不履行安全工作职责，不遵守安全规章制度，违反劳动纪律，玩忽职守酿成各类生产责任事故者；

② 公司管理人员因严重官僚主义、渎职或违章指挥，导致重、特大责任事故者。

第十一章 车辆管理

第一节 总 则

为加强运输车辆的技术管理，确保运输车辆良好技术状况，充分发挥运输车辆的使用效能，保证安全生产，降低运营成本，提高企业的经济效益，结合国家、省、市有关车辆技术的法律法规，制定本管理规定。

第二节 适用范围

适用于集团下属所有客、货运输企业（含自营、责任经营、品牌经营）营运车辆管理。

第三节 适用原则

（1）技术管理与经济效益相结合的原则，对运输车辆实行择优选配、正确使用、预防为主、定期检测、强制维护、视情修理、合理改造、适时更新和报废的全过程综合性管理。

（2）依靠科技进步，实现计算机应用管理，建立质量监控体系，推广车辆检测、诊断和维护新技术，开展多种形式的专业培训，不断提高车辆的技术管理水平。

（3）各级车辆技术管理部门应把选好、用好、维护好车辆，确保车辆良好技术状况，降低营运成本作为运输企业必须履行的重要职责和管理内容。同时，它也是车辆技术管理部门及运输企业经营责任人（厂长）年度任期责任考核和评先评优的重要内容之一。

第四节　管理责任部门

为加强车辆技术管理，集团公司设置安全技术部，负责对本集团下属运输企业车辆技术管理进行指导、监督、检查。下属各企业应设置安全技术部或安技主管，负责对本企业车辆技术管理全面的工作。

一、集团公司安全技术部职责

（1）认真贯彻执行国家及交通主管部门发布的各项有关车辆技术管理的方针、政策和规章制度。

（2）根据国家《汽车运输车辆技术管理规定》及交通运输管理部门的要求，结合公司实际，制定车辆技术管理的有关规章制度，并监督实施。

（3）组织专业技术培训，开展各项技术竞赛活动，提高车辆技术管理人员、维修人员、驾驶员的素质，总结推广先进经验。

（4）认真贯彻落实车辆维护的工艺规程，并监督检查，确保车辆的维修质量，降低维修成本。

（5）建立汽车配件供应体系，制定汽车物资采购管理规定和工作流程，负责统购物资的组织和实施工作，审核配件采购计划，监控配件的采购，实现定额库存。

（6）组织下属运输企业根据不同的经营性质，制定车辆技术经济定额指标和相关奖惩制度，并监督实施。

二、运输企业安全技术部的职责

（1）认真贯彻执行国家及交通运输主管部门发布的各项方针政策和规定，落实集团公司制定的各项车辆技术管理规章制度。

（2）建立健全车辆技术档案，每车一册认真填写，妥善保管并保证其连续性，并随车移交。

（3）正确处理运输生产和技术管理的关系，及时掌握每台车辆的运行情况，做到“预防为主、强制维护”，随时保证车辆良好的技术状况。

（4）开展各种群众性爱车、节油、节胎、节约维修费用等专业技术活动，严抓单车成本核算，降低运营成本，努力完成各项技术、经济定额指标。

（5）定期组织专业技术培训，提高员工素质和技术水平。

第五节　车辆管理规定

一、车辆技术管理标准

（一）建立和健全车辆技术档案

1. 车辆技术档案的设置

车辆技术档案的设置为一车一套（内含技术档案本一本、档案袋一个），格式要求严格、规范、明晰，档案管理员要及时、准确、认真、如实填写，不得虚报、瞒报、错误填写。

2. 车辆技术档案的使用说明

（1）车辆技术档案是系统地掌握车辆自出厂、接收及投入使用起，至报废为止的整个过程的历史资料。各经营公司要认真、如实填写技术档案，取得车辆的管理、使用、维护、修理及材料供应的主动权，保证车辆的科学管理、合理使用，并为车辆的维修以及材料的计划采购提供依据。

（2）车辆基本情况表是记录车辆的有关数据、规格和主要组成部分的具体参数，为管理、使用、维护、修理及材料供应提供科学的依据。

（3）车辆变更栏是记录车辆的使用性质、号牌的改变和异地变更以及须经有关主管部门审批的改装、改造记录。

（4）车辆技术等级记录车辆定期核定的综合性技术状况，以掌握车辆的性能变化，有计划地安排维修工作，延长车辆的使用寿命。

（5）车辆的二级维护是记录车辆维护时间、行驶里程和相应维护以外的主要作业项目及更换的主要部件名称。二级维护记录后还须粘贴营运车辆二级维护出厂合格单。

（6）交通事故记录表主要是记录车辆的肇事、车辆损坏、经济损失和处理情况，目的在于考核各经营公司的安全管理及驾驶员的驾驶技能。

（7）车辆行驶证、营运证必须复印留底，并且在每年年审后将各证件的副本复印件要及时更新，以保证车辆合法运行。

（8）粘贴作为营运许可依据的营运证明、季度审合格单、半年审合格单和年审合格单。

3. 车辆技术档案的保存

车辆技术档案的保存期为车辆的整个生命周期，即从车辆购置入户至车辆报废的全过程。

（二）建立车辆技术管理月度计划、统计报表制度

1）统计报表的填报要求

（1）本报表由各经营公司安技部门负责填写，并经企业责任人签字确认。

（2）报表填报工作者必须本着诚恳、务实的工作态度如实、及时、准确地填写报表，不得瞒报、漏报、少报、虚报。

（3）统计报表是月度填写，以每月30日（大月以31天计算）为分界段，统计相关内容。

（4）统计报表于每月5日前上报集团公司安技部。

2）统计报表的填写说明

（1） 在报表的“行驶总里程”栏中填写该车辆在本统计期内所行驶的里程数。

（2）在报表的“本月耗油量”栏中填写该车辆在本统计期内总的用油量。

（3）在报表的“百公里油耗”栏中填写该车辆在百公里运行中所耗用的燃油量，其计算公式：

$$百公里油耗=\frac{本月耗油量}{行驶总里程}\times 100$$

（4）在报表的“车辆修理费用”栏及“本期车辆维修辆次”栏中按实际车辆修理费用及维修辆次填写，不得瞒报、漏报。

3）报表的保存

车辆技术管理月度计划、统计报表为长期保存，各经营公司要妥善保存，切勿遗漏。

（三）建立和健全车辆技术例会制度

1）办公会议的内容

（1）坚持“安全第一、预防为主”的方针，认真学习、贯彻、宣传、落实上级有关部门的车辆技术管理规定。

（2）分析、研究车辆技术的生产情况及有关重大问题，总结成功经验教训，针对本企业存在的问题进行整改。

2）办公会议的参加人员范围

参加人员范围包括各经营公司总经理、分管安全技术的副总经理（总助）、安技部门负责人、维修主管等。

3）办公会议召开时间

各经营公司每月召开不少于一次的办公会议，召开时间为每月的第一个星期内。

4）实行会议签到、记录制度

制定车辆技术会议记录表，记录会议内容，规定参加人员在记录表上签到。

5）记录表的填写要求

（1）记录表由各经营公司安技部门负责填写；

（2）表格填写要求准确、明晰，语言简明扼要；

（3）参加会议人员必须按规定签到，记录缺席者名单。

6）拟定会议纪要

车辆技术办公会议结束后，拟发会议纪要，详细记录会议精神、重大决策及相关要求，各企业员工要认真学习。

7）记录表的保存

记录表的保存期为长期保存，资料档案员要妥善保存会议记录表。

（四）建立和健全车辆技术日常例会制度

1. 车辆技术日常例会的内容

（1）坚持“安全第一、预防为主”的方针，认真学习、贯彻、宣传、落实上级有关部门及本企业的车辆技术管理规定。

（2）分析、研究车辆技术的生产情况及有关重大问题，听取广大员工的意见和建议，解决员工的实际困难，总结成功经验教训，针对本企业存在的问题进行整改。

2. 办公会议的参加人员范围

参加人员范围包括各经营公司分管安全技术的副总经理（总助）、安技部门负责人、维修主管、安检员、车辆技术检验员、材料仓管员、修理工等。

3. 办公会议召开时间

各经营公司每月召开不少于两次的车辆技术日常例会，召开时间为每月的上旬及下旬。

4. 实行会议签到、记录制度

实行会议签到、记录制度，记录会议内容，规定参加人员在车辆技术会议记录表上签到。

5. 拟定会议纪要

车辆技术日常例会结束后，拟发会议纪要，详细记录会议精神、及相关要求，各企业员工要认真学习。

6. 记录表的保存

记录表的保存期为长期保存，资料档案员要妥善保存会议记录表。

（五）建立和健全车辆维护及检查制度

1. 车辆维护的分级、定义及维护周期

1）车辆维护的分级

车辆维护的分级——日常维护、一级维护、二级维护。

2）车辆维护的定义

（1）日常维护——以清洁、补给和安全检视为作业中心内容，由驾驶员负责执行的车辆维护作业。

（2）一级维护——除日常维护作业外，以清洁、润滑、紧固为作业中心的内容。并检查有关制动、操纵等安全部件，由维修部门负责执行的车辆维护作业。

（3）二级维护——除了一级维护作业外，以检查、调整转向节、转向摇臂、制动蹄片、悬架等经过一定时间的使用容易磨损或变形的安全部件为主，并拆检轮胎，进行轮胎换位，检查调整发动机工作状况和排气污染控制装置等，由维修部门负责执行的车辆维护作业。

3）车辆维护的周期

（1）日常维护的周期——出车前、行车途中、收车后的维护。

（2）一级维护、二级维护的周期：

车辆的一、二级维护行驶里程间隔应依据车辆使用说明书的有关规定，同时依据车辆使用条件的不同，由各经营公司安技部门规定。

车辆的一、二级维护时间间隔，对于不使用行驶里程统计、考核的车辆，可用行驶时间间隔确定一、二级维护的周期。其时间（天） 间隔可依据车辆使用强度和条件的不同，参照一、二级维护里程周期确定。

（六）建立和健全车辆的日常维护、检查报告制度

1. 车辆日常维护的内容及标准

（1）对车辆的外观、发动机外表进行清洁，保持车容车貌的整洁。

（2）对车辆各部位的润滑油（脂）、燃油、冷却液、制动液、各种工作介质、轮胎气压进行检视补给，保证各部位达到标准要求。

（3）对车辆的制动、转向、传动、悬挂、灯光、信号等安全部位和位置以及发动机运转状态进行检视、紧固，确保安全行车。

2. 填写营运车辆日常维护检查项目表

要认真填写营运车辆日常检查项目表。

3. 建立和健全车辆的日常维护检查报告制度

（1）填写营运车辆日常维护检查报告表。

（2）报告表的使用说明：此表是当班驾驶员在每日行车结束后，收班前检查车辆的依据，检查结果由驾驶员填写并签名确认后交修理车间（车队）值班的检验员（车管员）（注：车辆每天运行均应填报一次）。

（3）营运车辆日常维护检查报告表的保存期为一个月，一个月后可视作无效、作废。

4. 建立和健全车辆的一级维护、检查报告制度

（1）填写营运车辆一级维护基本作业项目表。

（2）建立和健全车辆一级维护作业记录制度：

① 填写营运车辆一级维护作业记录表。

② 作业记录表的使用说明：此表按表列内容分别由维护作业者及检验员签名确认。

③ 作业记录表的保存期限：一级维护作业记录表保存期为3个月内有效。

5. 建立和健全车辆的二级维护、检查报告制度

1）二级维护作业的操作过程

车辆要进行二级维护时首先要进行检测，车辆进入修理厂后，技术主管要根据车辆技术档案的记录资料（包括车辆运行记录、维修记录、检测记录、总成修理记录等）和驾驶员反映的车辆使用技术状况（包括车辆的动力性能、异响、转向、制动及燃油、润滑材料的消耗情况等）确定车辆所需检测项目，依据检测结果及车辆实际技术状况进行故障诊断，从而确定附加作业项目。附加作业项目确定后与基本作业项目一并进行二级维护作业。二级维护过程中要进行过程检验，过程检验项目的技术要求应满足有关的技术标准或规范。二级维护作业完成后，应经维修部门进行竣工检验，竣工检验合格的车辆，由维修部门填写车辆维护竣工出厂合格单方可以出厂参加营运。

2）车辆二级维护的检测诊断

（1）二级维护的检测分三类：

① 二级维护前的诊断检测，主要是针对驾驶员的反映和车辆的外检情况，应用仪器、设备对车辆进行不解体诊断检测，以确定二级维护的附加作业项目。由维修企业按标准来执行，所出具的诊断报告，作为签订维护合同的依据之一。

② 二级维护作业过程中的检测，主要是对二级维护生产过程中的车辆维修质量进行跟踪检测，发现问题及时解决，由维修部门按标准进行，并做好检测记录。

③ 二级维护竣工检测主要是对二级维护及其附加作业项目的作业质量进行检测评定，由车辆维修部门按标准进行，并出具检测报告。

（2）对车辆二级维护检测项目进行检测时，应使用该检测项目的专用检测仪器，仪器精度须满足有关规定。

（3）车辆二级维护检测项目的技术要求应参照国家有关的技术标准或原制造厂要求。

（4）填写"营运车辆二级维护检测项目"。

（5）车辆二级维护附加作业项目的确定，根据检测结果进行车辆故障诊断，确定以消除车辆故障为目的的二级维护附加作业项目和作业内容，恢复车辆的正常技术状况。附加作业项目确定后与基本作业项目一并进行二级维护作业。

3）车辆二级维护过程检验

二级维护过程中，要始终贯穿过程检验，并作检验记录。过程中各维护项目的技术要求需满足相应的有关技术标准或出厂说明书的有关规定。

4）二级维护的基本作业项目

二级维护的基本作业项目包含一级维护作业内容，详见"营运车辆二级维护基本作业项目表"。

5）二级维护竣工检验

（1）车辆在进行二级维护后，必须进行竣工检验。

（2）各项目参数应符合国家或行业及地方标准。

（3）竣工检验合格的车辆，填写维护竣工出厂的合格单后方可出厂。

（4）检验不合格的车辆应进一步的检测、诊断和维护，直到车辆达到维护竣工的技术要求为止。

（5）填写“营运车辆二级维护竣工要求”。

6）营运车辆二级维护作业记录表

（1）认真填写营运车辆二级维护作业记录表。

（2）记录表的使用说明：此表按表内容分别由检验员、维修项目操作者在各自相应的项目栏内签名确认；此表是营运车辆季度审验的凭证。二级维护作业应记入车辆技术档案内。

（3）营运车辆二级维护作业记录表保存期为一年。

对于不同车型中车辆的维护、检测、诊断技术规范相同作业内容部分，依据本标准中相对应的条款执行。

对于不同车型中车辆的维护、检测、诊断技术规范不同作业内容部分，参照本标准中相对应的条款，依据该车型的使用说明书和维护手册中的有关条款执行。

（七）建立和健全车辆回场检查制度

（1）填写营运车辆回场检查表。

（2）检查表的使用说明：检查表由修理车间派修理技工执行，每天对所有回场过夜的车辆逐一进行安全检查，发现问题及时排除，检查结果由操作者填写并签名确认。

（3）检查表的保存期为一个月，即自当天车辆检查结束后，一个月内有效。

（八）建立车辆交接班制度

（1）填写营运车辆交接班登记表。

（2）表格的主要内容：检查登记车辆在营运过程中的损坏（待修理）部位、受损情况及机械事故隐患等。

（3）表格的使用说明：本表格由当班调度或安检员执行，每天在车辆交接班时进行检查。

（4）表格填写要求：本表格要求如实、清晰、言简意赅地填写，不得瞒报、虚报、少报、漏报、不报。

（5）表格的保存期为一个月，即自当天车辆交接结束后，一个月内有效。

（九）规范车辆报修及修理表格标准

1. 规范车辆报修及修理表

（1）填写营运车辆报修及修理表。

（2）表格填写说明：车辆报修专栏由当班驾驶员如实填写，言语要简明扼要，突出报修项目及施工要求；修理过程记录栏由修理人员填写，突出修复后的车辆状况；检验员要对车辆进场检验及出场检验，并签名确认。

（3）车辆报修及修理表格的保存期为一个月有效。

2. 规范车辆维修及费用清单

（1）填写营运车辆维修项目及费用清单。

（2）表格填写说明：本表格由车辆检验人员如实填写，不得虚报、漏报、错报，将车辆维修项目、换件项目及其费用如实填写。

（3）表格的保存期为3个月有效，即自车辆修复后，3个月内有效。

（十）建立和健全材料管理标准

1. 实施目的

为加强车辆配件、材料的管理，统一采购，合理使用，提高车辆的维修质量，确保车辆在运行过程中保持良好的技术状况，降低运营成本。

2. 规范材料仓库管理

（1）建立维修材料领取表，规范材料领取制度。

（2）维修材料领取表的填写要求：

① 本表格由车辆修理人员填写，检验员、仓管员要签名确认；

② 本表格要求准确、明晰记录，材料名称必须是材料的全称，不能缩写、简写及出现错别字；

（3）维修材料领取表的保存期为3个月，即自材料领取后3个月内有效。

（4）建立材料存放登记表，规范材料档案。

（5）材料存放登记表的填写要求：

① 本表格由仓库管理员填写，安技部经理要签名确认；

② 本表格要求准确、明晰记录，准确、如实填写，严禁弄虚作假、瞒报、漏报。

③ 本表格是月度填写，以每月28日为分界，于每月29日统计本月存量。

（6）本表格的填写说明：

① 本表格的“材料名称”栏必须填写材料的全称（含型号），不能缩写、简写及出现错别字，如遇材料型号相同，但生产质量不同时，应分类填写，不能混合填写。

② 在表格“单价”栏填写材料的单件价格，如遇同一材料但价格不同时，应分类填写，不能混合填写。

③ 在表格的“上月存量”栏中填写上月的材料余量，以上月报表为准，例如：在统计2003年12月份的材料存量时，“上月存量”栏 必须填写2003年11月份的材料余量。

④ 在表格的“本月流入量”栏中填写本月份材料的进货量，例如：本月份车辆轮胎进货量为10条，为此，在“本月流入量”栏中填写10。

⑤ 在表格的“本月流出量”栏中填写本月份材料的出货量（即使用量），例如：本月份车辆轮胎更换了8条，为此，在“本月流出量”栏中填写8。

⑥ 在表格的“本月余量”栏中填写至本月28日止，该材料的库存量，其计算公式：

本月余量＝上月存量＋本月流入量－本月流出量

⑦ 在表格的“金额”栏中填写该材料的库存总价值，其计算公式：

金额＝本月余量×单价

（7）材料存放登记表的保存期为3个月，即自材料领取后3个月内有效。

二、车辆技术管理

（一）新车的运用管理

（1）车辆选购应根据运输市场的状况和营运条件，对车辆的适应性、可靠性、经济性、动力性以及维护方便性等进行选型论证，具体运作方法按集团《关于营运车辆选购的规定》执行。

（2）新车在接收和使用前应做到：

① 接收新车时应按合同和说明书的规定，严格进行验收，清点随车资料、工具及附件。

② 新车在投入使用前应进行一次全面检查，根据车辆说明书的规定进行润滑、紧固、清洁及必要的调整。

③ 新型车辆在投入使用前，应组织驾驶员和维修人员进行培训，在掌握车辆性能、使用和维护技术后方可使用。

④ 新车使用前，应配备必要的附加装备和安全防护装置，如防火、保温、预热、防滑、牵引等临时性设备。

⑤ 新车应严格执行初驶走合期的各项规定，做好初驶期的维护工作。

⑥ 在保修期内应严格按照制造厂的技术要求使用，不得进行改装，车辆发生损坏应及时做出技术鉴定，属于制造厂责任的按规定程序向制造厂索赔。

（二）车辆的基础管理

1. 车辆技术档案的建立和管理

（1）车辆从购置到报废全过程的技术管理，应系统记入车辆技术档案。车辆技术档案应认真填写，不得随意更改，要保持车辆技术档案填写的及时性、完整性、真实性。车辆技术档案要妥善保管，车辆过户或报废时，必须完整移交。

（2）车辆技术档案应按当地交通主管部门的要求印制或领用，每车一册，由各运输企业安全技术部派专人负责填写和保管。

（3） 车辆技术档案管理应充分利用集团信息平台实现计算机应用管理及资源共享，随时跟踪掌握每辆车的使用和维护技术状况。

2. 车辆技术状况等级的评定

（1）各运输企业要按规定做好车辆技术状况等级的评定工作，至少每半年进行一次。

（2）上半年的车辆技术状况等级评定工作由各企业安技部组织实施，可结合二级维护检测或季度检验一并进行，并将评定的结果按规定分别记入车辆技术档案的等级评定栏内。运输企业须将评定结果汇总上报集团公司安技部备案。

（3）年度车辆技术等级评定工作由经营公司安技部组织实施，并成立以运输企业、修理厂、维修车间等主要技术管理人员参加的评定工作小组，对各运输企业车辆的技术状况进行等级评定工作。

（4）年度的车辆评定工作可结合车辆的二级维护检测或年度检验进行，除对各大总成外部检验和必要的拆检外，还要审查车辆技术档案和维护技术档案的记录，及历次运行性能检验评定资料，综合分析一年中车辆技术等级的升降情况。

（5）车辆年度总评定的结果是下年度编制车辆维修计划和配件采购计划的依据，也是集团公司为运输企业下达来年生产任务指标的重要依据。

3. 车辆技术状况等级

（1）一级（完好车）：新车行驶到第一次定额大修间隔里程的三分之二和第二次定额大修间隔里程的三分之二以前，汽车各主要总成的基础件和主要零部件坚固可靠、技术性能良好；发动机运转稳定、无异响、动力性能良好，燃、润料消耗不超过定额指标；废气排放、噪声符合国家标准；各项装备齐全完好，在运行中无任何保留条件。

（2）二级（基本完好车）：车辆主要技术性能和状况或行驶里程低于一级车的要求，但符合《机动车运行安全技术条件》（GB 7258-1997）的规定，能随时参加运输。本标准规定了机动车整车和发动机、转向系、制动系、行驶系、传动系和照明与信号装置、安全防护装置以及车内噪声、驾驶员耳旁噪声和排放标准等基本要求及检验方法。

（3）三级（需修车）：送大修前最后一次二级维护后的车辆和正在大修或待更新尚在行驶的车辆。

（4）四级（停驶车）：预计在短期内不能修复或无修复价值的车辆。

4. 运输企业技术、经济定额指标的制定

(1) 技术、经济定额是运输企业和个人在一定的生产条件下，进行生产和经济活动所应遵守或达到的限额，是实行经济核算，分析经济效益和考核经营管理水平的依据。

(2) 技术、经济定额由集团公司根据各运输企业不同经营性质、车况、环境条件、人员技术素质等因素，参照同等专业运输单位平均先进水平制定。

(3) 制定技术经济定额指标既要考虑先进性，也要考虑合理性，要保证大多数员工通过努力能达标。要保持相对稳定，但在车况及使用条件明显改变时，要及时进行修订。

5. 运输企业应建立的主要技术、经济定额指标

(1) 行车燃料消耗定额：汽车每行驶百车公里或完成百吨公里所消耗的燃料限额，根据不同的车型、使用条件、载客(货)量和燃料种类等分别制定。集团统一以“升/百车公里”为单位进行考核。

(2) 轮胎行驶里程定额：新胎从开始装用，经翻新至报废总行驶里程的限额，根据不同的车型、使用条件和轮胎性能等分别制定。集团统一以“条(套)/万胎公里”为单位进行考核。

(3) 车辆维护与小修费用定额：车辆每行驶一定里程，维护与小修耗用的工时和材料费用的限额，根据不同的车型和使用条件等分别制定。集团统一以“元/千车公里”为单位进行考核。

(4) 车辆大修间隔里程定额：新车到大修，或大修到大修之间所行驶的里程定额，根据不同的车型及使用条件等分别制定。

(5) 发动机大修间隔里程定额：新发动机到大修或大修到大修之间所行驶的里程定额，根据不同车型和使用的燃料等分别制定。

(6) 车辆大修费用定额：车辆大修所耗工时和材料总费用的限额，根据不同的车型、车况和使用条件等分别制定。集团统一以“元/千车公里”为单位进行考核。

(7) 完好率：完好车日在总车日中所占的百分比。

（8）　车辆平均技术等级：所有运输车辆技术状况的平均等级。计算公式如下：

$$车辆平均技术等级=\frac{(1\times 一级车辆数)+(2\times 二级车辆数)+(3\times 三级车辆数)+(4\times 四级车辆数)}{各级车辆的总数}$$

（9）车辆新度系数：综合评价运输企业车辆新旧程度的指标。计算方法如下：

$$车辆新度系数=\frac{年末单位全部运输车辆固定资产净值}{年末单位全部运输车辆固定资产原值}$$

（10）小修频率：每千公里发生小修的次数（不包括各级维护作业中的小修）。

（11）车胎翻新率：在统计期内经过翻新的报废轮胎数占全部报废轮胎数的百分比。

6. 技术经济指标的考核

运输企业必须将主要的技术经济指标，纳入经营责任人考核内容。

7. 车辆为责任经营、品牌经营或停驶和封存

（1）责任经营、品牌经营的车辆技术档案、技术经济指标完成情况和技术状况等级由经营公司与责任经营双方记录和考核。

（2）因部分总成和部件损坏，在较长时间内无法解决但不符合报废条件的车辆，运输企业可作停驶处理，但事前须报集团公司审批备案。

（3）凡技术状况良好，因其他原因需要较长时间停驶的车辆，运输企业必须报集团公司批准后进行封存处理，封存期不作指标考核，但应妥善保管、定期维护。启封使用时，应进行一次维护作业，经检验合格后，方可参加营运。

三、车辆使用

（1）车辆运行必须符合关于车辆装备的规定。

（2）车辆装载必须符合以下规定：

① 车辆的额定载质量必须符合制造厂规定。

② 经改装改造的车辆，或因其他原因需要重新标定载质量时，应由该车辆所在地主管部门核定。

③ 车辆换装与制造厂规定最大负荷不相同的轮胎，其最大负荷大于原轮胎的应保持原车额定载质量；最大负荷小于原轮胎的必须相应地降低载质量。

④ 车辆增载必须符合交通部1988年发布的《汽车旅客运输规则》和《汽车货物运输规则》的有关规定。

⑤ 所有车辆严禁超载、超速运行。

（3）车辆通过危险路段、渡口、桥梁和遇有临时开沟、设线、塌方、冰块、翻浆等情况时，必须采取切实有效的技术措施，保证行车安全。

（4）新车、大修车以及装用大修发动机的汽车走合期必须严格遵守如下规定：

① 走合期里程不得少于1000公里。

② 在走合期内，应选择较好的道路并减载、限速行驶。一般汽车按载质量标准减载20%～25%，并禁止拖带挂车。

③ 在走合期内，驾驶员必须严格执行驾驶操作规程，为保持发动机正常工作温度，严禁拆卸节温器。走合期内严禁拆除发动机限速器。

④ 走合期内认真做好日常维护工作，经常检查、紧固各部分外露螺栓、螺母，注意各总成在运行中的声响和温度变化，及时进行调整。

⑤ 走合期满后应进行一次走合维护，新车应按规定到技术服务站或指定的修理厂进行维护。

（5）车辆使用燃、润料应注意以下事项：

① 燃、润料的选用必须符合制造厂说明书的技术要求。

② 各种燃料的运输和存放必须遵守有关规定，保持清洁，柴油必须经过沉淀、过滤后方可使用。油箱滤网损坏，必须及时更换。

③ 不同种类的燃、润料不得混用。更换不同牌号的润滑油或进行季节性换油时，必须做好清洗工作。

（6）建立健全车辆技术检验和安全检查制度，做好出车前、行车中及收车后的车辆检查工作，发现故障隐患及时排除。

（7）运输企业负责技术管理的副总经理，应积极做好群众性节油、节胎、节约维修费用的工作，推广先进技术、新工艺、新材料、新装备，及时总结交流先进经验。

（8）车辆在低温条件下使用时，应按规定适时做好换季维护工作。更换符合低温条件下使用的润滑脂、润滑油、制动液及防冻液等。柴油发动机使用低凝点柴油。

（9）车辆在高温条件下使用时，应按规定做好换季维护工作，以保证高温条件下的正常运行。

（10）行车途中应经常检查轮胎温度和气压，不得采取放气或轮胎浇水方法降低轮胎的气压和温度。

（11）车辆在山区或高原地区使用时，应采取以下措施：

① 加强制动系统和操作系统的检查和维护工作，确保制动和操作装置的可靠性。

② 爬长坡、陡坡时，注意提前换档，下坡前注意制动系压力及制动机构工作状况，严禁熄火空档滑行，防止制动毂过热，影响制动效果。

（12）严格遵守驾驶操作规程，爱护车辆；行车前做到预热起动，低速升温，低档起步。行驶中，注意保持温度，适时换档，保有余力，行驶平稳，安全滑行，合理节油。

（13）驾驶员必须做好车辆的日常维护工作，坚持“三检”制度：即出车前、行车途中、收车后检视车辆的安全机构及各部机件的连接和紧固情况。

四、车辆检测、诊断和维修

（一）车辆的检测、诊断

（1）车辆的定期检测，是交通运输主管部门的要求，也是企业车辆技术管理的要求，各企业必须强制实行。

（2）利用现代的车辆检测设备、诊断技术对车辆进行定期检测、鉴定车辆技术状况和维修质量，是促进维修技术发展，实现视情修理的重要保证。各运输企业和修理厂(站)应按规定，在车辆进行二级维护作业前，利用仪器、设备对车辆进行不解体检测诊断，以确定二级维护的附加作业项目。

(3)检测诊断的目的是在车辆不解体情况下确定其工作能力和技术状况，以查明故障或隐患的部位和原因。其主要内容有:汽车的安全性(制动、侧滑、转向、前照灯等);可靠性(异响、磨损、变形、裂纹等);动力性(车速、加速能力、底盘输出效率);及发动机功率、转矩和供给系、点火系状况等。

(二)车辆的维护

(1)必须经交通运输管理部门资质认定，达到二类以上汽车维修厂，方可对本单位的车辆进行维护作业。

(2)车辆维护应贯彻“预防为主、强制维护”的原则，保持车容整洁，及时发现和消除故障、隐患，防止车辆早期磨损及损坏。

(3)车辆维护作业，包括清洁、检查、补给、润滑、紧固、调整等，主要总成除发生故障必须解体外，不得对其进行解体。

(4)车辆维护分日常维护、一级维护、二级维护。

(5)车辆在二级维护前应进行检测诊断和技术评定，根据检测结果确定附加作业或小修项目，结合二级维护一并进行。

(6)车辆的维护必须遵照交通运输管理部门规定，结合公司的实际确定的行驶里程，按期强制执行。各级维护周期、作业项目内容、技术标准和要求，应根据国家有关规定标准，结合公司不同车辆种类型号、使用条件及经济效果等情况综合考虑制定的。随着运行条件的变化，新工艺、新技术材料的采用，维护项目和周期将及时进行调整和修订。

(7)各运输企业的车辆必须在交通运输管理部门认定资质的维修厂(站)定期进行维护，确保维护质量。车辆维护后，应将维护的级别、主要项目等根据要求填入车辆技术档案，同时签发合格证。

(三)车辆的修理

(1)车辆修理应贯彻视情修理的原则，即根据车辆检测诊断和技术鉴定的结果，视情修理，既要防止拖延修理造成车况恶化，又要防止提前修理造成的浪费。

（2）车辆修理必须根据国家和交通部发布的有关规定和修理技术标准进行，以确保修理质量。

（3）车辆修理分为车辆大修、总成大修、车辆小修和零件修复：

① 车辆大修：新车或经过大修后的车辆，在行驶一定里程（或时间）后，经过检测诊断和技术鉴定，用修理或更换车辆任何零部件的方法，恢复车辆的完好技术状况，完全或接近完全恢复车辆寿命的恢复性修理。

② 总成大修：车辆的总成经过一定使用的里程（或时间）后，用修理或更换总成零部件（包括基础件）的方法，恢复其完好的技术状况和寿命的恢复性修理。

③ 车辆小修：用修理或更换个别零件的方法，保证或恢复车辆的工作能力的运行性修理，主要是消除车辆在运行过程或维护作业过程中发生或发现的故障及隐患。

④ 零件修复：对因磨损、变形、损伤等而不能继续使用的零件进行修复。

（4）运输车辆和总成大修的送修标志（运输企业应遵循的规定）：

① 汽车大修送修标志：客车以车厢为主，结合发动机总成；货车以发动机总成为主，结合车架总成或其他两个总成符合大修条件。

② 发动机总成：气缸磨损，圆柱度达到0.175～0.250毫米或圆度已达到0.050～0.063毫米（以其中磨损量最大的一个气缸为准）；最大功率或气缸压力较标准降低25%以上；燃料和润滑油消耗量显著增加。

③ 车架总成：车架断裂、锈蚀、弯曲、扭曲变形逾限，大部分铆钉松动或铆钉孔磨损，必须拆卸其他总成后才能进行校正、修理或重铆，方能修复。

④ 变速器（分动器）总成：壳体变形、破裂，轴承承孔磨损逾限，变速齿轮及轴恶性磨损、损坏，需要彻底修复。

⑤ 后桥（驱动桥、中桥）总成：桥壳破裂、变形，半轴套管承孔磨损逾限，减速器齿轮恶性磨损，需要校正或彻底修复。

⑥ 前桥总成：前轴裂纹、变形，主销承孔磨损逾限，需要校正或彻底修

复。

⑦ 客车车身总成：车厢骨架断裂、锈蚀、变形严重，蒙皮破损面积较大，需要彻底修复。

⑧ 货车车身总成：驾驶室锈蚀、变形严重、破裂，或货厢纵、横梁腐朽，底板、栏板破损面积较大，需要彻底修复。

五、车辆改装、改造、更新与报废

（一）车辆的改装和改造

（1）为适应运输的需要，经过设计、计算、试验，将原车型改制成其他用途的车辆，称为车辆技术改装。

（2）为改善车辆性能或延长其使用寿命，经过设计、计算、试验，改变原车辆的零部件或总成，称为车辆技术改造。

（3）营业性运输车辆的改装和改造，应报交通运输管理部门鉴定和审批。一般性技术改进，运输单位可自行决定。

（二）车辆的更新

（1）以新车辆或高效率、低消耗、性能先进的车辆更换在用车辆，为车辆更新。车辆更新应以提高运输经济效益和社会效益为原则。

（2）适时更新车辆是运输企业不断提高经济效益、促进企业发展的重要工作。各运输企业应根据其营运性质，勿失机遇，积极做好市场调查，结合在用车辆的运营成本分析及时提出车辆的更新计划。

（3）车辆的更新必须严格遵守集团公司规定，各企业须向集团公司提交车辆更新的可行性分析报告和更新申请，集团公司核准后报股份公司审批，更新下来的车辆，须根据国家有关规定，结合企业实际进行调配使用、变卖或报废处理。

（三）车辆的报废

车辆经长期使用，车型老旧，性能低劣，物料超耗严重，维修费用过高，继续使用不经济、不安全，各经营公司应以书面形式按股份公司的相关规定，逐级上报经批准后予以报废。同时报交通运输管理部门备案，并按交管、交警部门的要求办理相关手续。

六、奖惩

(1)集团公司建立车辆技术管理奖惩制度，定期组织车辆技术管理评比活动，对车辆技术管理工作成绩显著，并取得较好经济效益的运输单位和个人，给予表彰和奖励；对违反本规定，不重视车辆技术管理工作，造成车辆早期损坏的运输单位和个人，根据情节轻重给予批评教育或经济处罚。

(2)凡作出下列成绩之一的，根据其贡献大小，对单位或个人给予表彰和奖励：

① 推行现代化车辆技术管理，使车辆技术状况不断改善，取得显著成效的；

② 发现车辆隐患，及时防止和避免重大事故的；

③ 对改装、改造车辆的工艺和方法具有推广价值，并有显著成效的；

④ 在车辆维修技术方面有重大创新，具有推广价值，并取得显著成效的；

⑤ 正确使用车辆，节油、节胎、节约维修费用，完成技术、经济定额成绩显著的。

(3)有下列行为之一的，根据情节轻重，对运输企业或个人给予批评教育或经济处罚：

① 由于超负荷运行，不按规定行驶里程进厂维护修理等原因造成车况显著下降或重大机械事故的；

② 违反驾驶操作规程，造成车辆严重损坏，影响运输生产的；

③ 技术管理混乱、玩忽职守、职责不清，对车辆损坏不作及时处理，造成车辆技术状况严重下降的；

④ 对车辆事故隐瞒不报(含机械事故)或弄虚作假的；一次造成直接经济损失5000元以上的；

⑤ 违反检验维修规程，降低标准，以致维修质量低劣，造成经济损失或安全事故的；

⑥ 修理厂(站)的二级维护返修率超过5%，质量抽查上线检测一次合格率

低于85%的；

⑦ 修理厂(站)未实行出厂竣工检测制度、出厂合格证制度和质量保证制度的；

（4）奖惩标准和程序另行制定。

第十二章 物 资 管 理

第一节 总 则

为规范企业车辆、设备、材料及办公用品等物资的购买、维护和管理，充分企业资源潜力，降低成本费用，并对采购过程、采购产品的验证及供方进行控制，确保所采购的产品符合规定的要求，特制定本规定。

第二节 适 用 范 围

本规定适用于新国线集团及下属所有客、货运输企业(含自营、责任经营、品牌经营)、修理厂物资的管理与控制。

第三节 适 用 原 则

(1) 新国线集团本部和各非法人性质的分支机构应严格按本规定执行。

(2) 下属各经营公司按下列原则执行本制度：

① 属于工作程序、工作标准、操作规范、管理要求等性质的内容，必须严格按本制度相关规定执行，各经营公司不得另行出台规定，以确保全集团的统一。

② 属于控制标准性质的内容，在不违反本制度各项原则和不突破本制度规定的标准的基础上，各经营公司可结合实际制定本单位的具体规定，报集团公司批准后执行。

第四节　管理责任部门

车辆、设备、材料等物资的管理责任部门是安技部；办公用品的管理责任部门是办公室。

第五节　物资管理制度

一、车辆、配件、材料采购管理规定

（一）汽车配件、材料定额管理

（1）汽车配件、材料的定额管理包括汽车配件、材料消耗定额和汽车配件、材料储备定额两部分的管理。

（2）汽车配件、材料消耗定额是指汽车在正常生产运营过程中实际消耗的各种原材料或维修过程中消耗的材料费用合理的定额标准。消耗定额标准是根据企业营运性质、车辆的车型、技术状况和使用条件等因素，按照理论与实际相结合的原则制定的，经过努力可以实现或达到的先进、合理的经济指标。消耗定额应相对稳定，但随着技术的更新或经营条件的改变也应作相应调整。

（3）汽车配件、材料储备定额是指在一定条件下，为保证运营生产顺利进行所必须的、最经济合理的汽车配件、材料储备数量标准。过量的储备会造成备而无用，产生积压，加大流动资金的占用，甚至随着车辆报废而发生不必要的报废损失；储备不足会造成供不应求、影响生产。因此，集团公司安技部必须制定出科学合理的汽车配件、材料消耗及储备定额考核标准。

（4）集团公司安技部应积极协助各运输企业做好汽车配件、材料定额的制定和考核，做好仓库储备定额的管理与控制。

（二）汽车、配件、材料采购计划

（1）汽车、配件、材料采购计划是确定计划期内为保证运营生产正常进行所需要的各种汽车、配件、材料数量。科学、合理地制定汽车、配件、材料采

购计划，严格实行计划管理，是企业合理的使用汽车、配件、材料，节制汽车、配件、材料的消耗与浪费，降低运营成本，加速流动资金周转的重要保证，也是企业组织订货或市场采购的依据。

（2）集团公司安技部根据企业运营计划，合理选配营运车辆，确保采购车辆的性能保障、价格合理。

（3）集团公司安技部根据企业的运营计划及汽车配件、材料消耗定额，对需求量大且价格较高的配件、材料，编制年度汽车配件、材料采购计划，并按月下达到属下企业。同时，按季度、月度，通知供应商。

（4）集团公司安技部应加强对各运输企业修理厂(站)汽车配件、材料采购计划的监督工作，发现问题及时处理。集团公司安技部每月汇总修理厂(站)汽车配件、材料采购计划和计划执行情况。

（5）修理厂(站)要定期和不定期搞好仓库盘点，核实库存量，确定各种汽车配件、材料的需要量和期初、期末的储存量。修理厂的汽车配件、材料采购计划，由仓库主管或计划员填写汽车配件、材料平衡表及汽车配件、材料采购计划表，报部门经理、厂长核准，再报本公司安技部审批。

（三）汽车、配件、材料的采购

1. 营运车辆的采购

营运车辆的采购，必须经过项目的可行性分析论证，结合当地的实际需求情况，合理制定车辆采购计划，严格按照“新增车辆流程图”步骤进行。

2. 常用和通用汽车配件、材料的采购(统购汽车配件、材料)

（1）按照集团公司的规定，凡是符合统一采购供应的汽车配件、材料，都要尽快分步实施统一计划、统一采购。

（2）集团公司下属企业是汽车配件、材料统一采购的主体，集团公司是统一采购供应的组织者。汽车配件、材料统购种类由集团公司安技部确定并组织有关单位和人员参加招标洽谈。同时，监督中标后的汽车配件、材料供应及协调问题。

（3）凡规定的统购汽车配件、材料，必须在中标或指定的供应商处采购，特殊情况临时无货，应货比三家，以最低报价向主管领导提出申请，同意后方可另行采购。

（4）集团公司安技部负责就具体某一类别汽车配件、材料与供应商确定供应操作细则。

3. 一般汽车配件、材料的采购(零散采购)

（1）一般汽车配件、材料采购的基本原则是：适用、及时、经济、合理、货比三家。同时，须有提出换、退货、索赔的责任和权利。

（2）汽车配件、材料采购首先应由仓库主管确认无库存或计划补充库存，并经部门主管领导核准报总经理审批后方可采购。

4. 采购结算方式

企业统购或定期采购汽车配件、材料由企业财务部门按合同或协议规定时间及方式进行结算。

临时采购的汽车配件、材料须即时付款的，报本公司安技部主管领导核准后，再报总经理批准，办理入库手续后，凭供应商出据的有效发票及内部审批凭证一并交由财务部进行结账处理。

5. 采购的审批制度

集团公司安技部应根据汽车配件、材料供应市场和企业的实际情况，制定一般汽车配件、材料临时采购的审批程序，规范维修主管、经营公司安技部主管、经营责任人、集团公司总经理的审批权限(以金额为界限)，严格按规范执行。

（四）汽车配件、材料验收和仓库管理

（1）加强仓库管理，保证汽车配件、材料及时供应，满足生产需要，加速资金周转，降低维修及运营成本，具有重要意义。因此，必须建立一套科学的仓库管理方法和严格的责任制度。仓库管理工作的主要内容包括：定期汇报配件、材料消耗及库存情况，为科学合理制定配件、材料采购计划提供参考；汽车配件、材料验收、保存、发放；清仓盘点；废旧汽车配件、材料回收利用等。

(2) 汽车配件、材料的入库验收是对入库前的原材料、配件、工具设备及修复或再生的成品，按照规定的程序和手段，严格进行的检查和验收工作。入库时必须对照购销合同、入库清单、发票或采购计划清单认真清查核对，看所进材料名称、规格、型号、质量、数量、价格是否与单据相符，发现问题及时退换，甚至索赔。

(3) 经验收无误的汽车配件、材料应按种类名称、规格、型号、级别等分别进行立卡记账，并按指定库号、架号、层号、位号科学有序摆放，必须做到物、卡、账一致。

(4) 汽车配件、材料出库应严格按规定的发放要求，认真核对出库凭证，做到及时、准确发放。同时，要认真执行"先进先出"的原则，减少储备时间，特别要加强对有保管期限及易变质汽车配件、材料的出库管理。

(5) 车辆维修及一般的消耗材料应实行定额管理、定额发放。为了环保和节约，应对部分可回收的废旧汽车配件、材料实行交旧领新制度，并做好对回收废旧配件、材料的处理工作。

(6) 仓库内汽车配件、材料进出频繁，为了及时掌握汽车配件、材料变动情况，避免汽车配件、材料的短缺丢失和超储积压，保持账、卡、物相符，必须经常、定期的进行清仓盘点工作。

(7) 经常性的清仓盘点，主要由仓库管理人员每日通过收发料及时检查整理料位，看账、卡、物是否相符，每月进行1～2次复查或抽查。定期的清仓盘点，应由主管领导组织会计部门和仓库人员、技术人员等参加的清仓盘点小组每月或每季度对仓库全面清点。

(8) 在清点中如发现盘盈或盘亏时，必须查明情况，分析原因，追究责任，并制定相应措施。

(9) 对于清查出来的过时、过期、超储积压汽车配件、材料和不良配件等应按规定经批准后及时削价或报废处理。

(五) 车辆报废

(1) 报废条件：

① 达到国家强制报废标准；

② 车型老旧，经长期使用，主要总成损坏严重，配件供应长期不能解决而无法修复或修复不经济；

③ 意外事故致使主要总成损坏严重，无修复价值。

（2）达到报废条件之一者，车辆使用单位填写车辆报废申批表报集团公司安技部，安技部经核实报分管副总经理及总经理批准后方可进行报废。

（3）车辆报废按车辆报废流程图的步骤进行。

（4）车辆使用单位将已批准报废车辆的牌照、行车证、购置完税证明、技术备案卡交本公司安技部办理报废手续，将营运证交营运部。

（5）已批准报废车辆报废处理前由各经营公司负责保管。

二、材料仓库管理

为加强对仓库物资的有效管理，满足车辆维修需要，确保运输车辆良好技术状况，充发挥运输车辆的使用效能，保证安全生产，降低运营成本，提高企业的经济效益，特制定本制度。

（一）管理内容与要求

（1）新购材料要凭入库单按质、按量清点入库，填写保管账卡，实行计算机管理。

（2）入库材料要分类存放，定期查验，做到防火、防潮、防盗、防爆、防霉变，确保物资安全、有效。

（3）各类物资应按车型、按系列分类摆放，做到标识清晰、卡物相符。

（4）货架应排列整齐，材料易取易放，不得挤压变形。

（5）小件、数量大的材料应打捆、穿串，防止混放和型号差错。对于容易变质变形的橡胶制品，应合理库存，先进先出。

（6）易燃、易爆、有毒物品应与其他物资分别存放，专人保管，并有防护措施。

（7）不合格材料应有专门的存放区，并有标识。

（8）材料仓库应整齐、清洁，存放区域安排合理。

（9）仓库物资应按规定盘点，如有盈亏按职责规定做出正确处理。

（10）仓库管理人员应及时向有关领导汇报物资库存情况，以免造成供应不及时或物资积压。

（11）物资出库应凭签字完整的出库单发放，每日应做好账务处理。

（二）对仓库管理人员要求

仓库管理人员应该熟悉物资管理知识，遵守法律法规，做到合理库存、账实相符、现进现出、管理有序。

三、办公用品管理

（一）办公用品管理的范围

办公用品是指用于行政办公的日常低值常用消耗品，包括铅笔、胶水、笔记本、签字笔、修正液、电池、一次性纸杯、剪刀、钉书机、计算器等。

（二）办公用品的采购

（1）为了统一限量，控制用品规格以及节约经费开支，所有办公用品的购买，都由办公室统一负责。

（2）所订购办公用品送货后，必须按送货单进行验收，确保没有问题后，在送货单背面签字，以示验收。

（3）办公室根据各部门开据的办公用品申购单和财务预算指标制定月度采购计划和安排采购，以最小的采购量，满足日常事务的需求。

（4）采购办公用品，应采取货比三家的方式确定固定供应商并负责送货，确保物品价廉物美。

（5）办公室对办公用品的质量承担相应责任。

（6）公司审计人员应不定期检查、审核办公用品的采购价格和质量。

（三）办公用品的申领与发放

（1）各部门应本着节约的原则，根据实际需要，结合月度指标，申领办公用品。

（2）发放办公用品时需登记用品的名称、数量，并由领用人签字。每月对各部门发生的办公费用进行一次结算，超支部分从次月费用中予以扣除。

（3）严禁将办公用品带回家私用。

（4）新入职人员由部门填报办公用品申领单向办公室领取办公用品；人员离职时，应将剩余办公用品一并交还办公室。

（四）办公用品的保管

（1）办公用品入库和发放应及时记账，做到账物相符。

（2）必须掌握办公用品库存情况，经常清理、清扫库房，并进行必要的防虫等保全措施。

（3）任何人未经允许不得进入办公用品库房，不得挪用办公用品及其他物资。库存物品要做到类别清楚、码放整齐。

（4）办公用品仓库一年盘点两次(6月与12月)，要求做到账物一致，如果不一致必须查找原因。

（5）库存印刷制品和各种纸制品(纸杯、信封、信纸等)的管理以盘存台账为基准，对领用的数量随时进行核减，实际库存不能保证业务时，及时报告办公室主任安排订货。

第六节 工 作 流 程

一、物资采购工作流程

物资采购工作流程如图4-12-1所示。

二、车辆采购工作流程

车辆采购工作流程如图4-12-2所示。

三、车辆报废工作流程

车辆报废工作流程如图4-12-3所示。

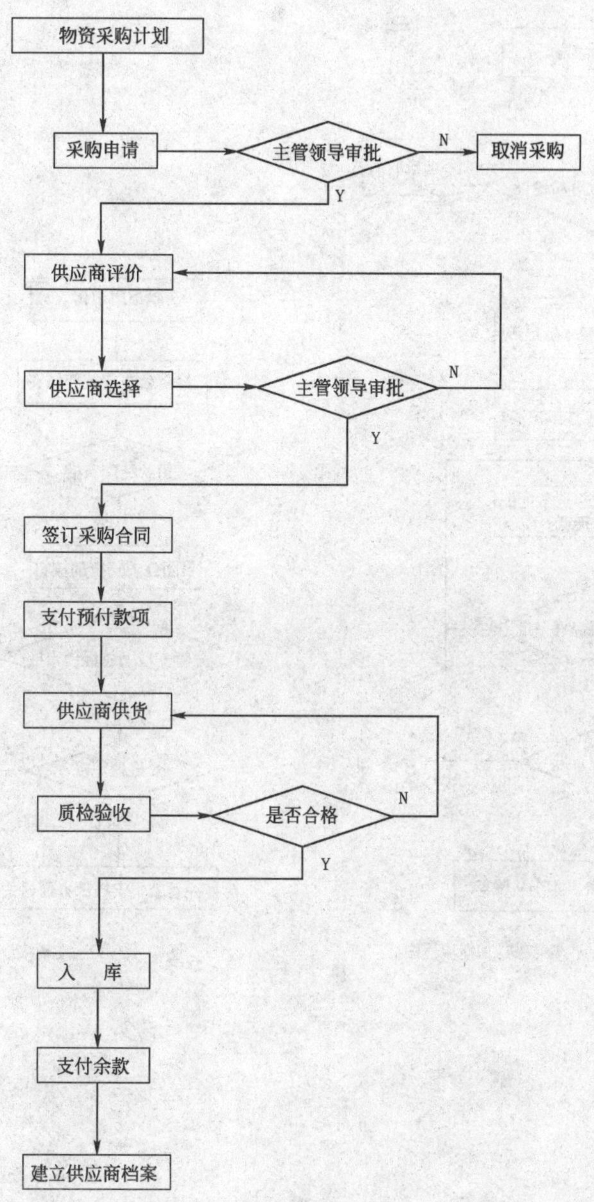

图4-12-1 物资采购工作流程图

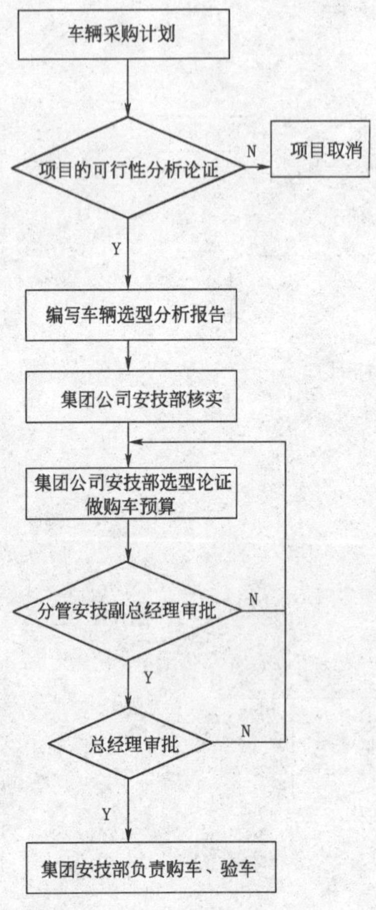

图4-12-2　车辆采购工作流程图

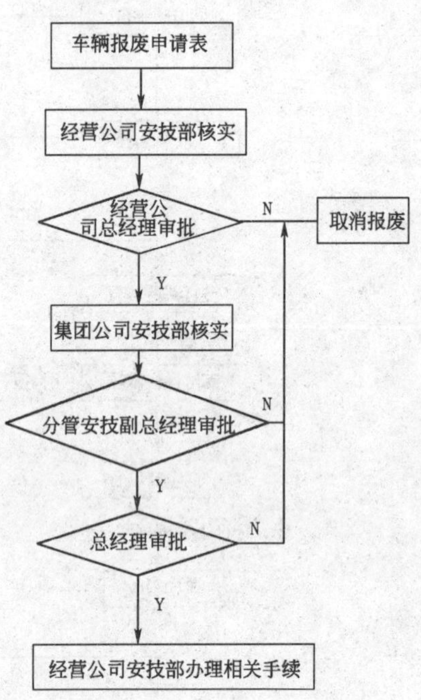

图4-12-3　车辆报废工作流程图

第十三章 科技管理

第一节 总 则

为加强集团公司科技管理，规范科技系统的使用，发挥科学技术在公司网络的运行、办公自动化、运营统计信息化等方面的作用，特制定本制度。

第二节 适用范围

本制度适用于集团公司和各经营公司。

第三节 适用原则

（1）属于工作程序、工作标准、操作规范、管理要求等内容，必须严格按本制度相关规定执行，各经营公司不得另行出台规定，确保全集团公司的统一。

（2）属于控制标准的内容，在不违反本制度各项原则和不突破本制度规定的基础上，各经营公司可结合实际制定本单位的具体规定，报集团公司批准后执行。

（3）科技应用中不得使用非法、盗版软件。

第四节 管理责任部门

科技管理的责任部门是企管部。

第五节　科技管理制度

一、新国线计算机及相关设备使用管理规定

（1）公司根据管理和工作的需要，将计算机配发相关的部门和人员使用。

（2）计算机的使用部门和人员要按照规范的操作使用和保管，如设备被人为损坏，部门和使用人要负全部责任。

（3）计算机是根据公司工作需要配备的，不得利用设备进行个人娱乐使用。

（4）计算机使用人要做好公司资料的安全和保密工作。

（5）各级职能部门要定时对设备进行维护，进行相关的培训。

（6）办公室内不得随意调换他人计算机的某些部件，如鼠标、键盘等。

（7）使用人员应每日采取正确的方法清洁计算机。

（8）计算机的各种消耗材料，原则上由办公室统一采购，各部门不得自行采购，确需自行采购的材料，须经计算机管理人员同意后方可采购。

二、新国线网站管理制定

（一）网站及论坛的管理

（1）任何人员不得利用新国线的网站及论坛危害国家安全、泄露国家秘密，不得侵犯国家、社会、集体利益和其他公民的合法权益，不得利用新国线网站及论坛制作、复制和传播下列信息：

① 煽动抗拒、破坏宪法和法律、行政法规实施的；

② 煽动颠覆国家政权、推翻社会主义制度的；

③ 煽动分裂国家、破坏国家统一的；

④ 煽动民族仇恨、民族歧视，破坏民族团结的；

⑤ 捏造或者歪曲事实，散布谣言，扰乱社会秩序的；

⑥ 宣扬封建迷信、淫秽、色情、赌博、暴力、凶杀、恐怖、教唆犯罪的；

⑦ 公然侮辱他人或者捏造事实诽谤他人的，或者进行其他恶意攻击的；

⑧ 损害国家机关信誉的；

⑨ 其他违反宪法和法律行政法规的；

(2) 网络管理员必须检查链接网站、个人主页的信息内容，若发现其包含有害信息的应及时取消其链接。

(3) 网络管理员必须定期检查网站内容及论坛发表内容，若发现其包含有害信息的必须及时删除和取消其用户资格，有违反法律法规的应及时交予公安部门查处。

（二）网络信息管理

(1) 网络管理员必须监视网站及论坛发布的信息，防止有人通过新国线网络发布有害信息。

(2) 网络管理员必须定期对服务器进行备份，以备服务器受破坏后能恢复正常使用。

(3) 网络管理员必须定期对服务器里的多余、无用、临时文件进行删除工作。

（三）病毒检测及网络安全漏洞检测

(1) 任何要上传文件至新国线网站文件服务器的人员必须先对要上传文件进行病毒检测，确保没有病毒感染后方可上传。

(2) 新国线网络内的电脑使用人员必须定期对所使用的电脑进行病毒检测，防止病毒感染和传播。

(3) 网络管理员必须定期对服务器进行病毒检测，防止病毒入侵和传播。

(4) 网络管理员必须定期对服务器进行安全漏洞检测，升级服务器系统，安装必要的系统补丁，预防网络安全漏洞。

（四）违法案件报告和协助查处

(1) 任何使用新国线网络的人员若发现有害信息的应及时通知网络管理员。

(2) 发现任何违反网络安全法规的或传播有害信息的人员，立即报送公安机关网监部门，交予公安部门查处。

（3）任何使用新国线计算机网络的人员应配合公安机关追查有害信息、有害电子邮件的来源，协助做好取证工作。

（五）账号使用及管理

（1）任何使用新国线计算机网络的人员必须拥有网络的合法使用账号。

（2）任何申请新国线计算机网络使用账号的人员必须向网络管理员提供其本人的详细真实资料，填写相应的申请表格。

（3）网络管理员必须监视账号使用情况，发现账号用于违反此管理制度的应当立即封锁或删除账号。

（4）网络管理员拥有建立、修改、删除网络使用账号以及赋予账号使用权限的权力。

（六）网络管理人员工作职责

（1）网络管理员必须遵循此制度，做好网络维护工作。

（2）网络管理员必须定期更新新国线网站内容，各部门应努力配合网络管理员做好网站更新工作，提供详细的网站更新资料。

（3）网络管理员必须时刻监视网络信息，防止有害信息的传播，发现有害信息的应立即报送公安机关网监部门，交予公安部门查处。

（七）安全教育及培训

（1）定期安排新国线计算机网络使用人员参加计算机网络安全教育，加强其计算机网络安全概念。

（2）定期安排网络管理员参加关于计算机网络的安全培训，提高其网络管理能力。

三、“新国线结点运输服务系统”管理制度

（1）“新国线结点运输服务系统”是服务于集团生产运营及生产统计的应用系统，适用于经营长途运输业务的各经营公司。

（2）该系统是C/S结构的分布式管理信息系统，客户端安装在各驿站，也允许安装在任何可以上网的位置，客户端与服务器通过因特网传递数据。系统设计有严密的安全防范措施，任何使用人员使用系统都会在服务器中登记在案，一些违规操作和错误的资料登记处理也会有事件记载。

（3）系统由6个子系统组成，分别是：

① 客载信息登记：供各驿站客流、物流登记、资料上传、票源参考和营业日结；

② 计划排班系统：供线路总调度使用进行季节排班、日班次计划编制；

③ 始发站现场调度系统：现场的车辆、驾乘人员和发班时间调度；

④ 以“实时客载图”为主要界面的各层领导和管理人员的全程监视系统；

⑤ 线路和集团的营业日报、月报和统计分析系统；

⑥ 服务器后台处理系统：由系统管理中心人员管理并使用。

（4）系统管理中心的责任：

① 系统管理中心是“新国线结点运输服务系统”项目开发组和系统网络管理中心；

② 系统管理中心负责保证系统运行环境，处理系统故障，改进系统功能，并使系统不断升级优化；

③ 培训系统操作人员。

④ 协助集团相关部门处理集团统计业务中的技术问题。

（5）系统出现故障时的处理方法：

① 在作业地点出现停电、数据传输线路故障而影响数据的录入传输时，当故障恢复后作业人员必须及时补录并上传资料，并在公告和留言板上记载备忘，直接影响下一驿站作业的，还必须使用电话或其他通讯工具联系通报；

② 因各种原因，需要修改已经上传了的资料时，必须将修改后的资料再一次上传，以保证与服务器上的资料同步；

③ 当出现电脑设备或系统故障时，必须及时向系统管理中心报告，统一由系统管理中心处理，或征得系统管理中心同意后自行处理；

④ 系统管理中心统一为各作业电脑安装防病毒软件，并指导作业人员升级办法，请各作业人员严格执行，不得安装无关软件，一律不准在作业电脑上玩游戏；

（6）系统和数据的保密制度

① 安装系统应用软件一律须经系统管理中心批准，任何人都不得在未批准的地点安装应用系统；

② 未经系统管理中心批准，不允许外单位人员参观系统；

③ 新国线各线路运营资料是公司的商业机密，未经公司领导批准，任何人都不得将数据资料、报表，以至应用系统界面的拷贝件提供给其他人员。

⑦ 本规定由各经营公司责任人、各驿站站长监督执行。

四、新国线车载通讯设备使用管理规定

新国线应用信息时代的最新科技成果，致力于服务道路运输管理，全面提升其经营管理水平，去迎接市场的挑战。先后采用了GIS地理信息系统、GPS调度管理系统和ITS智能运输系统，以GSM网络作为通讯平台，利用卫星定位手段，实现和发挥营运车辆的实时控制、双向通讯、动态调度、目标跟踪、区域设定、防窃防盗和轨迹重现等多项功能，随时掌握车辆的运行状况，保障科学调度和安全正点，实现经济效益和社会效益的最大化。

（一）新国线车辆GPS系统介绍

新国线车辆GPS调度管理系统是采用GPS 全球卫星定位系统、GSM 蜂窝网通讯技术、GIS 地理信息系统和计算机网络通信与数据处理技术开发出的跟踪管理系统。通过该系统，可以远程跟踪、管理所有在GSM 网络覆盖范围内的车辆。

（1）新国线车辆GPS调度管理系统的构成：

① 通信平台；

② GPS监控服务中心；

③ 车载终端设备。

（2）新国线车辆GPS系统的原理示意图，见图4-13-1。

（3）新国线车辆GPS调度管理系统主要包括以下功能：

在电子地图上显示运营车辆的当前位置和运行轨迹；

② 在电子地图上回放车辆的运行轨迹；

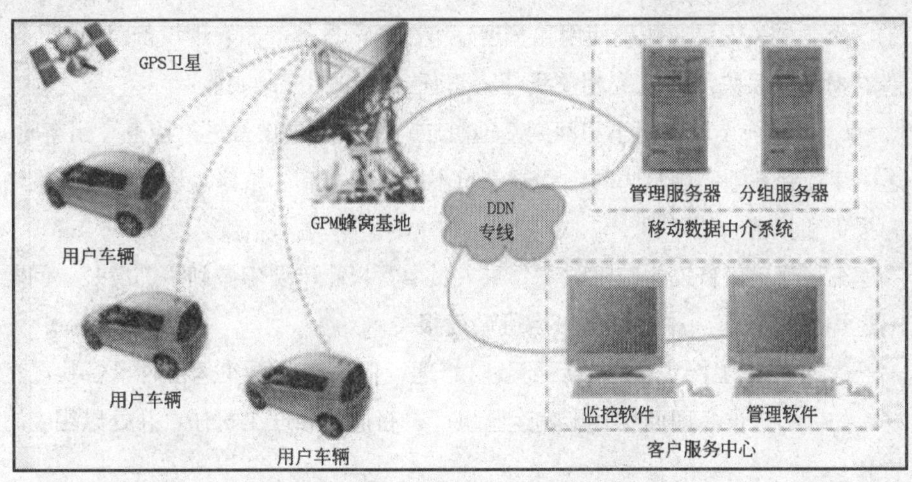

图 4-13-1 新国线车辆 GPS 系统原理示意图

③ 发送控制命令信息到车载单元，使用车载电话进行语音通讯；

④ 显示京沪线电子地图，并实现电子地图的平移、放大和缩小；

⑤ 对车辆进行实时位置查询；

⑥ IC 卡记录功能；

⑦ 超速管理功能；

⑧ 定点上报车辆信息。

（二）车载通讯设备使用管理办法

为了充分发挥车载通讯系统的作用，及时合理的进行车辆调度，方便驾乘人员应急联络，提升经营管理水平，树立文明规范的工作作风，特就使用通讯系统做出若干规定：

（1）GPS 系统监控中心的计算机内存储数据属于企业机密，不允许外借。如有特殊需要，应向公司领导请示同意后方可借用。

（2）车辆由起点出发直至回到起点的时间内，由驾乘人员负责管理和使用。

（3）车辆停放在基地的时间段，车载通讯设备由基地运营负责人负责管理。

（4）相关人员应正确使用和管理好车在通讯设备，如发现设备因操作不当造成损坏或丢失，将追究相关责任人责任并处以相应的罚款。

（5）驾乘人员在出车和回到基地时应对车载通讯设备进行检查。出车时、途中或回到基地发现故障时，驾乘人员不准私自拆卸、维修，应及时向调度中心报告和报修。

车载通讯设备发生故障时，驾乘人员填写报修单要求做到字迹清楚、问题阐述详尽、准确，并将情况向当班调度报告。

（6）修理工接到报修单后要及时修理，保证车辆再次运营时设备状况良好，如因为延误修理而导致影响运营生产，将追究修理工责任，并处以相应的罚款。

（7）修理工如发现属于操作不当造成设备的损坏或丢失，应及时向部门负责人和运营负责人书面汇报。

（8）修理工维修设备后，应及时做好设备的维修记录和交接记录，并向部门负责人和运营相关人员书面报告。

（9）值班人员每日在发车和接车时必须对车载通讯设备进行检查，发现问题时必须填写检查记录表并转交维修部门，跟踪修理进展情况并予以记录，如发现设备损坏或在下次出车前未能修好，及时向运营负责人书面报告，以便于追究相关人员的责任。

（10）行车途中，驾乘人员必须接受运营值班人员的指令。无紧急情况，决不允许对运营值班人员正在行驶的车辆随意呼叫，以免分散驾乘人员的注意力，违者处于罚款。

（11）行车途中，驾乘人员不允许关闭车载通讯设备。车辆运营期间，驾乘人员离开车辆时应打开随身携带的通讯工具，以免紧急状态下与运营值班人员失去联系，违者处于罚款。

（12）行车途中，若发生车辆技术故障、交通堵塞或交通事故，驾乘人员应及时使用车载通讯设备向运营值班人员报告。

（13）行车途中，使用车辆通讯设备时，驾驶员要降低车速，通话内容力

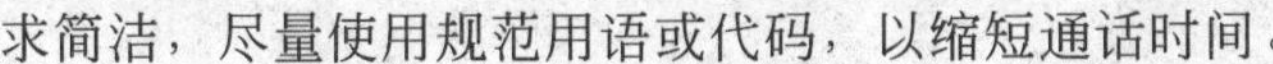

求简洁，尽量使用规范用语或代码，以缩短通话时间。

(14) 行车途中，严禁利用车载通讯设备，交谈与工作无关的话题，违者处于相应的罚款，情节严重者并给予停职处理。

(15) 行车途中，驾乘人员必须及时给予响应。若连续呼叫多次，故意不响应者处于罚款。

(16) 车辆加油时，一定要关闭，以免引起火灾。

(17) 由于驾乘人员错误操作车载通讯设备，造成车载电话上锁而导致无法使用的，将处于解锁费用 3 倍的罚款。

(18) 设备的损坏和丢失方面的违规查实和处罚，由维修部门负责人执行，并通报责任人主管部门和人事部门，从责任人工资中扣除罚金；其他方面的违规查实和处罚，由运营部门负责执行，并通报人事部门，从责任人工资中扣除罚金。

第十四章 品牌建设管理

第一节 总 则

集团公司将品牌创新、战略创新列为增强新国线核心竞争力的重要内容。为维护统一的新国线形象，促进和规范新国线集团“一体化”运作，提高企业的凝聚力和竞争力，提高新国线品牌的社会知名度、知誉度和忠诚度，不断丰富品牌的内涵，提高品牌的价值，增强新国线品牌的吸引力，保证新国线品牌成为市场开拓的旗帜、引导消费的指针、行业发展的典范，特制定以下规定。

第二节 适用范围

适用于新国线集团及所属子公司和使用新国线集团品牌的所有公司。

第三节 适用原则

本章选录了新国线集团关于品牌管理方面的4个基础性管理规定，主要是为了规范集团公司在品牌使用、维护、传播、开发、诊断、评估等方面的工作。品牌管理和品牌建设是一项系统性非常强的工作，需要集团各部门、各经营公司的大力支持，为此，集团公司按照有关规定履行管理职责，对下属各使用单位的品牌方面进行管理，对具体负责的人员进行业务指导。

第四节 管理责任部门

品牌建设管理的责任部门是品牌战略部。

第五节 品牌建设管理规定

一、企业形象识别手册

主要选择以下内容：对企业标识详细的注解，包括标准图形、标准字，以及5个子品牌，车辆形象、驿站形象、服装形象、办公用品。

二、新国线集团CI管理制度

（1）为了贯彻新国线 “坚持诚信、渴望创新、科学经营、注重业绩”的核心价值观，不断创新企业经营方式和经营理念，强化品牌管理责任，维护统一的新国线形象，促进和规范新国线集团一体化运作，提高企业的凝聚力和竞争力，特制定本管理制度。

（2）本管理制度中CI为企业识别系统，其中包括理念识别（简称MI）、行为识别（简称BI）和形象识别（简称VI）。本制度由集团公司品牌战略部负责解释并组织实施。

（3）集团公司最高决策层成员组成集团公司CI管理委员会。

（4）集团公司CI管理委员会职能如下：

① 制定企业CI战略规划；

② 编写有关CI管理文件；

③ 制定有关CI管理标准；

④ 组织与实施有关CI的管理活动；

⑤ 督促与检查有关CI的管理工作。

（5）集团公司品牌战略部在CI管理委员会指导下负责CI管理工作，具体职责如下：

① 根据集团公司的发展要求，对集团公司CI建设的理念识别、行为识别、视觉识别3个系统进行科学分析、研究与定位；

② 开展CI调查，提出集团公司CI建设报告和建议；

③ 对集团公司CI建设方案的实施进行分析、测评，提出意见和建议；

④ 对CI使用和管理工作进行督导；

⑤ 组织对新国线品牌的知名度、美誉度、忠诚度以及旅客满意度的调查和品牌市场价值的调查；

⑥ 组织对新国线VI规范化使用情况进行跟踪和考核，对存在的问题提出改进建议；

⑦ 对新加盟公司进行CI使用许可审查。

(6) 新国线片区总经理负责本片区经营公司的品牌和CI管理。各经营公司经营责任人负责本公司的品牌和CI管理，同时，配备专职或兼职品牌主管，具体负责CI的管理和服务质量管理等。

(7) CI管理的范围是新国线集团MI、BI和VI手册。

(8) MI、BI和VI手册应该详细载明：企业哲学、企业价值观、企业目标、企业精神、员工行为规范、员工工作与社会活动礼貌用语规范、企业各种标识规范、企业印刷品规范，企业各种用具、工具标记规范，企业各种文件制作规范、企业广告规定、企业参展设计规范，企业产品包装规范等。

(9) CI管理的总体要求是将CI确定的内容渗透到日常管理中，统一员工的理念，规范员工的行为，严格按标准要求使用新国线标识。

(10) 按照管理工作流程和职能部门分工，以及规范化、低成本、易操作的原则，进行CI使用分工，建立品牌使用责任制。本管理规定涉及的部门，都要严格按规定要求使用新国线CI，并监督检查执行情况，发现问题及时解决，不允许发生损害品牌形象的事件发生。

(11) 人力资源部负责员工培训管理和员工着装管理，向管理者和员工传达新国线CI，及时与员工进行沟通，掌握员工执行MI的情况，与品牌战略部共同对经营公司使用MI情况进行检查考核，对存在的问题提出处理意见。

管理目标：让每一位员工自觉成为新国线品牌的亲善传播大使。

(12) 企业管理部负责对服务质量、车辆卫生、驾驶员和乘务员进行规范化、制度化管理，以及驾乘着装、行为和服务的日常管理。

管理目标：让新国线的驾驶员、乘务员和车辆成为中国道路运输一道靓丽的风景线。

(13) 安全技术部负责为经营公司提供车身图案样稿，以及油漆配方、色版等，并负责经营公司CI手册中车身图案的制作和车上物品的制作。

管理目标：新国线车辆开到哪里，哪里就有可爱的新国线“小象”。

(14) 结点运输部负责驿站建设中规范使用新国线CI；向驿站人员传播品牌意识，传达学习新国线核心价值观、理念和哲学，监督检查员工的行为规范，以及VI中有关驿站内容的规范使用。

管理目标：让驿站成为塑造新国线品牌形象的重要窗口。

(15) 总经理办公室负责CI中有关办公用品、工作环境的规划和布置；负责工牌、证件的制作、发放和管理，负责管理和监督检查集团公司总部BI执行情况。

管理目标：让后勤保障成为品牌建设最强有力的支撑。

(16) 投资发展部负责对加盟企业使用品牌的审核；为新企业导入CI，在新开发地区宣传新国线，提高企业品牌知名度。

管理目标：不断开发新领域，让新国线品牌之花遍地盛开。

(17) 新国线文化传播公司负责CI对外、对内的规范使用和传播，具体负责管理新国线的媒体。在VI创新方面，按照集团公司有关规定，严格审批；在VI使用方面，按照VI手册指导经营公司规范使用，提供电子版本，承担集团公司委托的各种形象设计。

管理目标：形象的技术提供商、规范传播的载体、上下左右沟通的大使。

(18) 新国线管理学院负责制定并实施培训计划：对各级管理人员和员工进行CI培训，向员工传播新国线CI，对各级人员重点进行企业哲学、企业核心价值观、企业精神、员工行为规范、员工工作与社会活动礼貌用语规范，以及新国线标识方面的知识培训。

管理目标：让每一位员工都成为新国线品牌的重要组成部分。

(19) 经营公司负责新国线CI在工作中的具体落实，经营责任人是本企业品牌的终极责任人。各企业明确品牌主管，品牌主管是各企业品牌管理的第一责任人，具体职责是：负责建立本企业与品牌建设及品牌管理相关的奖惩制度；协助本企业经营责任人抓好企业的品牌建设与管理工作；严格按照集团公司品牌一体化管理的要求，贯彻、执行新国线VI形象标准，包括VI形象图案的制作与悬挂，企业信封、信笺、名片、驾乘着装、车辆档案的制作与使用等，确保本企业VI形象符合集团公司的标准；参与ISO9000质量认证申报、复审、年审及日常管理工作；负责本企业员工服装的订做与管理，并检查驾乘日常着装规范；负责本企业的服务质量管理，处理日常的乘客投诉和表扬信件，做好奖惩与统计上报工作；负责检查本企业车辆的车容车貌，对不达标的车辆有权通知营运主管部门立即整改；负责检查本企业导乘执行双语服务情况，有权对违规者进行现场处罚，有权建议辞退违规导乘；负责贯彻、落实集团公司有关品牌一体化管理的其他制度和规定；完成经营责任人安排的兼职工作。品牌主管业务上接受集团公司品牌战略部、企业管理部等部门的指导，行政管理隶属各经营公司。

管理目标：让成功的品牌帮助企业进行成功的经营和管理，让成功的经营和管理为品牌增光添彩。

(20) 集团公司将CI管理制度印发到公司员工。

(21) 集团公司每年分两次(年初、年中)组织员工学习《CI管理制度》。

(22) 所有员工必须能够熟练背诵、深刻理解企业哲学、企业核心价值观、企业精神和企业目标。

(23) 集团公司各部室和经营公司的一切活动都必须渗透CI意识，按CI建设的要求做好有关工作。

(24) 对违反《CI管理制度》有关规定的当事人及其负责人追究责任，给予相应的处分。

(25) 集团公司CI管理委员会，每半年对CI管理工作进行一次检查，并将检查结果进行通报。

(26) 集团公司在以下情况适时导入CI，由集团公司品牌战略部负责实施：

① 兼并、重组和新公司成立；

② 配合国内或国际重大活动；

③ 创业周年纪念；

④ 进军海外市场、开展国际化经营；

⑤ 新产品开发上市；

⑥ 企业扩大经营范围，多元化发展；

⑦ 企业调整经营战略；

⑧ 参加大型展览会；

⑨ 提升品牌或品牌升格为企业商标；

⑩ 所属经营公司经营发生危机；

⑪ 企业形象落伍；

⑫ 经营公司企业实态与企业形象不吻合；

⑬ 新建公司经营理念需要重整和再建立；

⑭ 竞争性产品性格模糊，品牌差异性不明确；

⑮ 企业情报信息系统薄弱；

⑯ 设计非系统化、管理非系统化。

（27）新加盟公司的ＣＩ导入管理。新加盟公司需要具备以下条件：

① 3年内未发生重特大安全事故；

② 企业负债情况良好，无重大借贷、担保和司法纠纷；

③ 企业经营情况良好，员工情绪稳定；

④ 企业产权、股权清晰明确；

⑤ 企业资源情况良好；

⑥ 有一定的社会知名度和美誉度。

（28）对于新组建的公司，签订协议以后，进入品牌辅导期，辅导期结束，由品牌战略部依据“CI导入考核表”内容进行考核打分，考核合格，颁发“新国线品牌准许使用证书”，考核不合格，继续进行辅导，直至合格。颁发准许使用证后，新公司须依照合作双方签订的协议，向集团公司交纳一定的品牌使用费。

(29) 辅导期重点工作:

① 对员工全面进行新国线理念、核心价值观、经营哲学、目标、文化等内容的传播，保证80%以上的管理人员和50%以上的员工熟悉并能背诵理解上述内容。

② 改善办公环境，按规定悬挂新国线理念系列挂图，按《新国线VI手册》更改企业标识。

③ 健全完善管理制度，开展流程再造。

辅导工作由新国线派出的职业经理负责，没有派出职业经理的公司由集团公司品牌战略部会同人力资源部制定培训计划，由新国线管理学院实施培训。

(30) CI的市场调查和评估是CI建设的出发点和落脚点，是评价CI“注重业绩”的重要措施，主要包括新国线品牌的市场占有率分析、旅客的忠诚度分析、管理者满意度分析、品牌的资产分析和价值评估，以及受各经营公司委托开展市场开发的CI战略公关方案的制定等。

(31) CI的市场调查和评估由集团公司品牌战略部负责组织实施，集团公司各部门、片区和经营公司协助，整个调查可以自主进行，也可以外联专业机构。

(32) CI的宏观市场调查和评估每年进行一次，并形成报告。集团公司各部门、片区和经营公司委托的CI战略公关项目，由各部门、片区和经营公司分别提出申请，报集团公司批准后施行。

(33) 新国线集团MI、BI、VI手册另行印发。

(34) 集团规范品牌使用考核见新国线集团星级服务有关对企业考核内容。

三、星级服务考评管理办法

(1) 宗旨: 为贯彻新国线运输集团有限公司(以下简称集团公司)核心价值观，推进差别化、精细化和标准化管理，创建新国线特色品牌，发挥品牌的力量，提高企业声誉，特制定本办法。

(2) 强化企业声誉管理，将集团公司核心价值观转化为企业和个人的行为标准，实现品牌与市场的对接，建立完善实用的企业和岗位价值考评体系，力争与国际通用考评体系接轨。

（3）星级考评按两个层次进行，第一层次是集团公司对下属经营公司的考评，第二层次是各经营公司对下属人员的考评。全部考评体系由6个部分组成：企业星级考评标准、车辆档次质量星级考评标准、驾驶员服务星级考评标准、乘务员服务星级考评标准、站务员服务星级考评标准、车辆维修质量星级考评标准。其中企业星级考评标准、车辆档次质量星级考评标准属于第一层次的考评，后4个考评标准属于第二层次的考评。整个考评全部采用五星级制，五星为最高级别。

（4）“企业星级考核评估标准”目标：各经营公司是为社会提供长远服务的实体，应该获取和占有更多的市场资源，企业星级考评标准与各省市通用客运线路的服务质量招投标对接，以充分发挥品牌的作用，提高经营责任人对企业声誉的责任感，促进企业良性经营和健康发展。

（5）考核指标选择原则：将国际通用的企业声誉指数内容与企业核心价值观以及实际情况相结合，充分体现先进性和适用性。为降低考评成本和便于考评，选取有一定代表性和概括性、有相应的管理思想和技术、形成的最终结果便于控制的显性内容。考评的对象是企业经营责任人治理企业的质量和效果，以及企业服务质量的实际状况。

（6）考评项目：否定性内容两项，即媒体曝光恶性突发事件和重特大安全事故；奖励性内容5项，即经营模式、管理手段、财务状况、企业声誉和创新能力。企业星级考评是集团公司对各经营公司的考评，每年度安排一次，在集团公司年度工作会议上进行授牌。

（7）企业星级台阶坐标图见图4-14-1。

（8）各项考评内容：

① 媒体曝光：是指企业发生恶性突发事件而被媒体曝光。每一位经营者在日常管理中要防微杜渐，防止企业恶性突发事件的发生，并与媒体经常沟通，防止有人利用媒体炒作。一旦发生被媒体曝光事件，即取消该企业已经取得的星级。

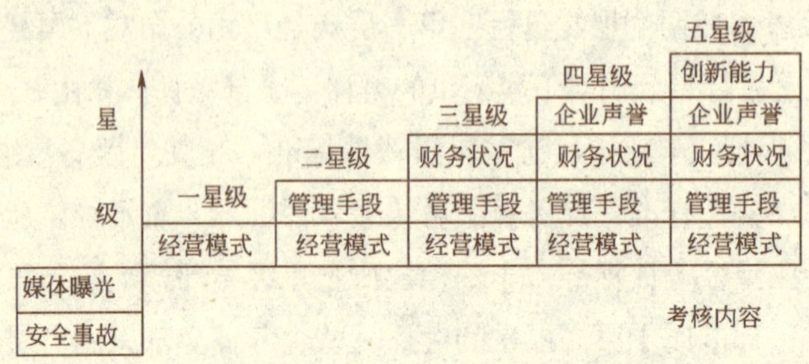

图4-14-1 企业星级台阶坐标图

② 安全事故：按照公安部《关于修订道路交通事故等级划分标准》的通知第一条规定和各省市线路招投标办法有关安全事故的打分标准，凡发生特大责任事故，取消该企业本年度星级评定资格，并取消已经取得的星级。

③ 经营模式："只有适应经营的管理才是科学的管理，只有适应市场的经营才是科学的经营"。经营模式定位不准，将使企业违背市场规律，难以有效参与市场竞争，甚至使企业无法生存。根据集团公司的发展战略目标，经营模式是重点考评的内容。以集团公司目前的资源状况和市场环境，非挂靠经营中的责任经营是新国线的主流模式。考评的方法是：改造不符合集团公司实际情况的经营模式，使之符合交通部有关规定，符合当地交通主管部门的相关政策，符合效益最大化原则，符合市场变化的趋势，在规定的时间里完成改造任务的可以升为"一星"。

④ 管理手段：主要是考评各经营公司对集团公司管理理念和管理方法的运用情况。目前考评CI（企业识别，下同）导入、质量管理、流程再造、股权文化四项。以后根据集团公司安排逐渐增加。

a. CI导入：集团公司依据CI理论和实践，进行CI设计，部署CI应用。考评依据为《新国线集团CI管理制度》中有关CI导入基本考评部分，综合得分在60分以上，即可取得新国线品牌准许使用证书，取得证书后该项考评为合格。

b. ISO9001质量管理：基本要求是："决策有依据，管理有目标，操作有程序，活动有记录，环节有制约，业绩有考评"。考评依据为ISO9001质量认证机构认证和集团公司每年度的质量管理审核结果。通过认证和年度审核的经营公司，此项考评为合格。

c. 流程再造：通过创新"十大"观念，解决制约企业发展的核心问题，实现公司根本性5变(5S)：变小SMALL（组织精锐化）、变简SIMPLE(程序变简、减少组织冲突)、变畅SMOOTH(流程平顺化)、变快SPEEDY(快速反应市场)、变巧SMART(策略机智化)。考评依据为集团流程再造方案，按照方案要求完成流程再造，此项考评为合格。

d. 股权文化：通过推行经营者持股，解决下属企业所有者观念缺位的问题，从根本上解决由于企业内部管理中存在的道德风险高、情感强度低，导致的企业利益流失，投资成本、经营成本和管理费用上升，工作效率低下，企业竞争力减弱等问题。考评依据为集团公司对各经营公司的股权改造方案。

对于集团公司规定的需要导入的管理手段，评选当年已有明确的实施方案，且在规定时间内完成贯彻导入工作，经过集团公司验收，取得良好效果的一星级公司可升为二星级公司。

⑤ 财务状况：重点考评各经营公司的盈利情况，升为三星级公司，必须具有一定的盈利能力。三星级公司每年入选数不超过经营公司总数的10%。当二星级盈利企业数多于"三星级企业"入选数量指标时，对企业的财务管理水平、财务稳健性、资产质量、投资价值等综合因素进行考评，根据综合考评排名确定三星级企业。综合因素考评由集团公司财务总监负责。

⑥ 企业声誉：企业声誉是企业未来发展潜力的重要指标，首先考评经营公司获取线路资源的能力。凡是当年取得线路数在2条或线路牌在2块以上的三星级公司，取得升入四星级公司候选资格。依据品牌管理的市场化理论，重点对取得候选资格的经营公司在当地的市场占有率、旅客忠诚度、管理者满意度等进行综合打分排名。为了保证客观公正性，该项评选由集团公司委托专业机构进行。每年升入四星级公司的数量控制在经营公司总数的10%以内。

⑦ 创新能力：创新包括观念创新、制度创新、技术创新、管理创新、战

略创新、品牌创新等。

考评方法：各经营公司申报、撰写创新案例，由集团公司组织专家进行评审，根据评审结果，确定升入五星级的公司。

案例申报条件：一是具有较强的针对性，通过创新解决了本公司存在的突出问题；二是具有较强的推广性，可以被其他公司借鉴使用；三是具有明显的效果，由于创新，给企业带来了可以界定的经济效益和社会效益。同时，为鼓励尚没有取得四星的经营公司积极参与创新，集团公司设立个人创新奖，个人创新奖以新国线LOGE（象）命名，创新奖设金象奖一名、银象奖两名、铜象奖3名，主要奖励对象为经营责任人、项目策划人和项目责任人，评奖办法另文下发。

⑧ 为鼓励各经营公司走跨越式发展的路子，对于完成单项任务的公司，进行单项"星级"考评，可以取得单项"星"，单项"星"可以储备。取得单项"星级"，当公司升入低一级星级时，可以连升（如某公司取得三星资格以后，原来已经储备创新能力星和企业声誉星，该公司就可以直接升入五星级）。跨级升星不受指标限制。

⑨ 已获得星级的企业，当其连续两年与其已经取得的单项星条件不符合时，应当降星（如某公司已取得五星级，两年内在线路获取方面没有成效，从第三年起该企业就降为四星级）。降星不受指标限制。

（9）企业考评系统的自维护管理：

① 整个考评体系采用依次递进的台阶式升级方式，企业只有取得低一级别的星级后，才有资格升到高一级别的星级，但第一次评星、已经储备的单项星级连升，不受此条款限制。企业降级可以是一步到位。

② 整个系统原则上按照正态分布的原理确定各级别星级的名额指标，无星和一星原则上没有数量限制，二星和四星控制在企业总数的25%，三星控制在企业总数的40%，五星控制在企业总数的5%（小数点采取四舍五入）。

③ 各项考评内容的内涵随着集团公司发展和管理水平的提高而丰富，但为了保证该项工作的连续性，基本内容将保持不变。

（10）鼓励性措施：取得星级的企业，享受集团公司的投资优先权，星级越高，享受的水平越高。星级与个人收入的基本部分挂钩，鼓励性措施的具体办法将另行制定。

（11）“车辆档次质量星级考评”目标：旨在加强车辆技术管理和提高维修水平，提高车辆完好率，改善车辆安全技术状况，延长车辆使用寿命，为旅客提供安全、舒适、快捷、温馨的服务。

（12）内容选择依据：参照国家、各省市有关标准和文件规定的内容。该项考评是集团公司对各经营公司车辆情况的考评。

（13）考评内容：包括车辆等级、使用年限、制动性能、废气排放、空调系统、悬挂系统、座椅配置、附属设备、车辆外观。

（14）评定标准见表4-14-1。

车辆档次星级评定标准　　表4-14-1

考评项目		评定标准				
		一星级	二星级	三星级	四星级	五星级
1	车辆等级	中级以上（部标）	中级以上（部标）	中级以上（部标）	高一级以上（部标）	高一级以上（部标）
2	使用年限	国产车使用5年以内；进口车6年以内	国产车使用5年以内；进口车6年以内	国产车使用4年以内；进口车5年以内	国产车使用3年以内；进口车5年以内	使用2年以内
3	制动性能	符合GB 7258—1997、JT/T198—1995检测标准	符合GB 7258—1997、JT/T198—1995检测标准	符合GB 7258—1997、JT/T198—1995检测标准	符合GB 7258—1997、JT/T198—1995检测标准，ABS、电涡流或液压缓速器	符合GB 7258—1997、JT/T 198—1995检测标准，ABS、电涡流或液压缓速器
4	废气排放	达到欧Ⅰ标准	达到欧Ⅱ标准	达到欧Ⅱ标准	达到欧Ⅱ标准	达到欧Ⅱ标准
5	空调系统	制冷效果好	制冷效果好	制冷效果好	静音效果、制冷效果好	静音效果、制冷效果好
6	悬挂系统	钢板弹簧	钢板弹簧	钢板弹簧	空气或气囊弹簧	空气或气囊弹簧
7	座椅配置	普通高靠座椅	普通高靠座椅	普通航空座椅	普通航空座椅	普通航空座椅
8	附属设备	GPS卫星导航系统	音响系统、GPS卫星导航系统	车载电视、VCD、音响系统、GPS卫星导航系统	车载电视、VCD、音响系统、车载卫生、GPS卫星导航系统	车载电视、VCD、音响系统、饮水设备、车载卫生、GPS卫星导航系统
9	车容车貌	车容车貌整洁、大方	车容车貌整洁、大方	车容车貌整洁、大方，统一使用CI系统	车容车貌整洁、大方，统一使用CI系统	车容车貌整洁、大方，统一使用CI系统

（15）车辆维修质量星级考评主要是通过对车辆维修质量进行打分，反映维修人员的技术水平和工作质量。考评内容共4项：车辆技术等级、车辆的设备配置、车辆的维修、车辆的设施和车容。

（16）考评内容和评分标准见车辆维修质量星级考评参考评分表。各经营公司可在此基础上设定若干否定性内容，如车辆因维修原因出现重特大安全事故、旅客投诉、媒体曝光，以及因维修不当导致车辆无法按时发车、严重影响服务质量等。各经营公司也可设定一些奖励性内容，如长期保持高级别星级、节假日加班无故障、车辆超定额里程无大修等。

（17）各经营公司车辆维修质量星级考评可以采用抽样打分的办法，抽样的比例每月不低于20%，也可以采用普查的办法，总分95分以上为五星级，85～94分为四星级，75～84分为三星级，65～74分以上为二星级，60～64分以上为一星级，低于60分没有星级。各经营公司应制定相应的工资政策，根据车辆维修星级变动，对相关人员实施浮动工资，具体实施办法由各经营公司自行制定，报集团公司人力资源部备案。

（18）驾驶员、乘务员和站务员服务质量星级考评，旨在调动驾驶员、乘务员、站务员的工作积极性和责任心，提高安全行驶里程和服务质量，以及线路的经营管理水平，增强线路盈利能力。

（19）内容选择依据：按照《汽车旅客运输班车客运服务质量标准》（JT/T3124－1990），参照中南服务巴士星级考评的做法，选择有代表性、便于检查考核、可操作性强、科学适用和目标明确的内容。

（20）驾驶员的考评内容为：遵章守纪、安全驾驶、车辆日常维护、优质服务；乘务员的考评内容为：遵章守纪、优质服务、礼仪礼貌、车容车貌；站务员的考评内容为：遵章守纪、优质服务、礼仪礼貌、站容站貌。驾驶员、乘务员由所属公司负责考评，站务员由所属公司或结点运输部负责考评。

（21）评分标准见“驾驶员服务质量星级评分表”、“乘务员服务质量星级评分表”、“站务员服务质量星级评分表”。

各经营公司可以设定以下若干否定性内容：

① 被媒体曝光、批评；

② 发生安全责任事故；

③ 受到乘客有理投诉；

④ 严重违章违纪；

⑤ 不服从公司管理，辱骂、恐吓、殴打管理人员；

⑥ 聚众闹事或煽动罢工；

⑦ 私自动用车辆，私自拉客，贪污票款；

⑧ 偷卖燃油、工具、附件，造成公司经济损失；

⑨ 播放不健康音像制品，影响恶劣；

⑩ 与旅客发生争执。

各经营公司可以设定以下奖励性内容：

① 被评为公司“年度先进生产者”等称号；

② 拾金不昧，金额较大，并有记录或报告等；

③ 能够妥善处理车上发生的重大突发事件；

④ 年度内无违章、无投诉记录，无有责安全事故；

⑤ 受到旅客或媒体表扬；

⑥ 有为新国线品牌增光添彩的事迹；

⑦ 领导认为有必要奖励。

否定性内容用于取消评选资格、降低星级。奖励性内容用于破格提级、直接奖励星级。

(22) 各经营公司应采用普遍打分的办法，可以按月考评，也可以按双月考评，考评对象年度中所获星级的加权平均即为年度星级结果。

(23) 完善考评工作，各经营公司应制定员工奖励、下岗培训、末位淘汰等制度，实行收入与星级挂钩。

(24) 各种星级标牌式样由新国线文化传播公司设计，另行印发。

(25) 各经营公司由于存在地域等方面的差异，本办法涉及第二层次（即经营公司对下属人员的星级评定）的考评打分，各经营公司应根据实际情况，制定相应的实施细则，对打分尺度做出详细界定。

（26）本办法由集团公司品牌战略部负责解释，并牵头组织实施。

四、经营资质管理规定

（1）为规范新国线运输集团有限公司（以下简称“集团公司”）及其下属各控股、参股企业（以下简称“各经营公司”）的经营资质管理行为，确保其经营资质和质量信誉达标，维护国家道路旅客运输企业经营资质的严肃性和权威性，保障新国线成员的利益，根据集团公司董事会要求，遵照中华人民共和国交通部《道路旅客运输企业经营资质管理规定（试行）》制定本规定。

（2）本规定适用于集团公司及其各经营公司的经营资质管理（包括申报、评定、年度审评）和质量信誉考核（年度审评）工作。

（3）管理的原则是：统一领导，分层管理，严格自律，规范运作，共享惠利，规避风险。

（4）新国线的道路旅客运输企业经营资质，是新国线事业赖以生存和发展的重要条件。集团公司及其各经营公司在享受一级经营资质所带来的利益的同时，负有维护该一级经营资质的责任和义务。

（5）公司实行层次式经营资质管理模式，即集团公司负责申报、管理和维护新国线一级经营资质的工作，统筹管理各经营公司的经营资质和质量信誉，并根据新国线事业发展需求和各经营公司现状向后者授权使用“新国线一级经营资质”；各经营公司根据自身实际状况经集团公司批准向有关部门申报相应的经营资质（二、三、四、五级），从事与之对应的客运线路的申请、竞标和经营，并参加所在地方的行业年度质量信誉考核。

（6）集团公司依照中华人民共和国交通部颁布的《道路旅客运输企业经营资质管理规定（试行）》和公司有关规定，对自身和各经营公司的资历、人员素质、资产规模、车辆和设施、企业管理、经营效益等6个方面在第2年的1季度进行年度经营资质评审，核实其是否符合所对应的经营资质的标准，并向集团公司董事会和各经营公司提交报告和改进建议书。

（7）集团公司依照中华人民共和国交通部《道路旅客运输企业经营资质管

理规定(试行)》和公司有关规定，对自身和各经营公司的经营资质条件、安全、服务、遵纪守法经营等4个方面在第2年的1季度进行年度质量信誉评审，核实其是否符合国家有关标准，并向集团公司董事会和各经营公司提交报告和改进建议书。

(8）各经营公司需要以新国线“道路旅客运输企业一级经营资质”的名义申请、竞标、经营相关客运线路时，应正式行文上报集团公司企业发展部，并向集团公司交纳质量信誉保证金(0.5～1万元/车)；由后者根据新国线事业发展需要和该各经营公司的经营资质、质量信誉状况，经研究同意后，正式行文授权该各经营公司享用新国线道路旅客运输企业一级经营资质。

(9）各经营公司获得授权后，必须严格按照集团公司的品牌标准和统一的运营、安全、技术、服务、统计、劳动、财务规范，对客运线路进行经营。

(10）集团公司企业发展部负责对获得授权的各经营公司的客运线路质量信誉进行监督，实行季度考核、年度评审。

(11）对于获得授权经营客运线路的各经营公司，若其年度质量信誉评审合格，则集团公司同意其继续运营；若连续2个季度不合格或者年度不合格，则集团公司要求其在1个季度内(或半年内)必须整改达标，在此期间停止其使用“新国线一级经营资质”名义申请、竞标、经营新的客运线路；若整改仍未达标，则由集团公司没收该下属公司所交纳的保证金，并不再支持该各经营公司的发展，必要时采取撤资、中止合作合资等手段予以制裁。

第六节 工作流程

一、新国线创新案例　　写格式

新国线创新案例文本撰写格式如图4-14-2所示。

二、CI使用和修改流程

CI使用和修改流程图见图4-14-3。

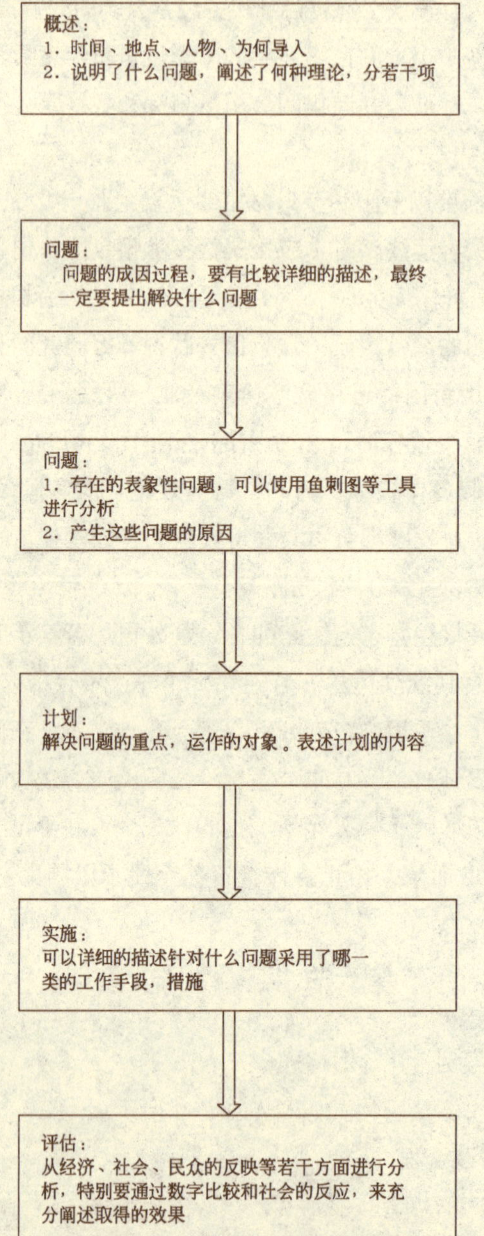

图4-14-2　新国线创新案例文本撰写格式

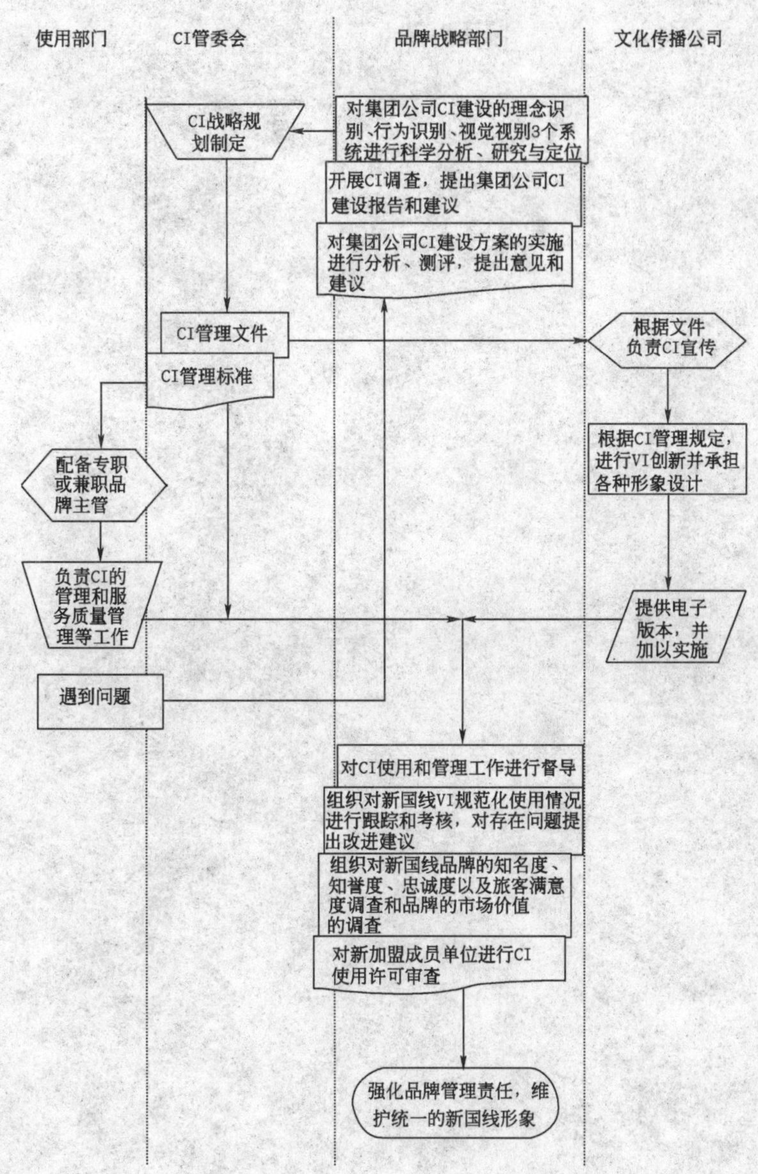

图 4-14-3　CI 使用和修改流程图